住房和城乡建设领域专业人员岗位培训考核系列用书

安全员专业基础知识

江苏省建设教育协会　组织编写

中国建筑工业出版社

图书在版编目（CIP）数据

安全员专业基础知识/江苏省建设教育协会组织编写. —北京：中国建筑工业出版社，2016.7
住房和城乡建设领域专业人员岗位培训考核系列用书
ISBN 978-7-112-19581-7

Ⅰ. ①安… Ⅱ. ①江… Ⅲ. ①建筑工程-工程施工-安全技术-岗位培训-教材 Ⅳ. ①TU714

中国版本图书馆 CIP 数据核字（2016）第 154393 号

本书是《住房和城乡建设领域专业人员岗位培训考核系列用书》中的一本，依据《建筑与市政工程施工现场专业人员职业标准》JGJ/T 250—2011、《建筑与市政工程施工现场专业人员考核评价大纲》及全国住房和城乡建设领域专业人员岗位统一考核评价题库编写。主要有：建设法规；建筑材料；建筑工程识图；建筑施工技术；施工项目管理；建筑力学；建筑构造与建筑结构；环境与职业健康共 8 章。本书可作为施工现场安全员岗位考试的指导用书，又可作为施工现场相关专业人员的实用工具书，也可供职业技术院校师生和相关专业技术人员参考使用。

责任编辑：周世明　刘　江　岳建光　范业庶
责任校对：李美娜　刘梦然

住房和城乡建设领域专业人员岗位培训考核系列用书
安全员专业基础知识
江苏省建设教育协会　组织编写

*

中国建筑工业出版社出版、发行（北京西郊百万庄）
各地新华书店、建筑书店经销
霸州市顺浩图文科技发展有限公司制版
北京京华铭诚工贸有限公司印刷

*

开本：787×1092毫米　1/16　印张：21　字数：505 千字
2016 年 9 月第一版　2018 年 7 月第五次印刷
定价：**58.00** 元
ISBN 978-7-112-19581-7
（28789）

住房和城乡建设领域专业人员岗位培训考核系列用书

编审委员会

主　任：宋如亚

副主任：章小刚　　戴登军　　陈　曦　　曹达双

　　　　漆贯学　　金少军　　高　枫

委　员：王宇旻　　成　宁　　金孝权　　张克纯

　　　　胡本国　　陈从建　　金广谦　　郭清平

　　　　刘清泉　　王建玉　　汪　莹　　马　记

　　　　魏傅燕　　惠文荣　　李如斌　　杨建华

　　　　陈年和　　金　强　　王　飞

出版说明

为加强住房和城乡建设领域人才队伍建设，住房和城乡建设部组织编制并颁布实施了《建筑与市政工程施工现场专业人员职业标准》JGJ/T 250—2011（以下简称《职业标准》），随后组织编写了《建筑与市政工程施工现场专业人员考核评价大纲》（以下简称《考核评价大纲》），要求各地参照执行。为贯彻落实《职业标准》和《考核评价大纲》，受江苏省住房和城乡建设厅委托，江苏省建设教育协会组织了具有较高理论水平和丰富实践经验的专家和学者，编写了《住房和城乡建设领域专业人员岗位培训考核系列用书》（以下简称《考核系列用书》），并于2014年9月出版。《考核系列用书》以《职业标准》为指导，紧密结合一线专业人员岗位工作实际，出版后多次重印，受到业内专家和广大工程管理人员的好评，同时也收到了广大读者反馈的意见和建议。

根据住房和城乡建设部要求，2016年起将逐步启用全国住房和城乡建设领域专业人员岗位统一考核评价题库，为保证《考核系列用书》更加贴近部颁《职业标准》和《考核评价大纲》的要求，受江苏省住房和城乡建设厅委托，江苏省建设教育协会组织业内专家和培训老师，在第一版的基础上对《考核系列用书》进行了全面修订，编写了这套《住房和城乡建设领域专业人员岗位培训考核系列用书（第二版）》（以下简称《考核系列用书（第二版）》）。

《考核系列用书（第二版）》全面覆盖了施工员、质量员、资料员、机械员、材料员、劳务员、安全员、标准员等《职业标准》和《考核评价大纲》涉及的岗位（其中，施工员、质量员分为土建施工、装饰装修、设备安装和市政工程四个子专业）。每个岗位结合其职业特点以及培训考核的要求，包括《专业基础知识》、《专业管理实务》和《考试大纲·习题集》三个分册。

《考核系列用书（第二版）》汲取了第一版的优点，并综合考虑第一版使用中发现的问题及反馈的意见、建议，使其更适合培训教学和考生备考的需要。《考核系列用书（第二版）》系统性、针对性较强，通俗易懂，图文并茂，深入浅出，配以考试大纲和习题集，力求做到易学、易懂、易记、易操作。既是相关岗位培训考核的指导用书，又是一线专业岗位人员的实用工具书；既可供建设单位、施工单位及相关高职高专、中职中专学校教学培训使用，又可供相关专业人员自学参考使用。

《考核系列用书（第二版）》在编写过程中，虽然经多次推敲修改，但由于时间仓促，加之编著水平有限，如有疏漏之处，恳请广大读者批评指正（相关意见和建议请发送至JYXH05@163.com），以便我们认真加以修改，不断完善。

本书编写委员会

主　　编：杨建华

副 主 编：王　生

编写人员：曹正池　耿兴军　朱　平　黄　玥

　　　　　张丽娟

前　　言

　　根据住房和城乡建设部的要求，2016 年起将逐步启用全国住房和城乡建设领域专业人员岗位统一考核评价题库，为更好贯彻落实《建筑与市政工程施工现场专业人员职业标准》JGJ/T 250—2011，保证培训教材更加贴近部颁《建筑与市政工程施工现场专业人员考核评价大纲》的要求，受江苏省住房和城乡建设厅委托，江苏省建设教育协会组织业内专家和培训老师，编写了这本《住房和城乡建设领域专业人员岗位培训考核系列用书》——安全员专业基础知识。

　　安全员培训考核用书包括《安全员专业基础知识》、《安全员专业管理实务》、《安全员考试大纲·习题集》三本，反映了国家现行规范、规程、标准，并以安全管理为主线，不仅涵盖了现场安全管理人员应掌握的通用知识、基础知识、岗位知识和专业技能，还涉及新技术、新设备、新工艺、新材料等方面的知识。

　　本书为《安全员专业基础知识》分册，主要内容有：建设法规；建筑材料；建筑工程识图；建筑施工技术；施工项目管理；建筑力学；建筑构造与建筑结构；环境与职业健康共 8 章。本书可作为施工现场安全员岗位考试的指导用书，又可作为施工现场相关专业人员的实用工具书，也可供职业技术院校师生和相关专业技术人员参考使用。

目 录

第1章 建设法规

1.1 建设法规概述

1.1.1 建设法规的概念

建设法规是指国家立法机关或其授权的行政机关制定的旨在调整国家及其有关机构、企事业单位、社会团体、公民之间，在建设活动中或建设行政管理活动中发生的各种社会关系的法律、法规的统称。它体现了国家对城市建设、乡村建设、市政及社会公用事业等各项建设活动进行组织、管理、协调的方针、政策和基本原则。

1.1.2 建设法规的调整对象

建设法规的调整对象，即发生在各种建设活动中的社会关系，包括建设活动中所发生的行政管理关系、经济协作关系及其相关的民事关系。

1. 建设活动中的行政管理关系

建筑业是我国的支柱产业，建设活动与国民经济、人民生活和社会的可持续发展关系密切，国家必须对之进行全面的规范管理。建设活动中的行政管理关系，是国家及其建设行政主管部门同建设单位（业主）、设计单位、施工单位、建筑材料和设备的生产供应单位及建设监理等中介服务单位之间的管理与被管理关系。在法制社会里，这种关系必须要由相应的建设法规来规范、调整。

2. 建设活动中的经济协作关系

工程建设是多方主体参与的系统工程，在完成建设活动既定目标的过程中，各方的关系既是协作的又是博弈的。因此，各方的权利、义务关系必须由建设法规加以规范、调整，以保证在建设活动的经济协作关系中各方法律主体具有平等的法律地位。

3. 建设活动中的民事关系

在建设活动中涉及的土地征用、房屋拆迁及安置、房地产交易等，常会涉及公民的人身和财产权利，这就需要由相关民事法律法规来规范和调整国家、单位和公民之间的民事权利义务。

1.1.3 建设法规体系

1. 建设法规体系的概念

法律法规体系，通常指由一个国家的全部现行法律规范分类组合为不同的法律部门而形成的有机联系的统一整体。

建设法规体系是国家法律体系的重要组成部分，是由国家制定或认可，并由国家强制力保证实施的，调整建设工程在新建、扩建、改建和拆除等有关活动中产生的社会关系的法律法规的系统。它是按照一定的原则、功能、层次所组成的相关联系、相互配合、相互补充、相互制约、相互协调一致的有机整体。

建设法规体系是国家法律体系的重要组成部分，必须与国家整个法律体系相协调，但又因自身特定的法律调整对象而自成体系，具有相对独立性。根据法制统一的原则，一是要求建设法规体系必须国家法律体系的总要求。建设方面的法律必须与宪法和相关的法律保持一致，建设行政法规、部门规章和地方性法规、规章不得与宪法、法律以及上一层次的法规指抵触。二是建设法规应能覆盖建设事业的各个行业、各个领域以及建设行政管理的全过程，使建设活动的各个方面都有法可依、有章可循，使建设行政管理的每一个环节都纳入法制轨道。三是在建设法规体系内部，不仅纵向不同层次的法规之间应当相互衔接，不能有抵触；横向间层次的法规之间也应协调配套，不能互相矛盾、重复或者留有"空白"。

2. 建设法规体系的构成

建设法规体系的构成即建设法规体系所采取的框架或结构。目前我国的建设法规体系采取"梯形结构"，即不设"中华人民共和国建设法律"，而是以若干并列的专项法律共同组成体系框架的顶层，再配置相应的下一位阶的行政法规和部门规章，形成若干既相互联系又相对独立的专项法律规范体系。根据《中华人民共和国立法法》有关立法权限的规定，我国建设法规体系由以下五个层次组成。

（1）建设法律。建设法律是指由全国人民代表大会及其常务委员会制定通过，由国家主席以主席令的形式发布的属于国务院建设行政主管部门业务范围的各项法律．如《中华人民共和国建筑法》、《中华人民共和国招标投标法》、《中华人民共和国城乡规划法》等。建设法律是建设法规体系的核心和基础。

（2）建设行政法规。建设行政法规是指由国务院制定，经国务院常务委员会审议通过，由国务院总理以中华人民共和国国务院令的形式发布的属于建设行政主管部门主管业务范围的各项法规。建设行政法规的名称常以"条例"、"办法"、"规定"、"规章"等名称出现，如《建设工程质量管理条例》、《建设工程安全生产管理条例》等。建设行政法规的效力低于建设法律，在全国范围内施行。

（3）建设部门规章。建设部门规章是指由住房和城乡建设部根据国务院规定的职责范围，依法制定并颁布的各项规章或由住房和城乡建设部与国务院其他有关部门联合制定并发布的规章，如《实施工程建设强制性标准监督规定》、《工程建设项目施工招标投标办法》等。建设部门规章一方面是对法律、行政法规的规定进一步具体化，以便其得到更好地贯彻执行；另一方面是作为法律、法规的补充，为有关政府部门的行为提供依据。部门规章对全国有关行政管理部门具有约束力，但其效力低于行政法规。

（4）地方性建设法规。地方性建设法规是指在不与宪法、法律、行政法规相抵触的前提下，由省、自治区、直辖市人民代表大会及其常委会结合本地区实际情况制定颁行的或经其批准颁布的由下级人大或其常委会制定的，只在本行政区域有效的建设方面的法规。关于地方的立法权问题，地方是与中央相对应的一个概念，我国的地方人民政府分为省、地、县、乡四级。其中省级中包括直辖市，县级中包括县级市即不设区的市。县、乡级没有立法权。省、自治区、直辖市以及省会城市、自治区首府有立法权。而地级市中只有国务院批准的规模较大的市有立法权，其他地级市没有立法权。

（5）地方建设规章。地方建设规章是指省、自治区、直辖市人民政府以及省会（自治区首府）城市和经国务院批准的较大城市的人民政府，根据法律和法规制定颁布的，只在本行政区域有效的建设方面的规章。

在建设法规的上述五个层次中，其法律效力从高到低依次为建设法律、建设行政法规、建设部门规章、地方性建设法规、地方建设规章。法律效力高的称为上位法，法律效力低的称为下位法。下位法不得与上位法相抵触，否则其相应规定将被视为无效。

1.2 《建筑法》

《中华人民共和国建筑法》（以下简称《建筑法》）于 1997 年 11 月 1 日由中华人民共和国第八届全国人民代表大会常务委员会第二十八次会议通过，于 1997 年 11 月 1 日发布，自 1998 年 3 月 1 日起施行。2011 年 4 月 22 日，中华人民共和国第十一届全国人民代表大会常务委员会第二十次会议通过了《全国人民代表大会常务委员会关于修改（中华人民共和国建筑法）的决定》，修改后的《中华人民共和国建筑法》自 2011 年 7 月 1 日起施行。

《建筑法》的立法目的在于加强对建筑活动的监督管理，维护建筑市场秩序，保证建筑工程的质量和安全，促进建筑业健康发展。《建筑法》共 8 章 85 条，分别从建筑许可、建筑工程发包与承包、建筑工程监理、建筑安全生产管理、建筑工程质量管理等方面作出了规定。

1.2.1 从业资格的有关规定

1. 法规相关条文

《建筑法》关于从业资格的条文是第 12～14 条。

2. 建筑业企业的资质

从事土木工程、建筑工程、线路管道设备安装工程、装修工程的新建、扩建、改建等活动的企业称为建筑业企业。建筑业企业资质，是指建筑业企业的建设业绩、人员素质、管理水平、资金数量、技术装备等的总称。建筑业企业资质等级，是指国务院行政主管部门按资质条件把企业划分成的不同等级。

（1）建筑业企业资质序列及类别。建筑业企业资质分为施工总承包、专业承包和劳务分包三个序列。取得施工总承包资质的企业称为施工总承包企业。取得专业承包资质的企业称为专业承包企业。取得劳务分包资质的企业称为劳务分包企业。

施工总承包资质、专业承包资质、劳务分包资质序列可按照工程性质和技术特点分别划分为若干资质类别，见表 1-1。

取得施工总承包资质的企业，不再申请总承包资质覆盖范围内的各专业承包类别资质，即可承揽专业承包工程。表 1-2 为房屋建筑工程施工总承包、市政公用工程施工总承包覆盖的相应专业承包类别的对照表。

建筑业企业资质序列及类别 表 1-1

序号	资质序列	资质类别
1	施工总承包资质	分为12个类别，包括房屋建筑工程、公路工程、铁路工程、港口与航道工程、水利水电工程、电力工程、矿山工程、冶炼工程、化工石油工程、市政公用工程、通信工程、机电安装工程
2	专业承包资质	分为60个类别，包括地基与基础工程、土石方工程、建筑装修装饰工程、建筑幕墙工程、钢结构工程、空调安装工程、建筑防水工程、金属门窗工程、设备安装工程、建筑智能化工程、线路管道工程以及市政、桥梁工程中各专业工程、小区配套的道路、排水、园林、绿化工程等
3	劳务分包资质	分为13个类别，包括木工作业分包、砌筑作业分包、抹灰作业分包、石制作分包、油漆作业分包、钢筋作业分包、混凝土作业分包、脚手架作业分包、模板作业分包、焊接作业分包、水暖电安装作业分包、钣金作业分包、架线作业分包

总承包类别覆盖专业承包类别对照表 表 1-2

序号	总承包资质	专业承包资质
1	房屋建设工程施工总承包	1. 地基与基础；2. 机电设备安装；3. 建筑装修装饰；4. 钢结构；5 高耸构筑物；6. 园林古建筑；7. 消防设施；8. 建筑防水；9. 附着脚手架；10. 起重设备安装；11. 金属门窗；12. 土石方
2	市政公用工程施工总承包	1. 城市及道路照明；2. 土石方；3. 桥梁；4. 隧道；5. 环保；6. 管道；7. 防腐保温；8. 机场场道

（2）建筑业企业资质等级。施工总承包、专业承包、劳务分包各资质类别按照规定的条件划分为若干资质等级。建筑业企业各资质等级标准和各类别等级资质企业承担工程的具体范围，由国务院建设主管部门会同国务院有关部门制定。

房屋建筑工程、市政公用工程施工总承包企业资质等级均分为特级、一级、二级、三级。专业承包企业资质等级分类见表 1-3，劳务分包企业资质等级分类见表 1-4。

部分专业承包企业资质等级 表 1-3

企业类别	等级分类	企业类别	等级分类
地基与基础工程	一、二、三级	土石方工程	一、二、三级
建筑装饰装修工程	一、二、三级	建筑幕墙工程	一、二、三级
预拌商品混凝土	二、三级	混凝土预制构件	二、三级
园林古建筑工程	一、二、三级	钢结构工程	一、二级
高耸构筑物工程	一、二级	电梯安装工程	一、二级
消防设施工程	一、二、三级	建筑防水工程	二、三级
防腐保温工程	一、二、三级	附着升降脚手架	一、二级
金属门窗工程	一、二、三级	预应力工程	二、三级
爆破与拆除工程	一、二、三级	建筑智能化工程	一、二、三级
城市轨道交通工程	不分等级	城市及道路照明工程	一、二、三级
体育场地设施工程	一、二、三级	特种专业工程	不分等级

劳务分包企业资质等级　　　　　　　　　　　　　表 1-4

企业类别	等级分类	企业类别	等级分类
木工作业分包	一、二级	砌筑作业分包	一、二级
抹灰作业分包	不分等级	石制作分包	不分等级
油漆作业分包	不分等级	钢筋作业分包	一、二级
混凝土作业分包	不分等级	脚手架作业分包	一、二级
模板作业分包	一、二级	焊接作业分包	一、二级
水暖电安装作业分包	不分等级	钣金作业分包	不分等级

（3）承揽业务的范围

1）施工总承包企业。可以承接施工总承包工程。施工总承包企业可以对所承接的施工总承包工程内各专业工程全部自行施工，也可以将专业工程或劳务作业依法分包给具有相应资质的专业承包企业或劳务分包企业。

房屋建筑工程、市政公用工程施工总承包企业可以承揽的业务范围见表 1-5、表 1-6。

房屋建筑工程施工总承包企业承包工程范围　　　　　表 1-5

序号	企业资质	承包工程范围
1	特级	可承担各类房屋建筑工程的施工
2	一级	可承担单项建安合同额不超过企业注册资本金 5 倍的下列房屋建筑工程的施工： (1)40 层及以下、各类跨度的房屋建筑工程； (2)高度 240m 及以下的构筑物； (3)建筑面积 20 万 m² 及以下的住宅小区或建筑群体
3	二级	可承担单项建安合同额不超过企业注册资本金 5 倍的下列房屋建筑工程的施工： (1)28 层及以下、单跨跨度 36m 及以下的房屋建筑工程； (2)高度 120m 及以下的构筑物； (3)建筑面积 12 万 m² 及以下的住宅小区或建筑群体
4	三级	可承担单项建安合同额不超过企业注册资本金 5 倍的下列房屋建筑工程的施工： (1)14 层及以下、单跨跨度 24m 及以下的房屋建筑工程； (2)高度 70m 及以下的构筑物； (3)建筑面积 6 万 m² 及以下的住宅小区或建筑群体

市政公用工程施工总承包企业承包工程范围　　　　　表 1-6

序号	企业资质	承包工程范围
1	特级	可承担各类市政公用工程的施工
2	一级	可承担单项合同额不超过企业注册资本金 5 倍的各种市政公用工程的施工
3	二级	可承担单项合同额不超过企业注册资本金 5 倍的下列市政公用工程的施工： (1)城市道路工程；单跨跨度 40m 以内桥梁工程；断面 20m² 及以下隧道工程；公共广场工程； (2)10 万 t/日及以下给水厂；5 万 t/日及以下污水处理工程；3m³/s 及以下给水、污水泵站；15m³/s 及以下雨水泵站；各类给排水管道工程； (3)总储存容积 1000m³ 及以下液化气储罐场(站)；供气规模 15 万 m³/日燃气工程；中压及以下燃气管道、调压站；供热面积 150 万 m² 热力工程； 各类城市生活垃圾处理工程

序号	企业资质	承包工程范围
4	三级	可承担单项合同额不超过企业注册资本金 5 倍的下列市政公用工程的施工： (1)城市道路工程(不含快速路)；单跨跨度 20m 以内桥梁工程；公共广场工程； (2)2 万 t/日及以下给水厂；1 万 t/日及以下污水处理工程；1m³/s 及以下给水、污水泵站；5m³/s 及以下雨水泵站；直径 1m 以内供水管道；直径 1.5m 以内污水管道； (3)总储存容积 500m³ 及以下液化气储罐场(站)；供气规模 5 万 m³/日燃气工程；0.2MPa(200KPa)及以下中压、低压燃气管道、调压站；供热面积 50 万 m² 及以下热力工程；直径 0.2m 以内热力管道；生活垃圾转运站

2）专业承包企业。可以承接施工总承包企业分包的专业工程和建设单位依法发包的专业工程。专业承包企业可以对所承接的专业工程全部自行施工，也可以将劳务作业依法分包给具有相应资质的劳务分包企业。

部分专业承包企业可以承揽的业务范围见表 1-7。

部分专业承包企业可以承揽的业务范围　　　　　　　　　　　表 1-7

序号	企业类型	资质等级	承包工程范围
1	地基与基础工程	一级	可承担各类地基与基础工程的施工
		二级	可承担工程造价 1000 万元以下各类地基与基础工程的施工
		三级	可承担工程造价 300 万元以下各类地基与基础工程的施工
2	建筑防水工程	二级	可承担各类房屋建筑防水工程的施工
		三级	可承担单项工程造价 200 万元及以下房屋建筑防水工程的施工
3	建筑装饰装修工程	一级	可承担各类建筑室内、室外装修装饰工程(建筑幕墙工程除外)的施工
		二级	可承担单位工程造价 1200 万元及以下建筑室内、室外装修装饰工程(建筑幕墙工程除外)的施工
		三级	可承担单位工程造价 60 万元及以下建筑室内、室外装修装饰工程(建筑幕墙工程除外)的施工
4	建筑幕墙工程	一级	可承担各类型建筑幕墙工程的施工
		二级	可承担单项合同额不超过企业注册资本金 5 倍且单项工程面积在 8000m² 及以下、高度 80m 及以下的建筑幕墙工程的施工
		三级	可承担单项合同额不超过企业注册资本金 5 倍且单项工程面积在 3000m² 及以下、高度 30m 及以下的建筑幕墙工程的施工
5	钢结构工程	一级	可承担各类钢结构工程(包括网架、轻型钢结构工程)的制作与安装
		二级	可承担单项合同额不超过企业注册资本金 5 倍且跨度 33m 及以下、总重量 1200t 及以下、单体建筑面积 24000m² 及以下的钢结构工程(包括轻型钢结构工程)和边长 80m 及以下、总重量 350t 及以下、建筑面积 6000m² 及以下的网架工程的制作与安装
		三级	可承担单项合同额不超过企业注册资本金 5 倍且跨度 24m 及以下、总重量 600t 及以下、单体建筑面积 6000m² 及以下的钢结构工程(包括轻型钢结构工程)和边长 24m 及以下、总重量 120t 及以下、建筑断积 1200m² 及以下的网架工程的制作与安装

序号	企业类型	资质等级	承包工程范围
6	电梯安装工程	一级	可承担各类型电梯的安装及维修工程
		二级	可承担单项合同额不超过企业注册资本金5倍、速度为2.5m/s及以下电梯的安装及维修工程
7	金属门窗工程	一级	可承担各类铝合金、塑钢等金属门窗工程的施工
		二级	可承担单项合同额不超过企业注册资本金5倍的下列铝合金、塑钢等金属门窗工程的施工： (1)28层及以下建筑物的金属门窗工程； (2)面积8000m² 及以下的金属门窗工程
		三级	可承担单项合同额不超过企业注册资本金5倍的下列铝合金、塑钢等金属门窗工程的施工： (1)14层及以下建筑物的金属门窗工程； (2)面积4000m² 及以下的金属门窗工程
8	建筑智能化工程	一级	可承担各类建筑智能化工程的施工
		二级	可承担工程造价1200万元及以下的建筑智能化工程的施工
		三级	可承担工程造价600万元及以下的建筑智能化工程的施工

3）建筑劳务分包企业。劳务分包企业可以承接施工总承包企业或专业承包企业分包的劳务作业。部分劳务分包企业的资质等级及其可承揽的工程范围如下：

木工作业分包企业资质分为一级、二级。一级企业可承担各类工程的木工作业分包业务，但单项业务合同额不超过企业注册资本金的5倍；二级企业可承担各类工程的木工作业分包业务，但单项业务合同额不超过企业注册资本金的5倍。

抹灰作业分包企业资质不分等级。可承担各类工程的抹灰作业分包业务，但单项业务合同额不超过企业注册资本金的5倍。

1.2.2 建筑工程承包的有关规定

1. 法规相关条文

《建筑法》关于建筑工程承包的条文是第26～29条。

2. 建筑业企业资质管理规定

承包建筑工程的单位应当持有依法取得的资质证书，并在其资质等级许可的业务范围内承揽工程。禁止建筑施工企业超越本企业资质等级许可的业务范围或者以任何形式用其他施工企业的名义承揽工程。禁止建筑施工企业以任何形式允许其他单位或者个人使用本企业的资质证书、营业执照，以本企业的名义承揽工程。

2005年1月1日开始实行的《最高人民法院关于审理建设工程施工合同纠纷案件适用法律问题的解释》第1条规定：建设工程施工合同具有下列情形之一的，应当根据合同法第52条第（5）项的规定，认定无效：

（1）承包人未取得建筑施工企业资质或者超越资质等级的；

（2）没有资质的实际施工人借用有资质的建筑施工企业名义的；

（3）建设工程必须进行招标而未招标或者中标无效的。

3. 联合承包

两个以上的承包单位组成联合体共同承包建设工程的行为联合承包。《建筑法》第 27 条规定，对于大型建筑工程或者结构复杂的建筑工程，可以由两个以上的承包单位联合共同承包。

（1）联合体资质的认定。依据《建筑法》第 27 条，联合体作为投标人投标时，应当按照资质等级较低的单位的业务许可范围承揽工程。

（2）联合体中各成员单位的责任承担。组成联合体的成员单位投标之前必须要签订共同投标的协议，明确约定各方拟承担的工作和责任，并将共同投标协议连同投标文件一并提交招标人。否则，依据《工程建设项目施工招标投标办法》，由评标委员会初审后按废标处理。

同时，联合体的成员单位对承包合同的履行承担连带责任。《民法通则》第 87 条规定，负有连带义务的每个债务人，都负有清偿全部债务的义务。因此，联合体的成员单位都负有清偿全部债务的义务。

4. 转包

转包系指承包单位承包建设工程后，不履行合同约定的责任和义务，将其承包的全部建设工程转给他人或者将其承包的全部建设工程肢解以后以分包的名义分别转给其他单位承包的行为。

《建筑法》禁止转包行为，第 28 条规定：禁止承包单位将其承包的全部建筑工程转包给他人，禁止承包单位将其承包的全部建筑工程肢解以后以分包的名义分别转包给他人。

《最高人民法院关于审理建设工程施工合同纠纷案件适用法律问题的解释》第 4 条也规定："承包人非法转包、违法分包建设工程或者没有资质的实际施工人借用有资质的建筑施工企业名义与他人签订建设工程施工合同的行为无效。人民法院可以根据民法通则的规定，收缴当事人已经取得的非法所得。"

5. 分包

（1）分包的概念。总承包单位将其所承包的工程中的专业工程或者劳务作业发包给其他承包单位完成的活动称为分包。

分包分为专业工程分包和劳务作业分包。专业工程分包，是指总承包单位将其所承包工程中的专业工程发包给具有相应资质的其他承包单位完成的活动。劳务作业分包，是指施工总承包企业或者专业承包企业将其承包工程中的劳务作业发包给劳务分包企业完成的活动。

《建筑法》第 29 条规定：建筑工程总承包单位可以将承包工程中的部分发包给具有相应资质等级的分包单位。

（2）违法分包。《建筑法》第 29 条规定：禁止总承包单位将工程分包给不具备相应资质条件的单位，禁止分包单位将其承包的工程再分包。

依据《建筑法》的规定：《建设建设工程质量管理条例》进一步将违法分包界定为如下几种情形：

1）总承包单位将建设工程分包给不具备相应资质条件的单位的；

2）建设工程总承包合同中未有约定，又未经建设单位认可，承包单位将其承包的部分建设工程交由其他单位完成的；

3）施工总承包单位将建设工程主体结构的施工分包给其他单位的；

4）分包单位将其承包的建设工程再分包的。

（3）总承包单位与分包单位的连带责任。《建筑法》第29条规定：总承包单位和分包单位就分包工程对建设单位承担连带责任。

连带责任既可以依合同约定产生，也可以依法律规定产生。总承包单位和分包单位之间的责任划分，应当根据双方的合同约定或者各自过错大小确定；一方向建设单位承担的责任超过其应承担份额的，有权向另一方追偿。需要说明的是，虽然建设单位和分包单位之间没有合同关系，但是当分包工程发生质量、安全、进度等方面问题给建设单位造成损失时，建设单位既可以根据总承包合同向总承包单位追究违约责任，也可以根据法律规定直接要求分包单位承担损害赔偿责任，分包单位不得拒绝。

1.2.3　建筑安全生产管理的有关规定

1. 法规相关条文

《建筑法》关于建筑安全生产管理的条文是第36～51条，其中有关建筑施工企业的条文是第36条、第38条、第39条、第41条、第44～48条、第51条。

2. 建筑安全生产管理方针

建筑安全生产管理是指建设行政主管部门、建筑安全监督管理机构，建筑施工企业及有关单位对建筑生产过程中的安全工作，进行计划、组织、指挥、控制、监督等一系列的管理活动。

《建筑法》第36条规定：建筑工程安全生产管理必须坚持安全第一、预防为主的方针。

安全生产关系到人民群众生命和财产安全，关系到社会稳定和经济健康发展。"安全第一"是安全生产方针的基础；"预防为主"是安全生产方针的核心和具体体现，是实现安全生产的根本途径，生产必须安全，安全促进生产。

安全第一，是从保护和发展生产力的角度，表明在生产范围内安全与生产的关系，肯定安全在建筑生产活动中的首要位置和重要性。预防为主，是指在建设工程生产活动中，针对建设工程生产的特点，对生产要素采取管理措施，有效地控制不安全因素的发展与扩大，把可能发生的事故消灭在萌芽状态，以保证生产活动中人的安全、健康及财产安全。

"安全第一"还反映了当安全与生产发生矛盾的时候，应该服从安全，消火隐患，保证建设工程在安全的条件下生产。"预防为主"则体现在事先策划、事中控制、事后总结。通过信息收集，归类分析，制定预案，控制防范。安全第一、预防为主的方针，体现了国家在建设工程安全生产过程中"以人为本"的思想，也体现了国家对保护劳动者权利、保护社会生产力的高度重视。

3. 建设工程安全生产基本制度

（1）安全生产责任制度。是将企业各级负责人、各职能机构及其工作人员和各岗位作业人员在安全生产方面应做的工作及应负的责任加以明确规定的一种制度。

《建筑法》第36条规定：建筑工程安全生产管理必须建立健全安全生产的责任制度。第44条又规定，建筑施工企业必须依法加强对建筑安全生产的管理，执行安全生产责任制度，采取有效措施，防止伤亡和其他安全生产事故的发生。

安全生产责任制度是建筑生产中最基本的安全管理制度，是所有安全规章制度的核心，是安全第一、预防为主方针的具体体现。通过制定安全生产责任制，建立一种分工明确、运行有效、责任落实、能够充分发挥作用的、长效的安全生产机制，把安全生产工作落到实处。认真落实安全生产责任制，不仅是为了保证在发生生产安全事故时，可以追究责任，更重要的是通过日常或定期检查、考核，奖优罚劣，提高全体从业人员执行安全生产责任制的自觉性，使安全生产责任制真正落实到安全生产工作中去。

建筑施工单位的安全生产责任制主要包括企业各级领导人员的安全职责、企业各有关职能部门的安全生产职责以及施工现场管理人员及作业人员的安全职责三个方面。

（2）群防群治制度。是职工群众进行预防和治理安全的一种制度。

《建筑法》第36条规定：建筑工程安全生产管理必须建立健全群防群治制度。

群防群治制度也是"安全第一、预防为主"的具体体现，同时也是群众路线在安全工作中的具体体现，是企业进行民主管理的重要内容。这一制度要求建筑企业职工在施工中应当遵守有关生产的法律、法规和建筑行业安全规章、规程，不得违章作业；对于危及生命安全和身体健康的行为有权提出批评、检举和控告。

（3）安全生产教育培训制度。是对广大建筑干部职工进行安全教育培训，提高安全意识，，增加安全知识和技能的制度。

《建筑法》46条规定：建筑施工企业应当建立健全劳动安全生产教育培训制度，加强对职工安全生产的教育培训；未经安全生产教育培训的人员，不得上岗作业。

安全生产，人人有责。只有通过对广大职工进行安全教育、培训，才能使广大职工真正认识到安全生产的重要性、必要性，才能使广大职工掌握更多更有效的安全生产的科学技术知识，牢固树立安全第一的思想，自觉遵守各项安全生产规章制度。

（4）伤亡事故处理报告制度。是指施工中发生事故时，建筑企业应当采取紧急措施减少人员伤亡和事故损失，并按照国家有关规定及时向有关部门报告的制度。

《建筑法》第51条规定．施工中发生事故时，建筑施工企业应当采取紧急措施减少人员伤亡和事故损失，并按照国家有关规定及时向有关部门报告。

事故处理必须遵循一定的程序，坚持"四不放过"原则，即事故原因分析不清不放过，事故责任者和群众没受到教育不放过，事故隐患不整改不放过，事故的责任者没有受到处理不放过。通过对事故的严格处理，可以总结出教训，为制定规程、规章提供第一手素材，做到亡羊补牢。

（5）安全生产检查制度。是上级管理部门或企业自身对安全生产状况进行定期或不定期检查的制度。

通过检查可以发现问题，查出隐患，从而采取有效措施，堵塞漏洞，把事故消灭在发生之前，做到防患于未然，是"预防为主"的具体体现。通过检查，还可总结出好的经验加以推广，为进一步搞好安全工作打下基础。安全检查制度是安全生产的保障。

（6）安全责任追究制度。建设单位、设计单位、施工单位、监理单位，由于没有履行职责造成人员伤亡和事故损失的，视情节给予相应处理；情节严重的，责令停业整顿，降低资质等级或吊销资质证书；构成犯罪的，依法追究刑事责任。

4. 建筑施工企业的安全生产责任

《建筑法》第38条、第39条、第41条、第44～48条、第51条规定了建筑施工企业的安全生产责任。经2011年4月第十一届全国人大会议通过的《建筑法》，仅对第48条作了修改，规定如下：建筑施工企业，应当依法为职工参加工伤保险缴纳工伤保险费。鼓励企业为从事危险作业的职工办理意外伤害保险，支付保险费。根据这些规定，《建设工程质量管理条例》等法规作了进一步细化和补充，具体见《建设工程质量管理条例》部分相关内容。

1.2.4 《建筑法》关于质量管理的规定

1. 法规相关条文

《建筑法》关于质量管理的条文是第52～63条，其中有关建筑施工企业的条文是第52条、第54条、第55条、第58～62条。

2. 建设工程竣工验收制度

《建筑法》第61条规定：交付竣工验收的建筑工程，必须符合规定的建筑工程质量标准，有完整的工程技术经济资料和经签署的工程保修书，并具备国家规定的其他竣工条件。建筑工程竣工经验收合格后，方可交付使用；未经验收或者验收不合格的，不得交付使用。

建设工程项目的竣工验收，指在建筑工程已按照设计要求完成全部施工任务，准备交付给建设单位投入使用时，由建设单位或有关主管部门依照国家关于建筑工程竣工验收制度的规定，对该项工程是否符合设计要求和工程质量标准所进行的检查、考核工作。工程项目的竣工验收是施工全过程的最后一道工序，也是工程项目管理的最后一项工作。它是建设投资成果转入生产或使用的标志，也是全面考核投资效益、检验设计和施工质量的重要环节。认真做好工程项目的竣工验收工作，对保证工程项目的质量具有重要意义。

3. 建设工程质量保修制度

建设工程质量保修制度，是指建设工程竣工经验收后，在规定的保修期限内，因勘察、设计、施工、材料等原因造成的质量缺陷，应当由施工承包单位负责维修、返工或更换，由责任单位负责赔偿损失的法律制度。建设工程质量保修制度对于促进建设各方加强质量管理，保护用户及消费者的合法权益可起到重要的保障作用。

《建筑法》第62条规定，建筑工程实行质量保修制度。同时，还对质量保修的范围和期限作了规定：建筑工程的保修范围应当包括地基基础工程、主体结构工程、屋面防水工程和其他土建工程，以及电气管线、上下水管线的安装工程，供热、供冷系统工程等项目；保修的期限应当按照保证建筑物合理寿命年限内正常使用，维护使用者合法权益的原则确定。具体的保修范围和最低保修期限由国务院规定。据此，国务院在《建设工程质量管理条例》中作了明确规定，详见《建设工程质量管理条例》相关内容。

4. 建筑施工企业的质量责任与义务

《建筑法》第54条、第55条、第58～62条规定了建筑施工企业的质量责任与义务。据此，《建设工程质量管理条例》作了进一步细化，详见《建设工程质量管理条例》部分相关内容。

1.3 《安全生产法》

根据《全国人民代表大会常务委员会关于修改〈中华人民共和国安全生产法〉的决

定》，新修订的《安全生产法》已由中华人民共和国第十二届全国人民代表大会常务委员会第十次会议于 2014 年 8 月 31 日通过，自 2014 年 12 月 1 日起施行。

《安全生产法》的立法目的，是为了加强安全生产工作，防止和减少生产安全事故，保障人民群众生命和财产安全，促进经济社会持续健康发展。《安全生产法》包括总则、生产经营单位的安全生产保障、从业人员的安全生产权利义务、安全生产的监督管理、生产安全事故的应急救援与调查处理、法律责任、附则 7 章，共 113 条。对生产经营单位的安全生产保障、从业人员的权利和义务、安全生产的监督管理、生产安全事故的应急求援与调查处理四个主要方面做出了规定。

1.3.1 生产经营单位安全生产保障的有关规定

1. 法规相关条文

《安全生产法》关于生产经营单位安全生产保障的条文是第 17～48 条

2. 组织保障措施

（1）建立安全生产管理机构。《安全生产法》第 21 条规定：矿山、金属冶炼、建筑施工、道路运输单位和危险物品的生产、经营、储存单位，应当设置安全生产管理机构或者配备专职安全生产管理人员。

（2）明确岗位责任。

1）生产经营单位的主要负责人的职责

《安全生产法》第 18 条规定：生产经营单位的主要负责人对本单位安全生产工作负有下列职责：

① 建立、健全本单位安全生产责任制；

② 组织制定本单位安全生产规章制度和操作规程；

③ 组织制定并实施本单位安全生产教育和培训计划；

④ 保证本单位安全生产投入的有效实施；

⑤ 督促、检查本单位的安全生产工作，及时消除生产安全事故隐患；

⑥ 组织制定并实施本单位的生产安全事故应急救援预案；

⑦ 及时、如实报告生产安全事故。

《安全生产法》第 47 条规定：生产经营单位发生生产安全事故时，单位的主要负责人应当立即组织抢救，并不得在事故调查处理期间擅离职守。

2）生产经营单位的安全生产管理人员的职责

《安全生产法》第 43 条规定：生产经营单位的安全生产管理人员应当根据本单位的生产经营特点，对安全生产状况进行经常性检查；对检查中发现的安全问题，应当立即处理；不能处理的，应当及时报告本单位有关负责人，有关负责人应当及时处理。检查及处理情况应当如实记录在案。

3）对安全设施、设备的质量负责的岗位

① 对安全设施的设计质量负责的岗位。《安全生产法》第 30 条规定：建设项目安全设施的设计人、设计单位应当对安全设施设计负责。

矿山建设项目和用于生产、储存危险物品的建设项目的安全设施设计应当按照国家有关规定报经有关部门审查，审查部门及其负责审查的人员对审查结果负责。

② 对安全设施的施工负责的岗位。《安全生产法》第 31 条规定：矿山、金属冶炼建设项目和用于生产、储存、装卸危险物品的建设项目的施工单位必须按照批准的安全设施设计施工，并对安全设施的工程质量负责。

③ 对安全设施的竣工验收负责的岗位。《安全生产法》第 31 条规定：矿山、金属冶炼建设项目和用于生产、储存危险物品的建设项目竣工投入生产或者使用前，应当由建设单位负责组织对安全设施进行验收；验收合格后，方可投入生产和使用。安全生产监督管理部门应当加强对建设单位验收活动和验收结果的监督核查。

④ 对安全设备质量负责的岗位。《安全生产法》第 34 条规定：生产经营单位使用的危险物品的容器、运输工具，以及涉及人身安全、危险性较大的海洋石油开采特种设备和矿山井下特种设备，必须按照国家有关规定，由专业生产单位生产，并经具有专业资质的检测、检验机构检测、检验合格，取得安全使用证或者安全标志，方可投入使用。检测、检验机构对检测、检验结果负责。

3. 质量保障措施

（1）人力资源管理

1）对主要负责人和安全生产管理人员工的管理。《安全生产法》第 24 条规定：生产经营单位的主要负责人和安全生产管理人员必须具备与本单位所从事的生产经营活动相应的安全生产知识和管理能力。

危险物品的生产、经营、储存单位以及矿山、金属冶炼、建筑施工、道路运输单位的主要负责人和安全生产管理人员，应当由主管的负有安全生产监督管理职责的部门对其安全生产知识和管理能力考核合格。考核不得收费。

2）对一般从业人员的管理。《安全生产法》第 25 条规定：生产经营单位应当对从业人员进行安全生产教育和培训，保证从业人员具备必要的安全生产知识，熟悉有关的安全生产规章制度和安全操作规程，掌握本岗位的安全操作技能，了解事故应急处理措施，知悉自身在安全生产方面的权利和义务。未经安全生产教育和培训合格的从业人员，不得上岗作业。

3）对特种作业人员的管理。《安全生产法》第 27 条规定：生产经营单位的特种作业人员必须按照国家有关规定经专门的安全作业培训，取得相应资格，方可上岗作业。

（2）物质资源管理

1）设备的日常管理。《安全生产法》第 32 条规定：生产经营单位应当在有较大危险因素的生产经营场所和有关设施、设备上，设置明显的安全警示标志。

《安全生产法》第 33 条规定：安全设备的设计、制造、安装、使用、检测、维修、改造和报废，应当符合国家标准或者行业标准。

生产经营单位必须对安全设备进行经常性维护、保养，并定期检测，保证正常运转。维护、保养、检测应当作好记录，并由有关人员签字。

2）设备的淘汰制度。《安全生产法》第 35 条规定：国家对严重危及生产安全的工艺、设备实行淘汰制度，生产经营单位不得使用应当淘汰的危及生产安全的工艺、设备。

3）生产经营项目、场所、设备的转让管理。《安全生产法》第 46 条规定：生产经营单位不得将生产经营项目、场所、设备发包或者出租给不具备安全生产条件或者相应资质的单位或者个人。

4）生产经营项目、场所的协调管理。《安全生产法》第 46 条规定：生产经营项目、场所发包或者出租给其他单位的，生产经营单位应当与承包单位、承租单位签订专门的安全生产管理协议，或者在承包合同、租赁合同中约定各自的安全生产管理职责；生产经营单位对承包单位、承租单位的安全生产工作统一协调、管理，定期进行安全检查，发现安全问题的，应当及时督促整改。

4. 经济保障措施

（1）保证安全生产所必须的资金。《安全生产法》第 20 条规定：生产经营单位应当具备的安全生产条件所必需的资金投入，由生产经营单位的决策机构、主要负责人或者个人经营的投资人予以保证，并对由于安全生产所必需的资金投入不足导致的后果承担责任。

（2）保证安全设施所需要的资金。《安全生产法》第 28 条规定：生产经营单位新建、改建、扩建工程项目（以下统称建设项目）的安全设施，必须与主体工程同时设计、同时施工、同时投入生产和使用。安全设施投资应当纳入建设项目概算。

（3）保证劳动防护用品、安全生产培训所需要的资金。《安全生产法》第 42 条规定：生产经营单位必须为从业人员提供符合国家标准或者行业标准的劳动防护用品，并监督、教育从业人员按照使用规则佩戴、使用。

《安全生产法》第 44 条规定：生产经营单位应当安排用于配备劳动防护用品、进行安全生产培训的经费。

（4）保证工伤社会保障所需要的资金。《安全生产法》第 48 条规定：生产经营单位必须依法参加工伤保险，为从业人员缴纳保险费。

5. 技术保障措施

（1）对新工艺、新技术、新材料或者使用新设备的管理。《安全生产法》第 26 条规定：生产经营单位采用新工艺、新技术、新材料或者使用新设备，必须了解、掌握其安全技术特性，采取有效的安全防护措施，并对从业人员进行专门的安全生产教育和培训。

（2）对安全条件论证和安全评价的管理。《安全生产法》第 29 条规定：矿山、金属冶炼建设项目和用于生产、储存、装卸危险物品的建设项目，应当按照国家有关规定进行安全评价。

（3）对废弃危险物品的管理。《安全生产法》第 37 条规定：生产、经营、运输、储存、使用危险物品或者处置废弃危险物品的，由有关主管部门依照有关法律、法规的规定和国家标准或者行业标准审批并实施监督管理。

生产经营单位生产、经营、运输、储存、使用危险物品或者处置废弃危险物品，必须执行有关法律、法规和国家标准或者行业标准，建立专门的安全管理制度，采取可靠的安全措施，接受有关主管部门依法实施的监督管理。

（4）对重大危险源的管理。《安全生产法》第 38 条规定：生产经营单位对重大危险源应当登记建档，进行定期检测、评估、监控，并制定应急预案，告知从业人员和相关人员在紧急情况下应当采取的应急措施。

生产经营单位应当按照国家有关规定将本单位重大危险源及有关安全措施、应急措施报有关地方人民政府负责安全生产监督管理的部门和有关部门备案。

（5）对员工宿舍的管理。《安全生产法》第 39 条规定：生产、经营、储存、使用危险物品的车间、商店、仓库不得与员工宿舍在同一座建筑物内，并应当与员工宿舍保持安全距离。

生产经营场所和员工宿舍应当设有符合紧急疏散要求、标志明显、保持畅通的出口。禁止锁闭、封堵生产经营场所或者员工宿舍的出口。

（6）对危险作业的管理。《安全生产法》第40条规定：生产经营单位进行爆破、吊装以及国务院安全生产监督管理部门会同国务院有关部门规定的其他危险作业，应当安排专门人员进行现场安全管理，确保操作规程的遵守和安全措施的落实。

（7）对安全生产操作规程的管理。《安全生产法》第41条规定：生产经营单位应当教育和督促从业人员严格执行本单位的安全生产规章制度和安全操作规程；并向从业人员如实告知作业场所和工作岗位存在的危险因素、防范措施以及事故应急措施。

（8）对施工现场的管理。《安全生产法》第45条规定：两个以上生产经营单位在同一作业区域内进行生产经营活动，可能危及对方生产安全的，应当签订安全生产管理协议，明确各自的安全生产管理职责和应当采取的安全措施，并指定专职安全生产管理人员进行安全检查与协调。

1.3.2　从业人员的权利和义务的有关规定

1. 法规相关条文

《安全生产法》关于从业人员的权利和义务的条文是第25条、第42条、第49～56条。

2. 安全生产中从业人员的权利

生产经营单位的从业人员，是指该单位从事生产经营活动各项工作的所有人员，包括管理人员、技术人员和各岗位的工人，也包括生产经营单位临时聘用的人员。

生产经营单位从业人员依法享有以下权利：

（1）知情权。《安全生产法》第50条规定：生产经营单位的从业人员有权了解其作业场所和工作岗位存在的危险因素、防范措施及事故应急措施，有权对本单位的安全生产工作提出建议。

（2）批评权和检举、控告权。《安全生产法》第51条规定：从业人员有权对本单位安全生产工作中存在的问题提出批评、检举、控告。

（3）拒绝权。《安全生产法》第51条规定：从业人员有权拒绝违章指挥和强令冒险作业。生产经营单位不得因从业人员对本单位安全生产工作提出批评、检举、控告或者拒绝违章指挥、强令冒险作业而降低其工资、福利等待遇或者解除与其订立的劳动合同。

（4）紧急避险权。《安全生产法》第52条规定：从业人员发现直接危及人身安全的紧急情况时，有权停止作业或者在采取可能的应急措施后撤离作业场所。

生产经营单位不得因从业人员在前款紧急情况下停止作业或者采取紧急撤离措施而降低其工资、福利等待遇或者解除与其订立的劳动合同。

（5）请求赔偿权。《安全生产法》第53条规定：因生产安全事故受到损害的从业人员，除依法享有工伤保险外，依照有关民事法律尚有获得赔偿的权利的，有权向本单位提出赔偿要求。

《安全生产法》第49条规定：生产经营单位与从业人员订立的劳动合同，应当载明有关保障从业人员劳动安全、防止职业危害的事项，以及依法为从业人员办理工伤保险的事项。生产经营单位不得以任何形式与从业人员订立协议，免除或者减轻其对从业人员因生产安全事故伤亡依法应承担的责任。

（6）获得劳动防护用品的权利。《安全生产法》第 42 条规定：生产经营单位必须为从业人员提供符合国家标准或者行业标准的劳动防护用品，并监督、教育从业人员按照使用规则佩戴、使用。

（7）获得安全生产教育和培训的权利。《安全生产法》第 25 条规定：生产经营单位应当对从业人员进行安全生产教育和培训，保证从业人员具备必要的安全生产知识，熟悉有关的安全生产规章制度和安全操作规程，掌握本岗位的安全操作技能，了解事故应急处理措施，知悉自身在安全生产方面的权利和义务。

3. 安全生产中从业人员的义务

（1）自律遵规的义务。《安全生产法》第 54 条规定：从业人员在作业过程中，应当严格遵守本单位的安全生产规章制度和操作规程，服从管理，正确佩戴和使用劳动防护用品。

（2）自觉学习安全生产知识的义务。《安全生产法》第 55 条规定：从业人员应当接受安全生产教育和培训，掌握本职工作所需的安全生产知识，提高安全生产技能，增强事故预防和应急处理能力。

（3）危险报告义务。《安全生产法》第 56 条规定：从业人员发现事故隐患或者其他不安全因素，应当立即向现场安全生产管理人员或者本单位负责人报告；接到报告的人员应当及时予以处理。

1.3.3　安全生产监督管理的有关规定

1. 法规相关条文

《安全生产法》关于安全监督管理的条文是第 59～76 条。

2. 安全生产监督管理部门

《安全生产法》第 9 条规定：国务院安全生产监督管理部门依照本法，对全国安全生产工作实施综合监督管理；县级以上地方各级人民政府安全生产监督管理部门依照本法，对本行政区域内安全生产工作实施综合监督管理。

国务院有关部门依照本法和其他有关法律、行政法规的规定，在各自的职责范围内对有关行业、领域的安全生产工作实施监督管理；县级以上地方各级人民政府有关部门依照本法和其他有关法律、法规的规定，在各自的职责范围内对有关行业、领域的安全生产工作实施监督管理。

3. 安全生产监督管理措施

《安全生产法》第 60 条规定：负有安全生产监督管理职责的部门依照有关法律、法规的规定，对涉及安全生产的事项需要审查批准（包括批准、核准、许可、注册、认证、颁发证照等，下同）或者验收的，必须严格依照有关法律、法规和国家标准或者行业标准规定的安全生产条件和程序进行审查；不符合有关法律、法规和国家标准或者行业标准规定的安全生产条件的，不得批准或者验收通过。对未依法取得批准或者验收合格的单位擅自从事有关活动的，负责行政审批的部门发现或者接到举报后应当立即予以取缔，并依法予以处理。对已经依法取得批准的单位，负责行政审批的部门发现其不再具备安全生产条件的，应当撤销原批准。

4. 安全生产监督管理部门的职权

《安全生产法》第 62 条规定：安全生产监督管理部门和其他负有安全生产监督管理职责的部门依法开展安全生产行政执法工作，对生产经营单位执行有关安全生产的法律、法规和国家标准或者行业标准的情况进行监督检查，行使以下职权：

（1）进入生产经营单位进行检查，调阅有关资料，向有关单位和人员了解情况；

（2）对检查中发现的安全生产违法行为，当场予以纠正或者要求限期改正；对依法应当给予行政处罚的行为，依照本法和其他有关法律、行政法规的规定作出行政处罚决定；

（3）对检查中发现的事故隐患，应当责令立即排除；重大事故隐患排除前或者排除过程中无法保证安全的，应当责令从危险区域内撤出作业人员，责令暂时停产停业或者停止使用相关设施、设备；重大事故隐患排除后，经审查同意，方可恢复生产经营和使用；

（4）对有根据认为不符合保障安全生产的国家标准或者行业标准的设施、设备、器材以及违法生产、储存、使用、经营、运输的危险物品予以查封或者扣押，对违法生产、储存、使用、经营危险物品的作业场所予以查封，并依法作出处理决定。

5. 安全生产监督检查人员的义务

《安全生产法》第 64 条规定：安全生产监督检查人员应当忠于职守，坚持原则，秉公执法；安全生产监督检查人员执行监督检查任务时，必须出示有效的监督执法证件；对涉及被检查单位的技术秘密和业务秘密，应当为其保密。

1.3.4 安全事故应急救援与调查处理的规定

1. 法规相关条文

《安全生产法》关于生产安全事故的应急救援与调查处理的条文是第 77～86 条。

2. 生产安全事故的等级划分标准

国务院《生产安全事故报告和调查处理条例》规定：根据生产安全事故（以下简称事故）造成的人员伤亡或者直接经济损失，事故一般分为以下等级：

（1）特别重大事故，是指造成 30 人及以上死亡，或者 100 人及以上重伤（包括急性工业中毒，下同），或者 1 亿元及以上直接经济损失的事故；

（2）重大事故，是指造成 10 人及以上 30 人以下死亡，或者 50 人及以上 100 人以下重伤，或者 5000 万元及以上 1 亿元以下直接经济损失的事故；

（3）较大事故，是指造成 3 人及以上 10 人以下死亡，或者 10 人及以上 50 人以下重伤，或者 1000 万元及以上 5000 万元以下直接经济损失的事故；

（4）一般事故，是指造成 3 人以下死亡，或者 10 人以下重伤，或者 1000 万元以下直接经济损失的事故。

3. 施工生产安全事故报告

《安全生产法》第 80～81 条规定：生产经营单位发生生产安全事故后，事故现场有关人员应当立即报告本单位负责人。单位负责人接到事故报告后，要按照国家有关规定立即如实报告当地负有安全生产监督管理职责的部门。负有安全生产监督管理职责的部门接到事故报告后，应当立即按照国家有关规定上报事故情况。

《建设工程安全生产管理条例》进一步规定：施工单位发生生产安全事故，应当按照国家有关伤亡事故报告和调查处理的规定，及时、如实地向负责安全生产监督管理的部门、建设行政主管部门或者其他有关部门报告；特种设备发生事故的，还应当同时向特种设备安全监督管理部门报告。实行施工总承包的建设工程，由总承包单位负责上报事故。

4. 应急救援工作

《安全生产法》第 80 条规定：单位负责人接到事故报告后，应当迅速采取有效措施，组织抢救，防止事故扩大，减少人员伤亡和财产损失

《安全生产法》第 82 条规定：有关地方人民政府和负有安全生产监督管理职责的部门的负责人接到生产安全事故报告后，应当按照生产安全事故应急救援预案的要求立即赶到事故现场，组织事故抢救。

5. 事故的调查

《安全生产法》第 83 条规定：事故调查处理应当按照科学严谨、依法依规、实事求是、注重实效的原则，及时、准确地查清事故原因，查明事故性质和责任，总结事故教训，提出整改措施，并对事故责任者提出处理意见。

《生产安全事故报告和调查处理条例》规定了事故调查的管辖。特别重大事故由国务院或者国务院授权有关部门组织事故调查组进行调查。重大事故、较大事故、一般事故分别由事故发生地省级人民政府、设区的市级人民政府、县级人民政府负责调查。省级人民政府、设区的市级人民政府、县级人民政府可以直接组织事故调查组进行调查，也可以授权或者委托有关部门组织事故调查组进行调查。未造成人员伤亡的一般事故，县级人民政府也可以委托事故发生单位组织事故调查组进行调查。上级人民政府认为必要时，可以调查由下级人民政府负责调查的事故。特别重大事故以下等级事故，事故发生地与事故发生单位不在同一个县级以上行政区域的，由事故发生地人民政府负责调查，事故发生单位所在地人民政府应当派人参加。

1.4 《建设工程安全生产管理条例》、《建设工程质量管理条例》

《建设工程安全生产管理条例》（以下简称《安全生产管理条例》）于 2003 年 11 月 12 日国务院第 28 次常务会议通过，自 2004 年 2 月 1 日起施行。《安全生产管理条例》包括总则，建设单位的安全责任，勘察、设计、工程监理及其他有关单位的安全责任，施工单位的安全责任，监督管理，生产安全事故的应急救援和调查处理，法律责任，附则 8 章，共 71 条。

《安全生产管理条例》的立法目的，是为了加强建设工程安全生产监督管理，保障人民群众生命和财产安全。

《建设工程质量管理条例》（以下简称《质量管理条例》）于 2000 年 1 月 10 日国务院第 25 次常务会议通过，自 2000 年 1 月 30 日起施行。《质量管理条例》包括总则、建设单位的质量责任和义务、勘察、设计单位的质量责任和义务、施工单位的质量责任和义务、工程监理单位的质量责任和义务、建设工程质量保修、监督管理、罚则、附则 9 章，共82 条。

《质量管理条例》的立法目的，是为了加强对建设工程质量的管理，保证建设工程质

量，保护人民生命和财产安全。

1.4.1 《安全生产管理条例》关于施工单位的安全责任的有关规定

1. 法规相关条文

《安全生产管理条例》关于施工单位的安全责任的条文是第20～38条。

2. 施工单位的安全责任

（1）有关人员的安全责任

1）施工单位主要负责人。不仅仅指法定代表人，而是指对施工单位全面负责、有生产经营决策的人。

《安全生产管理条例》第21条规定：施工单位主要负责人依法对本单位的安全生产工作全面负责。具体包括：

① 建立健全安全生产责任制度和安全生产教育培训制度；

② 制定安全生产规章制度和操作规程；

③ 保证本单位安全生产条件所需资金的投入；

④ 对所承建的建设工程进行定期和专项安全检查，并做好安全检查记录。

2）施工单位的项目负责人

项目负责人主要指项目经理，在工程项目中处于中心地位。《安全生产管理条例》第21条规定，施工单位的项目负责人对建设工程项目的安全全面负责。鉴于项目负责人对安全生产的重要作用，该条同时规定施工单位的项目负责人应当由取得相应执业资格的人员担任。这里，"相应执业资格"目前指建造师执业资格。

根据《安全生产管理条例》第21条，项目负责人的安全责任主要包括：

① 落实安全生产责任制度、安全生产规章制度和操作规程；

② 确保安全生产费用的有效使用；

③ 根据工程的特点组织制定安全施工措施，消除安全事故隐患；

④ 及时、如实报告生产安全事故。

3）专职安全生产管理人员

《安全生产管理条例》第23条规定：施工单位应当设立安全生产管理机构，配备专职安全生产管理人员。专职安全生产管理人员是指经建设主管部门或者其他有关部门安全生产考核合格，并取得安全生产考核合格证书在企业从事安全生产管理工作的专职人员，包括施工单位安全生产管理机构的负责人及其工作人员和施工现场专职安全生产管理人员。

专职安全生产管理人员的安全责任主要包括：对安全生产进行现场监督检查。发现安全事故隐患，应当及时向项目负责人和安全生产管理机构报告；对于违章指挥、违章操作的，应当立即制止。

（2）总承包单位和分包单位的安全责任

《安全生产管理条例》第24条规定：建设工程实行施工总承包的，由总承包单位对施工现场的安全生产负总责。为了防止违法分包和转包等违法行为的发生，真正落实施工总承包单位的安全责任，该条进一步规定，总承包单位应当自行完成建设工程主体结构的施工。该条同时规定，总承包单位依法将建设工程分包给其他单位的，分包合同中应当明确各自的安全生产方面的权利、义务，总承包单位和分包单位对分包工程的安全生产承担连带责任。

但是，总承包单位与分包单位在安全生产方面的责任也不是固定不变的，需要视具体情况确定。《安全生产管理条例》第24条规定：分包单位应当服从总承包单位的安全生产管理，分包单位不服从管理导致生产安全事故的，由分包单位承担主要责任。

（3）安全生产教育培训

1）管理人员的考核。《安全生产管理条例》第36条规定：施工单位的主要负责人、项目负责人、专职安全生产管理人员应当经建设行政主管部门或者其他有关部门考核合格后方可任职。

2）作业人员的安全生产教育培训

① 日常培训。《安全生产管理条例》第36条规定：施工单位应当对管理人员和作业人员每年至少进行一次安全生产教育培训，其教育培训情况记入个人工作档案。安全生产教育培训考核不合格的人员，不得上岗。

② 新岗位培训。《安全生产管理条例》第37条对新岗位培训作了两方面规定。一是作业人员进入新的岗位或者新的施工现场前，应当接受安全生产教育培训。未经教育培训或者教育培训考核不合格的人员，不得上岗作业；二是施工单位在采用新技术、新工艺、新设备、新材料时，应当对作业人员进行相应的安全生产教育培训。

3）特种作业人员的专门培训

《安全生产管理条例》第25条规定：垂直运输机械作业人员、安装拆卸工、爆破作业人员、起重信号工、登高架设作业人员等特种作业人员，必须按照国家有关规定经过专门的安全作业培训，并取得特种作业操作资格证书后，方可上岗作业。

（4）施工单位应采取的安全措施

1）编制安全技术措施、施工现场临时用电方案和专项施工方案。《安全生产管理条例》第26条规定：施工单位应当在施工组织设计中编制安全技术措施和施工现场临时用电方案。同时规定，对下列达到一定规模的危险性较大的分部分项工程编制专项施工方案，并附具安全验算结果，经施工单位技术负责人、总监理工程师签字后实施，由专职安全生产管理人员进行现场监督：

① 基坑支护与降水工程；

② 土方开挖工程；

③ 模板工程；

④ 起重吊装工程；

⑤ 脚手架工程；

⑥ 拆除、爆破工程；

⑦ 国务院建设行政主管部门或者其他有关部门规定的其他危险性较大的工程。

2）安全施工技术交底。施工前的安全施工技术交底的目的就是让所有的安全生产从业人员都对安全生产有所了解，最大限度避免安全事故的发生。因此，第27条规定，建设工程施工前，施工单位负责项目管理的技术人员应当对有关安全施工的技术要求向施工作业班组、作业人员作出详细说明，并由双方签字确认。

3）施工现场安全警示标志的设置。《安全生产管理条例》第28条规定：施工单位应当在施工现场入口处、施工起重机械、临时用电设施、脚手架、出入通道口、楼梯口、电梯井口、孔洞口、桥梁口、隧道口、基坑边沿、爆破物及有害危险气体和液体存放处等危险部位，设置明显的安全警示标志。安全警示标志必须符合国家标准。

4）施工现场的安全防护。《安全生产管理条例》第28条规定：施工单位应当根据不同施工阶段和周围环境及季节、气候的变化，在施工现场采取相应的安全施工措施。施工现场暂时停止施工的，施工单位应当做好现场防护，所需费用由责任方承担，或者按照合同约定执行。

5）施工现场的布置应当符合安全和文明施工要求。《安全生产管理条例》第29条规定：施工单位应当将施工现场的办公、生活区与作业区分开设置，并保持安全距离；办公、生活区的选址应当符合安全性要求。职工的膳食、饮水、休息场所等应当符合卫生标准。施工单位不得在尚未竣工的建筑物内设置员工集体宿舍。

施工现场临时搭建的建筑物应当符合安全使用要求。施工现场使用的装配式活动房屋应当具有产品合格证。临时建筑物一般包括施工现场的办公用房、宿舍、食堂、仓库、卫生间等。

6）对周边环境采取防护措施。《安全生产管理条例》第30条规定：施工单位对因建设工程施工可能造成损害的毗邻建筑物、构筑物和地下管线等，应当采取专项防护措施。施工单位应当遵守有关环境保护法律、法规的规定，在施工现场采取措施，防止或者减少粉尘、废气、废水、固体废物、噪声、振动和施工照明对人和环境的危害和污染。在城市市区内的建设工程，施工单位应当对施工现场实行封闭围挡。

7）施工现场的消防安全措施。《安全生产管理条例》第31条规定：施工单位应当在施工现场建立消防安全责任制度，确定消防安全责任人，制定用火、用电、使用易燃易爆材料等各项消防安全管理制度和操作规程，设置消防通道、消防水源，配备消防设施和灭火器材，并在施工现场入口处设置明显标志。

8）安全防护设备管理。《安全生产管理条例》第33条规定：作业人员应当遵守安全施工的强制性标准、规章制度和操作规程，正确使用安全防护用具、机械设备等。

《安全生产管理条例》第34条规定：

① 施工单位采购、租赁的安全防护用具、机械设备、施工机具及配件，应当具有生产（制造）许可证、产品合格证，并在进入施工现场前进行查验；

② 施工现场的安全防护用具、机械设备、施工机具及配件必须由专人管理，定期进行检查、维修和保养，建立相应的资料档案，并按照国家有关规定及时报废。

9）起重机械设备管理。《安全生产管理条例》第35条对起重机械设备管理作了如下规定：

① 施工单位在使用施工起重机械和整体提升脚手架、模板等自升式架设设施前，应当组织有关单位进行验收，也可以委托具有相应资质的检验检测机构进行验收；使用承租的机械设备和施工机具及配件的，由施工总承包单位、分包单位、出租单位和安装单位共同进行验收。验收合格的方可使用。

②《特种设备安全监察条例》规定的施工起重机械，在验收前应当经有相应资质的检验检测机构监督检验合格。这里"作为特种设备的施工起重机械"是指"涉及生命安全、危险性较大的"起重机械。

③ 施工单位应当自施工起重机械和整体提升脚手架、模板等自升式架设设施验收合

格之日起 30 日内，向建设行政主管部门或者其他有关部门登记。登记标志应当置于或者附着于该设备的显著位置。

10）办理意外伤害保险。《安全生产管理条例》第 38 条规定：施工单位应当为施工现场从事危险作业的人员办理意外伤害保险。同时还规定，意外伤害保险费由施工单位支付。实行施工总承包的，由总承包单位支付意外伤害保险费。意外伤害保险期限自建设工程开工之日起至竣工验收合格止。

1.4.2 《质量管理条例》关于施工单位的质量责任和义务的有关规定

1. 法规相关条文

《质量管理条例》关于施工单位的质量责任和义务的条文是第 25～33 条。

2. 施工单位的质量责任和义务

（1）依法承揽工程。《质量管理条例》第 25 条规定：施工单位应当依法取得相应等级的资质证书，并在其资质等级许可的范围内承揽工程。

禁止施工单位超越本单位资质等级许可的业务范围或者以其他施工单位的名义承揽工程。禁止施工单位允许其他单位或者个人以本单位的名义承揽工程。施工单位不得转包或者违法分包工程。

（2）建立质量保证体系。《质量管理条例》第 26 条规定：施工单位对建设工程的施工质量负责。施工单位应当建立质量责任制，确定工程项目的项目经理、技术负责人和施工管理负责人。

建设工程实行总承包的，总承包单位应当对全部建设工程质量负责；建设工程勘察、设计、施工、设备采购的一项或者多项实行总承包的，总承包单位应当对其承包的建设工程或者采购的设备的质量负责。

《质量管理条例》第 27 条规定：总承包单位依法将建设工程分包给其他单位的，分包单位应当按照分包合同的约定对其分包工程的质量向总承包单位负责，总承包单位与分包单位对分包工程的质量承担连带责任。

（3）按图施工。《质量管理条例》第 28 条规定：施工单位必须按照工程设计图纸和施工技术标准施工，不得擅自修改工程设计，不得偷工减料。但是，施工单位在施工过程中发现设计文件和图纸有差错的，应当及时提出意见和建议。

（4）对建筑材料、构配件和设备进行检验的责任。《质量管理条例》第 29 条规定：施工单位必须按照工程设计要求、施工技术标准和合同约定，对建筑材料、建筑构配件、设备和商品混凝土进行检验，检验应当有书面记录和专人签字；未经检验或者检验不合格的，不得使用。

（5）对施工质量进行检验的责任。《质量管理条例》第 30 条规定：施工单位必须建立、健全施工质量的检验制度，严格工序管理，做好隐蔽工程的质量检查和记录。隐蔽工程在隐蔽前，施工单位应当通知建设单位和建设工程质量监督机构。

（6）见证取样。在工程施工过程中，为了控制工程施工质量，需要依据有关技术标准对用于工程的材料和构件抽取一定数量的样品进行检测，并根据检测结果判断其所代表部位的质量。《质量管理条例》第 31 条规定：施工人员对涉及结构安全的试块、试件以及有关材料，应当在建设单位或者工程监理单位监督下现场取样，并送具有相应资质等级的质量检测单位进行检测。

（7）保修。《质量管理条例》第 32 条规定：施工单位对施工中出现质量问题的建设工程或者竣工验收不合格的建设工程，应当负责返修。

在建设工程竣工验收合格前，施工单位应对质量问题履行返修义务；建设工程竣工验收合格后，施工单位应对保修期内出现的质量问题履行保修义务。《合同法》第 281 条对施工单位的返修义务也有相应规定：因施工人原因致使建设工程质量不符合约定的，发包人有权要求施工人在合理期限内无偿修理或者返工、改建。经过修理或者返工、改建后，造成逾期交付的，施工人应当承担违约责任。

1.5 《劳动法》、《劳动合同法》

《中华人民共和国劳动法》（以下简称《劳动法》）于 1994 年 7 月 5 日第八届全国人民代表大会常务委员会第八次会议通过，自 1995 年 1 月 1 日起施行。

《劳动法》分为总则、促进就业、劳动合同和集体合同、工作时间和休息休假、工资、劳动安全卫生、女职工和未成年工特殊保护、职业培训、社会保险和福利、劳动争议、监督检查、法律责任、附则 13 章，共 107 条。

《劳动法》的立法目的，是为了保护劳动者的合法权益，调整劳动关系，建立和维护适应社会主义市场经济的劳动制度，促进经济发展和社会进步。

《中华人民共和国劳动合同法》（以下简称《劳动合同法》）于 2007 年 6 月 29 日第十届全国人民代表大会常务委员会第二十八次会议通过，自 2008 年 1 月 1 日起施行。2012年 12 月 28 日第十一届全国人民代表大会常务委员会第三十次会议通过了《全国人民代表大会常务委员会关于修改（中华人民共和国劳动合同法）的决定》，修订后的《劳动合同法》自 2013 年 7 月 1 日起施行。《劳动合同法》包括总则、劳动合同的订立、劳动合同的履行和变更、劳动合同的解除和终止、特别规定、监督检查、法律责任、附则 8 章，共98 条。

《劳动合同法》的立法目的，是为了完善劳动合同制度，明确劳动合同双方当事人的权利和义务，保护劳动者的合法权益，构建和发展和谐稳定的劳动关系。

《劳动合同法》在《劳动法》的基础上，对劳动合同的订立、履行、终止等内容做出了更为详尽的规定。

1.5.1 《劳动法》、《劳动合同法》关于劳动合同和集体合同的有关规定

1. 法规相关条文

《劳动法》关于劳动合同的条文是第 16～35 条。

《劳动合同法》关于劳动合同的条文是第 7～50 条。

2. 劳动合同的概念

劳动合同是劳动者与用人单位确立劳动关系、明确双方权利和义务的协议。这里的劳动关系，是指劳动者与用人单位（包括各类企业、个体工商户、事业单位等）在实现劳动过程中建立的社会经济关系。

3. 劳动合同的订立

(1) 劳动合同当事人。《劳动法》第 16 条规定，劳动合同的当事人为用人单位和劳动者。

《中华人民共和国劳动合同法实施条例》进一步规定，劳动合同法规定的用人单位设立的分支机构，依法取得营业执照或者登记证书的，可以作为用人单位与劳动者订立劳动合同；未依法取得营业执照或者登记证书的，受用人单位委托可以与劳动者订立劳动合同。

(2) 劳动合同的类型。劳动合同分为以下三种类型：一是固定期限劳动合同，即用人单位与劳动者约定终止时间的劳动合同；二是以完成一定工作任务为期限的劳动合同，即用人单位与劳动者约定以某项工作的完成为合同期限的劳动合同；三是无固定期限劳动合同，即用人单位与劳动者约定无明确终止时间的劳动合同。

有下列情形之一，劳动者提出或者同意续订、订立劳动合同的，除劳动者提出订立固定期限劳动合同外，应当订立无固定期限劳动合同：

1）劳动者在该用人单位连续工作满 10 年的；

2）用人单位初次实行劳动合同制度或者国有企业改制重新订立劳动合同时，劳动者在该用人单位连续工作满 10 年且距法定退休年龄不足 10 年的；

3）连续订立两次固定期限劳动合同，且劳动者没有《劳动合同法》第 39 条（即用人单位可以解除劳动合同的条件）和第 40 条第 1 项、第 2 项规定（即劳动者患病或者非因工负伤，在规定的医疗期满后不能从事原工作，也不能从事由用人单位另行安排的工作的；劳动者不能胜任工作，经过培训或者调整工作岗位，仍不能胜任工作的）的情形，续订劳动合同的。

若劳动者依据此处的规定提出订立无固定期限劳动合同的，用人单位应当与其订立无固定期限劳动合同。对劳动合同的内容，双方应当按照合法、公平、平等自愿、协商一致、诚实信用的原则协商确定。

劳动者非因本人原因从原用人单位被安排到新用人单位工作的，劳动者在原用人单位的工作年限合并计算为新用人单位的工作年限。原用人单位已经向劳动者支付经济补偿的，新用人单位在依法解除、终止劳动合同计算支付经济补偿的工作年限时，不再计算劳动者在原用人单位的工作年限。

(3) 订立劳动合同的时间限制。《劳动合同法》第 19 条规定：建立劳动关系，应当订立书面劳动合同。已建立劳动关系，未同时订立书面劳动合同的，应当自用工之日起一个月内订立书面劳动合同。

因劳动者的原因未能订立劳动合同的，自用工之日起一个月内，经用人单位书面通知后，劳动者不与用人单位订立书面劳动合同的，用人单位应当书面通知劳动者终止劳动关系，无需向劳动者支付经济补偿，但是应当依法向劳动者支付其实际工作时间的劳动报酬。

因用人单位的原因未能订立劳动合同的，用人单位自用工之日起超过一个月不满一年未与劳动者订立书面劳动合同的，应当依照劳动合同法第 82 条的规定向劳动者每月支付两倍的工资，并与劳动者补订书面劳动合同；劳动者不与用人单位订立书面劳动合同的，用人单位应当书面通知劳动者终止劳动关系，并依照劳动合同法第 47 条的规定支付经济补偿。

(4) 劳动合同的生效

劳动合同由用人单位与劳动者协商一致，并经用人单位与劳动者在劳动合同文本上签字或者盖章生效。

劳动合同文本由用人单位和劳动者各执一份。

4. 劳动合同的条款

《劳动法》第19条规定：劳动合同应当具备以下条款：

(1) 用人单位的名称、住所和法定代表人或者主要负责人；

(2) 劳动者的姓名、住址和居民身份证或者其他有效身份证件号码；

(3) 劳动合同期限；

(4) 工作内容和工作地点；

(5) 工作时间和休息休假；

(6) 劳动报酬；

(7) 社会保险；

(8) 劳动保护、劳动条件和职业危害防护；

(9) 法律、法规规定应当纳入劳动合同的其他事项。

劳动合同除前款规定的必备条款外，用人单位与劳动者可以约定试用期、培训、保守秘密、补充保险和福利待遇等其他事项。

《劳动合同法》第19条规定：劳动合同对劳动报酬和劳动条件等标准约定不明确，引发争议的，用人单位与劳动者可以重新协商；协商不成的，适用集体合同规定；没有集体合同或者集体合同未规定劳动报酬的，实行同工同酬；没有集体合同或者集体合同未规定劳动条件等标准的，适用国家有关规定。

5. 试用期

(1) 试用期的最长时间。《劳动法》第21条规定，试用期最长不得超过6个月。

《劳动合同法》第19条进一步明确：劳动合同期限3个月以上未满1年的，试用期不得超过1个月；劳动合同期限1年以上不满3年的，试用期不得超过2个月；3年以上固定期限和无固定期限的劳动合同，试用期不得超过6个月。

(2) 试用期的次数限制。《劳动合同法》第19条规定：同一用人单位与同一劳动者只能约定一次试用期。

以完成一定工作任务为期限的劳动合同或者劳动合同期限不满3个月的，不得约定试用期。

试用期包含在劳动合同期限内。劳动合同仅约定试用期的，试用期不成立，该期限为劳动合同期限。

(3) 试用期内的最低工资

《劳动合同法》第20条规定：劳动者在试用期的工资不得低于本单位相同岗位最低档工资或者劳动合同约定工资的80%，并不得低于用人单位所在地的最低工资标准。

《中华人民共和国劳动合同法实施条例》对此作进一步明确：劳动者在试用期的工资不得低于本单位相同岗位最低档工资的80%或者不得低于劳动合同约定工资的80%，并不得低于用人单位所在地的最低工资标准。

（4）试用期内合同解除条件的限制

在试用期中，除劳动者有《劳动合同法》第 39 条（即用人单位可以解除劳动合同的条件）和第 40 条第 1 项、第 2 项（即劳动者患病或者非因工负伤，在规定的医疗期满后不能再能从事原工作，也不能从事由用人单位另行安排的工作的；劳动者不能胜任工作，经过培训或者调整工作岗位，仍不能胜任工作的）规定的情形外，用人单位不得解除劳动合同。用人单位在试用期解除劳动合同的，应当向劳动者说明理由。

6. 劳动合同的无效

《劳动合同法》第 26 条规定：下列劳动合同无效或者部分无效：

（1）以欺诈、胁迫的手段或者乘人之危，使对方在违背真实意思的情况下订立或者变更劳动合同的；

（2）用人单位免除自己的法定责任、排除劳动者权利的；

（3）违反法律、行政法规强制性规定的。

对劳动合同的无效或者部分无效有争议的，由劳动争议仲裁机构或者人民法院确认。

劳动合同部分无效，不影响其他部分效力的，其他部分仍然有效。

劳动合同被确认无效，劳动者已付出劳动的，用人单位应当向劳动者支付劳动报酬。劳动报酬的数额，参照本单位相同或者相近岗位劳动者的劳动报酬确定。

7. 劳动合同的变更

用人单位变更名称、法定代表人、主要负责人或者投资人等事项，不影响劳动合同的履行。

用人单位发生合并或者分立等情况，原劳动合同继续有效，劳动合同由承继其权利和义务的用人单位继续履行。

用人单位与劳动者协商一致，可以变更劳动合同约定的内容。变更劳动合同，应当采用书面形式。

变更后的劳动合同文本由用人单位和劳动者各执一份。

8. 劳动合同的解除

用人单位与劳动者协商一致，可以解除劳动合同。用人单位向劳动者提出解除劳动合同并与劳动者协商一致解除劳动合同的，用人单位应当向劳动者给予经济补偿。

劳动者提前 30 日以书面形式通知用人单位，可以解除劳动合同。劳动者在试用期内提前 3 日通知用人单位，可以解除劳动合同。

（1）劳动者解除劳动合同的情形。《劳动合同法》第 38 条规定：用人单位有下列情形之一的，劳动者可以解除劳动合同，用人单位应当向劳动者支付经济补偿：

1）未按照劳动合同约定提供劳动保护或者劳动条件的；

2）未及时足额支付劳动报酬的；

3）未依法为劳动者缴纳社会保险费的；

4）用人单位的规章制度违反法律、法规的规定，损害劳动者权益的；

5）因《劳动合同法》第 26 条第 1 款（即：以欺诈、胁迫的手段或者乘人之危，使对方在违背真实意思的情况下订立或者变更劳动合同的）规定的情形致使劳动合同无效的；

6）法律、行政法规规定劳动者可以解除劳动合同的其他情形。

用人单位以暴力、威胁或者非法限制人身自由的手段强迫劳动者劳动的，或者用人单位违章指挥、强令冒险作业危及劳动者人身安全的，劳动者可以立即解除劳动合同，不需事先告知用人单位。

（2）用人单位可以解除劳动合同的情形。除用人单位与劳动者协商一致，用人单位可以与劳动者解除合同外，如遇下列情形，用人单位也可以与劳动者解除合同。

1）随时解除。《劳动合同法》第39条规定：劳动者有下列情形之一的，用人单位可以解除劳动合同：

① 在试用期间被证明不符合录用条件的；

② 严重违反用人单位的规章制度的；

③ 严重失职，营私舞弊，给用人单位造成重大损害的；

④ 劳动者同时与其他用人单位建立劳动关系，对完成本单位的工作任务造成严重影响，或者经用人单位提出，拒不改正的；

⑤ 因《劳动合同法》第26条第1款第1项（即：以欺诈、胁迫的手段或者乘人之危，使对方在违背真实意思的情况下订立或者变更劳动合同的）规定的情形致使劳动合同无效的；

⑥ 被依法追究刑事责任的。

2）预告解除。《劳动合同法》第40条规定：有下列情形之一的，用人单位提前30日以书面形式通知劳动者本人或者额外支付劳动者1个月工资后，可以解除劳动合同，用人单位应当向劳动者支付经济补偿。

① 劳动者患病或者非因工负伤，在规定的医疗期满后不能从事原工作，也不能从事由用人单位另行安排的工作的；

② 劳动者不能胜任工作，经过培训或者调整工作岗位，仍不能胜任工作的；

③ 劳动合同订立时所依据的客观情况发生重大变化，致使劳动合同无法履行，经用人单位与劳动者协商，未能就变更劳动合同内容达成协议的。

用人单位依照此规定，选择额外支付劳动者1个月工资解除劳动合同的，其额外支付的工资应当按照该劳动者上1个月的工资标准确定。

3）经济性裁员。《劳动合同法》第41条规定：有下列情形之一，需要裁减人员20人以上或者裁减不足20人但占企业职工总数10％以上的，用人单位提前30日向工会或者全体职工说明情况。听取工会或者职工的意见后，裁减人员方案经向劳动行政部门报告，可以裁减人员，用人单位应当向劳动者支付经济补偿：

① 依照企业破产法规定进行重整的；

② 生产经营发生严重困难的；

③ 企业转产、重大技术革新或者经营方式调整，经变更劳动合同后，仍需裁减人员的；

④ 其他因劳动合同订立时所依据的客观经济情况发生重大变化，致使劳动合同无法履行的。

4）用人单位不得解除劳动合同的情形。《劳动合同法》第42条规定：劳动者有下列情形之一的，用人单位不得依照本法第40条、第41条的规定解除劳动合同：

① 从事接触职业病危害作业的劳动者未进行离岗前职业健康检查，或者疑似职业病病人在诊断或者医学观察期间的；

② 在本单位患职业病或者因工负伤并被确认丧失或者部分丧失劳动能力的；

③ 患病或者非因工负伤，在规定的医疗期内的；

④ 女职工在孕期、产期、哺乳期的；

⑤ 在本单位连续工作满 15 年，且距法定退休年龄不足 5 年的；

⑥ 法律、行政法规规定的其他情形。

9. 劳动合同终止

《劳动合同法》规定：有下列情形之一的，劳动合同终止。用人单位与劳动者不得在劳动合同法规定的劳动合同终止情形之外约定其他的劳动合同终止条件：

（1）劳动者达到法定退休年龄的，劳动合同终止；

（2）劳动合同期满的，除用人单位维持或者提高劳动合同约定条件续订劳动合同，劳动者不同意续订的情形外，依照本项规定终止固定期限劳动合同的，用人单位应当向劳动者支付经济补偿；

（3）劳动者开始依法享受基本养老保险待遇的；

（4）劳动者死亡，或者被人民法院宣告死亡或者宣告失踪的；

（5）用人单位被依法宣告破产的，依据本项规定终止劳动合同的，用人单位应当向劳动者支付经济补偿；

（6）用人单位被吊销营业执照、责令关闭、撤销或者用人单位决定提前解散的，依照本项规定终止劳动合同的，用人单位应当向劳动者支付经济补偿。

（7）法律、行政法规规定的其他情形。

10. 集体合同的有关规定

《劳动法》第 33 条规定：企业职工一方与企业可以就劳动报酬、工作时间、休息休假、劳动安全卫生、保险福利等事项，签订集体合同。集体合同草案应当提交职工代表大会或者全体职工讨论通过。

集体合同由工会代表职工与企业签订；没有建立工会的企业，由职工推举的代表与企业签订。

《劳动法》第 34 条规定：集体合同签订后应当报送劳动行政部门；劳动行政部门自收到集体合同文本之日起十五日内未提出异议的，集体合同即行生效。

《劳动法》第 35 条规定：依法签订的集体合同对企业和企业全体职工具有约束力。职工个人与企业订立的劳动合同中劳动条件和劳动报酬等标准不得低于集体合同的规定。

1.5.2 《劳动法》关于劳动安全卫生的有关规定

1. 法规相关条文

《劳动法》关于劳动安全卫生的条文是第 52～57 条。

2. 劳动安全卫生

劳动安全卫生又称劳动保护，是指直接保护劳动者在劳动中的安全和健康的法律保护。

根据《劳动法》的有关规定，用人单位和劳动者应当遵守如下有关劳动安全卫生的法律规定：

（1）用人单位必须建立、健全劳动安全卫生制度，严格执行国家劳动安全卫生规程和标准，对劳动者进行劳动安全卫生教育，防止劳动过程中的事故，减少职业危害。

（2）劳动安全卫生设施必须符合国家规定的标准。新建、改建、扩建工程的劳动安全卫生设施必须与主体工程同时设计、同时施工、同时投入生产和使用。

（3）用人单位必须为劳动者提供符合国家规定的劳动安全卫生条件和必要的劳动防护用品，对从事有职业危害作业的劳动者应当定期进行健康检查。

（4）从事特种作业的劳动者必须经过专门培训并取得特种作业资格。

（5）劳动者在劳动过程中必须严格遵守安全操作规程。劳动者对用人单位管理人员违章指挥、强令冒险作业，有权拒绝执行；对危害生命安全和身体健康的行为，有权提出批评、检举和控告。

第2章 建筑材料

人类赖以生存的总环境中，所有构筑物或建筑物所用材料及制品统称为建筑材料。

建筑材料按材料的化学成分分类，可分为无机材料、有机材料和复合材料三大类：

无机材料又分为金属材料（钢、铁、铝、铜、各类合金等）、非金属材料（天然石材、水泥、混凝土、玻璃、烧土制品等）、金属—非金属复合材料（钢筋混凝土等）；

有机材料有木材、塑料、合成橡胶、石油沥青等；

复合材料又分为无机非金属—有机复合材料（聚合物混凝土、玻璃纤维增强塑料等）、金属—有机复合材料（轻质金属夹芯板等）。

2.1 无机凝胶材料的分类及特性

将两种材料或散粒状材料胶结在一起的材料，称为胶凝-胶结材料。通常将无机胶凝材料称为胶凝材料，将有机胶凝材料称为胶结材料。按凝结硬化条件的不同可分为气硬性胶凝材料和水硬性胶凝材料。气硬性胶凝材料只能在空气中硬化，保持或继续发展其强度（石膏、石灰、水玻璃和菱苦土等）。水硬性胶凝材料在凝结后，既能在空气中硬化，又能在水中硬化，保持并继续发展其强度（如水泥）。

2.2 通用水泥的特性及应用

2.2.1 硅酸盐水泥

1. 概念

由硅酸盐水泥熟料，0%～5%石灰石或粒化高炉矿渣、适量石膏磨细制成的水硬性胶凝材料，称为硅酸盐水泥。硅酸盐水泥分为不掺加混合材料的Ⅰ型硅酸盐水泥（代号P·Ⅰ）和掺加不超过水泥质量5%石灰石或粒化高炉矿渣混合材料的Ⅱ型硅酸盐水泥（代号P·Ⅱ）。

2. 主要熟料矿物

生料中所含的 CaO、SiO_2、Al_2O_3 及 Fe_2O_3 等四种氧化物经高温煅烧后，生成硅酸盐水泥熟料中的四种主要矿物成分，它们的名称、分子式及含量见表2-1，这四种矿物成分有各自不同的特性，当它们单独与水作用时，表现的特性见表2-2所示。

由于各种矿物成分的性质不同，所以若改变它们在熟料中的相对含量，水泥的性质也将随之改变。如适当提高 C_3S 及 C_3A 的含量，水泥就具有快硬高强性能；若控制 C_3A 的含量适当提高 C_2S 及 C_4AF 的含量，就可得到低热水泥。除以上四种主要矿物成分外，水泥中尚有少量其他成分，如：游离氧化钙、游离氧化镁、碱性氧化物等，其含量一般不超过水泥质量的10%，它们对水泥性能都会产生不利影响。

硅酸盐水泥熟料的矿物成分　　　　　　表 2-1

名　称	分　子　式	简写符号	含　量
硅酸三钙	$3CaO \cdot SiO_2$	C_3S	$33\% \sim 62\%$
硅酸二钙	$2CaO \cdot SiO_2$	C_2S	$17\% \sim 41\%$
铝酸三钙	$3CaO \cdot Al_2O_3$	C_3A	$6\% \sim 12\%$
铁铝酸四钙	$4CaO \cdot Al_2O_3 \cdot Fe_2O_3$	C_4AF	$10\% \sim 18\%$

硅酸盐水泥熟料矿物成分的特性　　　　　　表 2-2

性质 矿物名称	凝结硬化速度	强度	水化热	抗侵蚀	干缩
硅酸三钙	快	高	大	中	中
硅酸二钙	慢	早期低、后期高	最小	最好	中
铝酸三钙	最快	增长快但不高	最大	差	大
铁铝酸四钙	快	低	中	好	小

3. 水泥熟料矿物的水化及硬化

水泥加水拌成可塑的水泥浆,水泥浆逐渐变稠失去塑性,开始产生强度,这一过程称为凝结。随后,开始产生强度并逐渐提高,变为坚硬的水泥石,这一过程称为硬化。水泥的凝结硬化是一个连续的复杂的物理化学变化过程。

（1）硅酸盐水泥的水化

硅酸盐水泥遇水后,熟料中各矿物成分与水发生水化反应,生成新的水化产物,并放出热量。

1）硅酸三钙与水反应,生成水化硅酸钙并析出氢氧化钙：

$$2(3CaO \cdot SiO_2) + 6H_2O = 3CaO \cdot 2SiO_2 \cdot 3H_2O + 3Ca(OH)_2$$

2）硅酸二钙与水反应,生成水化硅酸钙并析出少量氢氧化钙：

$$2(2CaO \cdot SiO_2) + 4H_2O = 3CaO \cdot 2SiO_2 \cdot 3H_2O + Ca(OH)_2$$

3）铝酸三钙与水反应,生成水化铝酸钙：

$$3CaO \cdot Al_2O_3 + 6H_2O = 3CaO \cdot Al_2O_3 \cdot 6H_2O$$

4）铁铝酸四钙与水反应,生成水化铝酸钙及水化铁酸钙：

$$4CaO \cdot Al_2O_3 \cdot Fe_2O_3 + 7H_2O = 3CaO \cdot Al_2O_3 \cdot 6H_2O + CaO \cdot Fe_2O_3 \cdot H_2O$$

水泥中加入的少量石膏,与水化生成的水化铝酸钙化合,生成水化硫铝酸钙（钙矾石）,生成的水化硫铝酸钙难溶于水,沉积在水泥颗粒表面,阻碍水泥颗粒与水接触,使水泥水化延缓,达到调节水泥凝结之目的。它生成的柱状或针状结晶,起骨架作用,对水泥的早期强度是有利的。

综上所述,硅酸盐水泥水化后,生成的水化产物有：氢氧化钙、水化硅酸钙、水化铝酸钙、水化铁酸钙及水化硫铝酸钙。其中氢氧化钙、水化铝酸钙及水化硫铝酸钙比较容易结晶,而水化硅酸钙及水化铁酸钙则长期以胶体形式存在。

（2）硅酸盐水泥的凝结硬化

水泥在水化同时,发生着一系列连续复杂的物理化学变化,水泥浆逐渐凝结硬化。一般可人为地将水泥凝结硬化过程划分为四个阶段：

1）初始反应期：水泥加水拌成水泥浆。在水泥浆中，水泥颗粒与水接触，并与水发生水化反应，生成的水化产物溶于水中，水泥颗粒暴露出新的表面，使水化反应继续进行。这个时期称为"初始反应期"，即初始的溶解与水化，一般可持续5～10min。

2）潜伏期：由于开始阶段水泥水化很快，生成的水化产物很快使水泥颗粒周围的溶液成为水化产物的饱和溶液。继续水化生成的氢氧化钙、水化铝酸钙及水化硫铝酸钙逐渐结晶，而水化硅酸钙则以微粒析出，形成凝胶。水化硅酸钙凝胶中夹杂着晶体，它包在水泥颗粒表面形成半渗透的凝胶体膜。这层膜减缓了外部水分向内渗入和水化物向外扩散的速度，同时膜层不断增厚，使水泥水化速度变慢。此阶段称为"潜伏期"或"诱导期"，持续时间一般1h。

3）凝结期：由于水分渗入膜层内部的速度大于水化物向膜层外扩散的速度，产生的渗透压力使膜层向外胀大，并终于破裂。这样，周围饱和程度较低的溶液能与未水化的水泥颗粒内核接触，使水化反应速度加快，直至新的凝胶体重新修补破裂的膜层为止。水泥凝胶膜层向外增厚和随后的破裂伸展，使原来水泥颗粒间被水所占的空间逐渐变小，包有凝胶体膜的颗粒逐渐接近，以至相互粘结。水泥浆的黏度提高，塑性逐渐降低，直至完全失去塑性，开始产生强度，水泥凝结。这个阶段称为"凝结期"，持续时间一般6h。

4）硬化期：继续水化生成的各种水化产物，特别是大量的水化硅酸钙凝胶进一步填充水泥颗粒间的毛细孔，使浆体强度逐渐发展，而经历"硬化期"，持续时间一般6h。

由上述可知，水泥的水化反应是由颗粒表面逐渐深入内层的。这个反应开始时较快，以后由于形成的凝胶体膜使水分透入越来越困难，水化反应也越来越慢。实际上，较粗的水泥颗粒，其内部将长期不能完全水化。因此，水化后的水泥石由凝胶体（包括凝胶及晶体）、未完全水化的水泥颗粒内核及毛细孔（包括其中的游离水分及水分蒸发后形成的气孔）等组成。

4. 影响硅酸盐水泥凝结硬化的主要因素

（1）水泥熟料的矿物组成和细度

硅酸三钙、铝酸三钙水化速度快，硅酸三钙、铝酸三钙含量高时，水泥的凝结速度快，早期强度高；硅酸二钙水化速度较慢，但对水泥的后期强度增长起重要作用。水泥颗粒越细，与水接触的表面积越大，水化就越快，凝结硬化速度也越快。在水泥浆中掺入调节凝结的外加剂（缓凝剂、速凝剂）可调节水泥的凝结硬化速度。

（2）养护龄期的影响

水泥石的强度是随龄期的增长而增长的，一般在起初的3～7d内强度发展甚快，28d后明显变慢，3个月后更慢。但在一定的温度湿度条件下，强度增长可延续几年甚至几十年。

（3）环境温度、湿度影响

温度对凝结硬化影响很大，温度高，水泥水化速度快，凝结硬化速度就快。采用蒸汽养护是加速凝结硬化的方法之一。温度低时，凝结硬化速度变慢。温度低于0℃，硬化完全停止，低于−3℃时，水泥中的水冻结，会产生冻裂破坏。因此，冬期施工时要采取防冻措施，潮湿环境下的水泥石，水分不易蒸发，促进水泥的凝结硬化，若环境十分干燥，水泥的凝结硬化无法进行，水泥石的强度将停止增长。所以，水泥混凝土在浇筑后的一段时间里应注意保持在正常的温度、湿度下养护。

（4）拌合用水量：拌合水泥浆体时，为使浆体具有一定塑性和流动性，通常加入的水量常超过水化时所需的水量，多余的水在水泥中形成孔隙而降低水泥石的强度。因此适宜的加水量，可使水泥充分水化，加快凝结硬化。

5. 硅酸盐水泥的技术性质

（1）细度：指水泥颗粒的粗细程度，它直接影响着水泥的性能和使用。凡水泥细度不符合规定者为不合格品。

（2）凝结时间：分初凝时间和终凝时间。从加入拌和用水至水泥浆开始失去塑性所需的时间，称为初凝时间。自加入拌和用水至水泥浆完全失去塑性，并开始有一定结构强度所需的时间，称为终凝时间。国家标准规定硅酸盐水泥的初凝时间不得早于45min，终凝时间不得迟于6.5h。

（3）体积安定性：是指水泥在凝结硬化过程中，水泥体积变化的均匀性。

（4）强度及强度等级：水泥强度是表明水泥质量的重要技术指标，也是划分水泥强度等级的依据。按标准方法制作的一组试件，分别测定3d和28d的抗压强度和抗折强度，根据测定结果，查表确定硅酸盐水泥的强度等级。

（5）碱含量：指水泥中Na_2O和K_2O的含量。国家标准规定：水泥中碱含量不得大于0.60%或由供需双方商定。

国家标准中还规定：凡氧化镁、三氧化硫、安定性、初凝时间中任一项不符合标准规定时，均为废品。凡细度、终凝时间、强度低于规定指标时称为不合格品。废品水泥在工程中严禁使用。若水泥仅强度低于规定指标时，可以降级使用。

6. 水泥石的腐蚀及防止

硬化后的水泥石，在正常条件下具有较好的耐久性，但在受到环境中某些液体或气体的作用时，会造成强度降低，甚至结构破坏，这种现象称为水泥石的腐蚀。引起水泥石腐蚀的原因很多，主要有以下几种类型：

（1）溶出性腐蚀（软水腐蚀）

溶出性腐蚀又称软水腐蚀。当水泥石长期处于软水中时，水泥石中的$Ca(OH)_2$逐渐溶于水中。由于$Ca(OH)_2$溶解度较小，仅微溶于水，因此在静水及无水压力的情况下，$Ca(OH)_2$很容易在周围溶液中达到饱和，使溶解反应停止，不会对水泥石产生较大的破坏作用。但如果软水是流动或者有压力的，则溶解的氢氧化钙将不断溶解流失，从而降低水泥石浓度，当氢氧化钙浓度下降到一定程度时，其他水化物也会分解溶蚀，如水化硅酸钙和水化铝酸钙，会分解成胶结能力较差的硅胶$SiO_2 \cdot nH_2O$和铝胶$Al(OH)_3$，使得水泥石胶结能力变差、空隙增大、强度下降、结构破坏。

溶出性腐蚀的强弱，与环境水的硬度有关。当水质较硬，即水中重碳酸盐含量较高时，氢氧化钙溶解度较小。同时，重碳酸盐与水泥中的氢氧化钙反应，生成几乎不溶于水的碳酸钙：

$$Ca(OH)_2 + Ca(HCO_3)_2 =\!\!=\!\!= 2CaCO_3 + 2H_2O$$

生成的碳酸钙积聚于已硬化的水泥石孔隙中，使水不易渗入水泥石，氢氧化钙不易被溶解带出，腐蚀作用变弱。反之，水质越软腐蚀作用越强。

（2）酸性腐蚀

1）碳酸腐蚀

在工业污水、地下水中常有游离的二氧化碳，它对水泥石的腐蚀作用是通过下面方式进行的：

$$Ca(OH)_2 + CO_2 + nH_2O \overline{} CaCO_3 + (n+1)H_2O$$

$$CaCO_3 + CO_2 + H_2O \Longleftrightarrow Ca(HCO_3)_2$$

这是一种特殊的酸性腐蚀。当水中 CO_2 含量较低时，$CaCO_3$ 沉淀到水泥石表面而使腐蚀停止；当 CO_2 浓度较高时，上述反应还会继续进行，生成的 $Ca(HCO_3)_2$ 易溶于水，当水中的碳酸浓度超过平衡浓度时，反应向右进行，导致水泥石中的 $Ca(OH)_2$ 浓度降低，造成水泥石腐蚀。

2）一般酸腐蚀

有些地下水或工业废水中含有机酸或无机酸，这些酸类与水泥石中的 $Ca(OH)_2$ 发生反应，如：

$$Ca(OH)_2 + 2HCl \overline{} CaCl_2 + 2H_2O$$

$$Ca(OH)_2 + H_2SO_4 \overline{} CaSO_4 \cdot 2H_2O$$

生成的 $CaCl_2$ 易溶于水；石膏（$CaSO_4 \cdot 2H_2O$）在水泥石孔隙中结晶时，体积膨胀，使水泥石破坏，而且还会进一步造成硫酸盐腐蚀。

（3）盐类腐蚀

1）硫酸盐腐蚀

地下水、海水、盐沼水等矿化水中，常含有硫酸盐，如硫酸镁、硫酸钠、硫酸钙等，它们对水泥都会产生腐蚀。

首先，硫酸盐与水泥石中的 $Ca(OH)_2$ 反应生成石膏，石膏结晶，体积膨胀。石膏进一步与水泥石中的水化铝酸钙反应，生成水化硫铝酸钙：

$$3CaO \cdot Al_2O_3 \cdot 6H_2O + 3(CaSO_4 \cdot 2H_2O) + 19H_2O \overline{} 3CaO \cdot Al_2O_3 \cdot 3CaSO_4 \cdot 31H_2O$$

由于水化硫铝酸钙含大量结晶水，结晶时体积胀大至水化铝酸钙体积的 2.5 倍左右，对已硬化的水泥石起极大的破坏作用。

2）镁盐腐蚀

海水、地下水等矿化水中，常含有镁盐，如硫酸镁、氯化镁。这些镁盐与水泥石中的 $Ca(OH)_2$ 发生反应，如：

$$Ca(OH)_2 + MgSO_4 + 2H_2O \overline{} CaSO_4 \cdot 2H_2O + Mg(OH)_2$$

$$Ca(OH)_2 + MgCl_2 \overline{} CaCl_2 + Mg(OH)_2$$

这些生成物中，$Mg(OH)_2$ 松软无胶结力，$CaCl_2$ 易溶于水，$CaSO_4 \cdot 2H_2O$ 还会进一步发生硫酸盐腐蚀，故硫酸镁对水泥石起着镁盐和硫酸盐的双重腐蚀作用。

（4）强碱腐蚀

碱性溶液浓度较低时，则腐蚀性不大。但铝酸三钙（C_3A）含量较高的硅酸盐水泥遇到强碱也会产生破坏作用。如氢氧化钠可与水泥石中未水化的铝酸三钙作用，生成易溶的铝酸钠。

$$3CaO \cdot Al_2O_3 + 2NaOH \overline{} 3Na_2O \cdot Al_2O_3 + 3Ca(OH)_2$$

当水泥石被氢氧化钠溶液浸透后又在空气中干燥，与空气中的二氧化碳作用生成碳酸钠，碳酸钠在水泥石毛细孔中结晶沉积，可导致水泥石膨胀破坏。

实际上水泥石腐蚀是一个极为复杂的物理化学作用过程。水泥石在遭受腐蚀时，很少是单一的侵蚀作用，往往是几种作用同时存在，互相影响。

由以上的分析可知，水泥石腐蚀的基本原因是：

1）水泥石中存在着引起腐蚀的成分氢氧化钙和水化铝酸钙；

2）水泥石本身不密实，内部有大量的毛细通道和裂隙；

3）水泥石外部存在着侵蚀性介质。

为了防止水泥石被腐蚀、保证建筑物的耐久性，可采取以下措施：

1）根据侵蚀环境特点，选择合适的水泥品种；

2）提高水泥石的密实程度，减少水的渗透，以减轻侵蚀的程度或减慢侵蚀的速度；

3）侵蚀作用较强时，可考虑在建筑物表面用耐腐蚀不透水材料做保护层，如沥青防水层、水泥喷浆、塑料防水层等。

2.2.2 掺混合材料的硅酸盐水泥

1. 掺混合材料的作用

在水泥熟料中加入混合材料后，可以改善水泥的性能，调节水泥的强度，增加品种，提高产量，降低成本，扩大水泥的使用范围，同时可以综合利用工业废料和地方材料。

根据掺入混合材料的数量和品种不同有：普通硅酸盐水泥、矿渣硅酸盐水泥、火山灰质硅酸盐水泥、粉煤灰硅酸盐水泥和复合硅酸盐水泥。

2. 混合材料种类

（1）活性混合材料：能与水泥水化产物氢氧化钙起化学反应，生成水硬性胶凝材料，凝结硬化后具有强度并能改善硅酸盐水泥的某些性质。常用有粒化高炉矿渣、火山灰质混合材料和粉煤灰。

（2）非活性混合材料：与水泥矿物成分不起化学作用或化学作用很小，将其掺入水泥熟料中仅起提高水泥产量、降低水泥强度等级和减少水化热等作用。材料有：磨细石英砂、石灰石、黏土、慢冷矿渣及各种废渣。

3. 普通硅酸盐水泥

由硅酸盐水泥熟料、6%～15%混合材料、适量石膏磨细制成的水硬性胶凝材料，代号P·O。

特点：与硅酸盐水泥相比，早期硬化速度稍慢，3d的抗压强度稍低，抗冻性与耐磨性也稍差。

4. 矿渣硅酸盐水泥

由硅酸盐水泥熟料和粒化高炉矿渣、适量石膏磨细制成的水硬性胶凝材料，代号P·S。

与硅酸盐水泥相比，有以下特点：

（1）凝结硬化慢；

（2）早期强度低，后期强度增长较快；

（3）水化热较低；

（4）抗碳化能力较差；

（5）保水性差，泌水性较大；

（6）耐热性较好；

（7）硬化时对湿热敏感性强。

5. 火山灰硅酸盐水泥

由硅酸盐水泥熟料和火山灰质混合材料、适量石膏磨细制成的水硬性胶凝材料，代号P·P。

特点：水化凝结硬化慢，早期强度低，后期强度增长率较大，水化热低，耐蚀性强，抗冻性差，易碳化，干缩较矿渣水泥显著，具有较高抗渗性。

6. 粉煤灰硅酸盐水泥

由硅酸盐水泥熟料和粉煤灰、适量石膏磨细制成的水硬性胶凝材料，代号P·F。

特点：干缩性比较小、抗裂性好；吸水率小、配制的混凝土和易性较好。

7. 复合水泥

由硅酸盐水泥熟料、两种或两种以上规定的混合材料、适量石膏磨细制成的水硬性胶凝材料，代号P·C。

8. 常用水泥的特性和常用水泥的选用（表2-3）

常用水泥的特性及适用范围　　　　表2-3

		硅酸盐水泥	普通水泥	矿渣水泥	火山灰水泥	粉煤灰水泥	复合水泥
特性	硬化速度	快	较快	慢	慢	慢	1. 早期强度较高 2. 其他性能与所掺的主要混合材料的水泥相近
	早期强度	高	较高	低	低	低	
	水化热	高	高	低	低	低	
	抗冻性	好	较好	差	差	差	
	耐热性	差	较差	好	较差	较差	
	干缩性	较小	较小	较大	较大	较小	
	抗渗性	较好	较好	差	较好	较好	
	耐蚀性	差	较差	好	好	好	
	泌水性	较小	较小	较大	小	小	
适用范围		1. 高强混凝土 2. 预应力混凝土 3. 快硬早强结构 4. 抗冻混凝土	与硅酸盐水泥基本相同，是应用最广泛的水泥品种之一	1. 地下、地上和水中的混凝土 2. 大体积混凝土 3. 高温车间和有耐火、耐热要求的混凝土 4. 蒸汽养护的混凝土构件 5. 一般耐软水、海水、硫酸盐腐蚀要求的混凝土 6. 一般混凝土构件	1. 水中、地下、大体积混凝土 2. 抗渗混凝土 3. 蒸汽养护的混凝土构件 4. 一般耐软水、海水、硫酸盐腐蚀要求的混凝土 5. 一般混凝土构件	同火山灰水泥	1. 早期强度要求较高的混凝土 2. 其他用途与所掺的主要混合材料的水泥类似

	硅酸盐水泥	普通水泥	矿渣水泥	火山灰水泥	粉煤灰水泥	复合水泥
不适用范围	1. 大体积混凝土 2. 耐热混凝土,高温养护混凝土 3. 易受腐蚀的混凝土及压力水作用的工程	与硅酸盐水泥基本相同	1. 早期强度要求较高的混凝土 2. 严寒地区及处在水位升降范围内的混凝土 3. 抗渗性要求较高的混凝土	1. 早期强度要求较高的混凝土 2. 严寒地区及处在水位升降范围内的混凝土 3. 干燥环境的混凝土 4. 有耐磨要求的混凝土	1. 抗碳化要求的混凝土 2. 其他同火山灰水泥	与所掺的主要混合材料的水泥类似

2.3 混 凝 土

2.3.1 概述

混凝土是由胶凝材料、颗粒状的粗细骨料和水(必要时掺入一定数量的外加剂和矿物混合材料)按适当比例配制,经均匀搅拌、密实成型,并经过硬化后而成的一种人造石材。土木建筑工程中,应用最广的是以水泥为胶凝材料,以砂、石为骨料,加水拌制成混合物,经一定时间硬化而成的水泥混凝土。

混凝土的分类:

(1) 按胶结材料分:水泥混凝土、石膏混凝土、沥青混凝土及聚合物混凝土等;

(2) 按表观密度分:重混凝土、普通混凝土、轻混凝土及特轻混凝土;

(3) 按性能与用途分:结构混凝土、水工混凝土、装饰混凝土及特种混凝土;

(4) 按施工方法分:泵送混凝土、喷射混凝土、振密混凝土、离心混凝土等;

(5) 按掺合料分:粉煤灰混凝土、硅灰混凝土、磨细高炉矿渣混凝土、纤维混凝土等。

2.3.2 混凝土的特点

优点:

(1) 使用方便;

(2) 价格低廉;

(3) 高强耐久;

(4) 性能易调;

(5) 有利环保。

主要缺点:自重大、抗拉强度低、呈脆性、易裂缝。

2.3.3　组成材料

基本材料是：水泥、水、砂子和石子。砂石主要起骨架作用；水泥加水形成的水泥浆，在硬化前起润滑作用，硬化后起胶结作用。

1. 水泥

根据工程性质、部位、施工条件、环境状况等，依据水泥特性选择水泥品种。一般水泥强度等级标准值为混凝土等级标准值的 1.5～2.0 倍。

2. 骨料

按骨料粒径分为粗骨料（粒径大于 5mm）和细骨料（粒径小于 5mm）。在行业标准中，从泥和泥块含量、有害物质含量、坚固性、碱含量、级配和粗细程度、骨料的形状和表面特征和强度等方面对砂石提出了明确的技术质量要求。

3. 混凝土用水

基本质量要求是：不能含影响水泥正常凝结与硬化的有害杂质；无损于混凝土强度发展及耐久性；不能加快钢筋锈蚀；不引起预应力钢筋脆断；保证混凝土表面不受污染。

4. 混凝土外加剂

指在拌制混凝土过程中，根据不同的要求，为改善混凝土性能而掺入的物质。其掺量一般不大于水泥质量的 5%（特殊情况除外）。

外加剂按其主要功能，一般有减水剂、引气剂、早强剂、缓凝剂、速凝剂、膨胀剂、防冻剂、阻锈剂等。

2.3.4　普通混凝土的主要技术性能

1. 新拌混凝土的和易性

新拌混凝土是指将水泥、砂、石和水按一定比例拌合但尚未凝结硬化时的拌合物。和易性是一项综合技术性质，包括流动性、粘聚性和保水性三方面含义。流动性是指新拌混凝土在自重或机械振捣作用下，能产生流动，并均匀密实地填充模板各个角落的性能。粘聚性是指混凝土拌合物在施工过程中其组成材料之间有一定的黏聚力，不致发生分层和离析的现象，能保持整体均匀的性质。保水性是指新拌混凝土在施工过程中，保持水分不易析出的能力。

影响和易性的主要因素：①水泥浆的数量和水灰比；②砂率；③组成材料的性质；④时间和温度。

2. 混凝土强度

混凝土立方体抗压强度（简称抗压强度）是指按标准方法制作的边长为 150mm 的立方体试件，在标准养护条件（温度 20±3℃，相对湿度大于 90% 或置于水中）下，养护至 28 天龄期，经标准方法测试、计算得到的抗压强度值，用 f_{cu} 表示。非标准试件的立方体试件，其测定结果应乘以换算系数，换成标准试件强度值：边长 100mm 的立方体试件应乘以 0.95；边长 200mm 的立方体试件应乘以 1.05。普通混凝土划分为 C15、C20、C25、C30、C35、C40、C45、C50、C55、C60、C65、C70、C75、C80 14 个等级。强度等级表示中的"C"表示混凝土强度，"C"后边的数值为抗压强度标准值。

影响抗压强度的主要因素：①水泥强度等级和水灰比；②骨料的影响；③龄期与强度

的关系；④养护温度和湿度的影响。

3. 混凝土的变形性

（1）化学收缩：混凝土硬化过程中，水化引起的体积收缩。收缩量随混凝土硬化龄期的延长而增加，但收缩率很小，一般在 40d 后渐趋稳定。

（2）温度变形：温度变化引起的。对大体积混凝土极为不利。

（3）干缩湿胀：处在空气中的混凝土当水分散失时会引起体积收缩，称为干缩；在受潮时体积又会膨胀，称为湿胀。

（4）荷载作用下的变形：短期荷载作用下的变形—弹塑性变形和弹性模量。混凝土是一种非匀质材料，属弹塑性体。

弹性模量反映了混凝土应力—应变曲线的变化。

徐变：混凝土在持续荷载作用下，随时间增长的变形。徐变有有利一面，也有不利一面。影响混凝土徐变的主要因素是水泥用量多少和水灰比大小。

4. 混凝土的耐久性

即保证混凝土在长期自然环境及使用条件下保持其使用性能。常见的耐久性问题有：抗渗性、抗冻性、抗侵蚀性、碳化、碱—骨料反应等。

（1）抗渗性

取决于混凝土的密实程度和孔隙构造。密实性差，开口连通孔隙多，抗渗性差。对水工工程用地下建筑使用的混凝土必须考虑其抗渗性。抗渗指标及含义。抗渗指标与水灰比之间的关系为水灰比大，抗渗指标减少。

提高措施：提高密实性（降水灰比，骨料级配良好，充分振捣）及改善孔隙结构（加入引气剂）。

（2）抗冻性

取决于混凝土的密实程度和孔隙构造、孔隙率及孔隙充水情况。在寒冷和严寒地区与水接触又容易受冻的环境下的混凝土要有较强的抗冻能力。提高抗冻性的措施：低水灰比、密实、有封闭孔隙的混凝土抗冻性好，为提高抗冻性可加入引气剂、防冻剂及减水剂。

（3）抗蚀性

抵抗化学腐蚀的能力，取决于水泥石的抗蚀能力和孔隙状况。提高措施：合理选择水泥品种、降低水灰比、提高混凝土密实度和改善孔隙结构。

（4）抗碳化

1）氢氧化钙在钢筋表面形成钝化膜，对钢筋起碱性保护作用。处于潮湿、CO_2 多的环境中的混凝土，发生碳化反应。

2）危害：当碳化随裂纹深入内部，超过保护层厚度时，钢筋生锈，并伴有体积膨胀，使开裂加深，与混凝土的粘结能力失去，导致混凝土产生顺筋开裂而破坏。

有利：产生的碳酸钙填充水泥石的孔隙，水分有利于水化，提高密实性，提高表面硬度。

3）碳化速度与二氧化碳的浓度、水泥品种、水灰比、环境湿度有关。

提高措施：

① 在钢筋混凝土结构中采用适当的保护层；

② 根据工程所处的环境使用条件合理选择水泥品种；

③ 采用减水剂；

④ 采用水灰比小、水泥用量大的配合比；

⑤ 加强质量控制，加强养护，保证振捣质量；

⑥ 在混凝土表面涂刷保护层。

（5）碱—骨料（集料）反应

1）骨料中含玉髓、鳞石英、方石英、安山岩、凝灰岩等活性骨料，其活性 SiO_2、硅酸盐、碳酸盐与水泥中的 K_2O、Na_2O 等碱性物质发生化学反应。

2）反应条件：水泥中的 K_2O、Na_2O 等碱性物质含量高；骨料中有活性物质；有水存在。

3）反应慢，潜伏几年，危害不能忽视。

4）在潮湿环境中和水中使用的混凝土，就要注意骨料中活性成分的含量或水泥中碱成分的含量。

（6）提高混凝土耐久性的措施

1）根据工程所处的环境及要求，合理的选用水泥品种；

2）改善骨料级配，控制有害杂质含量；

3）控制水灰比不得过大；

4）掺入减水剂；

5）掺入引气剂；

6）确保施工质量，浇捣均匀密实；

7）用涂料、防水砂浆、瓷砖、沥青等进行表面防护，防止混凝土的腐蚀和碳化。

2.3.5 混凝土的质量控制与强度评定

1. 混凝土的质量控制

原材料及施工方面的影响因素：

（1）水泥、骨料及外加剂等原材料的质量和计量的波动；

（2）用水量或骨料含水量的变化所引起水灰比的波动；

（3）搅拌、运输、浇筑、振捣、养护条件的波动以及气温变化等。

试验条件方面的影响因素：取样方法、试件成型及养护条件的差异、试验机的误差和试验人员的操作熟练程度等。

2. 强度评定

混凝土配制强度：设计要求的混凝土强度保证率为 95% 时，配制强度 $f_{cu,o} \geqslant f_{cu,k} + 1.645\sigma$。

σ 取值：设计强度等级低于 C20 时，取 4.0；强度等级为 C20～C35 时，取 5.0；强度等级高于 C35 时，取 6.0。

2.3.6 普通混凝土的配合比设计

混凝土配合比是指混凝土中各组成材料数量之间的比例关系。

（1）设计的基本要求：

1）满足混凝土结构设计要求的强度等级；

2）满足施工所要求的混凝土拌合物的和易性；

3）满足与使用环境相适应的耐久性；

4）在满足以上三项技术性质的前提下，尽量做到节约水泥和降低混凝土成本，符合经济性原则。

（2）三个重要参数：水灰比、单位用水量和砂率。

（3）实验室配合比的确定：

1）和易性调整。调整原则：若流动性太大，可在砂率不变的条件下，适当增加砂、石用量；若流动性太小，应在保持水灰比不变的情况下，增加适量的水和水泥；粘聚性和保水性不良时，实质上是混凝土拌合物中砂浆不足或砂浆过多，可适当增大砂率或适当降低砂率，调整和易性满足要求时的配合比。

2）强度复核。

3）混凝土表观密度的校正。

（4）混凝土施工配合比的确定。按工地上砂、石的实际含水情况进行修正后的混凝土配合比。

2.3.7 其他品种混凝土

1. 高强混凝土

强度等级达到 C60 和超过 C60 的混凝土称为高强混凝土。

2. 轻混凝土

指干密度小于 1950kg/m³ 的混凝土。包括轻骨料混凝土、多孔混凝土和大孔混凝土。

3. 防水混凝土（抗渗混凝土）

通过各种方法提高混凝土的抗渗性能，其抗渗等级等于或大于 P6 级的混凝土。防水混凝土按其配制方法大体可分为四类：水泥浆法防水混凝土、引气剂防水混凝土、密实剂防水混凝土、膨胀水泥防水混凝土。

4. 聚合物混凝土

在混凝土组成材料中掺入聚合物的混凝土。一般可分为三种：聚合物水泥混凝土、聚合物胶结混凝土、聚合物浸渍混凝土。

5. 纤维混凝土

以普通混凝土为基材，将短而细的分散性纤维，均匀地撒布在普通混凝土中制成的混凝土。其目的是提高混凝土的抗拉及抗冲击等性能与降低混凝土的脆性。

2.4 混凝土的外加剂

称为混凝土中的第五种材料，其特性是用量少（≤5%），但性质改变量大。

2.4.1 分类

（1）改善拌合物的流动性的外加剂：减水剂、引气剂、泵送剂等；

（2）调节混凝土凝结时间、硬化性能的外加剂；

（3）改善混凝土耐久性的外加剂：引气剂、阻锈剂及防水剂；

（4）改善混凝土其他性能的外加剂：膨胀剂、防冻剂、着色剂。

2.4.2 减水剂

1. 作用机理

水泥的絮凝结构在减水剂的作用同种电荷的排斥作用下，分散开来，增加流动性，并使水泥表面有层稳定的薄膜层，起润滑作用。

2. 减水剂的技术经济效果

（1）增加流动性；

（2）提高混凝土的强度；

（3）节约水泥；

（4）改善混凝土的耐久性；

（5）并能改善混凝土的泌水、离析现象，且有缓凝效果。

3. 常用类型

木质素系的减水剂：引气缓凝型，成本低。

萘系减水剂：引气型。高效型 I 型。

树脂型减水剂：减水剂之王，成本高。

2.4.3 早强剂

用于冬季工程或紧急抢修工程。

种类：

氯化物：$CaCl_2$（最早），缺点是其氯离子引起钢筋的锈蚀。

硫酸钠：缺点是与氢氧化钙起反应生成碱，从而产生碱骨料反应。

2.4.4 引气剂

1. 作用

（1）改善混凝土拌合物的和易性；

（2）提高混凝土拌合物的抗渗性及抗冻性；

（3）降低混凝土强度。

2. 应用

抗渗、抗冻、抗硫酸盐侵蚀混凝土，泌水严重的混凝土、轻混凝土及有饰面要求的混凝土，但不用预应力混凝土及蒸养成混凝土。

2.4.5 缓凝剂

对混凝土后期强度发展无不利影响的外加剂。应用于大体积混凝土、炎热天气施工、分层施工的混凝土防施工缝、泵送混凝土、滑模施工的混凝土及长时间停放及长距离运输的混凝土。

2.4.6 防冻剂

作用：降低冰点，使混凝土的液相不冻结或仅部分冻结，保证水泥的水化用水。

常用类型：氯盐类（适用于无筋混凝土，加入阻锈剂用于钢筋混凝土）、无氯盐类用于钢筋混凝土及预应力工程。

2.4.7　速凝剂

分为无机盐和有机盐两类，应用于矿山井巷、铁路隧道、引水涵洞、地下工程的喷射混凝土。

2.4.8　膨胀剂

用于防水混凝土，补偿收缩混凝土、接缝、地脚螺栓灌浆及自应力混凝土。

2.4.9　外加剂的选择和使用

1. 外加剂品种的选择：通过试验
2. 外加剂用量的选择：试配确定最大掺量
3. 外加剂的掺加方法：均匀分散，对于可溶性的随水加入，对于不溶性的随砂、水泥掺入，掺入时间必须控制。

2.5　砌　筑　砂　浆

能将砖、石、砌块粘结成砌体的砂浆称为砌筑砂浆。砌筑砂浆在建筑工程中用量最大，起粘结、垫层及传递应力的作用。

2.5.1　砌筑砂浆的组成材料及技术要求

1. 水泥

常用水泥品种有普通水泥、矿渣水泥、火山灰水泥、粉煤灰水泥和砌筑水泥。水泥品种应根据使用部位的耐久性要求来选择。水泥的强度等级要求：水泥砂浆中不超过 32.5；水泥混合砂浆中不超过 42.5。

2. 掺加料

常用材料有石灰膏、磨细生石灰粉、黏土膏、粉煤灰、沸石粉等无机塑化剂，或松香皂、微沫剂等有机塑化剂，可以改善砂浆的和易性。生石灰粉、石灰膏和黏土膏必须配制成稠度为（120±5）mm 的膏状体，并用 3mm×3mm 的网过滤。生石灰粉的熟化时间不得小于 2d。严禁使用已经干燥脱水的石灰膏。消石灰粉不得直接用于砌筑砂浆中。

3. 砂

砂的技术指标应符合《建筑用砂》的规定。砌筑砂浆宜采用中砂，并且应过筛，砂中不得含有杂质，最大粒径不大于砂浆厚度的 1/4（2.5mm）；毛石砌体宜用粗砂，最大粒径应小于砂浆厚度的 1/4～1/5。

4. 水

应符合《混凝土拌合用水标准》中规定，选用不含有害杂质的洁净水。

2.5.2 砌筑砂浆的技术性质

砌筑砂浆的技术性质包括新拌砂浆的和易性、硬化砂浆的强度和粘结力。

1. 和易性

和易性好的砂浆，在运输和操作时，不会出现分层、泌水现象，容易在粗糙的底面铺成均匀的薄层，使灰缝饱满密实，能将砌筑材料很好地粘结成整体。

（1）流动性

又称稠度，是指新拌砂浆在自重或外力作用下产生流动的性能，用沉入度表示，用砂浆稠读仪测定。

（2）保水性

指砂浆保持水分不易析出的性能，用分层度表示，用分层度测定仪测定。砂浆的分层度越大，保水性越差，可操作性变差。

2. 硬化砂浆的技术性质

（1）强度

砂浆强度是以边长为70.7mm的立方体试件，标准养护至28d的抗压强度值确定。砌筑砂浆可划分为M20、M15、M10、M7.5、M5.0、M2.5六个强度等级。例如，M15表示28d抗压强度值不低于15MPa。

影响砂浆的抗压强度的因素很多，其中最主要的影响因素是水泥，此外，砂的质量、混合材料的品种及用量、养护条件（温度和湿度）影响砂浆的强度和强度增长。

（2）粘结力

砌筑砂浆必须具有足够粘结力，才能将砌筑材料粘结成一个整体。粘结力的大小，会影响砌体的强度、耐久性、稳定性和抗震性能。砂浆的粘结力由其本身的抗压强度决定。一般来说，砂浆的抗压强度越大，粘结力越大；另外，粘结力的大小与基础面的清洁程度、含水状态、表面状态有关。

2.6 抹面砂浆的分类及应用

抹面砂浆是涂抹在建筑物表面保护墙体，又具有一定装饰性的砂浆。抹面砂浆的胶凝材料用量，一般比砌筑砂浆多，抹面砂浆的和易性要比砌筑砂浆好，粘结力更高。为了使表面平整，不容易脱落，一般分两层或三层施工。各层砂浆所用砂的最大粒径以及砂浆稠度见表2-4。

砂浆的材料及稠度选择表　　　　　　　　　　　　　　　　　　表 2-4

抹面砂浆品种	沉入度(mm)	砂的最大粒径(mm)
底层	100～120	2.5
中层	70～90	2.5
面层	70～80	1.2

底层砂浆用于砖墙底层抹灰，可以增加抹灰层与基层的粘结力，多用混合砂浆，有防水防潮要求时采用水泥砂浆；对于板条或板条顶板的底层抹灰多采用石灰砂浆或混合砂

浆；对于混凝土墙体、柱、梁、板、顶板多采用混合砂浆。中层砂浆主要起找平作用，又称找平层，一般采用混合砂浆或石灰砂浆。面层起装饰作用，多用细砂配制的混合砂浆、麻刀石灰砂浆或纸筋石灰砂浆。在容易受碰撞的部位如窗台、窗口、踢脚板等采用水泥砂浆。

2.7　砌筑用石材的分类及应用

2.7.1　石材的分类

石材按加工后的外形规则程度分为料石和毛石。

1. 料石又分为细料石，半细料石，粗料石，毛料石。

2. 毛石形状不规则，中部厚度不应小于 200mm 的石材。

2.7.2　石材的应用

1. 用石材和砂浆或用石材和混凝土砌筑成的整体材料

石材较易就地取材，在产石地区采用石砌体比较经济，应用较为广泛。在工程中石砌体主要用作受压构件，可用作一般民用房屋的承重墙、柱和基础。

2. 石材主要来源于重质岩石和轻质岩石

重质岩石（花岗岩类岩石）抗压强度较高，耐久性好，但热导率大。轻质岩石（石灰岩类岩石）容易加工，热导率小，但抗压强度较低，耐久性较差。承重结构用的石材主要为重质岩石。

3. 石砌体分为料石砌体、毛石砌体和毛石混凝土砌体

料石砌体和毛石砌体用砂浆砌筑。毛石混凝土砌体是在横板内先浇灌一层混凝土，后铺砌一层毛石，交替浇灌和砌筑而成。料石砌体还可用来建造某些构筑物，如石拱桥、石坝和石涵洞等。精细加工的重质岩石如花岗岩和大理石，其砌体质量好，又美观，常用于建造纪念性建筑物。毛石混凝土砌体的砌筑方法比较简便，在一般房屋和构筑物的基础工程中应用较多，也常用于建造挡土墙等构筑物。

2.8　砖的分类及应用

砖是指以黏土、工业废料及其他地方资源为主要原料，由不同工艺制成，在建筑中用来砌筑墙体的砖。可分为普通砖、空心砖两类，其中孔洞数量多、孔径小的空心砖又称为多孔砖。按制作工艺又可分为烧结砖和非烧结砖。

2.8.1　烧结普通砖

烧结普通砖是以黏土、页岩、粉煤灰、煤矸石为主要原料，经焙烧制成的孔洞率小于15％的砖。按主要原料分为黏土砖（N）、页岩砖（Y）、粉煤灰砖（F）和煤矸石砖（M）。用于清水墙和带有装饰面墙体装饰的砖，称为装饰砖。

烧结普通砖有青砖和红砖两种。在成品中往往会出现不合格品——过火砖和欠火砖。过

火砖颜色深，敲击时声音清脆，强度高，吸水率小，耐久性好，易出现弯曲变形；欠火砖颜色浅，敲击时声音暗哑，强度低，吸水率大，耐久性差。

烧结普通砖的技术规定：

烧结普通砖为直角六面体，外形尺寸为 240mm×115mm×53mm，按抗压强度划分为 MU30、MU25、MU20、MU15、MU10 五个等级，东三省、内蒙古、新疆地区的砖必须做冻融试验，其他地区的砖的抗风化性能如果符合规范规定时，可不做冻融试验，否则必须做冻融试验；强度和抗风化性能合格的砖，按尺寸偏差、外观质量、泛霜和石灰爆裂划分为优等品（A）、一等品（B）、合格品（C）。

2.8.2 烧结多孔砖

烧结多孔砖是以黏土、页岩、粉煤灰、煤矸石等为主要原料，经焙烧制成的空洞率大于 15%，而且孔洞数量多、尺寸小，主要用于承重墙体的砖。按主要原料分为黏土砖（N）、页岩砖（Y）、粉煤灰砖（F）和煤矸石砖（M）。

1. 烧结多孔砖的技术规定

按抗压强度划分为 MU30、MU25、MU20、MUl5、MUl0 五个强度等级，泛霜和石灰爆裂、抗风化性能的要求同烧结普通砖。强度和抗风化性能合格的砖，按尺寸偏差、外观质量、孔型及孔洞排列、泛霜和石灰爆裂分为优等品（A）、一等品（B）、合格品（C）三个等级。

2. 烧结多孔砖的应用

烧结多孔砖可以代替烧结黏土砖，用于砖混结构中的承重墙体。其中优等品可以用于墙体装饰和清水墙砌筑，一等品和合格品可用于混水墙，中等泛霜的砖不得用于潮湿部位。

2.8.3 烧结空心砖

烧结空心砖是以黏土、页岩、煤矸石等为主要原料，经焙烧制成的空洞率≥35%，而且孔洞数量少、尺寸大，用于非承重墙和填充墙体的烧结砖。

烧结空心砖根据密度不同划分为 800、900、1100 三个级别，各级别的密度等级对应的 5 块砖密度平均值分别为小于 $800kg/m^3$、$801\sim900kg/m^3$、$901\sim1100kg/m^3$；按抗压强度分为 MU5.0、MU3.0、MU2.0 三个等级，各强度等级的强度值应符合规范规定，低于 MU2.0 的砖为不合格品；每个密度等级根据孔洞及其排数、尺寸偏差、外观质量、强度等级和物理性能分为优等品（A）、一等品（B）、合格品（C）三个等级；多用矩形孔或其他孔型且平行于条面和大面。

烧结空心砖的孔数少、孔径大，具有良好的保温、隔热功能，可用于多层建筑的隔断墙和填充墙。采用多孔砖和空心砖，可以节约燃料 10%～20%，节约黏土 25% 以上，减轻墙体自重，提高工效 40%，降低造价 20%，改善墙体的热工性能，是当前墙体改革的重要途径。

2.8.4 非烧结砖

不经焙烧而制成的砖为非烧结砖。常见的品种有蒸压灰砂砖、粉煤灰砖等。

1. 蒸压灰砂砖

蒸压灰砂砖是以石灰、砂子（也可以掺入颜料和外加剂）为原料，经制坯、压制成型、蒸压养护而成的实心砖。根据颜色可分为彩色（CO）和本色（N）蒸压灰砂砖。砖的外形、公称尺寸与烧结普通砖相同；按抗压强度和抗折强度划分为 MU25、MU20、MU15、MU10 四个强度等级；根据外观质量、尺寸偏差、强度和抗冻性分为优等品（A）、一等品（B）、合格品（C）三个质量等级。灰砂砖中强度等级为 MU25、MU20、MU15 的砖可用于基础和其他建筑；强度等级为 MU10 的砖可用于防潮层以上的建筑，但不得用于长期受热 200℃以上、受急冷、急热和有酸性侵蚀的建筑部位，也不适用于有流水冲刷的部位。

2. 蒸压（养）粉煤灰砖

蒸压（养）粉煤灰砖是指以粉煤灰、石灰和水泥为主要原料，掺加适量石膏、外加剂、颜料和集料，经高压或常压蒸汽养护而成的实心粉煤灰砖。砖的外形、公称尺寸同烧结普通砖。

粉煤灰砖有彩色（CO）、本色（N）两种；按抗压强度和抗折强度划分为 MU30、MU25、MU20、MU15、MU10 五个等级；按外观质量、尺寸偏差、强度和干燥收缩值分为优等品（A）、一等品（B）、合格品（C），优等品强度等级应不低于 MU15；干燥收缩率为：优等品和一等品应不大于 0.65mm/m，合格品不大于 0.75mm/m；色差不显著。

蒸压粉煤灰砖可用于工业及民用建筑的墙体和基础，但用于基础和易受冻融和干湿交替作用的部位的砖，强度等级必须为 MU15 及以上。该砖不得用于长期受热 200℃以上、受急冷、急热和有酸性侵蚀的建筑部位。

2.9　砌块的分类及应用

砌块是指砌筑用的人造石材，多为直角六面体。砌块主规格尺寸中的长度、宽度和高度，至少有一项相应大于 365、240、115mm，但高度不大于长度或宽度的 6 倍，长度不超过高度的 3 倍。

按用途可分为承重砌块和非承重砌块；按有无空洞可分为实心砌块和空心砌块；按产品规格可分为大型（主规格高度＞980mm）、中型（主规格高度为 380～980mm）和小型（主规格高度为 115～380mm）砌块；按生产工艺可分为烧结砌块和蒸养蒸压砌块。

2.9.1　蒸压加气混凝土砌块

蒸压加气混凝土砌块是以钙质材料（水泥、石灰等）和硅质材料（矿渣和粉煤灰）加入铝粉（作加气剂），经蒸压养护而成的多孔轻质块体材料，简称加气混凝土砌块。砌块长度为 600mm，宽度为 100、125、150、200、250、300mm 或 120、180、240mm，高度为 200、250、300mm。按抗压强度可分为 A1.0、A2.0、A2.5、A3.5、A5.0、A7.5、A10.0 七个等级，按干表观密度可分为 B03、B04、B05、B06、B07、B08 六个等级。按尺寸偏差、外观质量、体积密度及抗压强度分为优等品（A）、一等品（B）、合格品（C）。

蒸压加气混凝土砌块常用品种有加气粉煤灰砌块和蒸压矿渣砂加气混凝土砌块。具有表观密度小，保温及耐火性好，易加工，抗震性好，施工方便的特点，适用于低层建筑的承重墙，多层和高层建筑的隔离墙、填充墙及工业建筑物的维护墙体和绝热材料。

2.9.2 混凝土小型空心砌块

混凝土小型空心砌块是以水泥为胶结材料，砂、碎石或卵石、煤矸石、炉渣为集料，经加水搅拌、振动加压或冲压成型、养护而成的小型砌块，按尺寸偏差、外观质量，划分为优等品（A）、一等品（B）、合格品（C）。按抗压强度分为 MU3.5、MU5.0、MU7.5、MU10.0、MU15.0、MU20.0 六个强度等级。

采用轻集料的称为轻集料混凝土小型空心砌块，其性能应符合规范的规定。用于采暖地区的一般环境时，抗冻等级达到 F15；干湿交替环境时，抗冻等级达到 F25。冻融试验后，质量损失不得大于 2％，强度损失不得大于 25％。

2.9.3 粉煤灰砌块

粉煤灰砌块是以粉煤灰、石灰、石膏和骨料为原料，经加水搅拌、振动成型、蒸汽养护而制成的一种密实砌块。

砌块的主规格尺寸为 880mm×380mm×240mm 和 880mm×430mm×240mm。端面应设灌浆槽，坐浆面应设抗剪槽。按立方体抗压强度分为 MU10、MU13 两个等级；按外观质量、尺寸偏差分为一等品（B）、合格品（C）；粉煤灰砌块主要用于工业与民用建筑的墙体和基础，但不适用于有酸性侵蚀介质、密封性要求高、易受较大振动的建筑物以及受高温和受潮湿的承重墙。粉煤灰小型空心砌块是一种新型材料，适用于非承重墙和填充墙。

2.10 钢材的分类及特性

建筑钢材是工程建设中的主要材料之一，广泛应用于工业与民用建筑、道路桥梁等工程中。建筑钢材主要是钢筋混凝土结构所用钢筋、钢丝及钢结构所用各种型钢、钢板和钢管等。建筑钢材的主要优点是：

强度高：钢材强度高，适用于建造跨度大、高度高、承载重的结构，在钢筋混凝土结构中，能弥补混凝土抗拉、抗弯、抗裂性能较低的缺点。

塑性和韧性好：钢材塑性好，一般条件下不会因突然超载而突然断裂，只会增大变形。此外，能将局部高峰应力重分配，使应力变化趋于平缓；钢材韧性好，可进行冷弯、冷拔、冷轧、冷冲压等各种冷加工。

建筑钢材的主要缺点是：容易生锈、耐火（耐高温）性能差、能耗及成本较高。

2.10.1 钢材主要物理力学性能

1. 强度

材料在外力作用下抵抗变形和断裂的能力称为强度。强度可通过比例极限、弹性极限、屈服极限、抗拉强度等指标来反映，碳素结构钢材的应力-应变曲线如图 2-1 所示。从图中可以看出，在比例极限之前，应力应变之间呈线性关系，弹性极限与比例极限相当接近。当应力超过弹性极限后，应力与应变不再呈线性关系，产生塑性变形，曲线出现波动，这种现象称为屈服。波动最高点为上屈服点，最低点为下屈服点，下屈服点数值较为稳定，因此以它作为材料抗力指标，称为屈服点。有些钢材无明显屈服现象，以材料产生0.2%塑性变形时的应力作为屈服强度。当钢材屈服到一定程度后，由于内部晶体重新分布，强度提高，进入应力强化阶段，应力达到最大值，此时称为抗拉强度。此后试件截面迅速缩小，出现颈缩现象，直至断裂破坏。

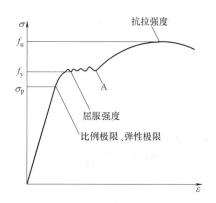

图 2-1　钢材应力应变曲线

在以上指标中，屈服强度和抗拉强度是工程设计和选材的重要依据，也是材料购销和检验工作中的重要指标。其中，屈服强度是衡量结构承载能力的指标，抗拉强度是衡量钢材经过大变形后的抗拉能力，它直接反映钢材内部结构组织的优劣，同时抗拉强度高可增加结构的安全保障。

2. 塑性

塑性是指钢材在应力超过屈服点后，能产生显著的残余变形而不立即断裂的性质。它是钢材的一个重要性能指标，用伸长率表示。伸长率指试件被拉断时的绝对变形值与试件原标距之比的百分数，代表材料在单位拉伸时的塑性应变能力，用下式计算：

$$\delta = \frac{l - l_0}{l_0} \times 100\%$$

式中　l_0——试件原始标距长度（mm）；

　　　l——试件拉断后标距长度（mm）。

3. 冲击韧性

冲击韧性指钢材抵抗冲击荷载的能力。它是用试验机摆锤冲击带有 V 形缺口的标准试件的背面，将其折断后试件单位截面积上所消耗的功，作为钢材的冲击韧性指标，以 α_k 表示（J/cm^2）。α_k 值越大，表明钢材的冲击韧性愈好。

影响钢材冲击韧性的因素很多，钢的化学成分、组织状态，以及冶炼、轧制质量都会影响冲击韧性。

4. 冷弯性能

冷弯性能是指钢材在常温下冷加工发生塑性变形时，对产生裂纹的抵抗能力。用冷弯试验来检验，如果试件弯曲 180°，无裂纹、断裂或分层，即认为试件冷弯性能合格。冷弯试验不仅能直接检验钢材的弯曲变形能力或塑性变形，还能暴露出钢材的内部缺陷。冷弯性能是衡量钢材力学性能的综合指标。结构构件在制作、安装过程中要进行冷加工，尤其是焊接结构焊后变形的调直等工序都需要钢材有合格的冷弯性能。而非焊接的重要结构（如吊车梁、大跨度重型桁架等）以及需要弯曲成型的构件等，亦都要求具有冷弯性能合格的保证。钢材的强度、塑性、冲击韧性和冷弯性能称为钢材的力学性能或机械性能。

2.10.2　各种因素对钢材主要性能的影响

1. 化学成分的影响

钢是含碳量小于 2% 的铁碳合金。钢中基本元素：Fe、C、Si、Mn、S、P、N、O。普通碳素钢中，Fe 占 99%，其余元素占 1%。在低合金钢中，除了上述元素外，还有一定合金元素（镍、钒、钛等）（含量低于 5%）。各种元素对钢材性能的影响如下。

碳 C：含量增加，钢材强度提高，而塑性、韧性和疲劳强度低。同时焊接性能和抗腐蚀性恶化。一般在碳素结构钢中不应超过 0.22%；在焊接结构中还应低于 0.2%。

硅 Si：碳素结构钢中应控制 ≤0.3%，在低合金高强度钢中硅的含量可达 0.55%。

锰 Mn：含 Mn 适量使强度升高，降低 Si 的热脆影响，改善热加工性能，对其他性能影响不大。在碳素结构钢中锰的含量为 0.3%~0.8%，在低合金高强度钢中锰的含量可达 1.0%~1.6%。

硫 S：降低钢材的塑性、韧性、可焊性和疲劳强度，在高温时，使钢材变脆，称之为热脆。含量应不超过 0.045%，属于有害成分。

磷 P：降低钢材的塑性、韧性、可焊性和疲劳强度，在低温时，使钢材变脆，称之为冷脆。含量应不超过 0.045%。可以提高强度和抗锈蚀性，属于有害成分。

氧 O：降低钢材的塑性、韧性、可焊性和疲劳强度，在高温时，发生热脆，属于有害成分。

氮 N：降低钢材的塑性、韧性、可焊性和疲劳强度，在低温时，发生冷脆，属于有害成分。

钒和钛：是钢中的合金元素，能提高钢的强度和抗腐蚀性能，又不显著降低钢的塑性。

铜：可显著提高钢的抗腐蚀性能，也可以提高钢的强度，但对焊接性能有不利影响。

2. 轧制、冶金缺陷的影响

在冶炼、轧制过程中常常出现的缺陷有偏析、非金属夹杂、气孔、裂纹和分层。偏析是指钢中化学成分分布不均匀。主要的偏析是硫、磷，将使偏析区钢材的塑性、韧性及可焊性变坏；钢材中存在非金属化合物（硫化物、氧化物），使钢材性能变脆；浇注时的非金属夹杂物在轧制中可能造成钢材的分层，影响钢材的冷弯性能。

3. 钢材硬化的影响

钢材的硬化有冷作硬化和时效硬化两种。冷作硬化是指当加载超过材料比例极限卸载后，出现残余变形，再次加载则屈服点提高，塑性和韧性降低的现象，也称"应变硬化"。时效硬化是指随时间的增长，碳和氮的化合物从晶体中析出，使材料硬化的现象，俗称老化。应变时效是指钢材产生塑性变形时，碳、氮化合物更易析出。即冷作硬化的同时可以加速时效硬化，因此也称"人工时效"。

4. 温度的影响

温度升高，钢材强度降低、应变增大；反之，温度降低，钢材强度略有增加，塑性和韧性降低而变脆。

蓝脆：在 250℃ 左右时，强度提高而伸长率和冲击韧性降低，钢材表面氧化膜呈蓝色，此种现象称为蓝脆现象。

徐变：当温度在 $260\sim320℃$ 时，在应力持续不变的情况下，钢材以很缓慢的速度继续变形，此种现象称为徐变。当温度达到 $600℃$ 时强度很低，不能承担荷载。

5. 应力集中的影响

构件上孔洞、刻槽、凹角、裂纹以及截面厚度或宽度改变等部位，在力作用下，该处出现高峰应力，而其他部位应力较低，截面应力分布不均匀现象，称为应力集中。高峰区的最大应力与净截面的平均应力之比称为应力集中系数。应力集中是造成构件脆性破坏的主要原因之一，应力集中系数越大，变脆的倾向越严重。在一般情况下由于结构钢材的塑性较好，当内力增大时，应力分布不均匀的现象会逐渐平缓。故受静荷载作用的构件在常温下工作时，只要符合规范规定的有关要求，计算时可不考虑应力集中的影响。但在低温下或动力荷载作用下的结构，应力集中的不利影响将十分突出，往往是引起脆性破坏的根源，设计时应采取措施避免或减小应力集中。

6. 反复荷载作用的影响

钢材在反复荷载作用下，结构的抗力及性能都会发生重要变化，甚至发生疲劳破坏。钢材在直接的反复的动力荷载作用下，钢材的强度将降低，即低于一次静力荷载作用下的拉伸试验的极限强度，这种现象称为疲劳，疲劳破坏表现为突然发生的脆性断裂。

从以上论述中，我们看到有许多因素会使钢材产生脆性破坏，因此，在结构设计、施工和使用中，应根除或减少使钢材产生脆性破坏的因素，才能保证结构的安全。

2.11　钢结构用钢材的品种和特性

2.11.1　碳素结构钢

普通碳素结构钢简称碳素结构钢，化学成分主要是铁，其次是碳，故也称铁-碳合金。其含碳量为 $0.02\%\sim2.06\%$，此外尚含有少量的硅、锰和微量的硫、磷等元素。现行国家标准《碳素结构钢》具体规定了它的牌号表示方法、技术要求、试验方法、检验规则等。

碳素结构钢的牌号由代表屈服点的字母、屈服点数值、质量等级符号、脱氧程度符号四部分按顺序组成。

根据屈服点数值，碳素结构钢可分为 Q195、Q215、Q235 和 Q275 五个牌号。屈服强度越大，其含碳量、强度和硬度越大，塑性越低。其中 Q235 在使用、加工和焊接方面的性能都比较好，所以常被采用。

钢材的质量等级分为 A、B、C、D 四级，由 A 到 D 表示质量由低到高。A 级钢只保证抗拉强度、屈服点、伸长率，化学成分对碳、锰可以不作为交货条件。B、C、D 级钢均保证抗拉强度、屈服点、伸长率、冷弯和冲击韧性等力学性能。

沸腾钢、半镇定钢、镇定钢和特殊镇定钢的代号分别为 F、b、Z、TZ。其中，镇定钢和特殊镇定钢的代号可以省略。如 Q235A、F，表示屈服强度为 235MPa，质量等级为 A 级的沸腾钢。

2.11.2　低合金高强度结构钢

一般是在普通碳素钢的基础上，添加少量的一种或几种合金元素而成。常用的合金元素有硅、锰、钒、钛、铌、铬、镍及稀土元素。其目的是为了提高钢的屈服强度、抗拉强度、耐磨性、耐蚀性及耐低温性能等。

低合金高强度结构钢综合性能较为理想，尤其在大跨度、承受动荷载和冲击荷载的结构中更适用，而且与使用碳素钢相比，可节约钢材 20%～30%，但成本并不很高。低合金高强度结构钢共有 5 个牌号。其牌号的表示方法由屈服点字母 Q、屈服点数值、质量等级三个部分组成，屈服点数值共分 295MPa、345MPa、390MPa、420MPa、460MPa 五种，质量等级按照硫、磷等杂质含量由多到少分为 A、B、C、D、E 五级。

2.11.3 钢结构用钢规格

钢结构采用的型材有热轧钢板、热轧型钢（图 2-2）及冷弯薄壁型钢（图 2-3）。

 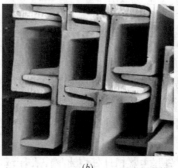 

(a)　　　　　　　　　　(b)　　　　　　　　　　(c)

图 2-2　热轧型钢截面
(a) 角钢；(b) 槽钢；(c) 工字钢

图 2-3　冷弯薄壁型钢

1. 钢板

钢板分为厚钢板、薄钢板和扁钢。厚钢板厚度为 4.5～60mm，宽度为 600～300mm，长度为 4～12m，用于制作焊接组合截面构件，如焊接工字形截面梁翼缘板、腹板等；薄钢板厚度为 0.35～4mm，宽度为 500～1500mm，长度为 0.5～4m，用于制作冷弯薄壁型钢；扁钢厚度为 3～60mm，宽度为 10～200mm，长度为 3～9m，用于焊接组合截面构件的翼缘板、连接板、桁架节点板和制作零部件等。钢板的表示方法为"—宽度×厚度×长度"，如："—400×12×800"，单位为 mm。

2. 角钢

角钢分等边角钢和不等边角钢。不等边角钢的表示方法为，"∟长边宽×短边宽×厚度"，如"∟100×80×8"，等边角钢表示为"∟边宽×厚度"，如∟100×8，单位为 mm。

3. 钢管

钢管分无缝钢管和焊接钢管两种，表示方法为"ϕ外径×壁厚"，如ϕ180×4，单位为 mm。

4. 槽钢

槽钢有普通槽钢和轻型槽钢，用截面符号"["和截面高度（cm）表示，高度在 20 以上的槽钢，还用字母 a、b、c 表示不同的腹板厚度。如［30a，称"30 号"槽钢。号数相同的轻型槽钢与普通槽钢相比，其翼缘宽而薄，腹板也较薄。

5. 工字钢

工字钢有普通工字钢和轻型工字钢。用截面符号"I"和截面高度（cm）表示，高度在 20 以上的普通工字钢，用字母 a、b、c 表示不同的腹板厚度。如 I20c，称"20 号"工字钢。腹板较薄的工字钢用于受弯构件较为经济。轻型工字钢的腹板和翼缘均比普通工字钢薄，因而在相同重量下其截面模量和回转半径较大。

6. H 型钢和剖分 T 型钢

H 型钢是目前广泛使用的热轧型钢，与普通工字钢相比，其特点是：翼缘较宽，故两个主轴方向的惯性矩相差较小；另外翼缘内外两侧平行，便于与其他构件相连。为满足不同需要，H 型钢有宽翼缘 H 型钢、中翼缘 H 型钢和窄翼缘 H 型钢，分别用标记 HW、HM 和 HN 表示。各种 H 型钢均可剖分为 T 型钢，相应标记用 TW、TM、TN 表示。H 型钢和剖分 T 型钢的表示方法是：标记符号、高度×宽度×腹板厚度×翼缘厚度。例如，HM244×175×7×11，其剖分 T 型钢是 TM122×175×7×11，单位为 mm。

7. 薄壁型钢

薄壁型钢是用薄钢板经模压或冷弯而制成，其截面形式及尺寸可按合理方案设计。薄壁型钢的壁厚一般为 1.5～5mm，用于承重结构时其壁厚不宜小于 2mm。用于轻型屋面及墙面的压型钢板，钢板厚为 0.4～1.6mm。薄壁型钢能充分利用钢材的强度，节约钢材，已在我国推广使用。

2.11.4 钢结构用钢选用原则

1. 荷载性质

对经常承受动力或振动荷载的结构，易产生应力集中，引起疲劳破坏，需选用材质高的钢材。

2. 使用温度

经常处于低温状态的结构，钢材易发生冷脆断裂，特别是焊接结构，冷脆倾向更加显著，应该要求钢材具有良好的塑性和低温冲击韧性。

3. 连接方式

焊接结构当温度变化和受力性质改变时，易导致焊缝附近的母体金属出现冷、热裂纹，促使结构早期破坏。所以，焊接结构对钢材化学成分和机械性能要求比较严。

4. 钢材厚度

钢材力学性能一般随厚度增大而降低，钢材经多次轧制后，钢的内部结晶组织更为紧密，强度更高，质量更好。故一般结构用的钢材厚度不宜超过 40mm。

5. 结构重要性

选择钢材要考虑结构使用的重要性，如大跨度结构、重要的建筑物结构，须相应选用质量更好的钢材。

2.12　混凝土结构用钢

2.12.1　热轧钢筋

钢筋按外形分为光圆钢筋和带肋钢筋。带肋钢筋表面上有两条对称的纵肋和沿长度方向均匀分布的横肋。横肋的纵横面呈月牙形且与纵肋不相交的钢筋称为月牙肋钢筋；横肋的纵横面高度相等且与纵肋相交的钢筋称为等高肋钢筋。由于表面肋的作用，和混凝土有较大的粘结能力，因而能更好地承受外力的作用，适用于非预应力钢筋、箍筋、构造钢筋。热轧带肋钢筋直径范围为 6～50mm。月牙肋钢筋表面及截面形状见图 2-4 所示；等高肋钢筋表面及截面形状见图 2-5 所示。

光圆钢筋的横截面为圆形，且表面光滑。其钢种为碳素结构钢，钢筋级别为Ⅰ级，适用于作为非预应力钢筋、箍筋、构造钢筋、吊钩等。热轧带肋钢筋直径范围为 8～20mm。

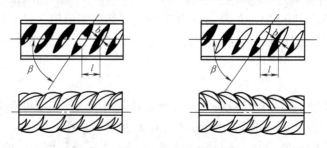

图 2-4　月牙肋钢筋表面及截面形状

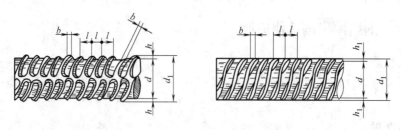

图 2-5　等高肋钢筋表面及截面形状

2.12.2　抗震钢筋

《钢筋混凝土用钢第 2 部分：热轧带肋钢筋》中规定：适用较高要求的抗震结构钢筋牌号后加"E"，如 HRB400E，HRB500E，标志着钢筋产品达到了国家颁布的"抗震"

标准。

抗震钢筋除应满足标准所规定普通钢筋所有性能指标外，还应满足以下三个要求：

（1）抗震钢筋的实测抗拉强度与实测屈服强度特征之比不小于 1.25；

（2）钢筋的实测屈服强度与标准规定的屈服强度特征值之比不大于 1.30；

（3）钢筋的最大力总伸长不小于 9％。

以上三条确保了钢筋的抗震能力，使得抗震钢筋能够在建筑发生倾斜、变形时"稳起"，不发生断裂。

2.12.3 冷轧带肋钢筋

冷轧带肋钢筋是低碳钢热轧圆盘条经冷轧后，在其表面带有沿长度方向均匀分布的三面或两面横肋的钢筋。冷轧带肋钢筋的牌号由 CRB 和抗拉强度最小值表示，有 CRB550、CRB650、CRB800、CRB970、CRB1170 五个牌号。适用于作为小型预应力构件的预应力钢筋、箍筋、构造钢筋、网片等。冷轧带肋钢筋直径范围为 4～12mm。

2.12.4 冷拔钢丝

冷拔钢丝是用热轧钢筋（直径 8mm 以下）通过钨合金的拔丝模进行强力冷拔而成。钢筋通过拔丝模时，受到轴向拉伸与径向压缩的作用，使钢筋内部晶格变形而产生塑性变形，因而抗拉强度提高（可提高 50％～90％），塑性降低，呈硬钢性质。光圆钢筋经冷拔后称"冷拔低碳钢丝"。冷拔低碳钢丝宜作为构造钢筋使用，作为结构构件中纵向受力钢筋使用时应采用钢丝焊接网。冷拔低碳钢丝不得作为预应力钢筋使用。

2.12.5 余热处理钢筋

余热处理钢筋是指低合金高强度钢经热轧后立即穿水，进行表面控制冷却，然后利用芯部余热自身完成回火处理所得的成品钢筋。余热处理月牙肋钢筋的级别为Ⅲ级，强度等级代号为 KL400（其中"K"表示"控制"）。余热处理钢筋的直径范围为 8～40mm。

2.12.6 预应力混凝土用钢丝

预应力混凝土用钢丝按加工状态分为冷拉钢丝（代号为 WCD）和消除应力钢丝两类。消除应力钢丝按松弛性能又分为低松弛级钢丝（代号为 WLR）和普通松弛级钢丝（代号为 WNR）。

冷拉钢丝是用盘条通过拔丝模或轧辊经冷加工而成产品，以盘卷供货的钢丝。低松弛钢丝是指钢丝在塑性变形下（轴应变）进行短时热处理而得到的，普通松弛钢丝是指钢丝通过矫直工序后在适当温度下进行短时热处理而得到的。

预应力混凝土用钢丝按外形分为光圆钢丝（代号为 P）、螺旋肋钢丝（代号为 H）和刻痕钢丝（代号为 I）三种。螺旋肋钢丝表面沿着长度方向上有规则间隔的肋条，如图 2-6 所示。刻痕钢丝表面沿着长度方向上有规则间隔的压痕，如图 2-7 所示。

2.12.7 预应力混凝土用钢绞线

预应力混凝土用钢绞线，是以数根圆形断面钢丝经绞捻和消除内应力的热处理后制

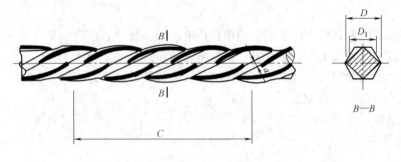

图 2-6　螺旋肋钢丝外形示意图

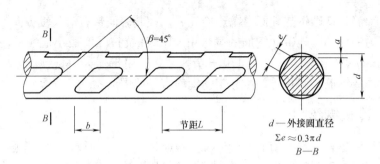

图 2-7　三面刻痕钢丝外形示意图

成。钢绞线按捻制结构分为三种结构类型：1×2、1×3 和 1×7，分别用 2 根、3 根和 7 根钢丝捻制而成。如图 2-8 所示。

钢绞线按其应力松弛性能分为两级：Ⅰ级松弛和Ⅱ级松弛，Ⅰ级松弛即普通松弛级，Ⅱ级松弛即低松弛级。

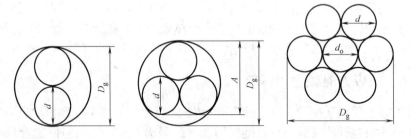

图 2-8　预应力钢绞线截面图

2.13　钢材的检测及验收存储

建筑钢材是建筑工程中的主要材料之一，其品质的优劣对工程影响很大。因此，钢材质量的评定对提高和保证建筑工程质量、减少工程隐患具有重要的意义。

2.13.1　钢材检测的一般规定

1. 组批规则

建筑钢材的质量应成批检测验收。一般每批由同一牌号、同一炉级号、同一等级、同一品种、同一尺寸、同一交货状态组成，同一进场时间的钢筋为一验收批。但对于公称容量不大于30t的炼炉冶炼的钢或连铸坯轧成的钢材，允许同一牌号的A级钢或B级钢，同一冶炼和浇注方法，不同罐号组成混合批。国家质量监督机构提出进行全面检验时，进场时应按炉型号及直径分批验收。验收内容包括检查对标志、外观的检查，并按有关标准的规定抽取试样做机械性能检验，合格后方能使用。

2. 取样

检验批及检验取样数量要求见表2-5。其中每批应由同牌号、同一炉罐号、同一规格、同一交货状态的钢材组成。

试样切取应符合以下要求：

（1）应在外观及尺寸合格的钢材上切取。

（2）切取时，应防止因受热、加工硬化及变形而影响其力学及工艺性能。

用烧割法切取试样时，从试样切割线至试样边缘必须有足够的加工余量，加工余量按表2-6选取；冷剪试样所需的加工余量按表2-7选取。

抽检批及检验试样数量　　　　　　表 2-5

序号	钢材名称	每批最多炉罐号（个）	验收每批量（t）	抽样数（根、盘）	检验试样数量			
					冷拉	冷弯	常、低温冲击	反复弯曲
1	碳素结构钢	6	≤60	1	1	1	3	
2	低合金结构钢	6	≤60	1	1	1	3	
3	钢筋混凝土用热轧钢筋	6	≤60	2	2	2		1
4	低碳热轧圆盘条	6	≤60	1	1	2		

烧割法切取试样的加工余量　　　　　　表 2-6

厚度 e 或直径（mm）	加工余量（mm）
$e \leqslant 60$	不小于厚度或直径且不小于20mm
$e > 60$	根据双方协议适当减小

冷剪试样的加工余量　　　　　　表 2-7

厚度 e 或直径（mm）	加工余量（mm）
$e \leqslant 4$	4
$4 < e \leqslant 10$	厚度或直径
$10 < e \leqslant 20$	10
$20 < e \leqslant 35$	15
$e > 35$	20

（3）对截面尺寸小于或等于60mm的圆钢、方钢和六角钢。应在中心切取及冲击试样；截面尺寸大于60mm时，则在直径或对角线距外端1/4处切取。当试样不需要热处理时，截面尺寸小于或等于40mm的圆钢、方钢和角钢，应使用全截面进行拉伸试验；当试样需要热处理时，应按相关产品标准规定的尺寸，从圆钢、方钢和六角钢上切取。

2.13.2 钢材的外观检测

钢材的外观检测包括尺寸、外形、质量、表面质量等，检查应逐个、逐根、逐盘进行。钢材的表面质量检查一般是用肉眼配合一定的器具进行检验，外形一般采用有一定精度的量具进行检验，并符合相应规范中的允许偏差要求。

钢材表面不得有裂纹、结疤和折叠。对于光圆钢筋，表面不得有裂纹、结疤和折叠、表面钢筋允许有凸块和其他缺陷的深度和高度不得大于所在部位的允许偏差；对于带肋钢筋，表面钢筋允许有凸块，但不得超过横肋的高度，钢筋表面上其他缺陷的深度和高度不得大于所在部位的允许偏差。表 2-8～表 2-10 为几种常见钢筋的允许尺寸偏差的取值。

热轧光圆钢筋直径允许偏差　　表 2-8

公称直径	直径允许偏差	不圆度≤
≤20	±0.4	0.4

热轧带肋钢筋内径尺寸及其允许偏差　　表 2-9

公称直径	6	8	10	12	14	16	18	20	22	25	28	32	36
内径尺寸	5.8	7.7	9.6	11.5	13.4	15.4	17.3	19.3	21.3	24.2	27.2	31.0	35.0
允许偏差	±0.3	±0.4							±0.5		±0.6		

余热处理钢筋内径尺寸及其允许偏差　　表 2-10

公称直径	8	10	12	14	16	18	20	22	25	28	32	36	40
内径尺寸	7.7	9.6	11.5	13.4	15.4	17.3	19.3	21.3	24.2	27.2	31.0	35.0	38.7
允许偏差	±0.4					±0.5			±0.6		±0.7		

2.13.3 钢材硬度检测

硬度是材料抵抗局部变形，特别是塑性变形、压痕的能力，是衡量金属软硬程度的一种性能指标。硬度体现的具体物理意义不同，其对应的检验方法，常用的检验方法有布氏法、维氏法、洛氏法和肖氏法等。

1. 布氏法

布氏法是用一定直径的淬火钢球或硬质合金球，以一定大小的荷载压入试件表面，如图 2-9 所示，经一定的持荷时间后，卸除荷载，测量出压痕球形面的直径，可用式计算布氏硬度值：

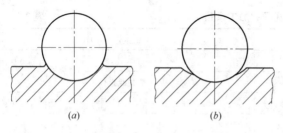

图 2-9　钢球压入试件表面示意图
(a) 软钢；(b) 硬钢

$$HB = \frac{2P}{\pi D(D - \sqrt{D^2 - d^2})}$$

式中　P——所加荷重（N）；

D——钢球直径（mm）;

d——压痕直径（mm）。

布氏检验法可用大直径球体和大的荷载进行检验，可以获得较大的压痕。可用于测定软硬不同和厚薄不一的材料的硬度。

2. 洛氏法

洛氏检验法是通过测量压痕深度的方法来表示材料的硬度值。洛氏硬度是以金刚石圆锥或钢球作压头压入被检钢材的表面，先后两次施加荷载－初荷载及总荷载，经一定的持荷时间后卸载，根据两次加载后压痕深度之差，求得被检测金属的硬度，如图2-10所示。

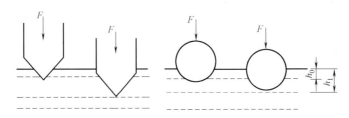

图 2-10　洛氏硬度检验法示意图

根据所采用的测深标尺不同，可得到9种不同的硬度表示方法，每种标尺用一个字母附在洛氏硬度符号HR之后加以注明，如HRA-HRK。我国最常用的表示方法有HRA、HRB、HRC三种。

用A、C、D标尺时，硬度值可表示为：

$$HR = 100 - \frac{h_1 - h_0}{0.002}$$

用B、E、F、G、H、K标尺时，硬度值可表示为：

$$HR = 130 - \frac{h_1 - h_0}{0.002}$$

式中　h_0——初始检验力所产生的压痕深度，mm;

h_1——加上主检验力并予以卸除，同时保留初始检验力时的压痕深度，mm。

3. 维氏法

维氏法采用的压头不是球体而是两相对面间夹角为136°的金刚石正四棱锥体，如图2-11所示。压头在选定的检验力 F 作用下，压入试样表面，经一定持荷时间后，卸除检验力，在试样表面压出一个正四棱锥形的压痕，量测压痕对角线长度 d，用压痕对角线平均值计算压痕的表面积 A。维氏硬度是检验力 F 除以压痕表面积 A 所得的商，用符号 HV 表示。其计算公式可表示为：

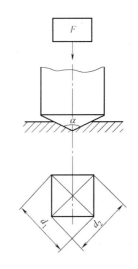

图 2-11　维氏硬度检测示意图

$$HV = \frac{F}{A} = \frac{2F\sin\frac{136°}{2}}{d^2}$$

2.13.4 钢材抗拉强度及伸长率检验

钢材的屈服点、抗拉强度和伸长率是确定钢材质量是否合格的重要指标。具体检验方法参考规范 GB/T 228。表 2-11～表 2-14 给出了几种常见钢筋力学指标规定值。检验得到的力学性能应符合相应表中的规定。

热轧带肋钢筋的力学性能   表 2-11

牌号	公称直径 a(mm)	σ_s(MPa)	σ_b(MPa)	δ_5(%)
HRB335	6～25 28～50	335	490	16
HRB400	6～25 28～50	400	570	14
HRB500	6～25 28～50	500	630	12

冷轧带肋钢筋力学及冷弯性能   表 2-12

牌号	$R_{P0.2}$(MPa)不小于	R_m(MPa)不小于	伸长率(%)不小于	
CRB550	500	550	8.0	—
CRB650	585	650	—	4.0
CRB800	720	800	—	4.0
CRB970	875	970	—	4.0

热轧光圆钢筋力学性能   表 2-13

公称直径	强度等级 (代号)	屈服点 σ_s (MPa)	抗拉强度 σ_b (MPa)	伸长率 (%)
8～20	R235	≥235	≥370	≥25

余热处理钢筋力学及冷弯性能   表 2-14

表面 形状	钢筋 级别	强度等 级代号	公称直径 (mm)	屈服点 σ_s(MPa)	抗拉强度 σ_b(MPa)	伸长率 (%)
				不小于		
月牙肋	II	KL400	8～25 28～40	440	600	14

2.13.5 钢材的冲击韧性检测

钢材在使用过程中，除要求有足够的强度和塑性外，还要有足够的韧性，韧性好的材料在使用过程中不致突然产生脆性断裂，从而保证零件或构件的安全性。一般钢材在常温下的韧性都比较好，为了能准确地检测出钢材韧性，应使材料处于韧-脆过渡的半脆性状态进行检测。因此，通常采用带有缺口的试样，使之在冲击荷载作用下折断，以试样在变形和折断过程中所吸收的能量来表示材料的韧性称之为冲击韧性。

钢材的冲击韧性对于评定材料在动荷载下的性能、鉴定冶炼及加工工艺质量或构件设计中的选材等方面有很大的作用,是重要的力学性能指标。

钢材冲击韧性试验如图 2-12 所示。设摆锤的重量为 m,摆锤旋转轴线到摆锤重心的距离为 L,若将其抬起一定高度时,则冲断试样之前摆锤所具有的能量为:

$$E_0 = mgH - mgL(1 - \cos\alpha)$$

摆锤下落折断试样后剩余的能量为:

$$E_1 = mgh - mgL(1 - \cos\beta)$$

这两部分能量之差,即为金属试件在冲击荷载作用下折断时所吸收的功 A_k:

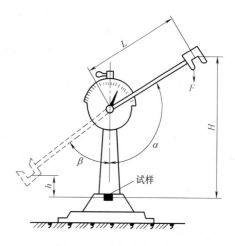

图 2-12 冲击试验示意图

$$A_k = mgL(\cos\beta - \cos\alpha)$$

钢材的冲击韧性值 a_k 是钢材在冲击试验时,单位面积上所做的功,公式为:

$$a_k = \frac{A_k}{S_0}$$

2.13.6 钢材的冷弯性能检测

冷弯性能是指钢材承受弯曲变形的能力,是评定钢材质量的技术指标之一。试样按图 2-13 进行弯曲。在作用力下弯曲程度可分为下列三种类型:

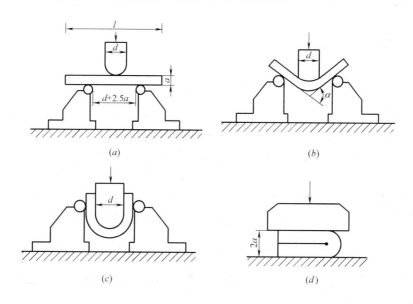

图 2-13 弯曲试验示意图

(1) 达到某规定角度 α 的弯曲,如图 2-13 (a);
(2) 绕弯心弯到两面平行的弯曲,如图 2-13 (b);

（3）弯到两面接触的重合弯曲，如图 2-13（c）。

冷弯性能具体检测方法参考规范 GB/T 232。表 2-15～表 2-17 给出了几种常见钢筋冷弯性能规定值。检验得到的钢材冷弯性能应符合相应表中的规定。

热轧光圆钢筋冷弯性能 表 2-15

公称直径 （mm）	强度等级 （代号）	冷弯 d—弯心直径（mm） a—公称直径（mm）
8～20	R235	180°，$d=a$

热轧带肋钢筋的冷弯性能 表 2-16

牌号	公称直径 a（mm）	冷弯试验 弯心直径
HRB335	6～25	$3a$
	28～50	$4a$
HRB400	6～25	$4a$
	28～50	$5a$
HRB500	6～25	$6a$
	28～50	$7a$

余热处理钢筋冷弯性能 表 2-17

表面 形状	钢筋 级别	强度等 级代号	公称直径 （mm）	冷弯 d—弯芯直径 a—钢筋公称直径
月牙肋	Ⅱ	KL400	8～25	90° $d=3a$
			28～40	90° $d=4a$

2.13.7 钢材的验收

建筑钢材从钢厂到施工现场经过了商品流通的多道环节，建筑钢材的验收是质量管理中必不可少的环节。钢材到达钢材库后，材料员依据采购单、合同对钢材的名称、规格、型号、材质、钢材的制造标准、数量进行认真的核对，对钢材的产品合格证、质量证明书（包括化学成分含量表及机械性能试验数据）查验，是否齐全、有效。钢材入库应分批，分车进行过磅计量，如供方按理论重量发货时，入库也应按理论重量进行尺检。

除大中型型钢外，不论是钢筋还是型钢，都必须成捆交货，每一捆扎件上一般都拴有两个标牌，上面注明生产企业名称或厂标、牌号、规格、炉罐号、生产日期、钢筋生产许可证标志和编号等内容。

建筑钢材进场后，施工单位应及时建立"建设工程材料采购验收检验使用综合台账"。监理单位可设立"建设工程材料监理监督台账"。

2.13.8 钢材的储存

建筑钢材应尽可能存放在库房或料棚内（特别是有精度要求的冷拉、冷拔等钢材）。

堆码的原则要求是在码垛稳固、确保安全的条件下，做到按品种、规格码垛，不同品种的材料要分别码垛，防止混淆和相互腐蚀；禁止在垛位附近存放对钢材有腐蚀作用的物品；垛底应垫高、坚固、平整，防止材料受潮或变形；同种材料按入库先后分别堆码，便于执行先进先发的原则。

若采用露天存放，则料场应选择地势较高而又平坦的地面，经平整、夯实、预设排水沟道、安排好垛底后方能使用，垛面也可略有倾斜，以利排水。露天堆放角钢和槽钢应俯放，即口朝下，工字钢应立放，钢材的 I 槽面不能朝上，以免积水生锈。注意材料安放平直，防止造成弯曲变形。

施工现场堆放的建筑钢材应注明"合格"、"不合格"、"再检"、"待检"等产品质量状态，注明钢材生产企业名称、品种规格、进场日期及数量等内容，并以醒目标识标明，工地应由专人负责建筑钢材收货和发料。

第3章 建筑工程识图

3.1 制图的基本知识

图样是工程界的共同语言，为了便于交流和指导生产，必须制定大家都能遵守技术标准。对于不同的行业，不同的领域可能有不同的标准与规范。建筑行业的制图国家标准包括《房屋建筑制图统一标准》GB/T 50001、《总图制图标准》GB/T 50103、《建筑制图标准》GB/T 50104、《建筑结构制图标准》GB/T 50105、《建筑给水排水制图标准》GB/T 50106、《暖通空调制图标准》GB/T 50114。

1. 图纸幅面规格

图幅是指绘图时采用的图纸幅面的图纸尺寸规格的大小，图框是指绘图范围的界线。为使图纸整齐，便于装订和保管，国标中规定了图纸的幅面尺寸。

A0、A1、A2、A3、A4 幅面及图框尺寸见表 3-1。

幅面及图框尺寸（mm）　　　　　　　　　　　　　　　表 3-1

尺寸代号 ＼ 幅面代号	A0	A1	A2	A3	A4
b×l	841×1189	594×841	420×594	297×420	210×297
c	10			5	
a	25				

从表 3-1 中看出，各种规格基本幅面的尺寸关系是：将上一种规格幅面的长边对裁，即为下一种规格幅面的大小。

如果图纸幅面不够，可将图纸的长边加长，短边不宜加长。加长后的尺寸应符合表3-2的规定。

图纸长边加长尺寸（mm）　　　　　　　　　　　　　表 3-2

幅面代号	长边尺寸	长边加长后的尺寸
A0	1189	1486(A0+1/4l)　1635(A0+3/8l)　1783(A0+1/2l)　1932(A0+5/8l) 2080(A0+3/4l)　2230(A0+7/8l)　2378(A0+1l)
A1	841	1051(A1+1/4l)　1261(A1+1/2l)　1471(A1+3/4l)　1682(A1+1l) 1892(A1+5/4l)　2102(A1+3/2l)
A2	594	743(A2+1/4l)　891(A2+1/2l)　1041(A2+3/4l)　1189(A2+1l) 1338(A2+5/4l)　1486(A2+3/2l)　1635(A2+7/4l)　1783(A2+2l) 1932(A2+9/4l)　2080(A2+5/2l)
A3	420	630(A3+1/2l)　841(A3+1l)　1051(A3+3/2l)　1261(A3+2l) 1471(A3+5/2l)　1682(A3+3l)　1892(A3+7/2l)

注：有特殊需要的图纸，可采用 $b×l$ 为 841mm×891mm 与 1189mm×1261mm 的幅画。

图纸以短边作为垂直边称为横式，以短边作为水平边称为立式。一般 A0～A3 图纸宜横式使用，如图 3-1 所示；必要时，也可立式如图 3-2、图 3-3 所示使用。

需要微缩复制的图纸，其一个边上应附有一段准确米制尺度，四个边上均附有对中标志，米制尺度的总长应为 100mm，分格应为 10mm。对中标志应画在图纸各边长的中点处，线宽应为 0.35mm，伸入框内应为 5mm。

一个工程设计中，每个专业所使用的图纸，一般不宜多于两种幅面，不含目录及表格所采用的 A4 幅面。

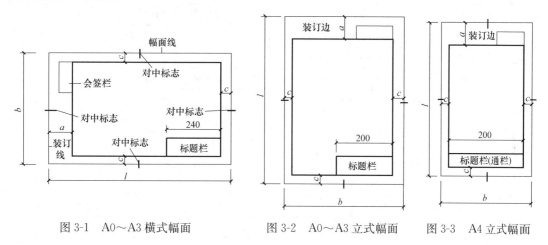

图 3-1　A0～A3 横式幅面　　　图 3-2　A0～A3 立式幅面　　图 3-3　A4 立式幅面

2. 图纸标题栏和会签栏

将工程名称、图名、图号、设计号及设计人、绘图人、审批人的签名和日期等几种列表放在图纸右下角成为标题栏（简称图标）。图标的格式在国家标准中仅作原则的分区规定，各区的具体格式、内容和尺寸，可根据设计单位的需要而定。会签栏是为各工种负责人签字用的表格，放在图纸左侧上方的图框线外。

每张图样的右下角均应有标题栏，且标题栏中的文字方向为看图方向。标题栏的外框是粗实线，其右边和底边与图框线重合，其余为细实线。一个会签栏不够用时，可增加一个，两个会签栏应并列。不需要会签的图纸，可不设会签栏。图纸标题栏和会签栏的尺寸、格式如图 3-4、图 3-5 所示。

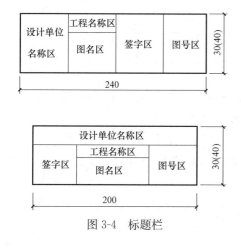

图 3-4　标题栏

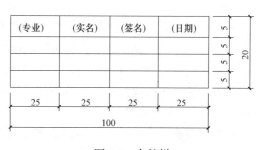

图 3-5　会签栏

3. 图线

（1）线宽与线型

建筑工程图采用不同的线型与线宽的图线绘制而成，见表3-3。

线型的种类及用途 　　　　　　　　　　　　　　　表 3-3

名称		线型	线宽	一般用途
实线	粗		b	主要可见轮廓线
	中		$0.5b$	可见轮廓线
	细		$0.25b$	可见轮廓线、图例线
虚线	粗		b	见各有关专业制图标准
	中		$0.5b$	不可见轮廓线
	细		$0.25b$	不可见轮廓线、图例线
单点长画线	粗		b	见各有关专业制图标准
	中		$0.5b$	见各有关专业制图标准
	细		$0.25b$	中心线、对称线等
双点长画线	粗		b	见各有关专业制图标准
	中		$0.5b$	见各有关专业制图标准
	细		$0.25b$	假想轮廓线、成型前原始轮廓线
折断线			$0.25b$	断开界线
波浪线			$0.25b$	断开界线

所有线型的图线的宽度 b 宜从下列线宽系列中选取：2.0、1.4、1.0、0.7、0.5、0.35mm，详见表3-4。

线宽组 　　　　　　　　　　　　　　　表 3-4

线宽比	线宽组					
b	2.0	1.4	1.0	0.7	0.5	0.35
$0.5b$	1.0	0.7	0.5	0.35	0.25	0.18
$0.25b$	0.5	0.35	0.25	0.18	—	—

注：1. 需要微缩的图纸，不宜采用0.18mm及更细的线宽。
　　2. 同一张图纸内，各不同线宽中的细线，可统一采用较细的线宽组的细线。

所有线型的图线分粗线、中粗线和细线三种，宽度比率为 4：2：1。

注意：同一张图纸内，相同比例的各图样，应选用相同的线宽组。

（2）图线画法

1）相互平行的图线，其间隙不宜小于其中的粗线宽度，且不宜小于0.7mm。

2）虚线、单点长画线或双点长画线的线段长度和间隔，宜各自相等。

3）单点长画线或双点长画线，当在较小图形中绘制有困难时，可用实线代替。

4）单点长画线或双点长画线的两端，不应是点。点画线与点画线交接或点画线与其他图线交接时，应是线段交接。

5）虚线与虚线交接或虚线与其他图线交接时，应是线段交接。虚线为实线的延长线时，不得与实线连接。

6）图线不得与文字、数字或符号重叠、混淆，不可避免时，应首先保证文字等的清晰。

图线在工程中的实际应用如图 3-6 所示。

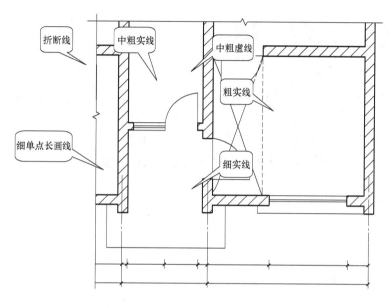

图 3-6　图线的应用

4. 字体

图纸上所需书写的各种文字、数字、拉丁字母均称为字体。各种字体必须书写端正、排列整齐、笔画清晰。

图样及说明中的汉字，应采用国家公布的简化汉字，并用长仿宋体字。长仿宋体字的字高与字宽的比例为 3/2，字体的高度分 20、14、10、7、5、3.5、2.5（mm），字体宽度相应为 14、10、7、5、3.5、2.5、1.8（mm）。长仿宋体的示例如图 3-7 所示。从字例中可以看出，长仿宋字的特点是：笔画横平竖直、起落分明、笔锋满格、字体结构匀称。

工程图上应书写长仿宋体汉字体打好格子

楼梯一二三四五六七八九十制钢筋混凝土

图 3-7　长仿宋字示例

拉丁字母和数字既可以写成正体字，也可以写成斜体字，如图 3-8 所示。当字母或数字与汉字并列书写时，它们的字高比汉字的字高宜小一号。

5. 比例和图名

按规定，在图样的下方应用长仿宋字体写上图样名称和绘图比例。比例宜注写在图名的右侧，字的基准线应取平，比例的字高宜比图名字高小一号，图名下应画一条粗横线，如图 3-9 所示。

ABCDabcd123450

ABCDabcd123450　底层平面图　1:100

图 3-8　拉丁字母、数字示例　　　　　　　图 3-9　图名和比例

图样的比例，应为图形与实物相对应的线性尺寸之比。比例的大小是指其比值的大小，如 1:50 大于 1:100。比例的符号为"："，比例应以阿拉伯数字表示，如 1:1、1:2、1:100 等。相同的构造，用不同的比例所画出的图样大小是不一样的，如图 3-10 所示。但比例与尺寸数字的标注无关，不管比例是放大还是缩小，尺寸数字总是按照实际大小来标注。

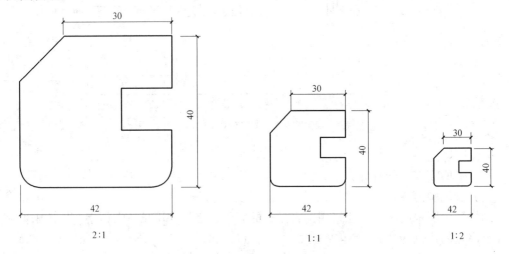

图 3-10　不同的比例图样

一般情况下，一个图样应选用一种比例。根据专业制图需要，同一图样可选用两种比例。当一张图纸中的各图只用一种比例时，也可将比例统一书写在图纸标题栏内。

6. 尺寸标注

建筑工程图中除了用图线画出建筑物各部分的形状外，还必须准确、详尽和清晰地标注尺寸，以确定其大小，作为施工的依据。

（1）尺寸的组成

图样上的尺寸，包括尺寸界线、尺寸线、尺寸起止符号和尺寸数字，如图 3-11 所示。

（2）基本规定

1）尺寸界线应用细实线绘制，一般应与被注长度垂直，其一端应离开图样轮廓线不小于 2mm，另一端宜超出尺寸线 2~3mm。图样轮廓线可用作尺寸界线，如图 3-12 所示。

2）尺寸起止符号一般用中粗斜短线绘制，其倾斜方向应与尺寸界线成顺时针 45°角，长度宜为 2~3mm。半径、直径、角度与弧长的尺寸起止符号，宜用箭头表示，如图 3-13 所示。

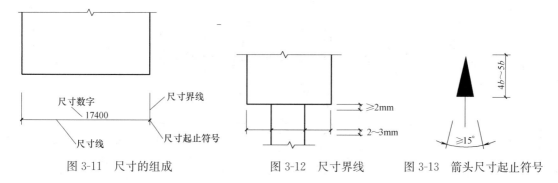

图 3-11　尺寸的组成　　　　图 3-12　尺寸界线　　　图 3-13　箭头尺寸起止符号

3）尺寸数字的方向，应按图 3-14（a）的规定注写。若尺寸数字在 30°斜线区内，宜按图 3-14（b）的形式注写。当尺寸线为竖直时，尺寸数字注写在尺寸线的左侧，字头朝左；其他任何方向，尺寸数字也应保持向上，且注写在尺寸线的上方。

4）图样上的尺寸，应以尺寸数字为准，不得从图上直接量取。

图样上的尺寸单位，除标高及总平面以米为单位外，其他必须以毫米为单位。

尺寸数字一般应依据其方向注写在靠近尺寸线的上方中部。如没有足够的注写位置，最外边的尺寸数字可注写在尺寸界限的外侧，中间相邻的尺寸数字可错开注写，如图 3-15 所示。

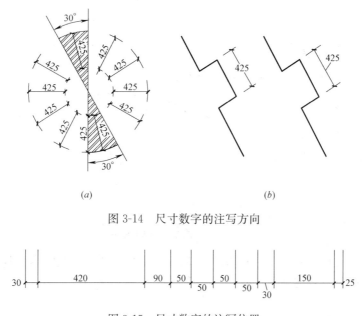

（a）　　　　　　　　　　　　　　（b）

图 3-14　尺寸数字的注写方向

图 3-15　尺寸数字的注写位置

（3）尺寸的排列与布置

尺寸宜标注在图样轮廓以外，不宜与图线、文字及符号等相交，如图 3-16 所示。图样轮廓线以外的尺寸界线，距图样最外轮廓之间的距离，不宜小于 10mm。平行排列的尺寸线的间距，宜为 7~10mm，并应保持一致。总尺寸的尺寸界线应靠近所指部位，中间的分尺寸的尺寸界线可稍短，但其长度应相等，如图 3-16 所示。

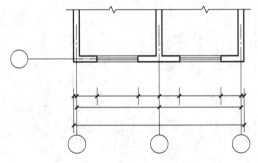

图 3-16 尺寸的排列

（4）半径、直径、球的尺寸标注

1）半径的尺寸线应一端从圆心开始，另一端画箭头指向圆弧。半径数字前应加注半径符号"R"，如图 3-17 所示。

2）较小圆弧的半径，可按图 3-18 形式标注。

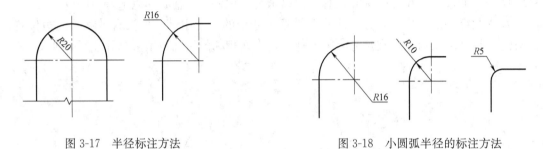

图 3-17　半径标注方法　　　　　　　　　　　图 3-18　小圆弧半径的标注方法

3）较大圆弧的半径，可按图 3-19 形式标注。

图 3-19　大圆弧半径的标注方法

4）标注圆的直径尺寸时，直径数字前应加直径符号"φ"。在圆内标注的尺寸线应通过圆心，两端画箭头指至圆弧，如图 3-20 所示。

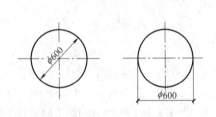

图 3-20　圆直径的标注方法

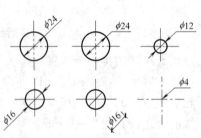

图 3-21　小圆直径的标注方法

5）较小圆的直径尺寸，可标注的圆外，如图 3-21 所示。

6）标注球的半径尺寸时，应在尺寸前加注符号"SR"。标注球的直径尺寸时，应在尺寸数字前加注符号"SΦ"。注写方法与圆弧半径和圆弧直径的尺寸标注方法相同。

7. 角度、弧度、弧长的标注

（1）角度的尺寸线应以圆弧表示。该圆弧的圆心应是该角的顶点，角的两条边为尺寸界线。起止符号应以箭头表示，如没有足够位置画箭头，可用圆点代替，角度数字应按水平方向注写，如图 3-22 所示。

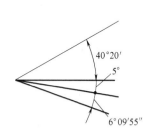

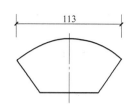

图 3-22　角度标注方法　　图 3-23　弧长标注方法　　图 3-24　弦长标注方法

（2）标注圆弧的弧长时，尺寸线应以与该圆弧同心的圆弧线表示，尺寸界线应垂直于该圆弧的弦，起止符号用箭头表示，弧长数字上方应加注圆弧符号"⌒"，如图 3-23 所示。

（3）标注圆弧的弦长时，尺寸线应以平行与该弦的直线表示，尺寸界线应垂直于该弦，起止符号用中粗斜短线表示，如图 3-24 所示。

8. 其他的尺寸标注

（1）在薄板板面标注板厚尺寸时，应在厚度数字前加厚度符号"t"如图 3-25 所示。

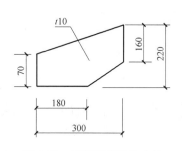

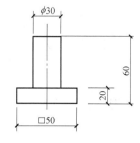

图 3-25　薄板厚度标注方法　　　　　　　图 3-26　标注正方形尺寸

（2）标注正方形的尺寸，可用"边长×边长"的形式，也可在边长数字前加正方形符号"□"，如图 3-26 所示。

（3）标注坡度时，应加注坡度符号"←"，该符号为单面箭头，箭头应指向下坡方向。坡度也可用直角三角形形式标注，如图 3-27 所示。

9. 常用建筑材料图例

当建筑物或建筑配件被剖切时，通常在图样中的断面轮廓线内，应画出建筑材料图例，常用建筑材料应按表 3-5 所示图例画法绘制。

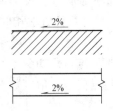 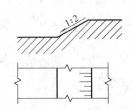 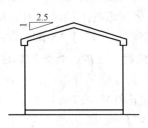

图 3-27　坡度标注方法

常用建筑材料图例表　　　　　　　　　　　　表 3-5

图例	名称与说明	图例	名称与说明
	自然土壤		多孔材料 　包括水泥珍珠岩、沥青珍珠岩、泡沫混凝土、非承重加气混凝土、软木、蛭石制品等
	素土夯实		木材 横断面图，左图为垫木、木砖或木龙骨
	左:砂、灰土(靠近轮廓线绘制较密的点) 　右:粉刷材料，采用较稀的点		金属 1. 包括各种金属 2. 图形小时，可涂黑
	普通砖 1. 包括实心砖、多孔砖、砌块等砌体 2. 断面较窄、不易画出图例线时，可涂红		防水材料 　构造层次多或比例大时，采用上面图例
	上:混凝土　下:钢筋混凝土 1. 本图例指能承重的混凝土及钢筋混凝土 2. 包括各种强度等级、骨料、添加剂的混凝土 3. 在剖面图上画出钢筋时，不画图例线 4. 断面图形小，不应画出图例线时，可涂黑		饰面砖 包括铺地砖、马赛克、陶瓷锦砖、人造大理石等
			石材

应注意下列事项:

（1）图例线应间隔均匀，疏密适度，做到图例正确，表示清楚;

（2）不同品种的同类材料使用同一图例时（如某些特定部位的石膏板必须注明是防水

72

石膏板时），应在图上附加必要的说明；

（3）两个相同的图例相接时，图例线宜错开或使倾斜方向相反，如图 3-28 所示。

（4）两个相邻的涂黑图例（如混凝土构件、金属件）间，应留有空隙。其宽度不得小于 0.7mm，如图 3-29 所示。

图 3-28 相同的图例相接时画法　　　　　　　　　　图 3-29 相邻涂黑图例的画法

当一张图纸内的图样只用一种图例时或图形较小无法画出建筑材料图例时，可不加图例，但应加文字说明。

建筑工程施工图是用"国标"规定的各种图例、符号等结合图线、文字、尺寸标注等用正投影法绘制的，认识这些常用图例，先对建筑制图的国家标准有个粗略印象，为进一步的学习做好准备。

3.2　建筑施工图

3.2.1　建筑施工图概述

1. 房屋施工图的内容及分类

房屋施工图是用正投影的方法，将拟建房屋的内外形状、大小，以及各部分的结构、构造、装修、设备等内容，详细而准确地绘制成的图样。

房屋施工图按专业内容和作用的不同，可分为：建筑施工图、结构施工图和设备施工图。

（1）建筑施工图

建筑施工图简称建施，主要反映建筑物的整体布置、外部造型、内部布置、细部构造、内外装饰以及一些固定设备、施工要求等，是房屋施工放线、砌筑、安装门窗、室内外装修和编制施工概算及施工组织计划的主要依据。一套建筑施工图一般包括总平面图、建筑平面图、建筑立面图、建筑剖面图、建筑详图等。

（2）结构施工图

结构施工图简称结施，主要反映建筑物承重结构的布置、构件类型、材料、尺寸和构造做法等，是基础、柱、梁、板等承重构件以及其他受力构件施工的依据。结构施工图一般包括结构设计说明、基础图、结构平面布置图和各构件的结构详图等。

（3）设备施工图

设备施工图简称设施，主要反映建筑物的给水排水、采暖通风、电气等设备的布置和施工要求等。设备施工图一般包括各种设备的平面布置图、系统图和详图等。

2. 建筑施工图的有关规定

建筑施工图除了按正投影的原理及剖面图、断面图的基本图示方法绘制外，还应遵守

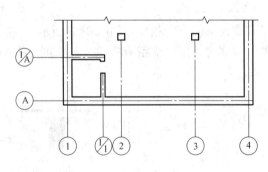

图 3-30　定位轴线编号顺序

建筑专业制图标准对常用的符号和标注的规定画法。

（1）定位轴线

定位轴线是用来确定建筑物主要结构及构件位置的尺寸基准线。凡承重构件如墙、柱、梁、屋架等位置都要画上定位轴线并进行编号，施工时以此作为定位的基准。施工图上，定位轴线应用细单点长画线表示。在线的端部画一直径为 8～10mm 的细实线圆，圆内注写编号。在建筑平面图上编号的次序是横向自左向右用阿拉伯数字编写，竖向自下而上用大写拉丁字母编写，字母 I、O、Z 不用，以免与数字 1、0、2 混淆。定位轴线的编号宜注写在图的下方和左侧，如图 3-30 所示。

对于一些次要构件的定位轴线一般作为附加轴线，编号可用分数表示。分母表示前一轴线的编号，分子表示附加轴线的编号，编号宜用阿拉伯数字顺序编写。

（2）尺寸和标高注法

建筑施工图上的尺寸可分为定形尺寸、定位尺寸和总体尺寸。定形尺寸表示各部位构造的大小，定位尺寸表示各部位构造之间的相互位置，总体尺寸应等于各分尺寸之和。尺寸除了总平面图及标高尺寸以米（m）为单位外，其余一律以毫米（mm）为单位。

标高是用以表明房屋各部分（如室内外地面、窗台、雨篷、檐口等）高度的标注方法。在图中用标高符号加注高程数字表示，如图 3-31 所示。标高符号用细实线绘制，符号中的三角形为等腰直角三角形，标高的尺寸单位为米注写到小数点后三位（总平面图上可注到小数点后两位）。涂黑的标高符号，用在总平面图及底层平面图中，表示室外地坪标高。

图 3-31　标高符号　　　　　　　　　　　　　图 3-32　索引符号

（3）索引符号与详图符号

在图样中的某一局部或构件未表达清楚，而需另见详图以得到更详细的尺寸及构造做法时，为方便施工时查阅图样，常常用索引符号注明详图所在的位置。按国家规定，标注方法如下：

索引符号的圆及直径均应以细实线绘制，圆的直径为 10mm，如图 3-32 所示。索引出的详图，如与被索引的图样同在一张图内，应在索引符号的上半圆中用阿拉伯数字注明该详图的编号，并在下半圆中间画一段水平细实线，如图 3-32（a）所示。索引出的详图，如与被索引的图样不在同一张图内，应在索引符号的下半圆中用阿拉伯数字注明该详图所在图样的图样号，如图 3-32（b）所示。索引出的详图，如采用标准图集，应在索引符号水平直径的延长线上加注该标准图集的编号，如图 3-32（c）所示。

74

索引符号如用于索引剖面详图，应在被剖切的部位绘制剖切位置线，并应以引出线引出索引符号，引出线所在的一侧应为剖视方向。如图 3-33（*a*）所示，表示剖切后向右投影，图 3-33（*b*）表示剖切后向上投影。

图 3-33　用于索引剖面详图的索引符号　　　　　图 3-34　详图符号

详图的位置和编号，应以详图符号表示，详图符号用一粗实线圆绘制，直径为 14mm，如图 3-34 所示。详图与被索引的图样同在一张图内时，应在详图符号内用阿拉伯数字注明详图的编号，如图 3-34（*a*）所示。详图与被索引的图样，如不在同一张图内，可用细实线在详图符号内画一水平直径，在上半圆中注明详图编号，在下半圆中注明被索引图样的图样号，如图 3-34（*b*）所示。

3.2.2　建筑施工图首页和总平面图

1. 建筑施工图首页

建筑施工图首页一般包括图纸目录和施工总说明。图纸目录说明该套图纸有几类，各类图纸分别有几张，每张图纸的图号、图名、图幅大小等内容，便于查找图纸。施工总说明主要用来说明图样的设计依据和施工要求。中小型房屋的施工总说明也常与总平面图一起放在建筑施工图内，或者施工总说明与结构总说明合并，成为整套施工图的首页，放在所有施工图的最前面。

2. 建筑总平面图

（1）图示方法和内容

建筑总平面图是较大范围内的建筑群和其他工程设施的水平投影图。主要表示新建、拟建房屋的具体位置、朝向、高程、占地面积，以及与周围环境，如原有建筑物、道路、绿化等之间的关系。它是整个建筑工程的总体布局图。

（2）画法特点及要求

1）比例

由于总平面图所表示的范围大，所以一般都采用较小的比例绘图，常用的比例有 1：500、1：1000、1：2000 等。

2）图例

由于比例很小，总平面图上的内容一般是按图例绘制的，常用图例见表 3-6。当标准中所列图例不够用时，也可自编图例，但应加以说明。

3）图线

新建房屋的可见轮廓用粗实线绘制，新建的道路、桥涵、围墙等用中实线绘制，计划扩建的建筑物用中虚线绘制，原有的建筑物、道路及坐标网、尺寸线、引出线等用细实线绘制。

名 称	图 例	说 明	名 称	图 例	说 明
围墙及大门		上图为实体性质的围墙 下图为通透性质的围墙	坐标	X105.00 Y425.00 A105.00 B425.00	上图表示测量坐标 下图表示建筑坐标
新建建筑物	6 ▲	用粗实线表示,图形内右上角的数字或点数表示层数,▲表示出入口	原有的道路		用细实线表示
			计划扩建的道路		用细虚线表示
原有建筑物		用细实线表示	铺砌场地		
计划扩建的建筑物或预留地		用中粗虚线表示	散状材料露天堆场		需要时可注明材料名称
拆除的建筑物		用细实线表示	其他材料露天堆场或露天作业场		
风向频率玫瑰图	北	根据当年统计的各方向平均吹风次数绘制 实线表示全年风向频率,虚线表示夏季风向频率,按6、7、8三个月统计	指北针	北	细实线绘制,圆圈直径为24mm,尾部宽度3mm,指针头部应注"北"或"N"字

4) 尺寸标注

总平面图中的距离、标高及坐标尺寸宜以米为单位(保留至小数点后两位)。新建房屋的室内外地面应注绝对标高。

5) 注写名称

总平面图上的建筑物、构筑物应注写其名称,当图样比例小或图面无足够位置时,可编号列表标注。

(3) 读图举例

图 3-35 (a) 所示为某单位培训楼的总平面图。绘图比例 1∶500。图中用粗实线表示的轮廓是新设计建造的培训楼,右上角 7 个黑点表示该建筑为 7 层。该建筑的总长度和宽度为 31.90 m 和 15.45 m。右下角指北针显示该建筑物坐北朝南的方位。室外地坪绝对标高为 10.40 m,室内地坪绝对标高为 10.70,室内外高差 300mm。该建筑物南面是新建道路牌楼巷,与西面原有道路环城路相交。西面为绿化用地,北面是篮球场,西北有两栋单层实验室,东北有四层办公楼和五层教学楼,东面是将来要建的四层服务楼。培训楼南面距离道路边线 9.00m,东面距离原教学楼 8.4 m。

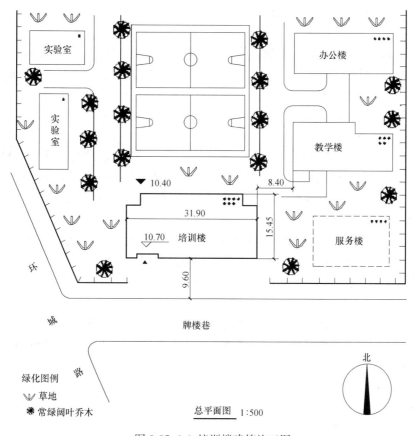

绿化图例
Ⅵ 草地
✻ 常绿阔叶乔木

总平面图 1:500

图 3-35（a）培训楼建筑施工图

3.2.3 建筑平面图

1. 建筑平面图图示方法和内容

建筑平面图一般是沿建筑物门、窗洞位置作水平剖切并移去上面部分后，向下投影所形成的单一全剖视图。主要表示建筑物的平面形状和大小、房间布局、门窗位置、楼梯和走道安排、墙体厚度及承重构件的尺寸等。建筑平面图是建筑施工图中最重要的图样。

多层建筑的平面图一般由底层平面图、中间层平面图、顶层平面图组成。所谓中间层是指底层到顶层之间的楼层，如果这些楼层布置相同或者基本相同，可共用一个标准层平面图，否则每一楼层均需画平面图。

2. 建筑平面图画法特点及要求

（1）比例

建筑平面图常用的比例为 1：100、1：200。

（2）定位轴线

建筑平面图中定位轴线的编号确定后，其他各种图样中的轴线编号应与之相符。

（3）图线

被剖切到的墙柱轮廓线画粗实线，没有剖切到的可见轮廓线如窗台、台阶、楼梯等画中实线，尺寸线、标高符号、图例线等用细实线画出。如果需要表示高窗、通气孔、槽、地沟及起重机等不可见部分，则应以虚线绘制。

（4）尺寸标注

平面图中标注的尺寸主要有三道，第一道是最外面的尺寸，为总体尺寸，表示建筑物的总长、总宽。中间第二道为轴线间尺寸，它是承重构件的定位尺寸。第三道是细部尺寸，表明门、窗洞、洞间墙的尺寸。这道尺寸应与轴线相关联。建筑平面图中还应注出室内外的楼地面标高和室外地坪标高。

（5）代号及图例

平面图中门、窗用图例表示，并在图例旁注写它们的代号和编号，代号"M"用来表示门，"C"表示窗，相同的门或窗采用同一编号，编号用阿拉伯数字顺序编写，也可直接采用标准图上的编号。钢筋混凝土断面可涂黑表示，砖墙一般不画图例。

（6）投影要求

一般来说，各层平面图按投影方向能看到的部分均应画出，但通常将重复之处省略。如散水、明沟、台阶等只在底层平面图中表示，而其他层次平面图则不画出，雨篷也只在二层平面图中表示。必要时在平面图中还应画出卫生器具、水池、橱、柜、隔断等。

（7）其他标注

在平面图中宜注写出各房间的名称或编号。在底层平面图中应画出指北针。当平面图上某一部分或某一构件另有详图表示时需用索引符号在图上表明。此外建筑剖面图的剖切符号也应在房屋的底层平面图上标注。

（8）屋面平面图

屋面平面图是直接从房屋上方向下投影所得，由于内容比较简单，可以用较小比例绘制，它主要表示屋面排水的情况（用箭头，坡度或泛水表示），以及天沟、雨水管、水箱等的位置。

3. 建筑平面图读图举例

图 3-35（b）是某培训楼的底层平面图，采用 1∶100 的比例绘制的。该建筑平面形状基本为矩形，中间有一条东西向走廊，房间分南北两边布置，南边是小餐厅、商品部、接待室等，北边是加工部、库房、服务台、厕所等。东西两侧设有楼梯间，由于楼梯构造不同分别注出甲、乙以示区别。走廊西端有一部服务电梯供人员上下使用，东端还有一部成品提升机供内部载货用。门厅在房屋的西头，正门朝南，标注 M1，为双扇弹簧门，门外平台标高 −0.040m，平台外有二级台阶。门厅、走廊标高为 −0.030 m，比房间地面 ±0.000 略低。

该建筑为框架结构，主要承重构件为钢筋混凝土柱，由于其断面太小所以涂黑表示，断面尺寸为 400mm×450mm。剖切到的墙用粗实线双线绘制，墙厚 200mm。

房屋的定位轴线是以柱的中心位置确定的，横向轴线从①～⑩，纵向轴线从Ⓐ～Ⓖ。图中除了主轴线外还编有附加轴线，如 (1/1) 和 (2/1) 分别表示①轴线右附加的第一根轴线和

第二根轴线，(1/A) 表示Ⓐ轴线后附加的第一根轴线。

沿内走廊两侧的柱旁设有管井，主要是为满足给排水管道安装的需要。管井构造可见有关详图。厕所间右上角标注的 (13/10) 符号是详图索引符号，它表明厕所另画有详图，详图

在第 10 张图纸上。

因为在平面图上培训楼前、后、左、右的布置不同，所以沿图四周都标注了三道尺寸。最外面一道尺寸反映培训楼的总长 31900mm，总宽 15450mm，第二道反映柱子的间距，第三道是柱间墙或柱间门、窗洞的尺寸。

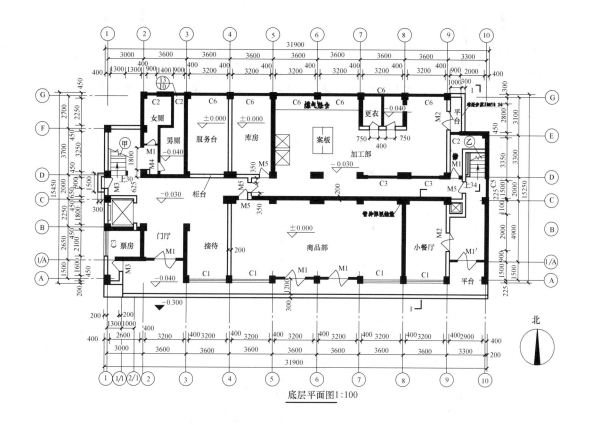

底层平面图1:100

图 3-35（b）培训楼建筑施工图

图 3-35（c）是培训楼的二层平面图，与底层平面图相比，减去了室外的附属设施台阶及指北针。东西两端的楼梯表示方法与底层不同，不仅画出本层上第三层的部分楼梯踏步，还将本层下第一层的楼梯踏步画出。房间布置也有很大的变化，东部是一大餐厅，西部是教室和会议室，并利用正门雨篷上方的区域改建为平台花园。位于轴线附近③～⑨轴线间的墙体外移 200mm，建筑物总宽度尺寸也因此改为 15450mm。其他图示内容与底层平面图相同。

图 3-35（d）是培训楼三～六层平面图，由于它们的平面布置基本相同所以合用一张标准层平面图。在走廊西部同一标高符号处由下向上注出的标高分别表明三～六层的标高为 6.970，10.120，13.270，16.420（m）。西端花架仅为三层平面图所有。房间布置：走廊两边是客房，除东端有一套间外其余均为标准客房。客房构造另有详图说明。位于Ⓖ轴线的墙体外移 200mm，建筑物总宽尺寸因此改为 15650mm。其他图示内容与底层和二层平面图相同。

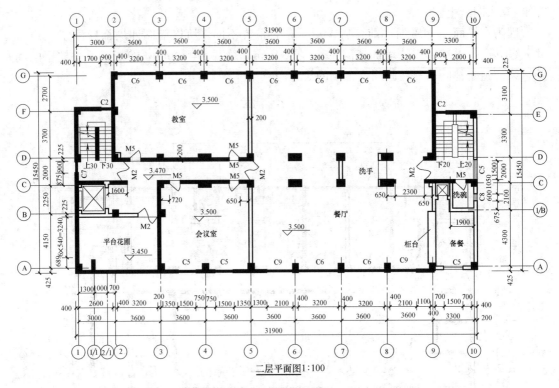

图 3-35（c）培训楼建筑施工图

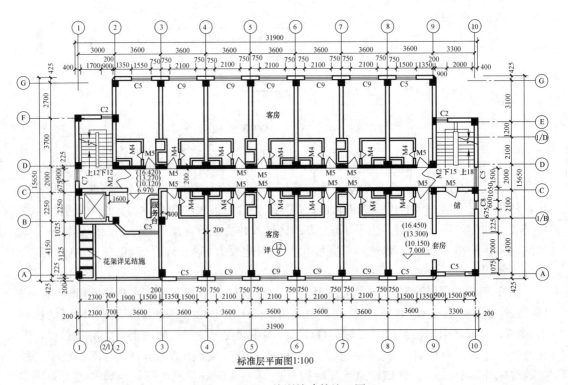

图 3-35（d）培训楼建筑施工图

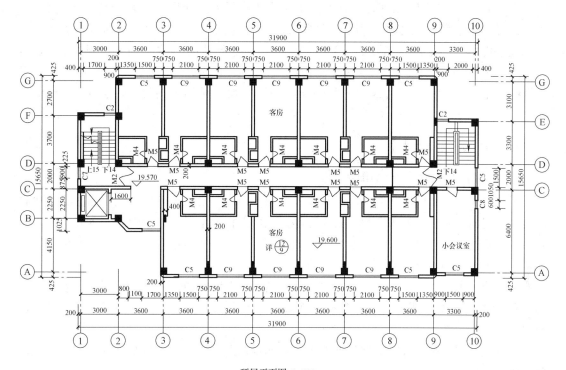

顶层平面图 1:100

图 3-35 (e) 培训楼建筑施工图

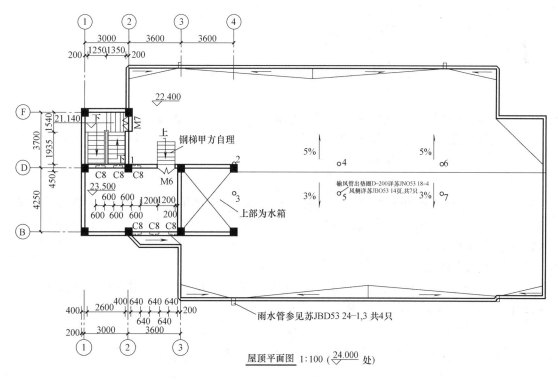

屋顶平面图 1:100 ($\frac{24.000}{\triangledown}$ 处)

图 3-35 (f) 培训楼建筑施工图

图 3-35 （e）是培训楼顶层平面图。其西端楼梯还需通向屋面，东端楼梯到此为止。房间布置除东端套间改为客房和小会议室外，其他与三～六层相同。图 3-35 （f）是主体屋顶平面图。图中除画有泛水 3‰，水箱、天沟、雨水管位置外还画有顶层到屋面，屋面到电梯机房的楼梯，表明了屋面与电梯机房和屋顶之间的关系。此外屋面与雨水管之间的详细构造，屋面与排风管之间的详细构造，均参见标准图集"苏 J8053"中的有关部分。

3.2.4 建筑立面图

1. 建筑立面图图示方法和内容

建筑立面图是房屋不同方向的立面正投影图。通常一个房屋有四个朝向，立面图可根据房屋的朝向来命名，如东立面、西立面等。也可以根据主要入口来命名，如正立面、背立面、左侧立面、右侧立面。一般有定位轴线的建筑物，宜根据立面图两端轴线的编号来命名，如①～⑩轴线立面图，Ⓐ～Ⓖ轴线立面图等。

建筑立面图主要表明建筑物的体型和外貌，以及外墙面的面层材料、色彩，女儿墙的形式，线脚、腰线、勒脚等饰面做法，阳台的形式及门窗布置，雨水管位置等。

建筑立面图应画出可见的建筑外轮廓线，建筑构造和构配件的投影，并注写墙面做法及必要的尺寸和标高。

2. 建筑立面图画法特点及要求

（1）比例

立面图的比例通常与平面图相同。

（2）定位轴线

一般立面图只画出两端的定位轴线及编号，以便与平面图对照。

（3）图线

为了加强立面图的表达效果，使建筑物的轮廓突出、层次分明，通常选用的线型如下：最外轮廓线画粗实线，室外地坪线用加粗线表示，所有凸出部位如阳台、雨篷、线脚、门窗洞等画中实线，其他部分画细实线。

（4）尺寸标注

高度尺寸用标高的形式标注，主要包括建筑物室内外地坪，出入口地面，窗台、门窗洞顶部、檐口。阳台底部、女儿墙压顶及水箱顶部等处的标高。各标高注写在立面图的左侧或右侧且排列整齐。

（5）代号及图例

由于比例小，按投影很难将所有细部都表达清楚，如门、窗等都是根据图例来绘制的，且只画出主要轮廓线及分格线。

（6）投影要求

建筑立面图中，只画出按投影方向可见的部分，不可见的部分一律不表示。

（7）其他标注

房屋外墙面的各部分装饰材料、做法、色彩等用文字说明。

3. 建筑立面图读图举例

图 3-35（g）是培训楼的①～⑩立面图，即南立面图。绘图比例 1：100。南立面是建筑物的主要立面，它反映该建筑的外貌特征及装饰风格。建筑物主体部分为七层，局部为八层。底层西端有一入口是正门，正门左侧是平台，门前有一通长的台阶，台阶踏步为二级。正门右侧墙面用大玻璃窗装饰，室内采光效果好，是临街建筑常用的手法。中间有两扇门是对外服务商品部入口，门之间的柱采用镜面板包柱形式。东端墙面略向内缩，并设有供内部工作人员进出的入口。二层有三扇推拉窗和一扇组合金属窗，组合窗由两端的推拉窗和中间的单层固定窗组成。三～七层每层七扇窗均为金属推拉窗。屋顶是女儿墙包檐形式。雨水管设在建筑物主体部分的两侧。正门上部是雨篷，雨篷的外缘与外墙面平齐。雨篷的上方是平台花园，其左侧是花架。

外墙装饰的主格调采用灰白色面砖贴面，局部地方如三层以上窗间墙及底层窗间墙顶部用铅灰色面砖。

培训楼的外轮廓用粗实线，室外地坪线用加粗线，其他凸出部分用中粗线，门窗图例、雨水管、引出线、标高符号等用细实线画出。

由于立面图左右不对称，所以两侧分别注有室内外地坪、窗台、门窗洞顶、雨篷、女儿墙压顶等处的标高。

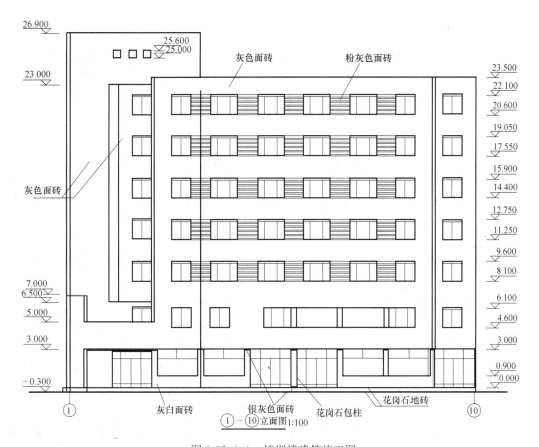

图 3-35（g）　培训楼建筑施工图

83

3.2.5 建筑剖面图

1. 建筑剖面图图示方法和内容

建筑剖面图是用直立平面剖切建筑物所得到的剖面图。它表示建筑物内部垂直方向的主要结构形式、分层情况、构造做法以及组合尺寸。剖面图的剖切部位，应根据图纸的用途或设计深度，在平面图上选择能反映全貌和构造特征，以及有代表性的剖切部位。根据房屋的复杂程度和实际需要，剖面图可绘制一个或数个。

2. 建筑剖面图画法特点及要求

（1）比例

剖面图的比例通常与建筑平面图相同。

（2）定位轴线

一般只画出两端的定位轴线及编号，以便与平面图对照。

（3）图线

剖切到的墙身轮廓画粗实线，楼层、屋顶层在 1：100 的剖面图中只画两条粗实线，在 1：50 的剖面图中宜在结构层上方画一条作为面层的中粗线，而下方板底粉刷层不表示，室内外地坪线用加粗线表示。可见部分的轮廓线如门窗洞、踢脚线、楼梯栏杆、扶手等画中粗线，图例线、引出线、标高符号、雨水管等用细实线画出。

（4）尺寸标注

一般沿外墙注三道尺寸线，最外面一道从室外地坪到女儿墙压顶，是室外地面以上的总高尺寸，第二道为层高尺寸，第三道为勒脚高度、门窗洞高度、洞间墙高度、檐口厚度等细部尺寸，这些尺寸应与立面图吻合。另外还需要用标高符号标出各层楼面、楼梯休息平台等的标高。

（5）图例

门、窗按规定图例绘制，砖墙、钢筋混凝土构件的材料图例与建筑平面图相同。

（6）投影要求

剖面图中除了要画出被剖切到的部分，还应画出投影方向能看到的部分。室内地坪以下的基础部分，一般不在剖面图中表示，而在结构施工图中表达。

（7）其他标注

某些局部构造表达不清楚时可用索引符号引出，另绘详图。细部做法如地面、楼面的做法，可用多层构造引出标注。

3. 建筑剖面图读图举例

图 3-35（h）是培训楼的 1—1 剖面图。一般建筑剖面图的剖切位置都选择通过门窗洞和内部结构比较复杂或有变化的部位。如果一个剖切平面不能满足上述要求时，可采用阶梯剖面。1—1 剖切面通过东端楼梯间且转折经过小餐厅，这样不仅可以反映楼梯的垂直剖面，还可以反映培训楼七层部分主要房间的结构布置、构造特点及屋顶结构。

1—1 剖面图的比例为 1：100，室内外地坪线画加粗线，地坪线以下部分不画，墙体用折断线隔开，剖切到的楼面、屋顶用两条粗实线表示，剖切到的钢筋混凝土梁、楼梯均涂黑表示。每层楼梯有两个梯段，称作双跑楼梯。一二层楼层高3.5m，其他楼层高3.15m。为了统一梯段，一二层每层在两个梯段之间增加了二级踏步。屋面铺成一定坡度，在檐口处或其他位置设置天沟，以便屋面雨水经天沟排向雨水管。屋面、楼面作法以及檐口、窗台、勒脚等节点处的构造需另绘详图，或套用标准图。1—1剖面图中还画出未剖到而可见的梯段、栏杆、门、屋面水箱、机房及Ⓔ～Ⓖ轴线间的墙体等。Ⓔ轴线上的窗是用虚线表示的，因为剖切位置未经过窗洞位置。

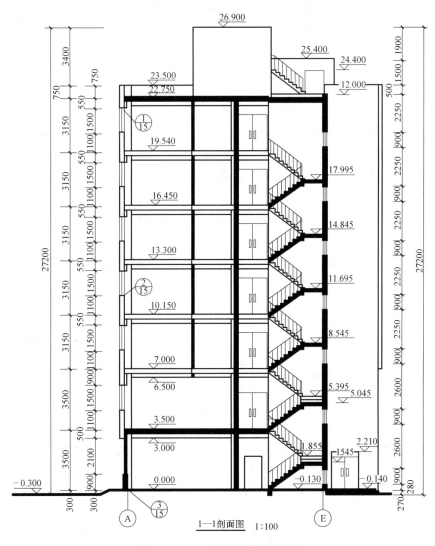

图 3-35（h） 培训楼建筑施工图

3.2.6 建筑详图

1. 建筑详图形成与作用

在建筑施工图中，由于平、立、剖面图通常采用1：100、1：200等较小的比例绘制，对房屋的一些细部的详细构造无法表达不清。为了表明细部的详细构造及尺寸，有必要采用较大的比例画出这些部分，这就是详图，也称大样图或节点图。常用的构造详图，一般由设计单位编制成标准详图图集，需要时可以选用，不必重画。无标准详图可选时，则另画详图。

2. 楼梯详图

楼梯是多层房屋上下交通的主要设施，多采用预制或现浇钢筋混凝土楼梯。楼梯主要由梯段、平台和栏杆扶手组成。梯段（或称为梯跑）是联系两个不同标高平台的倾斜构件，一般是由踏步和梯梁（或梯段板）组成。踏步是由水平的踏板和垂直的踢板组成。平台是供行走时调节疲劳和转换梯段方向用的。栏杆扶手是设在梯段及平台边缘上的保护构件，以保证楼梯交通安全。

楼梯的结构较复杂，故需要画详图，以表示楼梯的组成、结构形式、各部位尺寸和装饰做法等。楼梯详图一般包括楼梯平面图、剖面图、节点详图。这些详图应尽可能画在同一张图纸内。平面、剖面详图比例要一致，以便对照阅读。踏步、栏杆扶手节点详图比例要大些，以便更详细、更清楚地表达该部分的构造情况。楼梯详图一般分建筑详图与结构详图，并分别绘制，分别编入"建施"和"结施"中。但对一些构造和装修较简单的现浇钢筋混凝土楼梯，可以只绘制楼梯结构施工图。

（1）楼梯平面详图

房屋平面图中楼梯间部分局部放大，就是楼梯平面详图，如图 3-36 所示。

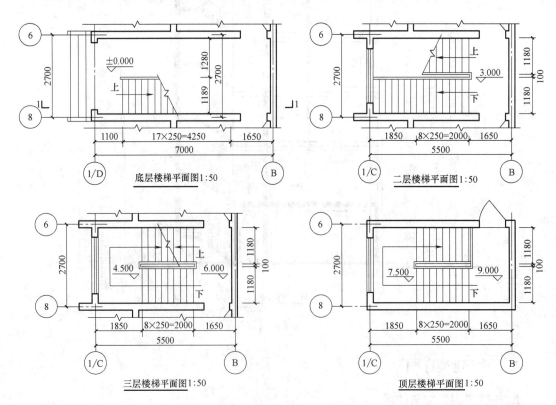

图 3-36　楼梯平面图

（2）楼梯剖面图

假想用一铅垂面，通过各层楼梯的一个梯段和门窗洞，将楼梯剖开，向另一未剖到的楼梯段方向投影，所作的剖面图即为楼梯剖面图，如图 3-37 所示。

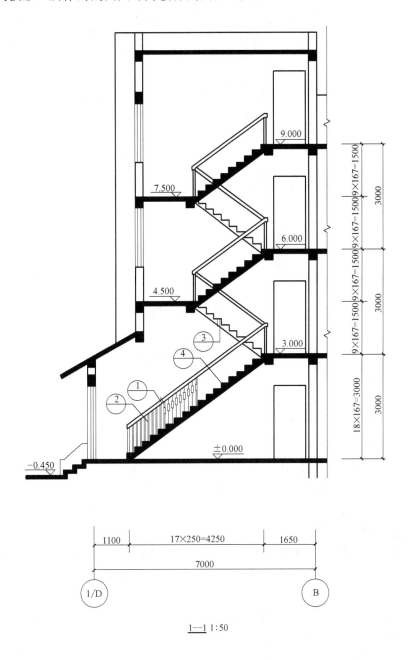

1—1 1:50

图 3-37　楼梯剖面图

（3）楼梯节点详图

图 3-38 所示的四个节点详图是从图 3-37 楼梯剖面图中索引来的，更详尽地表达了栏杆扶手及踏步的细部构造及尺寸。

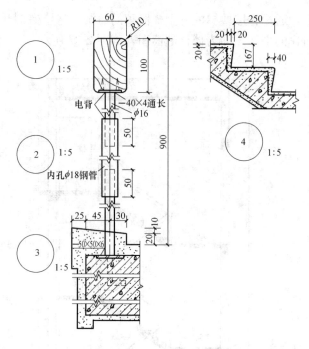

图 3-38　楼梯节点详图

3.3　结构施工图

3.3.1　结构施工图有关规定

1. 结构施工图概述

　　房屋的建筑施工图主要表达房屋的外部造型、内部布置、建筑构造和内外装修等内容，而结构施工图则主要是表达房屋各承重构件（如梁、板、柱、墙、基础等）的布置、结构构造等内容。在房屋设计中，除了进行建筑设计、绘制出建筑施工图外，还要进行结构设计，绘制出结构施工图。根据建筑各方面的要求，进行结构选型和构件布置，再通过力学计算，确定各承重构件的形状、大小、材料以及内部构造等，并将设计结果绘制成图样，用以指导施工，这种图样称为结构施工图。

　　结构施工图的主要内容有：

　　（1）结构设计说明：用于说明选用结构材料的类型、规格和强度等级，构件的要求，地基情况及施工要求，施工中的注意事项等。

　　（2）基础图：包括基础平面图和基础详图。

　　（3）结构布置图：包括楼层结构平面布置图和屋面结构平面图。

　　（4）构件详图：包括梁、板、柱、楼梯、屋架等详图。

2. 结构施工图的一般规定

　　国家《建筑结构制图标准》GB/T 50105对结构施工图的绘制有明确规定，现将一些主要规定介绍如下：

（1）常用线型、比例、定位轴线、尺寸标注

与建筑施工图中相关规定基本相同，详细内容参见第十单元。

（2）常用构件代号

结构构件种类繁多，在结构施工图中规定：常用建筑构件代号用各构件名称的汉语拼音的第一个字母表示。详见表3-7。

常用构件代号 表 3-7

序号	名 称	代号	序号	名 称	代号	序号	名 称	代号
1	板	B	19	圈梁	QL	37	承台	CT
2	屋面板	WB	20	过梁	GL	38	设备基础	SJ
3	空心板	KB	21	过系梁	LL	39	桩	ZH
4	槽形板	CB	22	基础梁	JL	40	挡土墙	DQ
5	折板	ZB	23	楼梯梁	TL	41	地沟	DG
6	密肋板	MB	24	框架梁	KL	42	柱间支撑	ZC
7	楼梯板	TB	25	框支梁	KZL	43	垂直支撑	CC
8	盖板	GB	26	屋面框架梁	WKL	44	水平支撑	SC
9	挡雨板	YB	27	檩条	LT	45	梯	T
10	吊车安全道板	DB	28	屋架	WJ	46	雨篷	YP
11	墙板	QB	29	托架	TJ	47	阳台	YT
12	天沟板	TGB	30	天窗架	CJ	48	梁垫	LD
13	梁	L	31	框架	KJ	49	预埋件	M
14	屋面梁	WL	32	刚架	GJ	50	天窗端壁	TD
15	吊车梁	DL	33	支架	ZJ	51	钢筋网	W
16	单轨吊车梁	DDL	34	柱	Z	52	钢筋骨架	G
17	轨道连接	DGL	35	框架柱	KZ	53	基础	J
18	车挡	CD	36	构造柱	GZ	54	暗柱	AZ

3.3.2 基础施工图

1. 基础的形式

基础是建筑物地面以下承受房屋全部荷载的构件，它把房屋的各种荷载传递给地基，起到承上启下的作用。基础图是表示建筑物室内地面以下基础部分的平面布置和详细构造的图样，它是施工放线、开挖基坑和施工基础的依据。

根据上部结构形式和地基承载能力的不同，基础常见的形式有条形基础、独立基础、片筏基础和箱形基础等。如图3-39所示的是最常见的墙下条形基础和柱下独立基础。根据基础所用材料的不同，基础可分为砖石基础、混凝土基础和钢筋混凝土基础等。

2. 基础施工图的组成及作用

基础施工图一般包括基础平面图和基础断面详图。

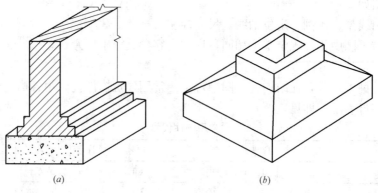

图 3-39　常见基础形式

(a) 条形基础；(b) 独立基础

（1）基础平面图

1）基础平面图的形成和作用

假想用一水平剖切面沿建筑物底层室内地面把整栋建筑物剖开，移去截面以上的建筑物和基础回填土后作水平投影，就得到基础平面图。

基础平面图主要表示基础的平面布置以及墙、柱与轴线的关系，为施工放线、开挖基槽或基坑和砌筑基础提供依据。

2）基础平面图的图示特点

基础平面图的绘图比例、定位轴线编号及轴线间的尺寸必须与建筑平面图一致。

在基础平面图中，只画出基础墙（或柱）及基础底面的轮廓线，其他细部轮廓线（如大放脚）可省略不画。这些细部的形状和尺寸在基础详图中表示。

凡被剖切到的基础墙、柱轮廓线，用中实线画，基础底面的轮廓线画成细实线；基础内留设的孔、洞及管沟位置用细虚线画出；当基础中设基础梁和地圈梁时，用粗单点长画线表示其中心线的位置。

凡基础截面形状、尺寸不同时，即基础宽度、墙体厚度、大放脚、基底标高及管沟做法等不同，均标有不同编号的断面剖切符号，表示画有不同的基础详图。根据断面剖切符号的编号可以查阅基础详图。

不同类型的基础、柱分别用代号 J1、J2…和 Z1、Z2…表示。

3）基础平面图的图示内容

图名、比例——同建筑平面图。

纵横向定位轴线及编号、轴线尺寸——同建筑平面图。

基础墙、柱的平面布置，基础底面形状、大小及其与轴线的关系。

基础梁的位置、代号。

基础编号、基础断面图的剖切位置线及其编号。

施工说明，即所用材料的强度等级、防潮层做法、设计依据以及施工注意事项等。

4）基础平面图读图举例

图 3-40 所示基础平面图中，所用比例通常与建筑平面图相同。基础平面图常用比例为 1∶50、1∶100、1∶200 等。基础平面图的定位轴线也应与建筑平面图一致。

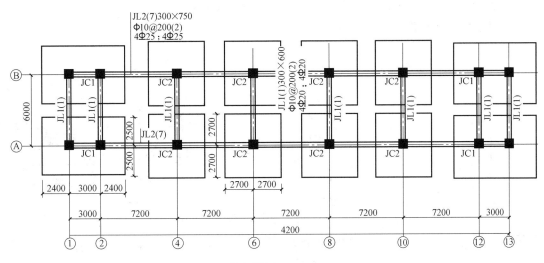

基础平面图1:100

图3-40　基础平面图

从图中可知，该房屋的基础形式是柱下独立基础。横向与纵向定位轴线相交处为柱的断面，四周的粗实线是柱下独立基础的外轮廓线。相同结构形式的柱下独立基础采用同一编号，图中可知，该基础中，采用了两种结构形式的柱下独立基础形式，分别编号为JC1和JC2。柱与柱之间有基础梁加强联系，基础梁的结构形式也有两种，分别以JL1和JL2编号，布置在横向和纵向。

基础平面图中标注两道外部尺寸，即轴线间尺寸及总尺寸，外部尺寸中的轴线间尺寸与建筑平面图一致；内部尺寸主要标注柱下独立基础的外轮廓与柱的相对位置尺寸，如图中所示，编号为JC1的柱下独立基础外轮廓与柱的横向定位尺寸2400、3000、2400（mm），纵向定位尺寸为2500、2500（mm）。

（2）基础详图

1）基础详图的形成和作用

在基础的某一处用铅垂剖切平面切开基础所得到的断面图称为基础详图。

基础详图表示了基础的断面形状、大小、材料、构造、埋深及主要部位的标高等。

2）基础详图的图示特点

不同构造的基础应分别画出其详图，并在基础平面图上用1—1、2—2、3—3……剖切位置线表明该断面的位置。当基础构造相同，而仅部分尺寸不同时，也可用一个详图表示，但需标出不同部分的尺寸。

基础详图的轮廓线一般用中实线画，断面内应画出材料图例；若是钢筋混凝土基础，则只画出配筋情况，不画出材料图例。

3）基础详图的图示内容

图名、比例——常用1：10、1：20、1：50的比例绘制。

纵横向定位轴线及编号、轴线尺寸——同建筑平面图。

基础断面形状、大小、材料以及配筋。

基础断面的详细尺寸和室内外地面标高及基础底面的标高。

防潮层的位置和做法。

施工说明等。

4）基础详图读图举例

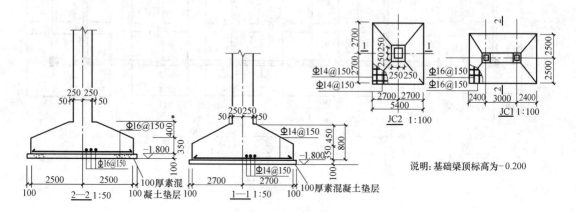

图 3-41　基础详图

基础详图应尽可能与基础平面图画在同一张图纸上，以便对照施工。基础平面图中不同编号的基础，都有其相应的基础详图，如图 3-41 所示。

基础详图应画出基础平面图相对应的定位轴线及其编号（若为通用断面图，则轴线圆圈内不予编号），画出基础断面的形状、大小、材料及构造等。在基础详图中应标注出基础断面各部分的详细尺寸和室内外地坪、基础垫层底面的标高和基础配筋情况。

3.3.3　结构平面布置图

1. 结构平面布置图的作用

结构平面布置图是表示建筑物室外地面以上各层平面承重构件（如梁、板、柱、墙、门窗过梁、圈梁等）布置的图样，一般包括楼层结构平面布置图和屋顶结构平面布置图。

结构平面布置图为施工中安装梁、板、柱等各种构件提供依据，同时为现浇构件支模板、绑扎钢筋、浇筑混凝土提供依据。

2. 楼层结构平面布置图

（1）楼层结构平面布置图的形成

楼层结构平面布置图是假想用一水平剖切面沿楼板面将房屋剖开后所作的楼层结构的水平投影面。它主要用来表示每层的梁、板、柱、墙等承重构件的平面布置，或现浇楼板的构造与配筋，以及它们之间的结构关系。它是安装各层楼面的承重构件、制作圈梁和局部现浇板的施工依据。一般房屋有几层，就应画出几个楼层结构平面布置图，但对于结构布置相同的楼层，可只画一个标准层的楼层结构平面布置图。

（2）楼层结构平面布置图的图示方法

对于多层建筑，一般应分层绘制楼层结构平面布置图。但如各层构件的类型、大小、数量、布置相同时，可只画出标准层的楼层结构平面布置图。

如平面对称，可采用对称画法，一半画屋顶结构平面布置图，另一半画楼层结构平面布置图。楼梯间和电梯间因另有详图,故在结构平面布置图上用相交对角线表示。

楼层、屋顶结构平面布置图的比例、定位轴线的轴线尺寸及编号与建筑平面图一致。

楼层、屋顶结构平面布置图中一般用中实线表示剖切到的或可见的构件轮廓线,用中虚线表示不可见构件的轮廓线。

当铺设预制楼板时,在结构单元范围内用细实线分块画出板的铺设方向,并画一条对角线,沿着对角线方向注明预制板数量及型号。铺设方式相同的单元,用相同的编号如甲、乙等表示,如图 3-42 所示。

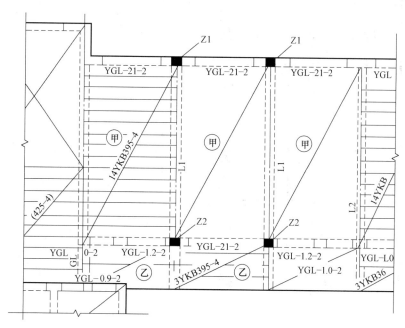

图 3-42　预制楼板平面布置图

预制楼板的标注方法如图 3-43 所示。

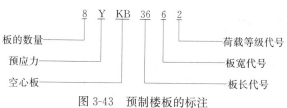

图 3-43　预制楼板的标注

对配筋简单的现浇板,可直接在楼层结构平面布置图中用粗实线画出板中的钢筋,每一种钢筋只画一根,表明钢筋的弯曲及配置情况,并注明编号、规格、直径、间距。

梁一般用粗单点长画线表示其中心位置,并注明梁的代号。

对于混合结构的房屋,根据抗震和整体刚度的需要,应在适当位置设置圈梁。圈梁、门窗过梁等应编号注出,若图中不能表达清楚时,需另绘其平面布置图。

(3)楼层结构平面布置图主要图示内容

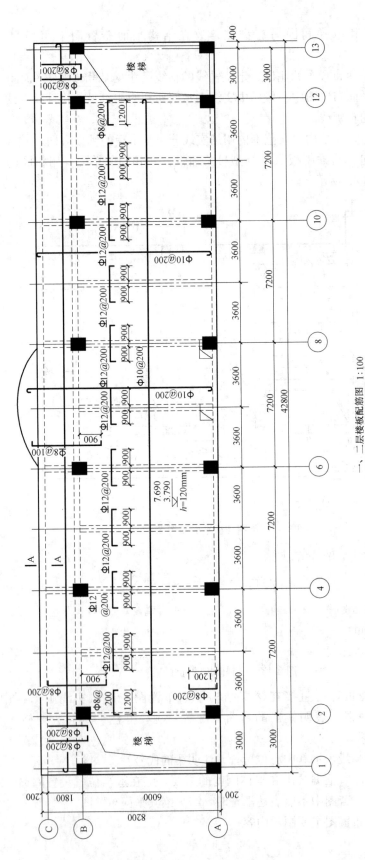

一、二层楼板配筋图 1:100

图 3-44 楼层平面布置图

图名、比例；

与建筑平面图相一致的定位轴线及编号；

墙、柱、梁、板等构件的位置及代号和编号；

预制板的跨度方向、数量、型号或编号和预留洞的大小及位置；

轴线尺寸及构件的定位尺寸；

详图索引符号及剖切符号；

文字说明。

3. 屋顶结构平面布置图

屋顶结构平面布置图是表示屋面承重构件平面布置的图样，其图示内容和图示方法与楼层结构平面布置图基本相同。

4. 结构平面布置图读图举例

如图 3-44 所示为某建筑的一、二层楼层结构平面布置图。

从图中可知，该建筑的竖向承重为钢筋混凝土柱，梁、板为钢筋混凝土构件。梁、柱的布置如图所示。楼板全部为现浇板，故图中画出了配筋图，表明板中钢筋的规格、配置和数量。图中用实线画出了建筑可见外轮廓线，图中虚线画出被现浇板遮住的梁的不可见轮廓，以粗实线画出受力筋、分布筋和其他构造钢筋的配置和弯曲情况，并对钢筋进行标注。

楼梯间的位置用细实线画了两条相交线，表示另有详图。

图 3-45 为屋顶结构平面布置图。其图示内容与 3-44 基本相同，请自行阅读。

3.3.4 结构构件详图

1. 钢筋混凝土构件的基本知识

钢筋混凝土结构是目前应用最为广泛的一种结构形式，其结构的承重构件是由钢筋和混凝土两种材料组成。用钢筋混凝土制成的梁、板、柱、墙和基础等构件称为钢筋混凝土构件。

钢筋混凝土构件中的混凝土由水、水泥、黄砂、石子按一定比例拌和硬化而成。混凝土的强度等级分为 C7.5、C10、C15、C20、C25、C30、C35、C40、C45、C50 等 16 个等级，数字越大，表示混凝土抗压强度越高。

如图 3-46 所示，配置在钢筋混凝土构件中的钢筋，按其所起的作用可分为：

受力筋——承受拉力或压力的钢筋，在梁、板、柱等各种钢筋混凝土构件中都有配置。

架立筋——一般只在梁中使用，与受力筋、箍筋一起形成钢筋骨架，用以固定箍筋位置。

箍筋——一般多用于梁和柱内，用以固定受力筋位置，并承受部分斜拉应力。

分布筋——一般用于板内，与受力筋垂直，用以固定受力筋的位置，与受力筋一起构成钢筋网，使力均匀分布给受力筋，并抵抗热胀冷缩所引起的变形。

构造筋——因构件在构造上的要求或施工安装需要而配置的钢筋。图中的板，在支座处于板的顶部所加的构造筋，属于前者；两端的吊环则属于后者。

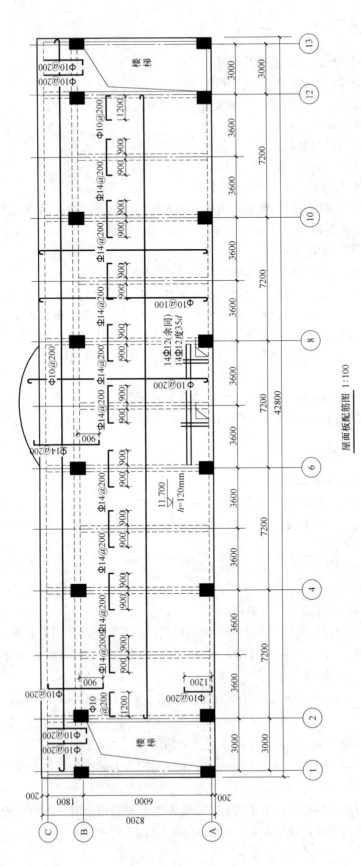

屋面板配筋图 1:100

屋顶结构平面布置图

图 3-45

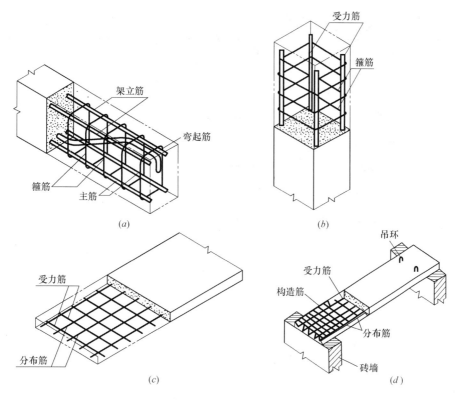

图 3-46　钢筋混凝土构件

(a) 梁；(b) 柱；(c) 板；(d) 板

　　为使钢筋和混凝土具有良好的粘结力，应在光圆钢筋两端做成 180°或 90°或 135°弯钩；带纹钢筋与混凝土的粘结力强，两端可不做弯钩。箍筋两端在交接处也要做出弯钩。

　　钢筋外缘到构件表面的距离称为钢筋的保护层。其作用是保护钢筋免受锈蚀，提高钢筋与混凝土的粘结力。保护层的厚度按国标规定执行。

2. 钢筋混凝土构件图的图示方法

　　为了突出表示钢筋的配置状况，可假设混凝土为透明体，在构件的立面图和断面图上，轮廓线用中实线或细实线画，图内不画混凝土材料图例，而用粗实线（在立面图）和黑圆点（在断面图）表示钢筋，并对钢筋加以编号并说明标注。

　　断面图的数量根据钢筋的配置而定，凡是钢筋排列有变化的地方，都应画出其断面图。

　　钢筋的图示方法如表 3-8 所示。

钢筋的图示方法　　　　　　　　　　　　　　　　　　　　　　　表 3-8

序号	名称	图例	说　明
1	钢筋横断面	●	
2	无弯钩的钢筋端部		下图表示长、短钢筋投影重叠时，短钢筋的端部用 45°斜划线表示

序号	名称	图例	说　明
3	带半圆形弯钩的钢筋端部		
4	带直钩的钢筋端部		
5	带丝扣的钢筋端部		
6	无弯钩的钢筋搭接		
7	带半圆弯钩的钢筋搭接		
8	带直钩的钢筋搭接		
9	花篮螺丝钢筋接头		
10	机械连接的钢筋接头		用文字说明机械连接的方式

钢筋的标注方法一般采用引出线方式标注，其标注形式有两种，如图 3-47 所示。

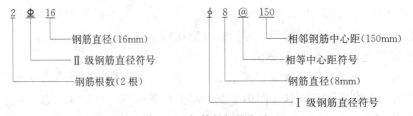

图 3-47　钢筋的标注方法

(*a*) 标注钢筋的根数和直径；(*b*) 标注钢筋的直径和相邻钢筋中心距

3. 钢筋混凝土梁、柱、板构件图

钢筋混凝土梁的构件图由立面图、断面图、钢筋详图和钢筋表组成，如图 3-48 所示。

钢筋详图按由上而下，用同一比例排列在梁立面图的正下方，与之对齐。

凡是钢筋排列有变化的地方，都应画出其断面图。

为便于编制预算，统计钢筋用料，对配筋较复杂的钢筋混凝土构件应列出钢筋表，以计算钢筋用量。

钢筋混凝土柱的构件图一般由立面图、断面图组成，如图 3-49 所示。

钢筋混凝土板的构件图一般由平面图和节点断面图组成，如图 3-50 所示。

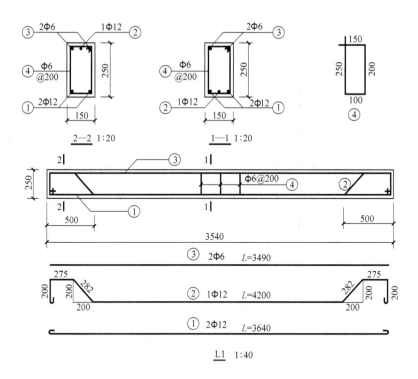

钢筋表

构件名称	构件数	钢筋编号	钢筋规格	简图	长度(mm)	每件支数	总支数	累计质量(kg)
L1	1	1	$\phi 12$		3640	2	2	7.41
		2	$\phi 12$		4204	1	1	4.45
		3	$\phi 6$		3490	2	2	1.55
		4	$\phi 6$		650	18	18	2.60

图 3-48　钢筋混凝土梁构件图

3.3.5　平法施工图

1. 平法施工图简介

随着建筑设计标准化水平的提高，目前混凝土结构施工图的设计表示方法有了重大改革，采用较为简便的图示方法——混凝土结构施工图平面整体表示法，简称平法。为此，中华人民共和国建设部批准《混凝土结构施工图平面整体表示方法制图规则和构造详图》

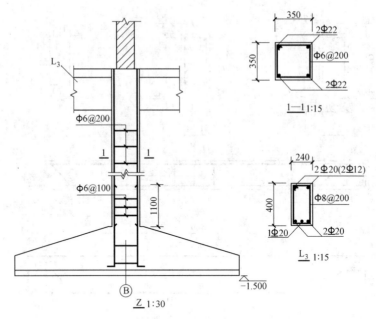

图 3-49　钢筋混凝土柱构件图

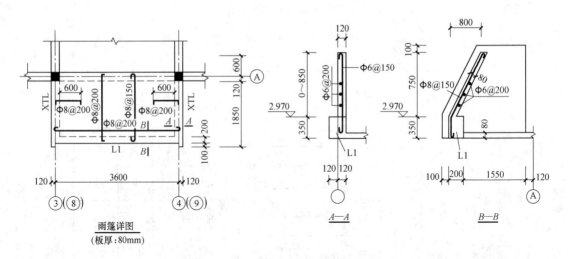

图 3-50　钢筋混凝土雨篷板构件图

作为国家建筑标准设计图集,简称平法图集,图集号为 03G101-1,于 2003 年 2 月 15 日执行。

平法的表达方式,是将结构构件的尺寸和配筋按照平面整体表示法的制图规则直接表示在各类构件的结构平面布置图上,再与标准构造详图相配合,即构成一套完整的结构施工图。它改变了传统的将构件从结构平面图中索引出来,再逐个绘制配筋详图的繁琐表示方法。

平法表示各构件尺寸和配筋的方式,分平面注写方式、列表注写方式和截面注写方式三种。

按平法绘制结构施工图时,应将所有柱、墙、梁构件进行编号,并用表格或其他方式注明各结构层楼（地）面标高、结构层高及相应的结构层号。

2. 柱平法施工图

柱平法施工图系在柱平面布置图上采用列表方式或截面注写方式表达。它的优点是省去了柱的竖、横剖面详图，缺点是增加了读图的难度。

（1）柱平法施工图截面注写方式

截面注写方式系在分层绘制的柱平面布置图上，分别在同一编号的柱中选择一个截面，并将此截面在原位放大，以直接注写截面尺寸和配筋等具体数值。

图 3-51 为采用截面注写方式表达的柱平法施工图的例子。

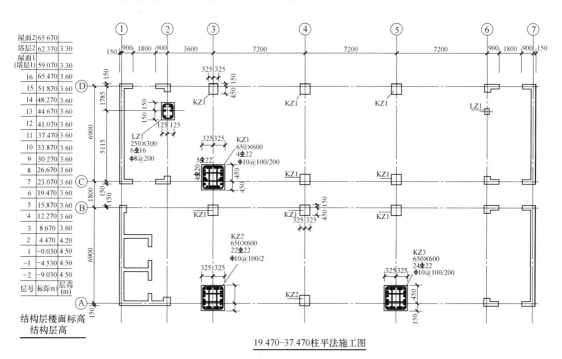

图 3-51　柱截面注写方式

（2）柱平法施工图列表注写方式

如图 3-52 所示，柱平法施工图列表注写方式的主要内容包括：

平面图——它表明定位轴线、柱的代号、形状及与定位轴线的关系。定位轴线的表示方法同建筑施工图。图中柱的代号为 KZ1、LZ1 等。KZ1 表示 1 号框架柱，LZ1 表示 1 号梁上柱。

柱的断面类型——由图可知，柱的断面形状为矩形，与轴线的关系：KZ 为偏轴线，LZ 的中心线与轴线重合。

柱表——包括柱号、标高、断面尺寸、与轴线的关系、全部纵筋、角筋、b 边一侧中部筋、h 边一侧中部筋、箍筋类型号、箍筋等。

结构层楼面标高及层高——一般用列表表示，如图中左侧列表。列表一般同建筑物一致，由下向上排列，内容包括楼层编号（简称层号），楼层标高、层高。标高单位均为米。

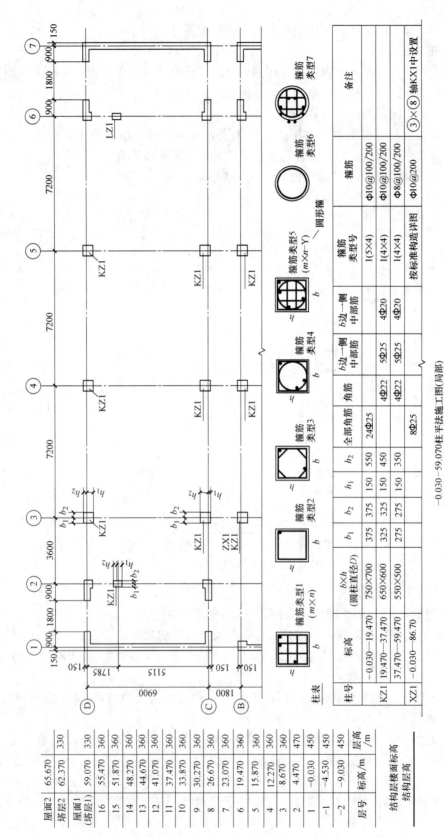

图 3-52 柱的列表注写方式

-0.030~59.070柱平法施工图(局部)

柱表

柱号	标高	$b \times h$ (圆柱直径D)	b_1	b_2	h_1	h_2	全部纵筋	角筋	b边一侧中部筋	h边一侧中部筋	箍筋类型号	箍筋	备注
KZ1	-0.030~19.470	750×700	375	375	150	550	24Φ25				1(5×4)	Φ10@100/200	
	19.470~37.470	650×600	325	325	150	450		4Φ22	5Φ25	4Φ20	1(4×4)	Φ10@100/200	
	37.470~59.470	550×500	275	275	150	350		4Φ22	5Φ25	4Φ20	1(4×4)	Φ8@100/200	
XZ1	-0.030~-86.70						8Φ25				按标准构造详图	Φ10@200	③×⑧轴KX1中设置

箍筋类型1 ($m \times n$)

箍筋类型2

箍筋类型3

箍筋类型4

箍筋类型5 ($m \times n$-Y)

箍筋类型6 圆形箍

箍筋类型7

结构层楼面标高 结构层高

层号	标高/m	层高/m
屋面2	65.670	
塔层2	62.370	330
屋面1(塔层1)	59.070	330
16	55.470	360
15	51.870	360
14	48.270	360
13	44.670	360
12	41.070	360
11	37.470	360
10	33.870	360
9	30.270	360
8	26.670	360
7	23.070	360
6	19.470	360
5	15.870	360
4	12.270	360
3	8.670	360
2	4.470	470
1	-0.030	450
-1	-4.530	450
-2	-9.030	450

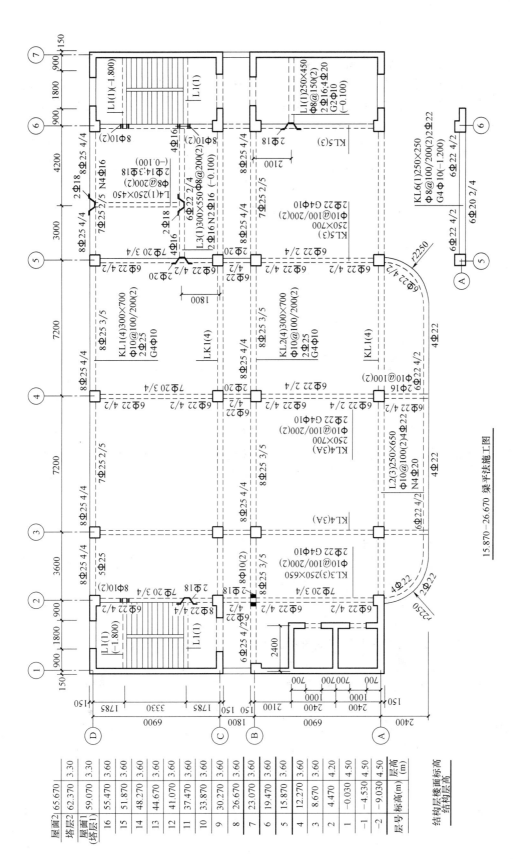

15.870～26.670 梁平法施工图

图 3-53 梁平法注写方式示例

结构层楼面标高结构层高		
屋面2	65.670	
塔层2	62.370	3.30
屋面1(塔层1)	59.070	3.30
16	55.470	3.60
15	51.870	3.60
14	48.270	3.60
13	44.670	3.60
12	41.070	3.60
11	37.470	3.60
10	33.870	3.60
9	30.270	3.60
8	26.670	3.60
7	23.070	3.60
6	19.470	3.60
5	15.870	3.60
4	12.270	3.60
3	8.670	3.60
2	4.470	4.20
1	-0.030	4.50
-1	-4.530	4.50
-2	-9.030	4.50
层号	标高(m)	层高(m)

103

（3）梁平法施工图

梁平法施工图系在梁平面布置图上采用平面注写方式或截面注写方式表达。

图 3-53 为梁平面注写方式示例。梁平法施工图平面注写方式是在梁的平面布置图上，分别在不同编号的梁中各选一根梁为代表，在其上注写截面尺寸和配筋具体数值。图中内容包括平面图和结构层楼面标高及结构层高两部分。结构层楼面标高及结构层高一般用列表表示，如图中左侧列表，方法同柱平法施工图。平面图部分包括轴线网、梁的投影轮廓线和平面注写，其中平面注写包括集中注写和原位注写，集中注写表达梁的通用数值，原位注写表达梁在该处的特殊数值。

现以图 3-54 某梁的平面注写为例，说明集中标注和原位标注的各项含义。

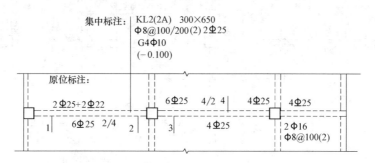

图 3-54　某梁的平面注写示例

梁集中注写的内容，有五项必注值及一项选注值，从上到下依次为：

第一项：梁编号　KL 为该梁代号，表示为框架梁；2 为编号，即为 2 号框架梁；（2A）：括号中的数字表示该梁的跨数为 2 跨，字母 A 表示该梁一端悬挑（若是 B 表示两端悬挑）。

第二项：梁截面尺寸 b×h（宽×高）　该梁的截面尺寸为 300×650。

第三项：梁箍筋，包括钢筋级别、直径、加密区与非加密区间距及肢数

从图中可知，该梁箍筋为直径 8mm 的 HPB235 钢筋，加密区箍筋间距 100，"/"后数字表示非加密区箍筋间距，"（2）"表示箍筋肢数为 2 肢。

第四项：梁上部通长筋或架立筋　图中 2φ25 表示该梁上部通长钢筋有 2 根直径 25mm 的 HRB335 钢筋。

第五项：梁侧面纵向构造钢筋或受扭钢筋　图中 G4φ10 表示按构造要求配置了 4 根直径 10mm 的 HPB235 钢筋，字母 G 表示构造筋。

第六项：梁顶面标高高差　梁顶面标高高差是指梁顶相对于结构层楼面标高的高差值。此项为选注值，有高差时，须注写在括号内，无高差时不用标注。图中数值表示梁顶面标高比本层结构层楼面标高低 0.1m。

梁原位标注的内容有：

① 梁支座上部纵筋

a. 当上部纵筋多于一排时，用斜线"/"将各排纵筋自上而下分开，如图"中 4/2"。

b. 当同排纵筋有两种直径时，用加号"+"将两种直径相连，注写时将角部纵筋写在前面。如图中"2φ25＋2φ22"。

c. 当梁中间支座两边的上部纵筋不同时，须在支座两边分别标注。

② 梁下部纵筋

a. 当下部纵筋多于一排时，用斜线"/"将各排纵筋自上而下分开，如图"中2/4"。

b. 当同排纵筋有两种直径时，用加号"+"将两种直径的纵筋相连，注写时角筋写在前面。

c. 当梁下部纵筋不全部伸入支座时，将梁支座下部纵筋减少的数量写在括号内。

d. 当已按规定注写了梁上部和下部均为通长的纵筋值时，则不需在梁下部重复做原位标注。

③ 附加箍筋或吊筋

附加箍筋和吊筋可直接画在平面图中的主梁上，用线引注总配筋值。当多数附加箍筋或吊筋相同时，可在梁平法施工图上统一注明，少数与统一注明值不同时，再原位引注，如图 3-55 所示。

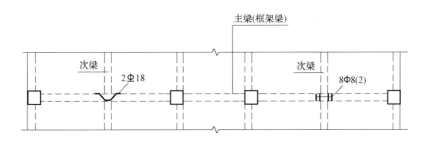

图 3-55　附加箍筋或吊筋

当在梁上集中标注的内容不适用于某跨或某悬挑部分时，则将其不同数值原位标注在该跨或该悬挑部位，施工时应按原位标注数值取用。

3.4　建筑设备施工图

3.4.1　室内给水排水施工图

给排水工程包括给水、排水两个方面。给水工程是指水源取水、水质净化、净水输送、配水使用等工程。排水工程是指污水（生产、生活等污水）排除、污水处理、处理后的污水排入江河等工程。给排水施工图均分为室内、室外两部分，本书仅对室内给排水施工图的识读进行介绍。

给排水施工图的主要内容包括：给排水平面图、给排水管道系统图、管道配件及安装详图、施工说明。阅读给水排水施工图，首先要了解各种图例及其所表示的实物，这些图例一般不反映实物的原形。

1. 给水排水图例的识读

图 3-56 所示的是管道图例，图例中的字母表示该种管道的类别，用汉语拼音字母表示。

除了图中雨水管和生活给水管以外，其他类型的管道汉语拼音注写如下：热水回水管

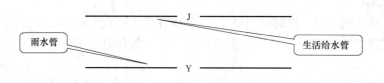

图 3-56　管道类别图例

—RH；热水给水管—RJ；中水给水管—ZJ；循环给水管—XJ；循环回水管—Xh；热媒给水管—RM；热媒回水管—RMH；蒸汽管—Z；凝结水管—N；废水管—F；压力废水管—YF；通气管—T；污水管—W；压力污水管—YW；压力雨水管—YY；膨胀管—PZ；空调凝结水管—KN。

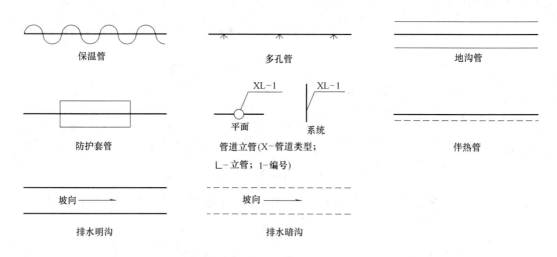

图 3-57　管道图例

　　消防设施管道类别有：消火栓给水管—XH；自动喷水灭火给水管—ZP；雨淋灭火给水管—YL；水幕灭火给水管—SM；水炮灭火给水管—SP。

　　还有另外一些管道，并不是采用上图的方法表示，这些管道的名称及其图例画法如图3-57所示。

　　图 3-58 所示的是管道附件的图例。

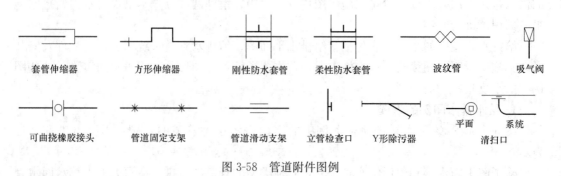

图 3-58　管道附件图例

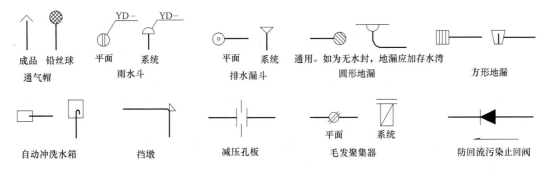

图 3-58 管道附件图例（续）

图 3-59 所示的是管道连接的图例。

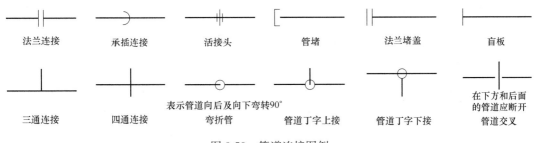

图 3-59 管道连接图例

图 3-60 所示的是管件的图例。

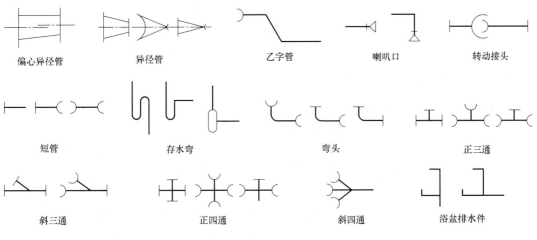

图 3-60 管件图例

图 3-61 所示的是阀门的图例。

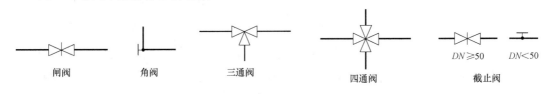

图 3-61 阀门图例

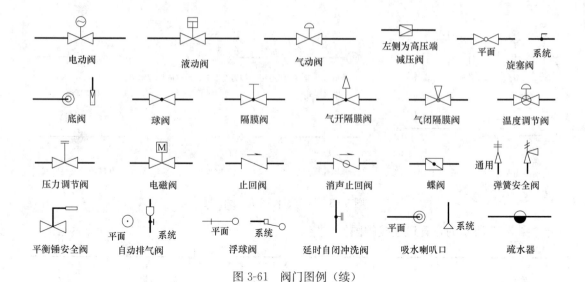

图 3-61 阀门图例（续）

图 3-62 所示的是给水配件的图例。

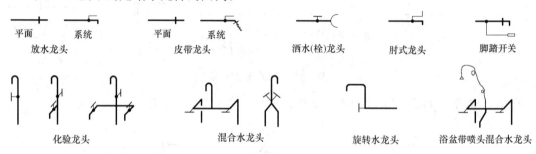

图 3-62 给水配件图例

图 3-63 所示的是部分消防设施的图例。

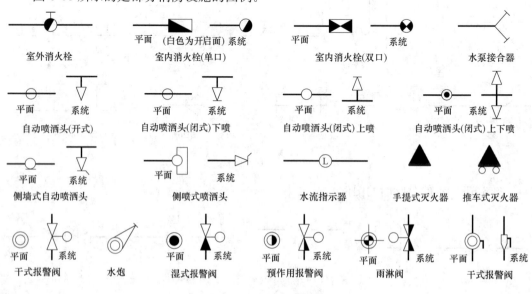

图 3-63 消防设施图例

图 3-64 所示的是卫生设备及水池的图例。

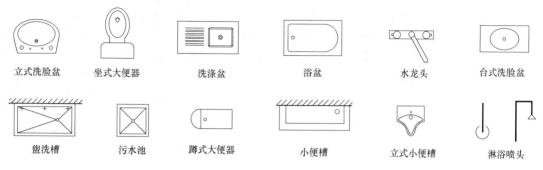

图 3-64 卫生设备及水池图例

图 3-65 所示的是小型给水排水构筑物的图例。

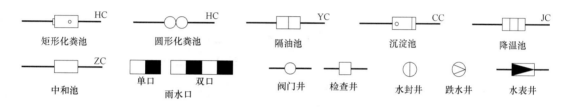

图 3-65 小型给水排水构筑物图例

图 3-66 所示的是给水排水设备的图例。

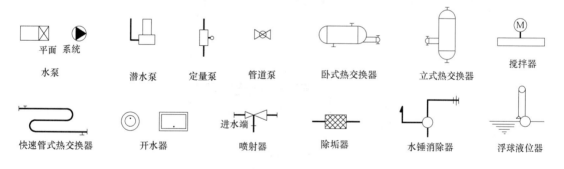

图 3-66 给水排水设备图例

图 3-67 所示的是给水排水专业所用仪表的图例。

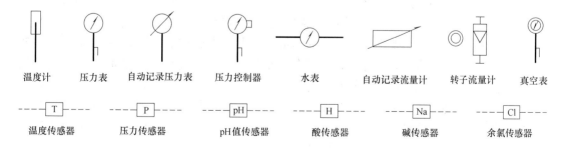

图 3-67 给水排水专业所用仪表的图例

民用建筑室内给水系统按供水对象及要求不同，可分为生活用水系统与消防用水系统。室内给水系统一般由引入管、水表节点、给水管网以及给水附件及设备组成。如图3-68所示，引入管是一段自室外管网引入建筑内部的水平管道；水表节点是引入管上装置的水表及前后阀门、泄水装置的总称，位于水表井中；给水管网是由水平干管、立管、支管组成的管道系统；给水附件及设备是管道系统上装设的闸阀及各种配水龙头等装置。此外，根据房屋建筑的性质、要求、高度及室外管网压力等不同因素，室内给水系统中还常附加水箱、水泵、闸阀、消防设备等附属设备。

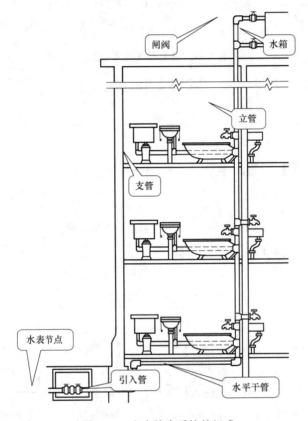

图 3-68　室内给水系统的组成

民用建筑室内排水系统的主要任务是排除生活污水，一般由排水支管、排水横管、排水立管、排出管和通气管组成。如图3-69所示，排水支管是一段连接一个卫生器具的较短的排水管；排水横管是连接2根或2根以上排水支管的水平排水管段，且沿水流方向有2%的坡度，当卫生器具较多时，在排水横管的末端需设置清扫口；排水立管是连接楼层排水横管的竖直管道，主要汇集各支管的污水，并将其排至建筑物底层的排出管中，立管在底层和顶层设有检查口，对于多层建筑物一般隔层设置检查口，距地面1.0m；排出管是连接排水立管将污水排出室外检查井的水平管道，是室内排水系统与室外排水系统的连接管道，排出管与室外管道连接处要设置检查井，向检查井方向有1%～2%的坡度；通气管是在顶层检查口以上的一段立管，用来排除臭气、平衡气压，通气管顶端要高出屋面0.3 m以上，并且大于本地区最大积雪厚度。

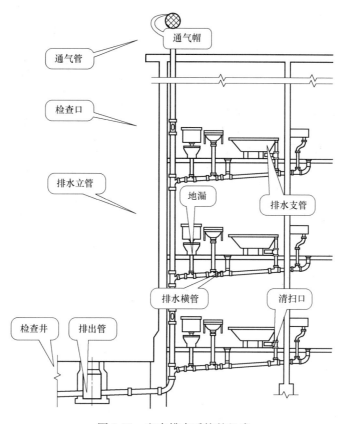

图 3-69 室内排水系统的组成

2. 室内给水排水平面图的识读

室内给水排水平面图是室内给水排水施工图最基本的图样。它主要反映卫生设备、管道及其附件相对于房屋的平面位置。

室内给水排水平面图的设计依据是建筑平面图，根据建筑平面图才能对管道系统及卫生设备进行平面布置和定位。在这里应注意，此时的建筑平面图的图线均用细实线，比例不变（1：100），对于卫生设备或管道布置较为复杂的房间，可以用 1：50 或 1：30 的比例表示。

室内给水排水平面图中只绘制房屋的墙身、柱、门窗洞、楼梯、台阶等主要构配件，标明定位轴线（轴线编号与建筑平面图一致），房屋的细部及门窗代号等均可省略。室内给水排水平面图的数量选择，与建筑平面图相同，即：对于多层房屋，底层平面图中的室内管道需与室外管道连接，必须单独画出；其他各楼层的给水排水布置方式不相同时，每层都要绘制；如果各楼层的给水排水布置方式相同时，则只画出一个平面图（标准层平面图），在图中注明各楼层的层次和标高。

图 3-70 是本书中某住宅的储藏室给排水平面图，主要表达出该层管道的布置，无论管道的管径大小，管道一律用粗或中粗单线表示。图中粗实线表示给水管水平段，粗虚线表示排水管水平段；"PL-1"表示第 1 根排水立管，"PL-2"表示第 2 根排水立管，"JL-1"表示第 1 根给水立管，"JL-2"表示第 2 根给水立管，以此类推。管道的管径尺寸是以毫米为单位的，并以公称直径 DN 表示。由图可以看出，排水系统排水管的管径尺寸为 150mm，

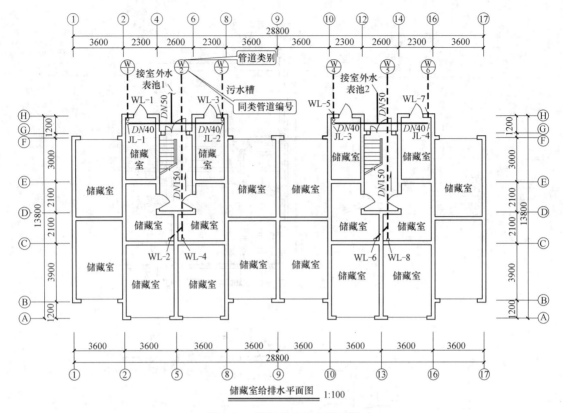

图 3-70　储藏室给排水平面图

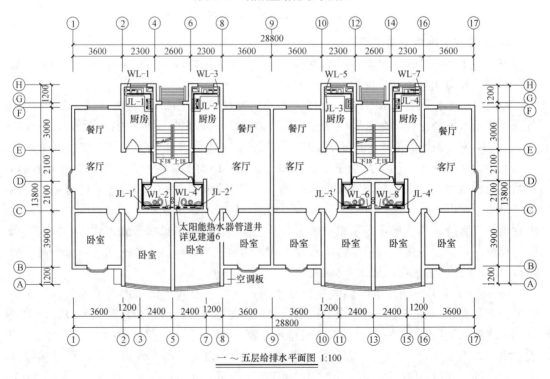

图 3-71　标准层给排水平面图

112

以 $DN150$ 标注，给水系统水平干管的管径尺寸为 40mm，以 $DN40$ 标注，给水系统引入管的管径尺寸为 50mm，以 $DN50$ 标注。

图 3-71 是该住宅标准层（一至五层相同）给排水平面图。我们将卫生设备或管道布置最为集中的区域放大进行观察，如图 3-72 所示，可以看出，图中画出的管道是连接每层卫生设备的管道，与管道所在的楼层位置无关。例如，二层给排水平面图中所表示的给水管安装在二层楼面以上，排水管则安装在二层楼面以下，但是都需要画在二层给排水平面图上。

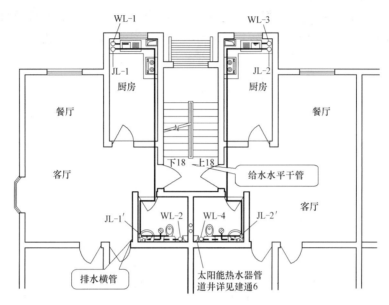

图 3-72　标准层给排水平面图局部放大

为了使给排水平面图上所表示的管道系统更加清晰明了，当给排水系统的引入管和排出管多于一个时，一般用阿拉伯数字编号。引入管和排出管的编号也常作为管道系统的编号，给水管以每一引入管为一个系统，排水管以每一承接排出管的检查井为一系统，如图 3-70 所示。编号注写在底层给排水平面图上，具体方法是在引入管或排出管端部画一直径为 12mm 的细实线圆，在圆内的水平直径线为细实线，上方注写的字母为管道类别代号，下方注写的数字为同类管道系统编号。

室内给水排水平面图上只反映管道系统的平面布置情况，不能反映管道系统的立体全貌，所以，在给水排水平面图上并没有对各管段的直径、坡度、标高等进行标注。

3. 室内给水排水系统图的识读

给排水管道常常是交叉安装的，在平面图上难于看懂，一般配备辅助图形——轴测投影图来表达各管道的空间关系。室内给排水系统图就是表明给排水管道的空间布置、管径、坡度、标高以及附件在管道位置的轴侧图，这种图具有较强的立体感，容易表明管路的空间走向。

室内给排水系统图一般是按给水系统、排水系统分别绘制的，绘图比例与给排水平面图相同。系统图习惯上采用 45°正面斜等轴侧投影法绘制，即 OX 轴位于水平位置，OZ 轴竖直向上，OY 轴与水平方向成 45°夹角（如果按照 45°绘制会产生过多重叠交叉的管线时，也有按 30°或 60°绘制的）。三条轴侧轴的轴向伸缩率均取值 1，系统图中的管道在 OX、OY 方向的长度尺寸是直接在给排水平面图上量取的，OZ 轴方向的长度尺寸是根据建筑物的层高以及卫生器具的安装高度确定的。

同平面图一样，在系统图中给水管道用粗实线表示，排水管道用粗虚线表示。给水系统图中的闸阀、配水龙头、淋浴喷头等及排水系统图中的存水弯、地漏、检查口等均是用图例画出的。对于用水设备和管道布置完全相同的楼层，一般只将一层画完整，其余各层在立管处画上折断符号，并注写"同底（一）层"。

空间交叉的管道在系统图中相交，连续的为可见的管道，在相交处断开的为不可见的管道。如果在同一系统图中管道比较密集，相互重叠而影响读图时，还可以用移植画法将一部分管道断开，沿管道的轴线平移至空白位置画出来，并在断开处画上断裂符号，两断裂符号之间用点画线进行连接，如图 3-73 所示。

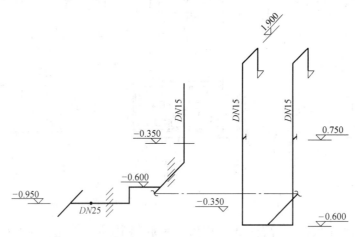

图 3-73 移植画法

图 3-74 是该住宅的给水系统图，系统图中如果管道穿越楼面、地面或墙面时，通常用细实线画出被穿越的楼面、地面或墙面的位置。给水系统管道由于是压力流管道，因此给水横管没有坡度。各给水管的管径一般直接标注在该管段一侧，若位置不够可以用引出线引出标注。

管道系统图中的标高均标注相对标高，是与建筑施工图的标高一致的。在给水管道系统图中给水横管的标高以管道中心的轴线为基准，此外，还需要注出地面、楼面、水箱、阀门、配水龙头等标高。

图 3-75 是该住宅的排水系统图，排水系统管道是重力流管道，因此排水横管向排水立管方向具有一定的坡度，坡度一般注写在该管段一侧或引出线上，坡度标注是在坡度数字之前加上坡度代号"i"，当排水横管采用标准坡度时，图中省略不标，但应进行坡度说明，如图中"注：排水管均按标准坡度敷设"。

排水系统图中排水横管的标高以管底为基准，一般情况下，排水横管的标高是由卫生器具的安装高度确定的，不必标注，若有特殊要求时，应标注横管的起点标高。此外，排水系统图中还要标注立管上的检查口、通气网罩和排出管的起点标高。

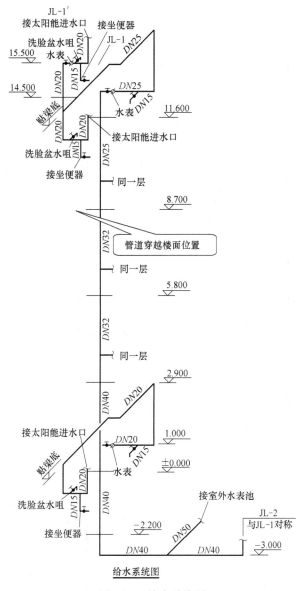

图 3-74 给水系统图

给水排水平面图和系统图是建筑给水排水施工图的基本图样，在读图时要按系统将两种图样联系起来，互相对照，反复阅读，从而认识图样所表达的内容。

综上所述，识读给水排水平面图时，首先要明确在各层给水排水平面图中，用水房间有哪些，这些房间的卫生设备与管道如何布置？其次，是要弄清楚一共有哪几个给水系统和排水系统？识读给水排水系统图时，先要与底层给水排水平面图配合对照，找出给水排水进出口的系统编号，按系统类别逐个识读，例如，阅读给水系统图时，可以按照水流的流向，从室外引入管入手，依次循序渐进，从引入管、干管、立管、横管、支管到用水设备顺序识读，逐一弄清管道的位置、管径的变化以及所用的附件等内容；阅读排水系统图时，一般可按卫生器具、排水支管、排水横管、立管、排出管的顺序进行识读。

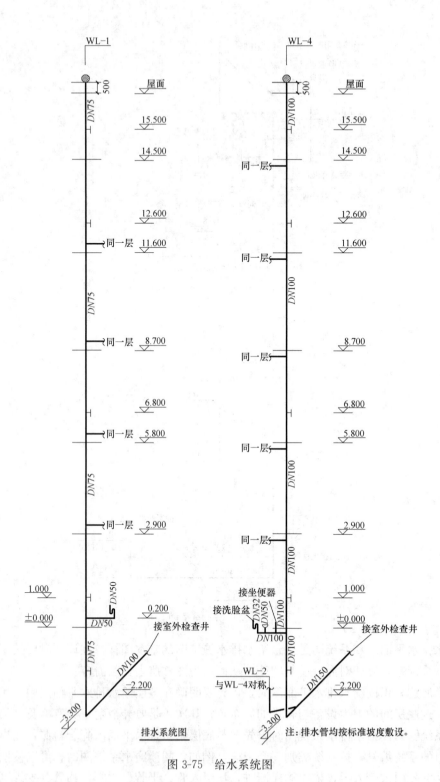

图 3-75 给水系统图

给水排水平面图和系统图虽然表示了管道的走向、规格以及卫生设备、构配件的布置情况，只是由于绘图比例较小，构配件均用图例表示，因此不能清楚地表示管道的连接与卫生器具的安装情况。为了方便施工，常常需要较大比例绘制的管道配件及其安装详图作为施工的依据。

阅读建筑室内给水排水平面图及系统图时，还要注意图纸上的施工说明。对于较大型的工程来说，一般都会专门编制施工说明，而对于较简单的工程只需要在施工图中附加施工说明。施工说明有以下内容：给水管、排水管所用管材的种类（PPR 管、硬聚氯乙烯管、陶土管等）和接头方法，给水管道、排水管道标高所指管道部位，卫生器具的种类及安装、消火栓安装采用或参照采用的图集名称以及某些施工要求，如"管道施工应按《建筑给水排水及采暖工程施工质量验收规范》GB 50242 进行"。

对于各种定型的卫生器具及管道节点的安装一般都有标准图或通用图，可以直接选用，不需再绘制这些详图。详图均采用较大的绘图比例，是按照需要在 1 : 50～2 : 1 的范围内选用的，详图的特点基本与建筑平面图的要求相近。

3.4.2　建筑电气施工图

1. 建筑电气工程图基本知识

（1）建筑电气工程施工图概念

建筑电气工程施工图，是用规定的图形符号和文字符号表示系统的组成及连接方式、装置和线路的具体的安装位置和走向的图纸。

电气工程图的特点：

1）建筑电气图大多是采用统一的图形符号并加注文字符号绘制的。

2）建筑电气工程所包括的设备、器具、元器件之间是通过导线连接起来，构成一个整体，导线可长可短能比较方便的表达较远的空间距离。

3）电气设备和线路在平面图中并不是按比例画出它们的形状及外形尺寸，通常用图形符号来表示，线路中的长度是用规定的线路的图形符号按比例绘制。

（2）建筑电气工程图的类别

1）系统图：用规定的符号表示系统的组成和连接关系，它用单线将整个工程的供电线路示意连接起来，主要表示整个工程或某一项目的供电方案和方式，也可以表示某一装置各部分的关系。系统图包括供配电系统图（强电系统图）、弱电系统图。

供配电系统图（强电系统图）是表示供电方式、供电回路、电压等级及进户方式；标注回路个数、设备容量及启动方法、保护方式、计量方式、线路敷设方式。强电系统图有高压系统图、低压系统图、电力系统图、照明系统图等。

弱电系统图是表示元器件的连接关系。包括通信电话系统图、广播线路系统图、共用天线系统图、火灾报警系统图、安全防范系统图、微机系统图。

2）平面图：是用设备、器具的图形符号和敷设的导线（电缆）或穿线管路的线条画在建筑物或安装场所，用以表示设备、器具、管线实际安装位置的水平投影图。是表示装置、器具、线路具体平面位置的图纸。

强电平面包括：电力平面图、照明平面图、防雷接地平面图、厂区电缆平面图等；弱电部分包括：消防电气平面布置图、综合布线平面图等。

3）原理图：表示控制原理的图纸，在施工过程中，指导调试工作。

4）接线图：表示系统的接线关系的图纸，在施工过程中指导调试工作。

（3）建筑电气工程施工图的组成

电气工程施工图纸的组成有：首页、电气系统图、平面布置图、安装接线图、大样图和标准图。

1）首页：主要包括目录、设计说明、图例、设备器材图表。

① 设计说明包括的内容：设计依据、工程概况、负荷等级、保安方式、接地要求、负荷分配、线路敷设方式、设备安装高度、施工图未能表明的特殊要求、施工注意事项、测试参数及业主的要求和施工原则。

② 图例：即图形符号，通常只列出本套图纸中的涉及的图形符号，在图例中可以标注装置与器具的安装方式和安装高度。

③ 设备器材表：表明本套图纸中的电气设备、器具及材料明细。

2）电气系统图：指导组织定购，安装调试。

3）平面布置图：指导施工与验收的依据。

4）安装接线图：指导电气安装检查接线。

5）标准图集：指导施工及验收依据。

2. 电气工程图的识读

（1）常用的文字符号及图形符号

图纸是工程"语言"，这种"语言"是采用规定符号的形式表示出来，符号分为文字符号及图形符号。熟悉和掌握"语言"是十分关键的。对了解设计者的意图、掌握安装工程项目、安装技术、施工准备、材料消耗、安装机器具安排、工程质量、编制施工组织设计、工程施工图预算（或投标报价）意义十分重大。

电气工程图常用的文字符号见表 3-9。

常用的文字符号有：

1）表示相序的文字符号。

2）表示线路敷设方式的文字符号。

3）表示敷设部位的文字符号。

4）表示器具安装方式的文字符号。

5）线路标注的文字符号

（2）电气工程图常用的图形符号

电气工程图常用的文字符号 　　　　　　　　　　　表 3-9

名　称	符　号	说　明
线路敷设方式	SR	用钢线槽敷设
相序	A	A 相(第一相)涂黄色
	B	B 相(第二相)涂绿色
	C	C 相(第三相)涂红色
	N	N 相为中性线涂黑色
线路敷设方式	E	明敷
	C	暗敷
	SR	沿钢索敷设
	SC	穿水煤气钢管敷设
	TC	穿电线管敷设
	CP	穿金属软管敷设
	PC	穿硬塑料管
	FPC	穿半硬塑料管
	CT	电缆桥架敷设

名　称	符　号	说　明
敷设部位	F W B CE BE CL CC ACC	沿地敷设 沿墙敷设 沿梁敷设 沿天棚敷设或顶板敷设 沿屋架或跨越屋架敷设 沿柱敷设 暗设天棚或顶板内 暗设在不能进入的吊顶内
器具安装方式	CP CP1 CP2 Ch P W S R CR WR SP CL HM T	线吊式 固定线吊式 防水线吊式 链吊式 管吊式 壁装式 吸顶或直敷式 嵌入式(嵌入不可进入的顶棚) 顶棚内安装(嵌入可进入的顶棚) 墙壁内安装 支架上安装 柱上安装 座装 台上安装
线路的标注方式	WP WC WL WEL	电力(动力回路)线路 控制回路 照明回路 事故照明回路

（3）读图的方法和步骤

1）读图的原则

就建筑电气施工图而言，一般遵循"六先六后"的原则。即：先强电后弱电、先系统后平面、先动力后照明、先下层后上层、先室内后室外、先简单后复杂。

2）读图的方法及顺序（图 3-76）

① 看标题栏：了解工程项目名称内容、设计单位、设计日期、绘图比例。

② 看目录：了解单位工程图纸的数量及各种图纸的编号。

③ 看设计说明：了解工程概况、供电方式以及安装技术要求。特别注意的是有些分项局部问题是在各分项工程图纸上说明的，看分项工程图纸时也要先看设计说明。

④ 看图例：充分了解各图例符号所表示的设备器具名称及标注说明。

⑤ 看系统图：各分项工程都有系统图，如变配电工程的供电系统图，电气工程的电力系统图，电气照明工程的照明系统图，了解主要设备、元件连接关系及它们的规格、型号、参数等。

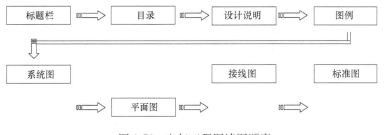

图 3-76　电气工程图读图顺序

⑥ 看平面图：了解建筑物的平面布置、轴线、尺寸、比例、各种变配电设备、用电设备的编号、名称和它们在平面上的位置、各种变配电设备起点、终点、敷设方式及在建筑物中的走向。

⑦ 读平面图的一般顺序（图 3-77）

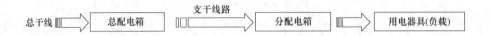

图 3-77 读平面图的一般顺序

看电路图、接线图：了解系统中用电设备控制原理，用来指导设备安装及调试工作，在进行控制系统调试及校线工作中，应依据功能关系上至下或从左至右逐个回路地阅读，电路图与接线图端子图配合阅读。

⑧ 看标准图：标准图详细表达设备、装置、器材的安装方式方法。

⑨ 看设备材料表：设备材料表提供了该工程所使用的设备、材料的型号、规格、数量，是编制施工方案、编制预算、材料采购的重要依据。

3）读图注意事项

就建筑电气工程而言，读图时应注意如下事项：

① 注意阅读设计说明，尤其是施工注意事项及各分部分项工程的做法，特别是一些暗设线路、电气设备的基础及各种电气预埋件更与土建工程密切相关，读图时要结合其他专业图纸阅读；

② 注意系统图与系统图对照看，例如：供配电系统图与电力系统图、照明系统图对照看，核对其对应关系；系统图与平面图对照看，电力系统图与电力平面图对照看，照明系统图与照明平面图对照看，核对有无不对应的错误。看系统的组成与平面对应的位置，看系统图与平面图线路的敷设方式、线路的型号、规格是否保持一致；

③ 注意看平面图的水平位置与其空间位置；

④ 注意线路的标注，注意电缆的型号规格、注意导线的根数及线路的敷设方式；

⑤ 注意核对图中标注的比例。

第4章　建筑施工技术

4.1　地基与基础工程

4.1.1　土的工程分类

对土进行分类的目的在于通过分类来认识和识别土的种类，并针对不同类型的土进行研究和评价，使其适应和满足工程建设需要。

土的分类方法较多，如根据土的颗粒级配或塑性指数可将土分为碎石类土、砂土和黏性土等；根据土的工程性质可以分为软土、人工回填土、黄土地、膨胀土、红黏土及盐渍土等。在土方工程施工中，根据土体开挖的难易程度和开挖方法可以将土分为松软土、普通土、坚土、砂砾坚土、坚土、软石、次坚石、坚石、特坚石8类，前4类属于一般土，后4类属于岩石，其分类和鉴别方法见表4-1。

土的工程分类　　　　　　　　　表4-1

土的分类	土 的 名 称	开挖方法及工具	可松性系数	
			K_s	$K_s{}'$
一类土（松软土）	砂土,粉土,冲击砂土层,腐殖土及疏松的种植土,泥炭(淤泥)	用锹、锄头挖掘,少许用脚蹬或用板锄挖掘	1.08～1.17	1.01～1.03
二类土（普通土）	粉质黏土,潮湿的黄土,夹有碎石、卵石的砂,种植土,种植土,填筑土及粉土混卵（碎）石	用锹、条锄挖掘,需用脚蹬,少许用镐翻松	1.14～1.28	1.02～1.05
三类土（坚土）	中等密实黏土,重粉质黏土,粗砾石,黄土及含碎石、卵石的黄土、粉质黏土;压实的填筑土	主要用镐,少许用锹、条锄,部分用撬棍	1.24～1.30	1.04～1.07
四类土（砂砾坚土）	坚硬密实的黏性土及含有碎石、砾石的中等密实黏土,密实的黄土,硬化的重盐土,软泥灰岩,天然级配砂石	全部用镐、条锄挖掘,少许用撬棍挖掘,部分用楔子及大锤	1.26～1.32	1.06～1.09
五类土（软石）	硬的石炭纪黏土,胶结不紧的砾岩,软的、节理多的石灰岩及贝壳石灰岩,中等坚实的页岩、泥灰岩、白垩土	用镐或撬棍、大锤挖掘,部分使用爆破方法。	1.30～1.45	1.10～1.20
六类土（次坚石）	泥岩,砂岩,砾岩,坚实的页岩,泥灰岩,密实的石灰岩,风化花岗岩;片麻岩	用爆破方法开挖,部分用风镐	1.30～1.45	1.10～1.20
七类土（坚石）	大理岩,辉绿岩,玢岩,粗、中粒花岗岩,坚实的白云岩、砂岩、砾岩、片麻岩、石灰岩,微风化的安山岩、玄武岩	用爆破方法开挖	1.30～1.45	1.10～1.20
八类土（特坚石）	安山岩,玄武岩,花岗片麻岩,坚实的细粒花岗岩,闪长岩,石英岩,辉长岩,辉绿岩,玢岩	用爆破方法开挖	1.45～1.50	1.20～1.30

土的开挖难易程度直接影响土方工程的施工方案、劳动消耗量和工程费用。土体越硬，劳动消耗量越大，工程成本越高。正确区分和鉴别土的种类，可以合理地选择施工方法和准确套用定额，计算土方工程费用。

4.1.2 基坑（槽）开挖、支护及回填方法

基坑工程是集地质工程、岩土工程、结构工程和岩土测试技术于一身的系统工程。其主要内容：工程勘察、支护结构设计与施工、土方开挖与回填、地下水控制、信息化施工及周边环境保护等。

1. 施工准备

基坑（槽）开挖前的施工准备工作主要有：①场地清理，包括拆除房屋、改建通讯电力线路、迁移树木等工作；②排除地面水，地面水的排除一般采用排水沟、截水沟、挡墙坝等措施，应尽量利用自然地形来设置排水沟，使水直接排至场外或流向低洼处再用水泵抽走；③修筑临时设施，包括修筑临时道路、电力、通信及供水设施，以及生活和生产用临时房屋。

2. 基坑（槽）开挖

基坑（槽）土方开挖的施工工艺一般有两种：放坡开挖（无支护开挖）和在支护体系保护下开挖（有支护开挖）。

（1）放坡开挖

开挖基坑或基槽时，如果地质水文条件良好，采用放坡开挖既简单又经济，但需具备放坡开挖的条件，即基坑不太深而且基坑平面之外有足够的空间供放坡使用。

土方边坡的大小主要与土质、开挖深度、开挖方法、边坡留置时间的长短、边坡附近的各种荷载状况及排水情况等因素有关，深度在 5m 以内的基坑（槽）的最陡坡度可参考表 4-2 选用。在放坡时应按不同土层设置不同的放坡坡度（图 4-1）。

深度在 5m 内的基坑（槽）、管沟边坡的最陡坡度 　　　　　　表 4-2

土 的 类 别	边坡坡度(高：宽)		
	坡顶无荷载	坡顶有静载	坡顶有动载
中密的砂土	1：1.00	1：1.25	1：1.50
中密的碎石类土(充填物为砂土)	1：0.75	1：1.00	1：1.25
硬塑的粉土	1：0.67	1：0.75	1：1.00
中密的碎石类土(充填物为黏性土)	1：0.50	1：0.67	1：0.75
硬塑的粉质黏土、黏土	1：0.33	1：0.50	1：0.67
老黄土	1：0.10	1：0.25	1：0.33
软土(经井点降水后)	1：1.00	—	—

在进行放坡开挖时，基坑（槽）边坡必须经过验算，保证边坡稳定，坡顶或坡边不宜堆土或堆载，遇有不可避免的附加荷载时，稳定性验算应计入附加荷载的影响。对于相对较深的土方开挖应在降水达到要求后，采用分层开挖的方法施工，土质较差且施工期较长的基坑，边坡宜采用钢丝网水泥或其他材料进行护坡。同时在基坑（槽）开挖时要采取有

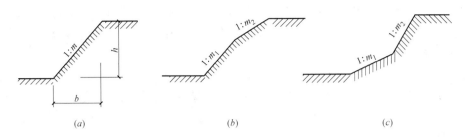

图 4-1 土方边坡图

(a) 直线边坡；(b) 不同土层折线边坡；(c) 相同土层折线边坡

效措施降低坑内水位和排除地表水，严禁地表水或基坑排出的水倒流回渗入基坑（槽）。

基坑（槽）挖好后，应及时进行基础工程施工。当挖基坑较深或晾槽时间较长时，应根据实际情况采取防护措施，防止基底土体反鼓，降低地基土承载力。

（2）土壁支护开挖

随着高层建筑的发展，以及建筑物密集地区施工基坑的增多，常因场地的限制而不能采取放坡，或放坡导致土方量增大，或地下水渗入基坑导致土坡失稳。此时，便应采用土壁支护，以保证施工安全和顺利进行，并减少对邻近已有建筑物的不利影响。基坑支护应综合考虑工程地质与水文地质条件、基础类型、基坑开挖深度、降排水条件、周边环境对基坑侧壁位移的要求、基坑周边荷载、施工季节、支护结构使用期限等因素。

常用的土壁支护结构有：横撑式支撑、钢（木）板桩支撑、钢筋混凝土排桩、水泥土搅拌桩支撑、土层锚杆支撑、土钉墙支护及地下连续墙等。

有支护结构的基坑（槽）开挖方案通常分为顺作法、逆作法，也可顺逆结合。顺作法即先施工周边围护结构，然后由上而下开挖土方并设置支撑，挖至坑底后，再由下而上施工主体结构，并按一定顺序拆除支撑的过程；逆作法是利用主体地下结构水平梁板结构作为内支撑，按楼层自上而下并与基坑开挖交替进行的施工方法。

有支护结构的基坑（槽）开挖时，土方开挖的顺序、方法必须与设计工况相一致，应遵循"开槽支撑、先撑后挖、分层开挖、严禁超挖"的原则。除设计允许外，挖土机械和车辆不得直接在支撑上行走操作，采用机械挖土方式时，坑底应保留 $200\sim300mm$ 厚基土，用人工平整，并防止坑底土体扰动，严禁挖土机械碰撞支撑、立柱、井点管、围护墙和工程桩。施工时应尽量缩短基坑无支撑暴露时间，对一级、二级基坑，每一工况下挖至设计标高后，钢支撑的安装周期不宜超过一昼夜，钢筋混凝土支撑的完成时间不宜超过两昼夜。对面积较大的一级基坑，土方宜采用分块、分区对称开挖和分区安装支撑的施工方法，土方挖至设计标高后，立即浇筑垫层。基坑中有局部加深的电梯井、水池等，土方开挖前应对其边坡做必要的加固处理。

在深基坑（槽）的开挖施工中，要加强基坑（槽）工程监测，准确了解土层的实际情况，对基坑周围环境进行有效的保护，确保基坑工程的安全。

3. 土方填筑与压实

（1）土料填筑要求

为了保证填方工程稳定性方面的要求，必须正确选择填土的各类和填筑方法，以满足填土压实的质量要求。

碎石类土、砂土和爆破石碴，可用作表层以下的填料，当填方土料为黏土时，填筑前应检查其含水量是否在控制范围内。含有大量有机质的土和含水溶性硫酸盐大于5％的土，以及淤泥、冻土、膨胀土等均不应作为填土。

填土应分层进行，并尽量采用同类土填筑。如采用不同土填筑时，应将透水性较大的土层置于透水性较小的土层之下，不能将各种土混杂在一起使用，以免填方内形成水囊。

（2）填土压实方法

① 碾压法

碾压法是利用机械滚轮的压力压实土。碾压机械有平碾、羊足碾、振动碾等。碾压法主要适用于场地平整和大型基坑回填土等工程。

② 夯实法

夯实法是利用夯锤自由下落的冲击力来夯实土。夯实机械主要有蛙式打夯机、夯锤和内燃夯土机等。这种方法主要适用于小面积的回填土。

③ 振动压实法

振动是将振动压实机放在土层表面，借助振动设备使土颗粒发生相对位移而达到密实。这种方法主要适用于振实非黏性土。

④ 用运土工具压实

（3）影响填土压实的因素

影响填土压实质量的因素较多，主要有压实功、土的含水量以及每层铺土厚度。

① 压实功的影响

填土压实后的密度与压实机械所施加功的关系如图4-2所示。当土的含水量一定，开始压实时，上的密度急剧增加。当接近土的最大密度时，虽经反复压实，压实功增加很多，而土的密度变化很小。因此，在实际施工中，不要盲目地增加填土压实遍数。

② 含水量的影响

填土含水量的大小直接影响碾压（或夯实）遍数和质量。较为干燥的土，由于摩阻力较大，而不易压实。当土具有适当含水量时，土的颗粒之间因水的润滑作用使摩阻力减小，在同样压实功作用下，得到最大的密实度，这时土的含水量称做最佳含水量，图4-3是土的干密度与含水量的关系。

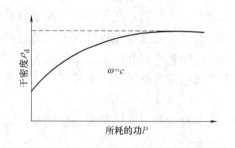

图4-2 土的干密度与压实功的关系

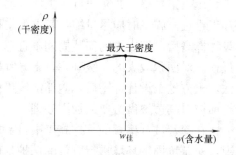

图4-3 土的干密度与含水量的关系

③ 铺土厚度影响

土在压实功的作用下，其应力随深度增加而逐渐减小（图4-4），其影响深度与压实机械、土的性质和含水量等有关。铺土厚度应小于压实机械压土时的作用深度，但其中还有最优土层厚度问题，铺得过厚，要压很多遍才能达到规定的密实度。铺得过薄，则也要增加机械的总压实遍数，最优的铺土厚度应能使土方压实而机械的功耗费最少。

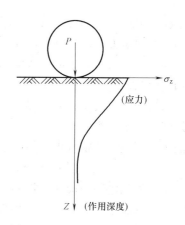

图 4-4　压实功作用沿深度的变化

4.1.3　混凝土基础施工工艺

一般工业与民用建筑中，常见的浅埋式钢筋混凝土基础类型有条形基础、杯形基础、筏式基础和箱形基础。

1. 钢筋混凝土条形基础

条形基础包括墙下钢筋混凝土条形基础和柱下钢筋混凝土独立基础，如图 4-5 和图 4-6 所示。条形基础的抗弯和抗剪性能良好，可在竖向荷载较大、地基承载力不高的情况下采用。因为高度不受台阶宽高比的限制，故适宜于"宽基浅埋"的场合下使用，其横断面一般呈倒 T 形。

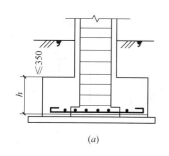
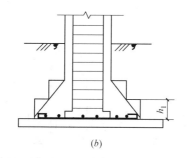

图 4-5　柱下钢筋混凝土独立基础
（a）阶梯形；（b）阶梯形；（c）锥形

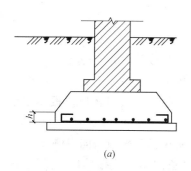
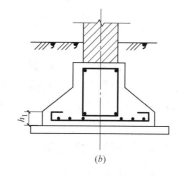
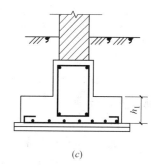

图 4-6　墙下钢筋混凝土条形基础
（a）板式；（b）梁板结合式；（c）梁板结合式

施工要点：

（1）基坑（槽）应进行验槽，局部软弱土层应挖去，用灰土或砂砾分层回填夯实至相平。基坑（槽）内浮土、积水、淤泥、垃圾、杂物应清除干净。验槽后地基混凝土应立即浇筑，以免地基土被扰动。

（2）垫层达到一定强度后，在其上弹线、支模。铺放钢筋网片时底部用与混凝土保护层同厚度的水泥砂浆垫塞，以保证位置正确。

（3）在浇筑混凝土前，应清除模板上的垃圾、泥土和钢筋上的油污等杂物，模板应浇水加以湿润。

（4）基础混凝土宜分层连续浇筑完成。阶梯形基础的每一台阶高度内应分层浇捣，每浇筑完一台阶应稍停 0.5～1.0h，待其初步获得沉实后，再浇筑上层，以防止下台阶混凝土溢出，在上台阶根部出现烂脖子，台阶表面应基本抹平。

（5）锥形基础的斜面部分模板应随混凝土浇捣分段支设并顶压紧，以防模板上浮变形，边角处的混凝土应注意捣实。严禁斜面部分不支模，用铁锹拍实。

（6）基础上有插筋时，要加以固定，保证插筋位置的正确，防止浇捣混凝土发生移位。混凝土浇筑完毕，外露表面应覆盖浇水养护。

2. 杯形基础

杯形基础常用作钢筋混凝土预制柱基础，基础中预留凹槽（即杯口），然后插入预制柱，临时固定后，即在四周空隙中灌细石混凝土。其形式有一般杯口基础、双杯口基础和高杯口基础等，如图 4-7 所示。

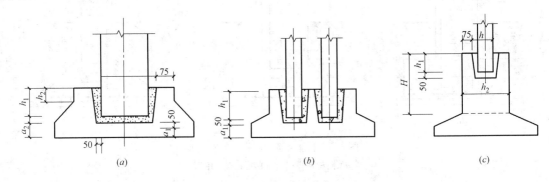

图 4-7　杯形基础形式
（a）一般杯口基础；（b）双杯口基础；（c）高杯口基础

施工要点：

（1）混凝土应按台阶分层浇筑，对高杯口基础的高台阶部分按整段分层浇筑。

（2）杯口模板可做成两半式的定型模板，中间各加一块楔形板，拆模时，先取出楔形板，然后分别将两半杯口模板取出。为便于周转宜做成工具式的，支模时杯口模板要固定牢固并压浆。

（3）浇筑杯口混凝土时，应注意四侧要对称均匀进行，避免杯口模板挤向一侧。

（4）施工时应先浇筑柱底混凝土并振实，注意在杯底一般有 50mm 厚的细石混凝土找平层，应仔细留出，杯底混凝土宁低勿高。待杯底混凝土沉实后，再浇筑杯口四周混凝土。基础浇捣完毕，在混凝土初凝后终凝前将杯口模板取出，并将杯口内侧表面混凝土凿毛。

（5）施工高杯口基础时，可采用后安装杯口模板的方法施工，即当混凝土浇捣接近杯口底时，再安装杯口模板，继续浇筑杯口四周混凝土。

（6）根据柱的实测标高定出杯底控制标高，再用细石混凝土（或水泥砂浆）粉底至控制标高，并复测一遍；若杯底偏高，则凿除杯底使之低于控制标高，再用水泥砂浆粉底。

3. 筏式基础

筏式基础由整板式钢筋混凝土底板、梁等组成，适用于有地下室或地基承载力较低而上部荷载较大的基础。其外形和构造上像倒置的钢筋混凝土楼盖，整体刚度较大。筏式基础一般可分为梁板式和平板式两类，如图4-8所示。

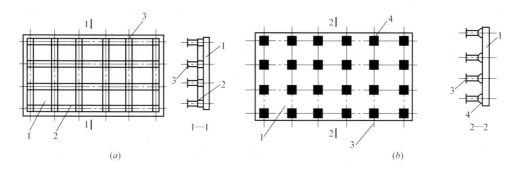

图 4-8 筏式基础

（a）梁板式；（b）平板式

1—底板；2—梁；3—柱；4—支墩

施工要点：

（1）施工前，如地下水位较高，可采用人工降低地下水位至基坑底不少于500mm，以保证在无水情况下进行基坑开挖和基础施工。

（2）施工时，可采用先在垫层上绑扎底板、梁的钢筋和柱子锚固插筋，浇筑底板混凝土，待达到25%设计强度后，再在底板上支梁模板，继续浇筑完梁部分混凝土；也可采用底板和梁模板一次同时支好，混凝土一次连续浇筑完成，梁侧模板来用支架支撑并固定牢固。

（3）混凝土浇筑时一般不宜留施工缝，必须留设时，应按施工缝要求处理，并应设置止水带。

（4）基础浇筑完毕，表面应覆盖和洒水养护，并防止地基被水浸泡。

4. 箱形基础

箱形基础是由钢筋混凝土底板、顶板、外墙以及一定数量的内隔墙构成封闭的箱体（图4-9），基础中部可在内隔墙开门洞做地下室。该基础具有整体性好，刚度大，调整不均匀沉降能力及抗震能力强，可消除因地基变形使建筑物开裂的可能性，减少基底处原有地基自重应力，降低总沉降量等特点。

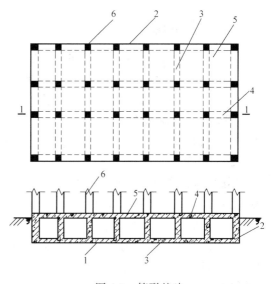

图 4-9 箱形基础

1—底板；2—外墙；3—内墙隔墙；4—内纵
隔墙；5—顶板；6—柱

施工要点：

（1）基坑开挖，如地下水位较高，应

127

采取措施降低地下水位至基坑底以下 500mm 处，并尽量减少对基坑底土的扰动。

（2）施工时，基础底板、内外墙和顶板的支模、钢筋绑扎和混凝土浇筑，可采取分块进行，其施工缝的留设位置和处理应符合《混凝土结构工程施工质量验收规范》GB 50204—2015 有关要求，外墙接缝应设止水带。

（3）基础的底板、内外墙和顶板宜连续浇筑完毕。为防止出现温度收缩裂缝，一般应设置贯通后浇带，带宽不宜小于 800mm，在后浇带处钢筋应贯通，顶板浇筑后，相隔 2～4 周，用比设计强度提高一级的细石混凝土将后浇带填灌密实，并加强养护。

（4）基础施工完毕，应立即进行回填土。停止降水时，应验算基础的抗浮稳定性，抗浮稳定系数不宜小于 1.2，如不能满足时，应采取有效措施，例如继续抽水直至上部结构荷载加上后能满足抗浮稳定系数要求为止，或在基础内灌水或加重物等，以防止基础上浮或倾斜。

4.2　砌　体　工　程

4.2.1　砌体工程种类

砌体是由各种块材和砂浆按一定的砌筑方法砌筑而成的整体。它分为无筋砌体和配筋砌体两大类。无筋砌体又因所用块材不同分为砖砌体、砌块砌体和石砌体。

砖砌体主要用于砖混结构的主体墙体和柱的砌筑，块体材料一般为实心黏土砖和黏土空心砖；砌块砌体多用于定型设计的民用房屋和工业厂房，目前，我国常用的有混凝土中、小型空心砌块和粉煤灰中型砌块；石砌体多用于带形基础、挡土墙及某些墙体结构，也可作一般民用建筑的承重墙、柱和基础；配筋砌体是在砌体水平灰缝中配置钢筋网片或在砌体外部的预留槽沟内设置竖向粗钢筋的组合砌体。

4.2.2　砌体施工工艺

砌体砌筑应采用符合质量要求的原材料，同时必须有良好的砌筑质量，以使良好的整体性、稳定性和受力性能。砌体工程一般要求灰缝横平竖直，砂浆饱满，厚薄均匀，砌块应上下错缝，内外搭砌，接槎可靠，墙面垂直。

1. 组砌形式与砌筑方法

（1）组砌形式

① 砖墙的组砌形式

常用的组砌形式有三种：一顺一丁，三顺三丁，梅花丁，如图 4-10 所示。也有采用"全顺"或"全丁"的组砌方法的。

② 砖基础的组砌

基础下部放大一般称为大放脚。大放脚有两种形式：等高式和不等高式。一般都采用一顺一丁组砌。等高式是指大放脚自下而上每两皮砖收一次，每次两边各收 1/4，砖长，不等高式是大放脚自下而上两皮砖收一次与一皮砖收一次间隔，每次两边也是各收 1/4 砖长。

③ 砖柱的组砌

128

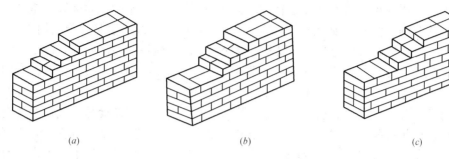

图 4-10 砖墙组砌形式

（a）一顺一丁式；（b）梅花丁式；（c）三顺一丁式

砖柱组砌时竖缝也一定要相互错开 1/2 砖长或 1/4 砖长，要避免柱心通天缝，尽量利用二分头砖（1/4 砖），严禁采用包心组砌法。

④ 空心砖及多孔砖的组砌

对于多孔砖，孔数量多，孔小，砌筑时孔是竖直的。多孔砖的组砌方法也是一顺一丁，梅花丁或全顺或全丁砌筑。对于空心砖，孔大但数量少，砌筑时孔呈水平状态，一般可采用侧砌，上下皮竖缝相互错开 1/2 砖长。

⑤ 空斗墙的组砌

具有节约材料，自重轻，保暖及隔声性能好的优点，也存在着整体性差，抗剪能力差，砌筑工效低等缺点。空斗墙的组砌形式有：一眠一斗，一眠两斗，一眠三斗，无眠斗墙等。

（2）砌筑方法

砖砌体的砌筑方法通常有四种："三一"砌筑法，挤浆法，刮浆法，满口灰法。

① "三一"砌筑法

一块砖，一铲灰，一揉压。优点：灰缝容易饱满，粘结力好，墙面比较整洁，多用于实心砖砌体。

② 挤浆法

挤浆法是用灰勺、大铲或者铺灰器在砖墙上铺一段砂浆，然后用砖在砂浆层上水平地推、挤而使砖粘结成整体，并形成灰缝。优点：一次可以连续完成几块砖的砌筑，减少动作，效率较高，而且通过平推平挤使灰缝饱满，保证了砌筑质量。

2. 砖基础施工

砖基础砌筑前必须用皮数杆检查垫层面标高是否合适，如果第一层砖下水平缝超过 20mm 时，应先用细石混凝土找平。当基础垫层标高不等时，应从最低处开始砌筑。砌筑时经常拉通线检查，防止位移或者同皮砖标高不等。采用一顺一丁组砌，竖缝要错开 1/4 砖长，大放脚最下一皮及每层台阶的上面一皮应砌丁砖，灰缝砂浆要饱满。

当砌到防潮层标高时，应扫清砌体表面，浇水湿润后，按图纸设计要求进行防潮层施工。如果没有具体要求，可采用一毡二油，也可用 1∶25 水泥砂浆掺水泥重 5% 的防水粉制成防水砂浆，但有抗震设防要求时，不能用油毡。

3. 砖墙施工

砖墙施工工序为：抄平→放线→摆样砖→立皮数杆→砌砖→清理。

基础砌筑完毕或每层墙体砌筑完毕均需抄平。抄平后应在基础顶面弹线，主要是弹出底层墙身边线及洞口位置。按所选定的组砌方式，在已经放线的墙基础顶面用干砖试摆，目的是要看一下这样砌筑在门窗洞口以及附墙垛等处能不能符合砖的模数，以尽可能减少砍砖，并使灰缝均匀；皮数杆一般应立在墙体的转角处以及纵横墙交接处，或楼梯间、洞口多的地方，每隔 10～15m 立一根。每次开始砌砖前都应检查一遍皮数杆的垂直度和牢固程度；对于一砖墙可以单面挂线，一砖半及以上的墙应该里外两面挂准线，按选定的组砌形式砌砖。砌筑过程中应"三皮一吊，五皮一靠"，尽量消除误差；砖墙每天的可砌筑高度不应超过 1.8m，以免影响灰缝质量。当分段施工时，两个相邻工作段或临时间断处的墙体高度差，不能超过一个楼层的高度。当一个楼层的墙体施工完后，应进行墙面、柱面以及落地灰的清理工作。

砖墙施工中，不得在下列墙体或部位设置脚手眼：①120mm 厚墙、清水墙、料石墙独立柱和附墙柱；②过梁上与过梁成 60°角的三角形范围及过梁净跨度 1/2 的高度范围内；③宽度小于 1m 的窗间墙；④门窗洞口两侧石砌体为 300mm，其他砌体 200mm 范围内，转角处石砌体为 600mm，其他砌体 450mm 范围内；⑤梁或梁垫下及其左右 500mm 范围内；⑥设计不允许设置脚手眼的部位；⑦轻质墙体；⑧夹心复合墙外叶墙。

4. 空心砖及多孔砖墙施工

多孔砖砌筑时使孔竖直，且长圆孔应顺墙方向。空心砖砌筑时孔洞呈水平方向，且砖墙底部至少砌三皮实心砖，门洞两侧各一砖长范围内也应用普通实心黏土砖砌筑。半砖厚的空心砖隔墙。当墙高度较大时，应该在墙的水平灰缝中加设 2Φ6 钢筋或者隔一定高度砌几皮实心砖带。

5. 中小型砌块施工

砌块的施工工艺过程为：砌块装车，砂浆制备→地面水平运输→垂直运输→楼层水平运输→铺灰→安装砌块→就位→校正→填砖灌缝→清理。它的砌筑工艺应符合砖砌体的施工规定，还须注意以下问题：

（1）砌筑砂浆宜采用水泥石灰砂浆或水泥黏土砂浆，分层度应≥20mm，稠度 50～70mm，灰缝厚度（包括垂直、水平）8～12mm；

（2）尽量采用主规格砌块，采用全顺的组砌形式；

（3）外墙转角处，纵横墙交接处砌块应分皮咬槎，交错搭接；

（4）承重墙体不得采用砌块与黏土砖混合砌筑；

（5）从外墙转角处或定位砌块处开始砌筑，且孔洞上小下大；

（6）水平灰缝宜用做浆法铺浆，全部灰缝均应填铺砂浆，水平灰缝饱满度≥90%，竖缝饱满度≥60%；

（7）临时间断处应设置在门窗洞口处，且砌成斜槎，否则设直槎时必须采用拉结网片等构造措施；

（8）圈梁底部或梁端支承处，一般可先用 C15 混凝土填实砌块孔洞后砌筑；

（9）内墙转角、外墙转角处应按构造要求设构造芯柱；

（10）管道、沟槽、预埋件等孔洞应在砌筑时预留或预埋，不得在砌好墙后再打洞。

6. 配筋砌体

配筋砌体是由配置钢筋的砌体作为建筑物主要受力构件的结构。配筋砌体有网状配筋砌体柱、水平配筋砌体墙、砖砌体和钢筋混凝土面层或钢筋砂浆面层组合砌体柱（墙）、砖砌体和钢筋混凝土构造柱组合墙和配筋砌块砌体剪力墙。

配筋砌体施工工艺的弹线、找平、排砖撂底、墙体盘角、选砖、立皮数杆、挂线、留槎等施工工艺与普通砖砌体要求基本相同。

4.3 钢筋混凝土工程

4.3.1 常见的模板种类

1. 木模板

木模板一般是在木工车间或木工棚加工成基本组件（拼板），然后在现场进行拼装。拼板由板条和拼条组成，板条厚度一般为 25～50mm，宽度宜≤200mm。拼条间距应根据施工荷载大小以及板条厚度而定，一般取 400～500mm。

木模板板面平整光滑，可锯、可钻、耐低温，有利于冬期施工，浇筑物件表面光滑美观，不污染混凝土表面，可省去墙面二次抹灰工艺；拆装方便，操作简单，工程进展速度快。通常适用于高层建筑的顶模、墙模、梁柱模、阳台模板、无席纹超亮面清水混凝土模板等。

2. 组合钢模板

组合钢模板由钢模板和配件两大部分组成，它可以拼成不同尺寸、不同形状的模板，以适应基础、柱、梁、板、墙施工的需要。组合钢模板尺寸适中，轻便灵活，装拆方便，既适用于人工装拆也可预拼成大模板、台模等，然后用起重机吊运安装。

3. 胶合板模板

模板用的胶合板通常由 5、7、9、11 层等奇数层单板经热压固化而胶合成形，一般采用竹胶模板。相邻层的纹理方向相互垂直，通常最外层表板的纹理方向和胶合板板面的长向平行，因此，整张胶合板的长向为强方向，短向为弱方向，使用时必须加以注意。模板用木胶合板的幅面尺寸，一般宽度为 1200mm 左右，长度为 2400mm 左右，厚约 12～18mm。适用于高层建筑中的水平模板、剪力墙、垂直墙板。

4. 大模板

大模板是一种大尺寸的工具式定型模板一般是一块墙面用一、二块大模板。因其重量大，需起重机配合装拆进行工。大模板施工，关键在于模板。一块大模板由面板、加劲肋、竖楞、支撑桁架、稳定机构及附件组成。面板要求平整、刚度好。平整度按中级抹灰质量要求确定。面板目前多用钢板和多层板制成。用钢板做面板的优点是刚度大和强度高，表面平滑，所浇筑的混凝土墙面外观好，不需再抹灰，可以直接粉面，模板可重复使用 200 次以上，缺点是耗钢量大、自重大、易生锈、不保温、损坏后不易修复。

5. 滑动模板

滑动模板（简称滑模）是随着混凝土的浇筑而是沿结构或构件表面向上垂直移动的模板，是现浇混凝土工程的一项施工工艺，通常由模板系统、操作平台和提升系统组成。与常规施工方法相比，这种施工工艺具有施工速度快、机械化程度高、可节省支模和搭设脚手架所需的工料、能较方便地将模板进行拆散和灵活组装并可重复使用。

6. 爬升模板

爬升模板是综合大模板与滑动模板工艺和特点的一种模板工艺,具有大模板和滑动模板共同的优点。爬升模板是在混凝土墙体浇筑完毕后,利用提升装置将模板自行提升到上一个楼层,浇筑上一层墙体混凝土的垂直移动式模板。它由钢模板、提升架和提升装置三部分组成,适用于现浇钢筋混凝土竖向(或倾斜)结构如墙体、电梯井、桥梁、塔柱等,尤其适用于超高层建筑施工。

7. 台模

台模是一种大型工具式模板,在施工中可以整体脱模和转运,借助起重机械从已浇筑完混凝土的楼板下吊出,转移到上层重复使用,中途不再落地,故又称"飞模"。

台模主要由平台板、支撑系统(包括梁、支架、支撑、支腿等)和其他配件(如升降和行走机构等)组成。适用于大开间、大柱网、大进深的现浇钢筋混凝土楼盖施工,尤其适用于现浇板柱结构(无柱帽)楼盖的施工。

除了上述介绍的几种模板外,还有隧道模、永久性模板等模板类型。

4.3.2 钢筋工程施工工艺

钢筋混凝土结构及预应力混凝土结构常用的钢材有热轧钢筋、钢绞线、消除应力钢丝和热处理钢筋等。钢筋进场应具有出厂证明书或试验报告单,进场后必须严格按批分等级、牌号、直径、长度挂牌存放,不得混淆。钢筋加工过程一般有冷拉、冷拔、调直、剪切、除锈、弯曲、绑扎、焊接等。

1. 钢筋加工

(1) 钢筋除锈

钢筋的表面应洁净。油渍、漆污和用锤敲击时能剥落的浮皮、铁锈等应在使用前清除干净。在焊接前,焊点处的水锈应清除干净。

钢筋的除锈,一般可通过以下两个途径:一是在钢筋冷拉或钢丝调直过程中除锈,对大量钢筋的除锈较为经济省力;二是用机械方法除锈。如采用电动除锈机除锈,对钢筋的局部除锈较为方便。还可采用手工除锈(用钢丝刷、砂盘)、喷砂和酸洗除锈等。

(2) 钢筋调直

钢筋的调直是在钢筋加工成型之前,对热轧钢筋进行矫正,使钢筋成为直线的一道工序。为保证调直钢筋的质量,提高施工机械化水平,钢筋的调直宜采用钢筋调直切断机,它具有自动调直、定位切断、除锈、清垢等多种功能。

(3) 钢筋切断

断丝钳切断法:主要用于切断直径较小的钢筋,如钢丝网片、分布钢筋等。

手动切断法:主要用于切断直径在16mm以下的钢筋,其手柄长度可根据切断钢筋直径的大小来调,以达到切断时省力的目的。

液压切断器切断法:切断直径在16mm以上的钢筋。

(4) 钢筋弯曲成型

① 受力钢筋

HPB300钢筋末端应作180°弯钩,其弯弧内直径不应小于钢筋直径的2.5倍,弯钩的弯后平直部分长度不应小于钢筋直径的3倍;当设计要求钢筋末端需作135°弯钩时,钢筋

的弯弧内直径 D 不应小于钢筋直径的 4 倍，弯钩的弯后平直部分长度应符合设计要求；钢筋作不大于 90°的弯折时，弯折处的弯弧内直径不应小于钢筋直径的 5 倍。

② 箍筋

除焊接封闭环式箍筋外，箍筋的末端应作弯钩。弯钩形式应符合设计要求。箍筋弯后平直部分长度对一般结构，不宜小于箍筋直径的 5 倍，对有抗震等级要求的结构不应小于箍筋直径的 10 倍。

2. 钢筋的连接

钢筋的连接方式主要有焊接连接、机械连接和绑扎连接。当受拉钢筋的直径 $d>25mm$ 及受压钢筋的直径 $d>28mm$ 时，不宜采用绑扎搭接接头。

（1）钢筋焊接连接

钢筋常用的焊接方法有闪光对焊、电阻点焊、电弧焊、电渣压力焊、埋弧压力焊和气压焊等，焊接质量与钢材的可焊性、焊接工艺有关。

① 钢筋闪光对焊

钢筋闪光对焊是将两根钢筋安放成对接形式，利用焊接电流通过两根钢筋的接触点产生的电阻热，使接触点金属熔化，产生强烈飞溅，形成闪光，迅速施加顶锻力完成的一种压焊方法。

② 钢筋电阻点焊

钢筋电阻点焊是将两根钢筋安放成交叉叠接形式，压紧于两电极之间，利用电阻热熔化母材金属，加压形成焊点的一种压焊方法。

③ 钢筋电弧焊

钢筋电弧焊是以焊条作为一极、钢筋为另一极，利用焊接电流通过产生的电弧热进行焊接的一种熔焊方法。

④ 钢筋电渣压力焊

钢筋电渣压力焊是将两根钢筋安放成竖向对接形成，利用焊接电流通过两根钢筋端面间隙，在焊剂层下形成电弧过程和电渣过程，产生电弧热和电阻热，熔化钢筋，加压完成的一种压焊方法。

（2）钢筋机械连接

① 钢筋套筒挤压连接

钢筋套筒挤压连接是将需要连接的带肋钢筋插入特制钢套筒内，用挤压连接设备沿径向挤压钢套筒，使之产生塑性变形，套筒塑性变形后即与带肋钢筋紧密咬合达到连接效果。它适用于竖向、横向及其他方向的较大直径带肋钢筋的连接。

② 钢筋锥螺纹套筒连接

钢筋锥螺纹套筒连接将两根待接钢筋端头用套丝机做出锥形外丝，然后用带锥形内丝的套筒将钢筋两端拧紧的钢筋连接方法。

③ 钢筋镦粗直螺纹套筒连接

钢筋镦粗直螺纹套筒连接是先将钢筋端头镦粗，再切削成直螺纹，然后用带直螺纹的套筒将钢筋两端拧紧的钢筋连接方法。

④ 钢筋滚压直螺纹套筒连接

钢筋滚压直螺纹套筒连接是利用金属材料塑性变形后冷作硬化增强金属材料强度的特

性，使接头与母材等强的连接方法。根据滚压直螺纹成型方式，又可分为直接滚压螺纹、压肋滚压螺纹、剥肋滚压螺纹三种类型。

（3）钢筋绑扎搭接连接

钢筋绑扎连接目前仍为钢筋连接的主要手段之一，尤其是板筋。钢筋绑扎时，应采用铁丝扎牢，同一构件中相邻纵向受力钢筋的绑扎搭接接头宜相互错开，钢筋绑扎搭接接头的末端与钢筋弯点的距离，不得小于钢筋直径的 10 倍。在任何情况下，纵向受拉钢筋绑扎搭接接头的搭接长度不应小于 300mm，纵向受压钢筋的搭接长度不应小于 200mm。

3. 钢筋安装

钢筋在安装前，应先熟悉图纸，核对钢筋配料单和钢筋加工牌，确定施工方法。

接长、钢筋骨架或钢筋网的成型应优先采用焊接或机械连接，如不能采用焊接（如缺乏电焊机或焊机功率不够）或骨架过大过重不便于运输安装时，可采用绑扎的方法。钢筋绑扎一般采用 20～22 号钢丝，钢丝过硬时，可经退火处理。绑扎时应注意否准确，绑扎是否牢固，搭接长度及绑扎点位置是否符合规范要求。板和墙除靠近外围两行钢筋的相交点全部扎牢外，中间部分的相交点可相隔交错扎牢，保证受力钢筋不位移。双向受力的钢筋，须全部扎牢；梁和柱的箍筋，除设计有特殊要求时，应与受力钢筋垂直设置。箍筋弯钩迭合处，应沿受力钢筋方向错开设置；柱中的竖向钢筋搭接时，角部钢筋的弯钩应与模板成 45°，弯钩与模板的角度最小不得小于 15°。

当受力钢筋采用机械连接接头或焊接接头时，设置在同一构件内的接头宜相互错开。在受拉区域内，HPB300 级钢筋绑扎接头的末端应做弯钩。绑扎搭接接头中钢筋的横向净距不应小于钢筋直径，且不应小于 25mm；钢筋绑扎搭接接头连接区段的长度为 $1.3l_l$（l_l 为搭接长度），凡搭接接头中点位于该连接区段长度内的搭接接头均属于同一连接区段。同一连接区段内，纵向钢筋搭接接头面积百分率为该区段内有搭接接头的纵向受力钢筋截面面积与全部纵向受力钢筋截面面积的比值；同一区段内，纵向受拉钢筋搭接接头面积百分率应符合规范要求。

钢筋安装或现场绑扎应与模板安装相配合。柱钢筋现场绑扎一般在模板安装前进行，梁的钢筋一般在梁模板安装后再进行安装，楼板钢筋安装或绑扎应在楼板安装后进行，并应先按设计画线，然后摆料、绑扎。

钢筋保护层应按设计或要求正确确定。工地常用预制水泥垫块垫在钢筋与模板之间，以控制保护层厚度。垫块应布置成梅花形，其相互间距不大于 1m。上下双层钢筋之间的尺寸，可绑扎短钢筋或设置撑筋来控制。

4. 钢筋代换

在施工中钢筋的级别、钢号、直径应按设计要求采用。如遇有钢筋级别、钢号和直径与设计要求不符而需要代换时，应征得设计单位的同意并办理设计变更文件，以确保设计要求。

钢筋代换方法有等强度代换和等面积代换。当构件配筋以强度控制时，按代换前后强度相等的原则进行代换；当构件按最小配角率配筋时，按代换前后面积相等的原则进行代换。代换后还应满足构造方面的要求及设计中提出的其他要求。

4.3.3 混凝土工程施工工艺

混凝土工程施工工艺过程包括混凝土拌合料的制备、运输、浇筑、振捣、养护等。近年来，混凝土拌合料的制备实现了工业化生产，全国大多数地区实现了混凝土集中预拌，商品化供应混凝土拌合料，因此，现在施工现场的混凝土工程施工工艺减少了制备过程。

1. 混凝土拌合料的运输

（1）运输要求

① 混凝土在运输过程中不产生分层、离析现象。如有离析现象，必须在浇筑前进行二次搅拌。运至浇筑地点后，应具有符合浇筑时所规定的坍落度。

② 混凝土应以最少的转运次数，最短的时间，从搅拌地点运至浇筑地点。保证混凝土从搅拌机中卸出后到浇筑完毕的延续时间不超过表 4-3 的规定。

混凝土从搅拌机中卸出后到浇筑完毕的延续时间（min）　　　　表 4-3

混凝土强度等级	气温<25℃	气温≥25℃
≥C30	120	90
<C30	90	60

注：若使用快硬水泥或掺有促凝剂的混凝土，其运输时间由试验确定；轻骨料混凝土的运输、浇筑时间应适当缩短。

③ 运输工作应保证混凝土的浇筑工作连续进行，混凝土应在初凝前浇入模板并振捣完毕。

④ 运送混凝土的容器应严密、不漏浆，容器的内壁应平整光洁、不吸水。黏附的混凝土残渣应及时清除。

（2）运输方案及运输设备

混凝土运输工作分为水平运输（地面水平运输和楼面水平运输）和垂直运输和楼面运输三种情况。混凝土拌合料从搅拌站运至工地，多采用混凝土搅拌运输车；工地范围内的运输多用小型机动翻斗车，近距离亦可采用双轮推车；混凝土垂直运输，目前多采用塔式起重机、井架和混凝土泵。

2. 混凝土浇筑

混凝土浇筑就是将混凝土放入已安装好的模板内并振捣密实以形成符合要求的结构或构件的施工过程，包括布料、振捣、抹平等工序。

（1）混凝土浇筑的基本要求

① 混凝土应分层浇筑，分层捣实，但两层混凝土浇捣时间间隔不超过规范规定；

② 浇筑应连续作业，在竖向结构中如浇筑高度超过 3m 时，应采用溜槽或串筒下料；

③ 在浇筑竖向结构混凝土前，应先在浇筑处底部填入 50～100mm 与混凝土内砂浆成分相同的水泥浆或水泥砂浆（接浆处理）；

④ 浇筑过程应经常观察模板及其支架、钢筋、埋设件和预留孔洞的情况，当发现有变形或位移时，应立即快速处理。

（2）混凝土振捣

在浇筑过程中，必须使用振捣工具振捣混凝土，尽快将拌合物中的空气振出，将混凝土拌合料中的空气赶出来。因为空气含量太多的混凝土会降低强度。用于振捣密实混凝土拌合物的机械，按其作业方式可分为：插入式振动器、表面振动器、附着式振动器和振动台。

（3）混凝土养护

养护方法有：自然养护、蒸汽养护、蓄热养护等。

对混凝土进行自然养护，是指在平均气温高于5℃的条件下于一定时间内使混凝土保持湿润状态。自然养护又可分为洒水养护和喷洒塑料薄膜养生液养护等。

洒水养护是用吸水保温能力较强的材料（如草帘、芦席、麻袋、锯末等）将混凝土覆盖，经常洒水使其保持湿润。养护时间长短取决于水泥品种，硅酸盐水泥、普通硅酸盐水泥和矿渣硅酸盐水泥拌制的混凝土，不少于7d；火山灰质硅酸盐水泥和粉煤灰硅酸盐水泥拌制的混凝土不少于14d；有抗渗要求的混凝土不少于14d。洒水次数以能保持混凝土具有足够的润湿状态为宜。养护初期和气温较高时应增加洒水次数。

喷洒塑料薄膜养生液养护适用于不易洒水养护的高耸构筑物和大面积、不规则外形混凝土结构及缺水地区。

对于表面积大的构件（如地坪、楼板、屋面、路面等），也可用湿土、湿砂覆盖，或沿构件周边用黏土等围住，在构件中间蓄水进行养护。

混凝土必须养护至其强度达到1.2MPa以上，才准在上面行人和架设支架、安装模板，且不得冲击混凝土，以免振动和破坏正在硬化过程中的混凝土的内部结构。

4.4 钢结构工程

4.4.1 钢结构的连接方法

1. 焊接

焊接是钢结构使用最主要的连接方法之一，钢结构工程常用的焊接方法有：药皮焊条手工电弧焊、自动（半自动）埋弧焊、气体保护焊。焊接的类型、特点和适用范围见表4-4。

钢结构焊接方法选择　　　　　　　　　　　　　　　　　　　表4-4

焊 接 类 型			特　　点	适 用 范 围
电弧焊	手工焊	交流焊机	利用焊条与焊件之间产生的电弧热焊接,设备简单,操作灵活,可进行各种位置的焊接,是建筑工地应用最后广泛的焊接方法	焊接普通钢筋结构
		直流焊机	焊接技术与交流焊机相同,成本比交流焊机高,但焊接时电弧稳定	
电弧焊		埋弧自动焊	利用埋在焊剂层下的电弧热焊接,效率高,质量好,操作技术要求低,劳动条件好,是大型构件制作中应用最广的高效焊接方法	焊接长度较大的对接、贴角焊缝,一般是有规律的直焊缝
		半自动焊	与埋弧自动焊基本相同,操作灵活,但使用不够方便	焊接较短的或弯曲的对接、贴角焊缝
		CO₂ 气体保护焊	用 CO_2 或惰性气体保护的实心焊丝或药芯焊接,设备简单,操作简便,焊接效率高,质量好	用于构件长焊缝的自动焊
电渣焊			利用电流通过液态熔渣所产生的电阻热焊接,能焊大厚度焊缝	用于箱型梁及柱隔板与面板全焊透连接

2. 螺栓连接

（1）普通螺栓连接

建筑钢结构中常用的普通螺栓牌号为 Q235，很少采用其他牌号的钢材制作。普通螺栓强度等级较低。建筑钢结构中使用的普通螺栓，一般为六角头螺栓，质量等级按加工制作质量及精度分为 A、B、C 三个等级，A 级加工精度最高，C 级最差，A 级螺栓为精制螺栓，B 级螺栓为半精制螺栓，A、B 级适用于拆装式结构或连接部位需传递较大剪力的重要结构中，C 级螺栓为粗制螺栓，由圆钢压制而成，适用于钢结构安装中的临时固定或用于承受静载的次要连接。

普通螺栓连接对螺栓紧固力没有具体要求。以施工人员紧固螺栓时的手感及连接接头的外形控制为准。螺栓的紧固次序宜从中间对称向两侧进行，对大型接头宜采用复拧方式。永久性普通螺栓紧固应牢固可靠，外露丝扣不少于 2 扣。普通螺栓可重复使用。

（2）高强度螺栓连接

建筑结构主结构螺栓连接，一般应选用高强螺栓。高强度螺栓从外形上可分为大六角头型高强度螺栓（即扭矩型高强度螺栓）和扭剪型高强度螺栓。大六角头高强度螺栓一般采用扭矩法和转角法紧固，目前使用较多的是电动扭矩扳手，按按紧力矩的 50% 进行初拧，然后按 100% 拧紧力矩进行终拧，大型节点初拧后，按初拧力矩进行复拧，最后终拧。扭剪型高强度螺栓的螺栓头为盘头，栓杆端部有一个承受拧紧反力矩的十二角体（梅花头）和一个能在规定力矩下剪断的断颈槽。扭剪型高强度螺栓通过特制的电动扳手，拧紧时对螺母施加顺时针力矩，对梅花头施加逆时针力矩，终拧至栓杆端部断颈拧掉梅花头为止。高强螺栓不可重复使用，属于永久连接的预应力螺栓。

（3）自攻螺钉连接

自攻螺钉多用于薄金属板间的连接，连接时先对被连接板制出螺纹底孔，再将自攻螺钉拧入被连接件螺纹底孔中，由于自攻螺钉螺纹表面具有较高硬度，其螺纹具有弧形三角截面普通螺纹，螺纹表面也具有较高硬度，可在被连接板的螺纹底孔中攻出内螺纹，从而形成连接。

（4）铆钉连接

铆钉连接按照铆接应用情况，可以分为活动铆接、固定铆接、密缝铆接。铆接在建筑工程中一般不使用。

4.4.2 钢结构安装施工工艺

钢结构的现场安装应按施工组织设计进行。安装程序的原则是保证结构的稳定性，不导致永久变形。为了保证钢结构的安装质量，在运输及吊机吊装能力的范围内，尽量扩大分段拼装的段长，减少现场拼缝焊接量和散件拼装量。

1. 制定钢结构安装方案

在制定钢结构安装方案时，应根据建筑物的平面形状、高度、单个构件的重量、施工现场条件选用起重机械。起重机布置在建筑物的侧面或内部，并满足在工作幅度范围内钢构件、抗震墙体、外墙板等安装要求。

对于多高层的钢框架结构其安装方法有分层安装法和分单元退层安装法两种，单层工业厂房还可采用移动式吊车进行分段安装，还可根据建筑物的形状、场地等条件采用其他的特殊安装方法进行安装，如提升、滑移等。钢结构在安装过程中往往要利用安装胎架对钢结构进行拼装，拼装完成后则要拆除胎架，实现由胎架临时承力向结构承力的受力体系转换。

2. 施工基础和支承面

钢框架底层的柱脚依靠地脚螺栓固定在基础上。在钢结构安装前，应准确地定出基础线和标高，确保地脚螺栓位置。基础顶面可直接作为柱的支承面，也可在基础顶面预埋钢板作为柱的支承面。

为了便于柱子作垂直度校正，在钢柱脚下可采用钢垫板或无收缩砂浆坐浆垫板，也可采用螺栓调节。钢结构安装在形成空间刚度单元后，应及时对柱脚底板和基础顶面的空隙采用细石混凝土或无收缩灌浆料二次浇灌。

3. 构件安装和校正

钢结构结构起吊时吊点采用四点绑扎，先将钢构件吊离地面 50cm 左右，使钢构件中心对准安装位置中心，然后徐徐升钩，将钢构件吊至需连接位置即刹车对准预留螺栓孔，并将螺栓穿入孔内。安装时，先安装楼层的一节柱，随即安装主梁，迅速形成空间结构单元，并逐步流水扩大拼装单元。柱与柱、主梁与柱的接头处用临时螺栓连接，安装使用的临时螺栓数量应根据安装过程所承担的荷载计算确定，并要求每个节点上临时螺栓不应少于安装孔总数的 1/3 且不得少于 2 个。

钢结构的柱、梁、支撑等主要构件安装就位后，立即进行校正。校正时，应考虑风力、温差、日照等外界环境和焊接变形等因素的影响。一般柱子的垂直偏差要校正到 ±0，安装柱与柱之间的主梁时，要根据焊缝收缩量预留焊缝变形量。

4. 连接和固定

在施工现场，钢结构的柱与柱、柱与梁、梁与梁的连接按设计要求，可采用高强螺栓连接、焊接连接以及焊接和高强螺栓并用的连接方式。为避免焊接变形造成错孔导致高强螺栓无法安装，对焊接和高强螺栓并用的连接，应先栓后焊。

钢构件拼装前应检查清除飞边、毛刺、焊接飞溅物等，摩擦面应保持干燥、整洁，不得在雨中作业。为使接头处被连接板搭叠密贴，高强螺栓的拧紧应从螺栓群中央顺序向外，逐个拧紧。为了减小先拧与后拧的预拉力的差别，高强螺栓的拧紧必须分初拧和终拧两步进行，初拧的目的是使被连接板达到密贴。对于钢板较厚的大型节点，螺栓数量较多，在初拧后还需增加一道复拧工序，复拧的扭矩仍等于初拧扭矩，以保证螺栓均达到初拧值，为防止高强度螺栓连接副的表面处理涂层发生变化影响预拉力，应在当天终拧完毕。高强度螺栓在大六角头上部有规格和螺栓号，安装时其规格和螺栓号要与设计图上要求相同，螺栓应能自由穿入孔内，不得强行敲打，并不得气割扩孔，穿放方向符合设计图纸的要求。

对于框架构件间接头的焊接，要充分考虑焊缝收缩变形的影响。从建筑平面上看，各接头的焊接可以从柱网中央向四周扩散进行，也可由四个角区向柱网中央集中进行。若建筑平面呈长条形，可分成若干单元分头进行，留下适量的调节跨。

5. 涂装施工

钢结构构件易锈蚀，抗腐蚀性和耐火性能差，必须根据钢结构所处的环境及工作性能采取防腐与防火措施，目前主要采用的是涂料涂装方法。

钢结构防腐涂料分底漆和面漆两种，防腐涂层可由几层不同的涂料组合而成，涂料的层数和总厚度根据使用条件确定。防腐涂装常采用的方法是刷涂法和喷涂法，刷涂法适用于油性基料涂刷，喷涂法适合于大面积施工。

钢结构防火涂料分为厚涂型和薄涂型。厚涂型防火涂料一般采用喷涂施工，分若干次完成；薄涂型防火涂料的底层涂料一般采用喷涂，面层装饰涂料可刷涂、喷涂或滚涂。

4.5 防 水 工 程

4.5.1 防水工程的种类

防水工程是建筑工程的重要组成部分，直接关系到建筑物的工程质量和使用寿命。按照工程部位和用途，防水工程可分为屋面防水工程、地下防水工程、楼地面防水工程三大类；按照防水构造做法，防水工程可分为结构自防水和防水层防水；根据所用材料的不同，防水工程可又分为柔性防水和刚性防水两大类，柔性防水用的是各类卷材和沥青胶结料等柔性材料，刚性防水采用的主要是砂浆和混凝土类的刚性材料。

近年来，新型防水及其应用技术发展迅速，并朝着由多层向单层、由热施工向冷施工、由适用范围单一向适用范围广泛、刚柔并举的方向发展。

4.5.2 砂浆、混凝土防水施工工艺

1. 防水砂浆施工工艺

防水砂浆防水层是通过严格的操作技术或掺入适量的防水剂、高分子聚合物等材料，提高防水层厚度和砂浆层的密实性，从而达到抗渗防水目的。防水砂浆防水仅适用于结构刚度大、建筑变形小、基础进深小、抗渗要求不高的工程，不适用于有剧烈振动、处于侵蚀性介质及环境温度高于100℃的工程。

（1）防水砂浆防水层施工

砂浆防水工程是利用一定配合比的水泥浆和水泥砂浆（称防水砂浆）分层分次施工，相互交替抹压密实，充分切断各层次毛细孔网，形成一多层防渗的封闭防水整体。

防水砂浆防水层包括找平层施工、防水层施工和施工质量检查。施工要点主要有以下方面：

① 防水砂浆防水层的背水面基层的防水层采用四层做法（"二素二浆"），迎水面基层的防水层采用五层做法（"三素二浆"）。素浆和水泥浆的配合比按表4-5选用。

普通水泥砂浆防水层的配合比 表4-5

名称	配合比		水灰比	适用范围
	水泥	砂		
素浆	1	—	0.55～0.60	水泥砂浆防水层的第一层
素浆	1	—	0.37～0.40	水泥砂浆防水层的第三、五层
砂浆	1	1.5～2.0	0.40～0.50	水泥砂浆防水层的第二、四层

② 施工前要进行基层处理，清理干净表面、浇水湿润、补平表面蜂窝孔洞，使基层表面平整、坚实、粗糙，以增加防水层与基层间的粘结力。

③ 防水层每层应连续施工，素灰层与砂浆层应在同一天内施工完毕。为了保证防水层抹压密实，防水层各层间及防水层与基层间粘结牢固，必须作好素灰抹面、水泥砂浆揉浆和收压等施工关键工序。素灰层要求薄而均匀，抹面后不宜干撒水泥粉。揉浆是使水泥砂浆素灰相互渗透结合牢固，既保护素灰层又起防水作用，揉浆时严禁加水，以免引起防水层开裂、起粉、起砂。

④ 防水砂浆防水层完工并待其强度达到要求后，应进行检查，以防水层不渗水为合格。

（2）掺防水剂水泥砂浆防水施工

掺防水剂的水泥砂浆是在水泥砂浆中掺入占水泥重量 3%～5% 的各种防水剂配制而成，常用的防水剂有氯化物金属盐类防水剂和金属皂类防水剂。

在未加防水剂水泥砂浆防水层施工要点的基础上，掺防水剂水泥砂浆防水施工还需注意：

① 防水层施工时的环境温度为 5～35℃，必须在结构变形或沉降趋于稳定后进行。为防止裂缝产生，可在防水层内增设金属网片。

② 当施工采用抹压法时，先在基层涂刷一层 1：0.4 的水泥浆（重量比），随后分层铺抹防水砂浆，每层厚度为 5～10mm，总厚度不小于 20mm。每层应抹压密实，待下一层养护凝固后再铺抹上一层。采用扫浆法时，施工先在基层薄涂一层防水净浆，随后分层铺刷防水砂浆，第一层防水砂浆经养护凝固后铺刷第二层，每层厚度为 10mm，相邻两层防水砂浆铺刷方向互相垂相，最后将防水砂浆表面扫出条纹。

③ 氯化铁防水砂浆施工。先在基层涂刷一层防水净浆，然后抹底层防水砂浆，其厚12mm 分两遍抹压，第一遍砂浆阴干后，抹压第二遍砂浆；底层防水砂浆抹完 12h 后，抹压面层防水砂浆，其厚 13mm 分两遍抹压，操作要求同底层防水砂浆。

2. 防水混凝土施工工艺

防水混凝土兼有结构层和防水层的双重功效。其防水机理是依靠结构构件（如梁、板、柱、墙体等）混凝土自身的密实性，再加上一些构造措施（如设置坡度、变形缝或者使用嵌缝膏、止水环等），达到防水的目的。防水混凝土一般包括普通防水混凝土、外加剂防水混凝土（引气剂防水混凝土、减水剂防水混凝土、三乙醇胺防水混凝土、氯化铁防水混凝土等）和膨胀剂防水混凝土（补偿收缩混凝土）三大类。

防水混凝土施工工艺过程包括材料选择、混凝土制备、混凝土浇筑与养护，施工过程中要注意以下方面：

（1）选料：水泥选用强度等级不低于 42.5 级，水化热低，抗水（软水）性好，泌水性小（即保水性好），有一定的抗侵蚀性的水泥。粗骨料选用级配良好、粒径 5～30mm 的碎石。细骨料选用级配良好、平均粒径 0.4mm 的中砂。

（2）制备：在保证能振捣密实的前提下水灰比尽可能小，一般不大于 0.6，坍落度不大于 50mm，水泥用量为 320～400kg/m³，砂率取 35%～40%。

（3）浇筑与养护

① 模板：防水混凝土所用模板，除满足一般要求外，应特别注意模板拼缝严密，保

证不漏浆。对于贯穿墙体的对拉螺栓，要加止水片，做法是在对拉螺栓中部焊一块 2～3mm 厚 80mm×80mm 的钢板，止水片与螺栓必须满焊严密，拆模后沿混凝土结构边缘将螺栓割断，也可以使用膨胀橡胶止水片，做法是将膨胀橡胶止水片紧套于对拉螺栓中部即可。

② 钢筋：为了有效地保护钢筋和阻止钢筋的引水作用，迎水面防水混凝土的钢筋保护层厚度不得小于 50mm。留设保护层，应以相同配合比的细石混凝土或水泥砂浆制成垫块，将钢筋垫起，严禁以钢筋垫钢筋。钢筋以及绑扎钢丝均不得接触模板。若采用铁马凳架设钢筋时，在不能取掉的情况下，应在铁马凳上加焊止水环，防止水沿铁马凳渗入混凝土结构。

③ 混凝土：在浇筑过程中，应严格分层连续浇筑，每层厚度不宜超过 300～400mm，机械振捣密实。浇筑防水混凝土的自由落下高度不得超过 1.5m。在常温下，混凝土终凝后（一般浇筑后 4～6h），应在其表面覆盖草袋，并经常浇水养护，保持湿润，由于抗渗强度等级发展慢，养护时间比普通混凝土要长，故防水混凝土养护时间不少于 14d。

④ 施工缝：底板混凝土应连续浇灌，不得留施工缝。墙体一般只允许留水平施工缝，其位置一般宜留在高出底板上表面不小于 500mm 的墙身上，如必须留设垂直施工缝时，则应留在结构的变形缝处。

4.5.3 涂料防水施工工艺

以合成高分子材料为主体的防水涂料，在常温下无定型液态，涂布后能在基层表面结成坚韧的防水膜，从而达到防水目的，这种防水构造称为涂料防水，它属于柔性防水层。一般采用外防外涂和外防内涂施工方法。常用的防水涂料有橡胶沥青类防水涂料、聚氨酯防水涂料、硅橡胶防水涂料、丙烯酸酯防水涂料、沥青类防水涂料等。

1. 施工工艺流程

涂料防水常规施工程序：施工准备工作→板缝处理及基层施工→基层检查及施工→涂刷基层处理剂→节点和特殊部位附加增强处理→涂布防水涂料、铺贴胎体增强材料→防水层清理与检查整修→保护层施工。

2. 施工要点

（1）找平层施工

找平层有水泥砂浆找平层、沥青砂浆找平层、细石混凝土找平层三种，施工要求密实平整，找好坡度。

水泥砂浆找平层施工要点包括：①砂浆配合比要称量准确，搅拌均匀。砂浆铺设应按由远到近、由高到低的程序进行，在每一分格内最好一次连续抹成，并用 2m 左右的直尺找平，严格掌握坡度；②待砂浆稍收水后，用抹子抹平压实压光。终凝前，轻轻取出嵌缝木条；③铺设找平层 12h 后，需洒水养护或喷冷底子油养护；④找平层硬化后，应用密封材料嵌填分格缝。

沥青砂浆找平层施工要点包括：①基层必须干燥，然后满涂冷底子油 1～2 道，涂刷要薄而均匀，不得有气泡和空白，涂刷后表面保持清洁；②待冷底子油干燥后可铺设沥青砂浆，其虚铺厚度约为压实后厚度的 1.30～1.40 倍；③待砂浆刮平后，即用火滚进行滚压（夏天温度较高时，筒内可不生火），滚压至平整、密实、表面没有蜂窝、不出现压痕为止。滚筒应保持清洁，表面可涂刷柴油，滚压不到之处可用烙铁烫压平整，施工完毕后避免在上面踩踏；④施工缝应留成斜槎，继续施工时接槎处应清理干净并刷热沥青一遍，然后铺沥青砂浆，用火滚或烙铁烫平。

细石混凝土找平层施工要点包括：①细石混凝土宜采用机械搅拌和机械振捣。浇筑时混凝土的坍落度应控制在 10mm，浇捣密实。灌缝高度应低于板面 10～20mm。表面不宜压光；②浇筑完板缝混凝土后，应及时覆盖并浇水养护 7d，待混凝土强度等级达到 C15 时，方可继续施工。施工前用细石混凝土对管壁四周处稳固堵严并进行密封处理，施工时节点处应清洗干净予以湿润，吊模后振捣密实。

（2）防水层施工

① 涂刷基层处理剂

基层处理剂常用涂膜防水材料稀释后使用，其配合比应根据不同防水材料按要求配置。基层处理剂涂刷时应用刷子用力薄涂，使涂料尽量刷进基层表面的毛细孔，并将基层可能留下来的少量灰尘等无机杂质，像填充料一样混入基层处理剂中，使之与基层牢固结合。

② 涂刷防水涂料

根据防水涂料种类不同，防水涂料可以采用涂刷、刮涂或机械喷涂的方法涂布。涂料涂刷前应根据屋面面积、涂料固化时间和施工速度估算好一次涂刷用量，确定配料量，保证在固化焊前用完；涂料涂刷时应分条或按顺序进行，分条进行的每条宽度应与胎体增强材料宽度相一致，以避免操作人员踩踏刚涂好的涂层，每次涂布前要仔细检查前遍涂层是否有缺陷，如发现问题要先进行修补，再涂布后遍涂层。立面部位涂层应在平面涂刷前进行，而且应采用多次薄层涂布，尤其是流平性好的涂料，否则会产生流坠现象。

③ 铺设胎体增强材料

涂层中夹铺胎体增加材料时，宜边涂边在涂刷第二遍涂料时，宜边涂边铺胎体。胎体增强材料可采用湿铺法或干铺法铺贴，当涂料的渗透性较差或胎体增强材料比较密实时，宜采用湿铺法施工，以便涂料可以很好地浸润胎体增强材料。胎体增强材料长边搭接得小于 50mm，短边搭接宽度不得小于 70mm。

④ 收头处理

为了防止收头部位出现翘边现象，所有收头均应用密封材料压边，压边宽度不得小于 10mm，收头处的胎体增强材料应裁剪整齐，如有凹槽时应压入凹槽内，不得出现翘边、皱折、露白等现象，否则应进行处理后再涂封密封材料。

（3）保护层施工

保护层的种类有水泥砂浆、泡沫塑料、细石混凝土和砖墙四种，施工要求不得损坏防水层。

细石混凝土保护层适用于顶板和底板使用。施工时应先在涂膜与保护层之间设置一层隔离层，再在隔离层上浇筑细石混凝土，浇筑混凝土时不得损坏油毡隔离层和卷材防水层。如有损坏应及时用卷材接缝胶粘剂补粘一块卷材修补牢固，再继续浇筑细石混凝土。顶板保护层时厚度不应小于 70mm，底板时厚度不应小于 50mm。

水泥砂浆保护层适宜立面使用。施工时在高分子卷材防水层表面涂刷胶粘剂，以胶粘剂撒粘一层细砂，并用压辊轻轻滚压使细砂粘牢在防水层表面，然后再抹水泥砂浆保护层，使之与防水层能粘结牢固，起到保护立面卷材防水层的作用。

泡沫塑料保护层适用于立面。施工时在立面卷材防水层外侧用氯丁系胶粘剂直接粘贴5~6mm厚的聚乙烯泡沫塑料板做保护层。也可以用聚醋酸乙烯乳液粘贴40mm厚的聚苯泡沫塑料做保护层。

砖墙保护层适用于立面。在卷材防水层外侧砌筑永久保护墙，并在转角处及每隔5~6m处断开，断开的缝中填以卷材条或沥青麻丝。保护墙与卷材防水层之间的空隙应随时以砌筑砂浆填实。在砌砖保护墙时，切勿损坏已完工的卷材防水层。

4.5.4 卷材防水施工工艺

卷材防水属于柔性防水，它是用胶结材料粘贴卷材从而达到防水效果。卷材防水柔韧性好，能适应一定程度的结构振动和胀缩变形。常用卷材主要有传统的沥青防水卷材、高聚物改性沥青防水卷材和合成高分子防水卷材，所选用的基层处理剂、胶粘剂应与卷材配套。防水卷材及配套材料应有产品合格证书和性能检测报告，材料的品种、规格、性能等应符合现行国家产品标准和设计要求。

卷材防水施工包括找平层施工、防水层施工、保护层施工和施工质量检查。

1. 找平层施工

找平层是防水层的依附层，其质量好坏直接影响到防水层的质量，找平层必须要做到"五要、四不、三做到"。"五要"即一要坡度准确、排水流畅，二要表面平整，三要坚固，四要干净，五要干燥；"四不"即表面不起砂，不起皮，不酥松，不开裂；"三做到"是做到混凝土或砂浆配比正确，做到表面二次压光，做到充分养护。找平层施工要求与涂料防水层基本相同。

2. 防水层施工

沥青卷材的铺贴方法有浇油法、刷油法、刮油法、撒油法等；高聚物改性沥青的施工方法有冷粘法、热熔法和自粘法；合成高分子防水卷材施工方法一般有冷粘法、自粘法和热风焊接法三种。

（1）屋面卷材防水层施工要点

基层处理剂可采用喷涂法或涂刷法施工。待前一遍喷、涂干燥后才可进行后面一遍喷涂或铺贴卷材。喷、涂基层处理剂前，应用毛刷对屋面节点、周边、拐角等处先行涂刷。

在坡度大于25%的屋面上采用卷材作防水层时，应采取固定措施。卷材铺设方向应根据屋面坡度和屋面是否有振动来确定。当屋面坡度小于3%时，卷材宜平行于屋脊铺贴；屋面坡度在3%~15%之间时，卷材可平行或垂直于屋脊铺贴；屋面坡度大于15%或屋面受震动时，沥青防水卷材应垂直于屋脊铺贴，高聚物改性沥青防水卷材和合成高分子防水卷材可平行或垂直于屋脊铺贴。上下层卷材不得相互垂直铺贴。

屋面防水层施工时，应先做好节点、附加层和屋面排水比较集中部位的处理，然后由屋面最后低标高处向上施工。

铺贴卷材采用搭接法时，上下层及相邻两幅卷材搭接缝应错开。平行于屋脊的搭接缝应顺水流方向；垂直于屋脊的搭接缝应顺最大频率风向搭接。

（2）地下卷材防水层施工要点

地下卷材防水层施工分为层铺贴在地下需防水结构的外表面时称为外防水。外防水的卷材防水层铺贴方法，按与地下需防水结构施工的先后顺序可分为外防外贴法（简称外贴法）和外防内贴法（简称内贴法）两种。

铺贴卷材的基层必须牢固、无松动现象；基层表面应平整干净；阴阳角处均应做成圆弧形或钝角。铺贴卷材前，应在基面上涂刷基层处理剂。当基层较潮湿时，应涂刷湿固化型胶粘剂或潮湿界面隔离剂。基层处理剂应与卷材和胶粘剂的材性相容，基层处理剂可采用喷涂法或涂刷法施工。喷涂应均匀一致，不露底，待表面干燥后，再铺贴卷材。铺贴卷材时，每层的沥青胶要求涂布均匀，厚度一般为 1.5～2.5mm。外贴法铺贴卷材应先铺平面，后铺立面。平、立面交接处应交叉搭接；内贴法宜先铺垂直面，后铺水平面。铺贴垂直面时应先铺转角，后铺大面。墙面铺贴时应待冷底子油干燥后自下而上进行。

3. 保护层施工

卷材铺设完毕，经检查合格后，应立即进行保护层的施工，及时保护防水层免受伤，从而是延长卷材防水层的使用年限。保护层施工方法与涂料防水基本相同。

第5章 施工项目管理

5.1 施工项目管理概述

施工项目管理就是指建筑企业在完成所承揽的工程建设施工项目的过程中，运用系统的观点和理论以及现代科学技术手段对施工项目进行计划、组织、安排、指挥、管理、监督、控制、协调等全过程的管理。

施工项目管理的主体是建筑企业，客体是工程建设项目。施工项目管理的目的是实现工程项目的预期目标，包括工程项目的进度、成本、质量和安全等目标，并使项目相关参与方都满意。从施工项目的寿命周期来看，施工项目的管理过程可分为投标签约阶段、施工准备阶段、施工阶段、竣工验收阶段、质量保修与售后服务等阶段。

5.1.1 投标、签订合同阶段

建设工程投标是指经过特定审查而获得投标资格的建筑项目承包单位，按照招标文件的要求，在规定的时间内向招标单位提交投标书，争取中标的法律行为。投标、签订合同阶段的目标是力求中标并签订工程承包合同。

1. 投标决策

建设工程投标决策，是指建筑企业为实现其生产经营目标，由企业决策层或企业管理层按企业的经营战略，针对招标项目而寻求并实现最最优化的投标行动方案的活动。建设工程投标决策的内容，一般来说，主要解决两个问题：一是是否参加投标；二是如果参加如何进行投标。在建筑企业决定参加投标的前提下，要收集掌握企业本身、相关单位、市场、现场诸多方面的信息，关键是要对投标的性质、投标的效益、投标的策略和技巧应用等进行分析、判断，作出正确抉择。因此，建设工程投标决策，实际上主要包括投标与否决策、投标性质决策、投标效益决策、投标策略和投标技巧决策四种。

建筑企业是否参加投标，通常要综合考虑多方面的情况，如承包商当前的经营状和长远目标、影响中标机会的内部和外部因素等。一般来说，有下列情形之一的，建筑企业不宜参加投标：①工程资质要求超过本企业资质等级的项目；②本企业业务范围和经营能力之外的项目；③本企业在手承包任务比较饱满，而招标工程的风险较大或盈利水平较低的项目；④本企业投标资源投入量过大时面临的项目；⑤存在技术等级、信誉、水平和实力等方面有明显优势的潜在竞争对手参加的项目。

2. 编制项目管理规划大纲

建筑工程项目管理规划是对工程项目全过程中各种管理职能、各种管理过程以及各种管理要素进行完整的、全面的总体计划。项目管理规划大纲是由建筑企业在投标之前编制的作为投标依据，满足招标文件要求及签订合同要求的文件。

建筑工程项目管理规划大纲特点主要有以下几个方面：

（1）为投标签约提供依据。建筑工程施工企业为了取得施工项目，在进行投标之前，应根据施工项目管理规划大纲认真规划投标方案。根据施工项目规划大纲编制投标文件，既可使投标文件具有竞争力，又可满足招标文件对施工组织设计的要求，还可为签订合同进行谈判提前做出筹划和提供资料。

（2）内容具有纲领性。建筑工程项目管理规划大纲，实际上是在投标之前对项目管理的全过程所进行的规划。这既是准备中标后实现对发包人承诺的管理纲领，又是预期未来项目管理可实现的计划目标，影响建筑工程项目管理的全寿命。因为是中标之前规划的，只能是纲领性的。

（3）追求经济效益。建筑工程项目管理规划大纲首先有利于中标，其次有利于全过程的项目管理，所以它是一份经营性文件，追求经济效益。主导这份文件的主线是投标报价和工程成本，是企业通过承揽该项目所期望的经济效果。

3. 编制并提交投标文件

作为投标人建筑施工企业应当按照招标文件的规定编制投标文件。投标文件应当载明投标函、投标人资格和资信证明文件、投标项目方案及说明、投标价格、投标保证金或者其他形式的担保等内容以及招标文件要求具备的其他内容。

投标文件应在招标文件规定的截止日期前密封送达到投标地点，投标人可以撤回、补充或者修改已提交的投标文件，但是应当在提交投标文件截止日之前，书面通知招标人或者招标代理机构。

4. 谈判签约

由于合同在项目建设过程中对双方有很强的约束力，因此建筑施工承包企业在招投标阶段的项目管理过程中要利用一切时机力争使合同条款对己有利，这种争取集中表现在项目合同的谈判上。

工程合同的订立是指发包人与承包人之间为了建立发承包关系，通过对工程合同的具体内容进行协商而形成合意的过程。合同的订立必须坚持平等、自愿、公平、诚信和合法的原则。

5.1.2 施工准备阶段

施工准备阶段的工作是建筑施工管理的一个重要组成部分，是组织施工的前提，是顺利完成建筑工程任务的关键。施工准备阶段的目标是使工程具备开工和连续施工的基本。

1. 委派项目经理，组建项目经理部

建筑施工企业项目经理是受企业法定代表人委托，对工程项目施工过程全面负责的项目管理者，是建筑施工企业法定代表人在工程项目上的代表人。项目经理在承担工程项目施工的管理过程中，应当按照建筑施工企业与建设单位签订的工程承包合同，与本企业法定代表人签订项目承包合同和项目管理目标责任书，明确项目经理应承担的责任目标及各项管理任务和管理权力。项目经理对施工承担全面管理的责任。

施工项目经理部是由企业授权，在施工项目经理的领导下建立的项目管理组织机构，是施工项目的管理层，其职能是对施工项目实施阶段进行综合管理。一般 1 万 m^2 以上的公共建筑、工业建筑、住宅建设小区及其他工程项目投资在 500 万元以上的，均需设置项目经理部实施项目管理项目。经理部通常设置经营核算部门、技术管理部门、物资设备供应部门、质量安全监控管理部门和测试计量部门等职能部门。岗位设置一般包括施工员、质量员、安全员、资料员、造价员、测量员六大岗位，其他还有材料员、标准员、机械员、劳务员等。

2. 编制项目管理实施规划

项目管理实施规划是在项目开工之前由项目经理主持编制的用于指导施工项目实施阶段管理的文件。

建筑工程项目管理实施规划的特点主要包括以下几个方面：

（1）是项目实施过程的管理依据。施工项目管理实施规划在签订合同之后编制，是指导从施工准备到竣工验收全过程的项目管理。它既为这个过程提出管理目标，又为实现目标作出管理规划，故是项目实施过程的管理依据，对项目管理取得成功具有决定意义。

（2）其内容具有实施性。实施性是指它可以作为实施阶段项目管理实际操作的依据和工作目标。因为它是项目经理组织或参与编制的，是依据项目情况、现实具体情况编制而成的，所以具有实施性。

（3）追求管理效率和良好效果。施工项目管理实施规划可以起到提高管理效率的作用。因为在管理过程中，事先有策划，过程中有办法及制度，目标明确，安排得当，措施得力，必然会产生效率，取得理想效果。

3. 做好各项施工准备

项目经理部应抓紧做好施工各项准备工作，使项目达到开工要求。按施工对象的规模和阶段，可分为全场性和单位工程的施工准备。

全场性施工准备指的是大、中型工业建设项目、大型公共建筑或民用建筑群等带有全局性的部署，包括技术、组织、物资、劳力和现场准备，是各项准备工作的基础。

单位工程施工准备是全场性施工准备的继续和具体化，要求做得细致，预见到施工中可能出现的各种问题，能确保单位工程均衡、连续和科学合理地施工。

认真细致地做好施工准备工作，对充分发挥各方面的积极因素，合理利用资源，加快施工速度、提高工程质量、确保施工安全、降低工程成本及获得较好经济效益都起着重要作用。

4. 提交开工报告

项目经理部开工前应按合同规定向监理工程师提交开工报告，主要内容应包括：施工机构的建立、质检体系、安全体系的建立和劳力安排，材料、机械及检测仪器设备进场情况，水电供应，临时设施的修建，施工方案的准备情况等，开工报告获得批准后项目开工。开工报告的规定并不妨碍监理工程师根据实际情况及时下达开工令。

5.1.3 施工阶段

工程建设施工阶段是施工单位根据施工标准和审定后的施工图，运用各种施工方法、手段完成工程实体的过程。施工方项目管理主要是在施工阶段进行，施工阶段的目标是完成合同规定的全部施工任务，达到交工验收条件。该阶段的主要工作由项目经理部实施。

1. 做好动态控制，实现项目管理目标

由于项目实施过程中主客观条件的变化是绝对的，不变则是相对的；在项目进展过程

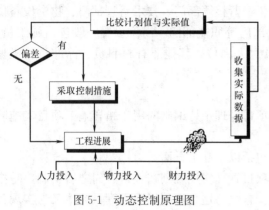

图 5-1 动态控制原理图

中平衡是暂时的，不平衡则是永恒的，因此，在项目实施过程中必须随着情况的变化进行项目目标的动态控制，保证质量、进度、成本、安全目标的全面实现。

项目目标动态控制的工作程序见图5-1。首先做好项目目标的动态控制的准备工作，将项目的目标（如质量、进度、成本、安全目标）进行分解，以确定用于目标控制的计划值；然后在项目实施过程中收集项目目标的实际值，如实际施工质量成本、实际进度、实际成本等，定期进行项目目标的实际值和计划值的比较分析，如有偏差，则采取纠偏措施进行纠偏，对项目进行动态跟踪和控制。如有必要，则进行项目目标的调整，再回到第一步。

2. 管理施工现场，实现文明施工

施工现场是指从事工程施工活动经批准占用的施工场地。它既包括红线以内占用的建筑用地和施工用地，又包括红线以外现场附近经批准占用的临时施工用地。施工现场管理就是运用科学的思想、组织、方法和手段，对施工现场的人、设备、材料、工艺、资金等生产要素，进行有计划地组织、控制、协调、激励，来保证预定目标的实现。

文明施工是指保持施工现场良好的作业环境、卫生环境和工作秩序。文明施工主要包括：规范施工现场的场容，保持作业环境的整洁卫生；科学组织施工，使生产有序进行；减少施工对周围居民和环境的影响；遵守施工现场文明施工的规定和要求，保证职工的安全和身体健康。实现文明施工，不仅要抓好现场的场容管理，而且还要做好现场材料、机械、安全、技术、保卫、消防和生活卫生等方面的工作。

3. 组织协调

由于施工项目生产活动具有单件性、流动性、露天作业、工期长、需要资源多，且施工活动涉及的经济关系、技术关系、法律关系、行政关系和人际关系复杂等特点，在项目实施过程中，项目组织系统的单元之间都有界面沟通问题。因此，必须通过强化沟通和组织协调才能保证施工活动的顺利进行。项目经理和项目经理部是整个项目组织沟通协调的核心，要严格履行合同，协调好与建设单位、监理单位、设计单位等相关单位的关系。

建筑工程项目组织协调和沟通管理就是要确保项目信息及时、正确地提取、收集、传播、存储以及最终进行处置所需实施的一系列过程，最终保证项目组织内部的信息畅通。项目组织内部信息的沟通直接关系到组织的目标、功能和结构，对于项目的成功有着重要的意义。

4. 处理好合同变更和索赔

施工合同的变更是指当事人对已经发生法律效力、但尚未改造或者尚未完全履行的施工合同，进行修改或者补充所达成的协议。合同的变更一般不涉及已履行的内容，变更必须经事人协调一致，并在原来合同基础上达成新的协议，并履行一整套申请、审查和批准手续。

索赔是指在合同的实施过程中，合同一方因对方不履行或未能正确履行合同所规定的义务或未能合同条件实现而受到损失后，向对方提出来的补偿要求。索赔实质上是承包商和业主在分担工程风险方面的重新分配过程，涉及双方的经济利益，是一项繁琐、细致、耗费精力和时间的过程，因此，合同双方必须严格按照合同规定办事，按照合同规定的索赔程序工作，才能获得成功。

5.1.4 验收交工与结算阶段

验收交工与结算阶段的目标是对项目成果进行总结、评价，对外结清债权债务，结束交易关系。

1. 项目竣工收尾

在项目竣工，项目经理应检查合同约定的哪些工作内容已经完成，或完成到什么程度，并将检查结果记录并形成文件；总分包之间还有哪些连带工作需要收尾接口；项目近外面层和远外面层关系还有哪些工作需要沟通协调等，以保证竣工收尾顺利完成。

2. 项目竣工验收

项目竣工收尾的工作内容按计划完成后，除了承包人的自检评定外，还应及时向发包人递交竣工工程申请验收报告，实行建设监理的项目，监理人还应当签署工程竣工审查意见。发包人应按竣工验收法规向参与项目各方发出竣工验收通知单，组织进行项目竣工验收。

3. 项目竣工结算

项目竣工结算是承包人所工程按照合同规定的内容全部完工，并通过竣工验收后，与发包人进行的最终工程价款的结算。承包人应按合同约定和工程价款结算的有关规定，及时编制并向发包人递交项目竣工结算报告及完整的结算资料，经双方确认后，按有关规定办理项目竣工结算。

4. 项目经理部解散

项目经理部是施工项目现场管理的一次性组织机构，项目经理部满足以下条件即可解体：①工程项目已经竣工验收，并经验收单位确认形成书面材料。②与各分包商及材料供应、劳务、设备租赁、技术转让、科技服务等单位的债权债务已核对清楚。③与业主（总包方）签订了"工程质量保修书"。④《项目管理目标责任书》的履行基本完成，并向建设公司书面提交项目总结报告，并提出项目审计申请报告。⑤项目经理部与上级公司职能部门和相关管理机构的各种交接手续准备完毕，包括在各种终结性文件上签字，工程档案资料的封存移交，财会账目的清结，资金、材料、设备等的回收，人事手续的办理以及其他善后工作的处理。⑥施工现场清理完毕。

5.1.5 用后服务阶段

用后服务阶段的目标是保证用户正确使用，使建筑产品发挥应有功能，反馈信息，改进工作，提高企业信誉。这一阶段的主要工作回访保修，为保证建筑正常使用提供必要的技术咨询和服务。

建设工程回访保修是建筑工程在竣工验收交付使用后，在一定的期限内由施工单位主动到建设单位或用户进行回访，对工程发生的确实是由于施工单位施工责任造成的建筑物使用功能不良或无法使用的问题，由施工单位负责修理，直至达到正常使用的标准。房屋建筑工程质量保修是指对房屋建筑工程竣工验收后在保修期限内出现的质量缺陷，予以修复。

在项目管理中，项目回访保修制度体现了项目承包者对建筑工程项目负责到底的精神，根据《建设工程质量管理条例》规定，建设工程实行质量保修制度。在正常使用条件下，建设工程的最低保修期限如下：①基础设施工程、房屋建筑的地基基础工程和主体结构工程，为设计文件规定的合理使用年限。②屋面防水工程、有防水要求的卫生间、房间和外墙面的防渗漏，为 5 年。③供热和供冷系统，为 2 个采暖期、供冷期。④电气管线、给排水管道、设备安装和装修工程，为 2 年。其他项目的保修期限由发包方和承包方约定。

5.2 施工项目管理的内容及组织

5.2.1 施工项目管理的内容

施工项目管理包括以下八方面内容：

1. 建立施工项目管理组织

由企业法定代表人采用适当方式选聘称职的施工项目经理；根据施工项目管理组织原则，结合工程规模、特点，选择合适的组织形式，建立施工项目管理机构，明确各部门、各岗位的责任、权限和利益；在符合企业规章制度的前提下，根据施工项目管理的需要，制定施工项目经理部管理制度。

2. 编制施工项目管理规划

在工程投标前，由企业管理层编制施工项目管理大纲，对施工项目管理从投标到保修期满进行全面的纲要性规划。施工项目管理大纲可以用施工组织设计替代。

在工程开工前，由项目经理组织编制施工项目管理实施规划，对施工项目管理从开工到交工验收进行全面的指导性规划。当承包人以施工组织设计代替项目管理规划时，施工组织设计应满足项目管理规划的要求。

3. 施工项目的目标控制

在施工项目实施的全过程中，应对项目质量、进度、成本和安全目标进行控制，以实现项目的各项约束性目标。控制的基本过程是：确定各项目标控制标准；在实施过程中，通过检查、对比，衡量目标的完成情况；将衡量结果与标准进行比较，若有偏差，分析原因，采取相应的措施以保证目标的实现。

4. 施工项目的生产要素管理

施工项目的生产要素主要包括劳动力、材料、设备、技术和资金。管理生产要素的内容有：分析各生产要素的特点；按一定的原则、方法，对施工项目的生产要素进行优化配置并评价；对施工项目各生产要素进行动态管理。

5. 施工项目的合同管理

为了确保施工项目管理及工程施工的技术组织效果和目标实现，从工程投标开始，都要加强工程承包合同的策划、签订、履行和管理。同时，还应做好索赔工作，讲究索赔的方法和技巧。

6. 施工项目的信息管理

进行施工项目管理和施工项目目标控制、动态管理，必须在项目实施的全过程中，充分利用计算机对项目有关的各类信息进行收集、整理、储存和使用，提高项目管理的科学性和有效性。

7. 施工现场的管理

在施工项目实施过程中，应对施工现场进行科学有效的管理，以达到文明施工、保护环境、塑造良好的企业形象、提高施工管理水平的目的。

8. 组织协调

协调和控制都是计划目标实现的保证，在施工项目实施过程中应进行组织协调，沟通和处理好内部及外部的各种关系，排除各种干扰和障碍。

5.2.2 施工项目管理的组织结构

施工项目管理组织的形式是指在施工项目管理组织中处理管理层次、管理跨度、部门设置和上下级关系的组织结构的类型。主要的管理组织结构形式有工作队式、部门控制式、矩阵制式、事业部制式等。

1. 工作队式项目组织

工作队式项目组织是指主要由企业中有关部门抽出管理力量组成施工项目经理部的方式，企业职能部门处于服务地位，工作队式组织结构形式见图 5-2。

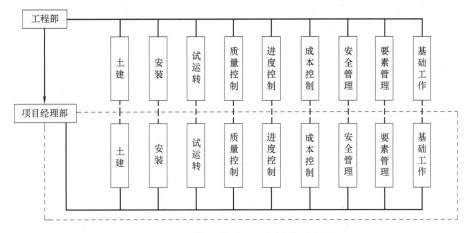

图 5-2　工作队式项目组织结构示意图

（1）特征

① 按照特邀对象原则，由企业各职能部门抽调人员组成项目管理机构（工作队），由项目经理指挥，独立性大。

② 在工程施工期间，项目管理班子成员与原所在部门断绝领导与被领导关系。原单位负责人员负责业务指导及考察，但不能随意干预其工作或调回人员。

③ 项目管理组织与项目施工同寿命。项目结束后机构撤销，所有人员仍回原所在部门和岗位。

（2）适用范围

① 大型施工项目。

② 工期要求紧迫的施工项目。

③ 要求多部门密切配合的施工项目。

（3）优点

① 项目经理从职能部门抽调或招聘的是一批专家，他们在项目管理中互相配合，协同工作，可以取长补短，有利于培养一专多能的人才并充分发挥其作用。

② 各专业人才集中在现场办公，减少了扯皮和等待时间，工作效率高，解决问题快。

③ 项目经理权力集中，行政干扰少，决策及时，指挥得力。

④ 由于减少了项目与职能部门的结合部，项目与企业的结合部关系简化，故易于协调关系，减少了行政干预，使项目经理的工作易于开展。

⑤ 不打乱企业的原建制，传统的直线职能制组织仍可保留。

（4）缺点

① 组建之初各类人员来自不同部门，具有不同的专业背景，互相不熟悉，难免配合不力。

② 各类人员在同一时期内所担负的管理工作任务可能有很大差别，因此很容易产生忙闲不均，可能导致人员浪费。特别是对稀缺专业人才，不能在更大范围内调剂余缺。

③ 职工长期离开原单位，即离开了自己熟悉的环境和工作配合对象，容易影响其积极性的发挥。而且由于环境变化，容易产生临时观念和不满情绪。

④ 职能部门的优势无法发挥作用。由于同一部门人员分散，交流困难，也难以进行有效的培养、指导，削弱了职能部门的工作。当人才紧缺而同时又有多个项目需要按这一形式组织时，或者对管理效率有很高要求时，不宜采用这种项目组织类型。

2. 部门控制式项目组织

部门控制式项目组织是把项目委托给企业某一专业部门或某一施工队，由被委托的单位负责组织项目实施，其形式如图5-3所示。

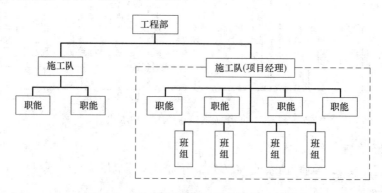

图5-3　部门控制式项目组织结构示意图

（1）特征

这是按职能原则建立的项目组织。不打乱企业现行的建制，即由企业将项目委托给其下属某一专业部门或委托给某一施工队，由被委托的部门（施工队）领导，在本单位选人组合负责实施项目组织，项目终止后恢复原职。

（2）适用范围

这种形式的项目组织一般适用于小型的、专业性较强、不涉及众多部门的施工项目。

（3）优点

① 人才作用发挥较充分，工作效益高。这是因为由熟人组合办熟悉的事，人事关系容易协调。

② 从接受任务到组织运转启动，时间短。

③ 职责明确，职能专一，关系简单。

④ 项目经理无需专门训练便容易进入状态。

（4）缺点

① 不能适应大型项目管理的需要。

② 不利于对计划体系下的组织体制（固定建制）进行调整。

③ 不利于精简机构。

3. 矩阵制项目组织

矩阵制项目组织是指结构形式呈矩阵状的组织，其项目管理人员由企业有关职能部门派出并进行业务指导，接受项目经理的直接领导，其形式如图 5-4 所示。

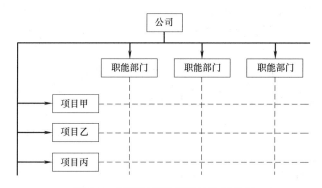

图 5-4　矩阵制项目组织结构示意图

（1）特征

① 项目组织机构与职能部门的结合部同职能部门数相同。多个项目与职能部门的结合部呈矩阵状。

② 把职能原则和对象原则结合起来，既能发挥职能部门的纵向优势，又能发挥项目组织的横向优势，多个项目组织的横向系统与职能部门的纵向系统形成矩阵结构。

③ 专业职能部门是永久性的，项目组织是临时性的。职能部门负责人对参与项目组织的人员实行组织调配、业务指导和管理考察。项目经理将参与项目组织的职能人员在横向上有效地组织在一起，为实现项目目标协同工作。

④ 矩阵中的每个成员或部门，接受原部门负责人和项目经理的双重领导，但部门的控制力大于项目的控制力。部门负责人有权根据不同项目的需要和忙闲程度，在项目之间调配本部门人员。一个专业人员可能同时为几个项目服务，特殊人才可充分发挥作用，大大提高人才利用率。

⑤ 项目经理对"借"到本项目经理部来的成员，有权控制和使用。当感到人力不足或某些成员不得力时，他可以向职能部门求援或要求调换，或辞退回原部门。

⑥ 项目经理部的工作有多个职能部门支持，项目经理没有人员包袱。但是，要求在水平方向和垂直方向有良好的信息沟通及良好的协调配合，对整个企业组织和项目组织的管理水平和组织渠道畅通提出了较高的要求

管理水平和组织渠道畅通提出了较高的要求。

（2）适用范围

① 适用于同时承担多个需要进行工程项目管理的企业。在这种情况下，各项目对专业技术人才和管理人员都有需求。采用矩阵制组织可以充分利用有限的人才对多个项目进行管理，特别有利于发挥稀有人才的作用。

② 适用于大型、复杂的施工项目。因大型复杂的施工项目需要多部门、多技术、多工种配合实，在不同阶段，对不同人员有不同数量和搭配需求。显然，部门控制式机构难以满足这种项目要求；混合工作队式组织又因人员固定而难以调配。人员使用固定化，不能满足多个项目管理的人才需求。

（3）优点

① 兼有部门控制式和工作队式两种组织的优点，将职能原则与对象原则融为一体，而实现企业长期例行性管理和项目一次性管理的一致性。

② 能以尽可能少的人力，实现多个项目管理的高效率。通过职能部门的协调，一些项目上的闲置人才可以及时转移到需要这些人才的项目上去，防止人才短缺，项目组织因此具有弹性和应变能力。

③ 有利于人才的全面培养，可以便于不同知识背景的人在合作中相互取长补短，在实践中拓宽知识面。可以发挥纵向的专业优势，使人才成长有深厚的专业训练基础。

（4）缺点

① 由于人员来自职能部门，且仍受职能部门控制，故凝聚在项目上的力量减弱，往往使项目组织的作用发挥受到影响。

② 管理人员如果身兼多职，管理多个项目，便往往难以确定管理项目的优先顺序，有时难免顾此失彼。

③ 项目组织中的成员既要接受项目经理的领导，又要接受企业中原职能部门的领导。在这种情况下，如果领导双方意见和目标不一致乃至有矛盾时，当事人便无所适从。

④ 矩阵制组织对企业管理水平、项目管理水平、领导者的素质、组织机构的办事效率和信息沟通渠道的畅通均有较高要求，因此要精干组织，分层授权，疏通渠道，理顺关系。由于矩阵制组织的复杂性和结合部多，易造成信息沟通量膨胀和沟通渠道复杂化，致使信息梗阻和失真。

4. 事业部制项目组织

事业部制项目组织结构示意见图 5-5。

（1）特征

① 企业下设事业部，事业部对企业来说是职能部门，对企业外来说享有相对独立的经营权，可以是一个独立单位。事业部可以按地区设置，也可以按工程类型或经营内容设置。事业部能较迅速适应环境变化，提高企业的应变能力，调动部门的积极性。当企业向大型化、智能化发展并实行作业层和经营管理层分离时，事业部制是一种很受欢迎的选择，既可以加强经营战略管理，又可以加强项目管理。

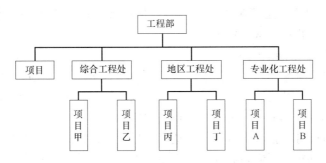

图 5-5 事业部制项目组织结构示意图

② 在事业部（一般为其中的工程部或开发部，对外工程公司设海外部）下设项目经理部。项目经理由事业部选派，一般对事业部负责，经特殊授权时，也可直接对业主负责。

（2）适用范围

适用大型经营型企业的工程承包，特别是适用于远离公司本部的施工项目。需要注意的是，一个地区只有一个项目，没有后续工程时，不宜设立地区事业部，也即它适用于在一个地区内有长期市场或一个企业有多种专业化施工力量时采用。在此情况下，事业部与地区市场同寿命。地区没有项目时，该事业部应予以撤销。

（3）优点

事业部制项目组织有利于延伸企业的经营职能，扩大企业的经营业务，便于开拓企业的业务领域。同时，还有利于迅速适应环境变化，提高公司的应变能力。既可以加强公司的经营战略管理，又可以加强项目管理。

（4）缺点

按事业部制建立项目组织，企业对项目经理部的约束力减弱，协调指导的机会减少，以致会造成企业结构松散。必须加强制度约束和规范化管理，加大企业的综合协调能力。

5.3 施工项目目标控制

5.3.1 施工项目目标控制的任务

施工项目控制的任务是进行以项目进度控制、质量控制、成本控制和安全控制为主要内容的四大目标控制。这四项目标是施工项目的约束条件，也是施工效益的象征。其中前三项目标是指施工项目成果，而安全目标则是指施工过程中人和物的状态。也就是说，安全既指人身安全。又指财产安全。所以，安全控制既要克服人的不安全行为，又要克服物的不安全状态。

1. 施工项目进度控制的任务

施工项目进度控制指在既定的工期内，编制出最优的施工进度计划，在执行该计划的施工中，经常检查施工实际进度情况，并将其与计划进度相比较，若出现偏差，便分析产生的原因和对工期的影响程度，找出必要的调整措施，修改原计划，不断地如此循环，直至工程竣工验收。施工项目进度控制的总目标是确保施工项目的合同工期的实现，或者在保证施工质量和不因此而增加施工实际成本的条件下，适当缩短工期。

施工进度控制的任务是使施工顺序合理。衔接关系适当，连续、均衡、有节奏地施工。实现计划工期，提前完成合同工期。

2. 施工项目质量控制的任务

项目质量控制贯穿于项目实施的全过程，施工项目质量控制是指对项目的实施情况进行监督、检查和测量，并将项目实施结果与事先制定的质量标准进行比较，判断其是否符合质量标准，找出存在的偏差，分析偏差形成原因的一系列活动。

质量控制控制任务是使分部分项工程达到质量检验评定标准的要求．实现施工组织没计中保证施工质量的技术组织措施和质量等级，保证合同质量目标等级的实现

3. 施工项目成本控制的任务

施工项目成本控制指在成本形成过程中，根据事先制定的成本目标，对企业经常发生的各项生产经营活动按照一定的原则，采用专门的控制方法，进行指导、调节、限制和监督，将各项生产费用控制在原来所规定的标准和预算之内。如果发生偏差或问题，应及时进行分析研究，查明原因，并及时采取有效措施，不断降低成本。

成本控制的任务是实现施工组织设计的降低成本措施，降低每个分项工程的直接成本，实现项目经理部盈利目标，实现公司利润目标及合同造价。

4. 施工项目安全控制的任务

安全管理是一种动态管理。施工项目安全控制指经营管理者对施工生产过程中的安全生产工作进行的策划、组织、指挥、协调、控制和改进的一系列活动，其目的是保证在生产经营活动中的人身安全、资产安全，促进生产的发展，保持社会的稳定。安全管理的对象是生产中一切人、物、环境、管理状态。

安全控制的任务是实现施工组织设计的安全设计和措施，控制劳动者、劳动手段和劳动对象，控制环境，实现安全目标，使人的行为安全，物的状态安全，断绝环境危险源。

5. 施工项目现场管理目标控制的任务

现场管理目标控制的任务是通过科学组织施工，使场容场貌、料具堆放与管理、消防保卫、环境保护及职工生活均符合规定要求，实现文明施工。

5.3.2 施工项目目标控制的措施

1. 施工项目进度控制的措施

（1）组织措施

建立进度控制的组织系统，落实各级进度控制的人员及其具体任务和工作责任，建立进度报告制度和进度信息沟通网络；按照施工项目的结构、施工阶段或合同结构的层次进行项目分解，确定各分项进度控制的工期目标，建立进度控制的工期目标体系；建立进度控制的工作制度，如定期检查的时间、方法，召开协调会议的时间、参加人员等，并对影响施工实际进度的主要因素进行分析和预测，制订调整施工实际进度的组织措施。

（2）技术措施

应尽可能采用先进的施工技术、方法和新材料、新工艺、新技术，保证进度目标实现；落实施工方案，在发生问题时，能适时调整工作之间的逻辑关系，加快施工进度。

（3）合同措施

加强合同管理，加强组织、指挥和协调，以保证合同进度目标的实现；严格控制合同

变更，对各方提出的工程变更和设计变更，经监理工程师严格审查后补进合同文件；加强风险管理，在合同中要充分考虑风险因素及其对进度的影响和处理办法等。

（4）经济措施

要制订切实可行的实现施工计划进度所必需的资金保证措施，包括落实实现进度目标的保证资金；签订并实施关于工期和进度的经济承包责任制；建立并实施关于工期和进度的奖惩制度，对工期缩短给予奖励，对拖延工期给予罚款；及时办理预付款及工程进度款等支付手续；加强合同管理。

（5）信息管理措施

建立完善的工程统计管理体系和统计制度，详细、准确、定时地收集有关工程实际进度情况的资料和信息，并进行整理统计，得出工程施工实际进度完成情况的各项指标，将其与施工计划进度的各项指标进行比较，定期地向建设单位提供施工进度比较报告。

2. 施工项目质量控制的措施

（1）提高管理、施工及操作人员自身素质

管理、施工及操作人员素质的高低对工程质量起决定性的作用。首先，应提高所有参与工程施工人员的质量意识，让他们树立五大观念，即质量第一的观念、预控为主的观念、为用户服务的观念、用数据说话的观念以及社会效益与企业效益相结合的综合效益观念。其次，要搞好人员培训，提高员工素质。要对现场施工人员进行质量知识、施工技术、安全知识等方面的教育和培训，提高施工人员的综合素质。

（2）建立完善的质量保证体系

工程项目质量保证体系是指现场施工管理组织的施工质量自控系统或管理系统，即施工单位为保证工程项目的质量管理和目标控制，以现场施工管理组织机构为基础，通过质量目标的确定和分解，管理人员和资源的配置，质量管理制度的建立和完善，形成具有质量控制和质量保证能力的工作系统。施工项目质量保证体系的内容包括施工项目质量控制的目标体系、施工项目质量控制的工作分工、施工项目质量控制的基本制度、施工项目质量控制的工作流程、施工项目质量计划或施工组织设计、施工项目质量控制点的设置和控制措施的制订、施工项目质量控制关系网络设置及运行措施等。

（3）加强原材料质量控制

一是提高采购人员的政治素质和质量鉴定水平，使那些有一定专业知识又忠于事业的人担任该项工作。二是采购材料要广开门路，综合比较，择优进货。三是施工现场材料人员要会同工地负责人、甲方等有关人员对现场设备及进场材料进行检查验收。特殊材料要有说明书和试验报告、生产许可证，对钢材、水泥、防水材料、混凝土外加剂等必须进行复试和见证取样试验。

（4）提高施工的质量管理水平

每项工程有总体施工方案，每一分项工程施工之前也要做到方案先行，并且施工方案必须实行分级审批制度，方案审完后还要做出样板，反复对样板中存在的问题进行修改，直至达到设计要求方可执行。在工程实施过程中，根据出现的新问题、新情况，及时对施工方案进行修改。

（5）确保施工工序的质量

工程项目的施工过程，是由一系列相互关联、相互制约的工序所构成，工序质量是构成工程质量的最基本的单元，上道工序存在质量缺陷或隐患，不仅使本工序质量达不到标准的要求，而且直接影响下道工序及后续工程的质量与安全，进而影响最终成品的质量。

因此，在施工中要建立严格的交接班检查制度，在每一道工序进行中，必须坚持自检、互检。如监理人员在检查时发现质量问题，应分析产生问题的原因。要求承包人采取合适的措施进行修整或返工。处理完毕后，合格后方可进行下一道工序施工。

（6）加强施工项目的过程控制

① 施工人员的控制

施工项目管理人员由项目经理统一指挥，各自按照岗位标准进行工作，公司随时对项目管理人员的工作状态进行考核，并如实记录考查结果存入工程档案之中，依据考核结果，奖优罚劣。

② 施工材料的控制

施工材料的选购，必须是经过考查后合格的、信誉好的材料供应商，在材料进场前必须先报验，经检测部门合格后的材料方能使用，从而保证质量．又能节约成本。

③ 施工工艺的控制

施工工艺的控制是决定工程质量好坏的关键。为了保证工艺的先进、合理性，公司工程部针对分项分部工程编制作业指导书，并下发各基层项目部技术人员，合理安排创造良好的施工环境，保证工程质量。

在施工过程中加强专项检查，开展自检、专检、互检活动，及时解决问题。各工序完工后由班组长组织质检员对本工序进行自检、互检。自检时，严格执行技术交底及现行规程、规范，在自检中发现问题由班组自行处理并填写自检记录，班组自检记录填写完善，自检的问题已确实修正后，方可由项目专职质检员进行验收。

5.3.3　施工项目安全控制的措施

1. 安全制度措施

项目经理部必须执行国家、行业、地区安全法规、标准．并以此制定本项目的安全管理制度，主要包括：

（1）行政管理方面：安全生产责任制度；安全生产例会制度；安全生产教育制度；安全生产检查制度；伤亡事故管理制度；劳保用品发放及使用管理制度；安全生产奖惩制度；工程开竣工的安全制度；施工现场安全管理制度；安全技术措施计划管理制度；特殊作业安全管理制度；环境保护、工业卫生工作管理制度；锅炉、压力容器安全管理制度；场区交通安全管理制度；防火安全管理制度；意外伤害保险制度；安全检举和控告制度等。

（2）技术管理方面：关于施工现场安全技术要求的规定；各专业工种安全技术操作规程；设备维护检修制度等。

2. 安全组织措施

（1）建立施工项目安全组织系统。

（2）建立与项目安全组织系统相配套的各专业、各部门、各生产岗位的安全责任系统。

（3）建立项目经理的安全生产职责及项目班子成员的安全生产职责。

（4）作业人员安全纪律。现场作业人员与施工安全生产关系最为密切，他们遵守安全生产纪律和操作规程是安全控制的关键。

3. 安全技术措施

施工准备阶段的安全技术措施见表 5-1，施工阶段的安全技术措施见表 5-2。

施工准备阶段的安全技术措施

表 5-1

施工准备阶段	内 容
技术准备	①了解工程发计对安全施工的要求； ②调查工程的自然环境(水文、地质、气候、洪水、雷击等)和施工环境(地下设施、管道及电缆的分布与走向、粉尘、噪声等)对施工安全的影响，及施工时对周围环境安全的影响； ③当改扩建工程施工与建设单位使用或生产发生交叉可能造成双方伤害时，双方应签订安全施工协议，搞好施工与生产的协议，以明确双方责任，共同遵守安全事项； ④在施工组织设计中，编制切实可行、行之有效的安全技术措施，并严格履行审批手续，送安全部门备案
物资准备	①及时供应质量合格的安全防护用品(安全帽、安全带、安全网等)满足施工需要； ②保证特殊工种(电工、焊工、爆破工、起重工等)使用的工具器械质量合格，技术性能良好； ③施工机具、设备(起重机、卷扬机、电锯、平面刨、电气设备)、车辆等需经安全技术性能检测，鉴定合格，防护装置齐全，制动装置可靠，方可进场使用； ④施工周转材料(脚手杆、扣件、跳板等)须经认真挑选，不符合安全要求的禁止使用
施工现场准备	①按施工总平面图要求做好现场施工准备； ②现场各种临时设施和库房的布置，特别是炸药库、油库的布置，易燃易爆品的存放都必须符合安全规定和消防要求，并经公安消防部门批准； ③电气线路、配电设备应符合安全要求，有安全用电防护措施； ④场内道路应通畅，设交通标志，危险地带设危险信号及禁止通行标志，以保证行人和车辆通行安全； ⑤现场周围和陡坡及沟坑处设好围栏、防护板，现场入口处设"无关人员禁止入内"的标志及警示标志； ⑥塔式起重机等起重设备安置应与输电线路、永久的或临设的工程间要有足够的安全距离、避免碰撞，以保证搭设脚手架、安全网的施工距离； ⑦现场设消火栓，应有足够有效的灭火器材
施工队伍准备	①新工人、特殊工种工人须经岗位技术培训与安全教育后。持合格证上岗； ②高险难作业工人须经身体检查合格后，方可施工作业； ③施工负责人在开工前，应向全体施工人员进行入场前的安全技术交底，并逐级签发"安全交底任务单"

施工阶段的安全技术措施

表 5-2

施工阶段	内 容
一般施工	①单项工程、单位工程均有安全技术措施，分部分项工程有安全技术具体措施，施工前由技术负责人向有关人员进行安全技术交底； ②安全技术应与施工生产技术相统一，各项安全技术措施必须在相应的工序施工前做好； ③操作者严格遵守相应的操作规程，实行标准化作业； ④施工现场的危险地段应没有防护、保险、信号装置及危险警示标志； ⑤针对采用的新工艺、新技术、新设备、新结构制定专门的施工安全技术措施； ⑥有预防自然灾害(防台风、雷击、防洪排水、防暑降温、防寒、防冻、防滑等)的专门安全技术措施； ⑦在明火作业(焊接、切割、熬沥青等)现场应有防火、防爆安全技术措施； ⑧有特殊工程、特殊作业的专业安全技术措施，如土石方施工安全技术、爆破安全技术、脚手架安全技术、起重吊装安全技术、电气安全技术、高处作业及主体交叉作业安全技术、焊割安全技术、防火安全技术、交通运输安全技术、安装工程安全技术、烟囱及筒仓安全技术等

施工阶段	内　　容
特殊工程	①对于结构复杂、危险性大的特殊工程,应编制单项的安全技术措施; ②安全技术措施中应注明设计依据,并附有计算、详图和文字说明
拆除施工	①详细调查拆除工程结构特点和强度、电线线路、管道设施等现状,制定可靠的安全技术方案; ②拆除建筑物之前,在建筑物周围划定危险警戒区域,设立安全围栏,禁止无关人员进入作业现场; ③拆除工作开始前,先切断被拆除建筑物的电线、供水、供热、供煤气的通道; ④拆除工作应按自上而下顺序进行,禁止数层同时拆除,必要时要对底层或下部结构进行加固; ⑤栏杆、楼梯、平台应与主体拆除程度配合进行,不能先行拆除; ⑥拆除作业人应站在脚手架上或稳固的结构部分操作,拆除承重梁和柱之前应先拆除其承重的全部结构,并防止其他部分坍塌; ⑦拆下的材料要及时清理运走,不得在旧楼板上集中堆放,以免超负荷; ⑧被拆除的建筑物内需要保留的部分或需保留的设备要事先搭好防护棚; ⑨一般不采用推倒方法拆除建筑物,必须采用推倒方法的应采取特殊安全措施

4. 施工项目成本控制的措施

（1）组织措施

组织措施是从施工成本管理的组织方面采取的措施。施工成本控制是全员的活动,如实行项目经理责任制,落实施工成本管理的组织机构和人员,明确各级施工成本管理人员的任务和职能分工、权力和责任。施工成本管理不仅是专业成本管理人员的工作,各级项目管理人员都负有成本控制责任。

组织措施的另一方面是编制施工成本控制工作计划、确定合理详细的工作流程。要做好施工采购计划,通过生产要素的优化配置、合理使用、动态管理,有效控制实际成本;加强施工定额管理和施工任务单管理,控制活劳动和物化劳动的消耗;加强施工调度,避免因施工计划不周和盲目调度造成窝工损失、机械利用率降低、物料积压等问题。成本控制工作只有建立在科学管理的基础之上,具备合理的管理体制,完善的规章制度,稳定的作业秩序,完整准确的信息传递,才能取得成效。组织措施是其他各类措施的前提和保障,而且一般不需要增加额外的费用,运用得当可以取得良好的效果。

（2）技术措施

施工过程中降低成本的技术措施,包括:进行技术经济分析,确定最佳的施工方案;结合施工方法,进行材料使用的比选,在满足功能要求的前提下,通过代用、改变配合比、使用外加剂等方法降低材料消耗的费用;确定最合适的施工机械、设备使用方案;结合项目的施工组织设计及自然地理条件,降低材料的库存成本和运输成本;应用先进的施工技术,运用新材料,使用先进的机械设备等。在实践中,也要避免仅从技术角度选定方案而忽视对其经济效果的分析论证。

技术措施不仅对解决施工成本管理过程中的技术问题是不可缺少的,而且对纠正施工成本管理目标偏差也有相当重要的作用。因此,运用技术纠偏措施的关键,一是要能提出多个不同的技术方案;二是要对不同的技术方案进行技术经济分析比较,以选择最佳方案。

（3）经济措施

经济措施是最易为人们所接受和采用的措施。管理人员应编制资金使用计划，确定、分解施工成本管理目标。对施工成本控制目标进行风险分析，并制定防范性对策。对各种支出应认真做好资金的使用计划，并在施工中严格控制各项开支。及时准确地记录、收集、整理、核算实际支出的费用。对各种变更，应及时做好增减账、落实业主签证并结算工程款。通过偏差分析和未完工工程预测，可发现一些潜在的可能引起未完工程施工成本增加的问题，对这些问题应以主动控制为出发点，及时采取预防措施。

（4）合同措施

采用合同措施控制施工成本，应贯穿整个合同周期，包括从合同谈判开始到合同终结的全过程。对于分包项目，首先是选用合适的合同结构，对各种合同结构模式进行分析、比较，在合同谈判时，要争取选用适合于工程规模、性质和特点的合同结构模式。其次，在合同的条款中应仔细考虑一切影响成本和效益的因素，特别是潜在的风险因素。通过对引起成本变动的风险因素的识别和分析，采取必要的风险对策，如通过合理的方式增加承担风险的个体数量以降低损失发生的比例，并最终将这些策略体现在合同的具体条款中。在合同执行期间，合同管理的措施既要密切注视对方合同执行的情况，以寻求合同索赔机会；同时也要密切关注自己履行合同的情况，以防被对方索赔。

5.4　施工资源与现场管理

5.4.1　施工资源管理的任务和内容

建筑工程项目资源管理即对各生产要素的管理。项目资源管理的主体是以项目经理为首的项目经理部，管理的客体是与施工活动相关的各生产要素，包括投入施工项目的劳动力、材料、机械设备、技术和资金等。加强施工项目管理，就必须对施工项目的资源认真研究、合理配置，并在生产过程中强化管理。

1. 施工项目资源管理的内容

（1）人力资源管理

人力资源也称为劳动力资源。人是施工活动的主体，是构成生产力的主要因素，具有主观能动性。人力资源管理就是要在对项目目标、规划、任务、进展以及各种变量进行合理、有序地分析和统筹的基础上，对项目过程的所有人员，包括项目经理、项目班子其他成员、项目发起人、投资方、项目业主以及项目客户等予以有效地协调、控制和管理，使他们能够与项目班子紧密配合，尽可能地适合项目发展的需要，最大可能地挖掘人才潜力，最终实现项目目标。

人力资源管理的主要内容包括人力资源的招收、培训、录用和调配；劳动力资源的科学组织；劳动定额的制定、实施和完善；劳动条件的改善和职工安全健康保障；劳动者考核奖惩等。

（2）材料管理

建筑材料按在生产中的作用可分为主要材料、辅助材料和其他材料。施工项目材料管理就是对项目施工过程中所需的各种材料、半成品、构配件的采购、加强工、包装、运输、储存、发放、验收和使用所进行的一系列组织和管理工作。

对工程项目材料的管理，主要是指在材料计划的基础上，对材料的采购、供应、保管和使用进行组织和管理，其具体内容包括材料定额的制定管理、材料计划的编制、材料的库存管理、材料的订货采购、材料的组织运输、材料的仓库管理、材料的现场管理、材料的成本管理等方面。

（3）机械设备管理

施工项目机械设备管理是指项目经理部根据所承担施工项目的具体情况，科学优化选择和配备施工机械，并在生产过程中合理使用、维修保养等各项管理工作，项目所需机械设备尽量从企业自有机械设备中选用，自有机械无法满足项目需要时，企业可按照项目经理部所报的机械设备使用计划，从市场上租赁或购买提供给项目经理部。对机械设备的管理，中心环节是尽量提高施工机械设备的使用效率和完好率，严格实行责任制，依操作规程加强机械设备的使用、保养和维修。

（4）技术管理

施工项目技术管理，是对各项技术工作要素和技术活动过程的管理。技术工作要素包括技术人才、技术装备、技术规程、技术资料等。技术活动过程指技术计划、技术运用、技术评价等。技术作用的发挥，除决定于技术本身的水平外，极大程度上还依赖于技术管理水平。没有完善的技术管理，先进的技术是难以发挥作用的。施工项目技术管理的任务有四项：①正确贯彻国家和行政主管部门的技术政策，贯彻上级对技术工作的指示与决定；②研究、认识和利用技术规律，科学地组织各项技术工作，充分发挥技术的作用；③确立正常的生产技术秩序，进行文明施工，以技术保证工程质量；④努力提高技术工作的经济效果，使技术与经济有机地结合。

（5）资金管理

施工项目资金管理是指施工项目经理部根据工程项目施工过程中资金运动的规律，进行资金收支预测、编制资金计划、筹集投入资金、资金使用、资金核算与分析等一系列资金管理工作。项目的资金管理要以保证收入、节约支出、防范风险和提高经济效益为目的。

项目经理部应坚持做好项目的资金分析，进行计划收支与实际收支对比，找出差异，分析原因，改进资金管理。项目竣工后，结合成本核算与分析进行资金收支情况和经济效益总分析，上报企业财务主管部门备案。企业应根据项目的资金管理情况对项目经理部进行奖惩。

2. 施工资源管理的任务

（1）确定资源类型及数量

确定资源类型及数量包括：①确定项目施工所需的各层次管理人员和各工种工人的数量；②确定项目施工所需的各种物资资源的品种、类型、规格和相应的数量；③确定项目施工所需的各种施工设施的定量需求；④确定项目施工所需的各种来源的资金的数量。

（2）确定资源的分配计划

包括编制人员需求分配计划、编制物资需求分配计划、编制施工设备和设施需求分配计划、编制资金需求分配计划。在各项计划中，明确各种施工资源的需求在时间上的分配，以及在相应的子项目或工程部位上的分配。

（3）编制资源进度计划

资源进度计划是资源按时间的供应计划，应视项目对施工资源的需用情况和施工资源的供应条件而确定编制哪种资源进度计划。编制资源进度计划能合理地考虑施工资源的运用，这将有利于提高施工质量，降低施工成本和加快施工进度。

（4）施工资源进度计划的执行和动态调整

施工项目施工资源管理不能仅停留于确定和编制上述计划，在施工开始前和在施工过程中应落实和执行所编的有关资源管理的计划，并视需要对其进行动态的调整。

（5）对资源使用情况的核算和分析

对施工项目投入资源的使用和产出情况进行核算，资源管理者要对哪些资源的投入、使用是恰当的，哪些资源还需要进行重新调整做到心中有数。同时对资源使用效果进行分析，一方面是对管理效果的总结，找出经验与问题，评价管理活动；另一方面又为管理者提供储备与反馈信息，以指导以后的管理工作。

5.4.2 施工现场管理的任务和内容

施工现场管理有两种含义，即狭义的现场管理和广义的现场管理。狭义的现场管理是指对施工现场内各作业的协调、临时设施的维修、施工现场与第三者的协调及现场内存的清理整顿等所进行的管理工作。广义的现场管理指项目施工管理。

1. 施工现场管理的内容

（1）平面布置与管理

现场平面管理的经常性工作主要包括：根据不同时间和不同需要，结合实际情况，合理调整场地；做好土石方的平衡工作，规定各单位取弃土石方的地点，数量和运输路线；审批各单位在规定期限内，对清除障碍物，挖掘道路，断绝交通、断绝水电动力线路等申请报告；对运输大宗材料的车辆，作出妥善安排，避免拥挤堵塞交通；做好工地的测量工作，包括测定水平位置、高程和坡度，已完工工程量的测量和竣工图的测量等。

施工结束后，应及时组织清场，向新工地转移。同时，组织剩余物资退场，拆除临时设施，清除建筑垃圾，按市容管理要求恢复临时占用土地。

（2）建筑材料的计划安排、变更和储存管理

主要内容是：确定供料和用料目标；确定供料、用料方式及措施；组织材料及制品的采购、加工和储备，作好施工现场的进料安排；组织材料进场、保管及合理使用；完工后及时退料及办理结算等。

（3）合同管理工作

承包商与业主之间的合同管理工作的主要内容包括：合同分析；合同实施保证体系的建立；合同控制；施工索赔等。

现场合同管理人员应及时填写并保存有关方面签证的文件，包括：业主负责供应的设备、材料进场时间及材料规格、数量和质量情况的备忘录；材料代用议定书；材料及混凝土试块试验单；完成工程记录和合同议事记录；经业主和设计单位签证的设计变更通知单；隐蔽工程检查验收记录；质量事故鉴定书及其采取的处理措施；合理化建议及节约分成协议书；中间交工工程验收文件；合同外工程及费用记录；与业主的来往信件、工程照片、各种进度报告；监理工程师签署的各种文件等。

承包商与分包商之间的合同管理工作主要是监督和协调现场分包商的施工活动，处理分包合同执行过程中所出现的问题。

（4）质量检查和管理

质量检查和管理包括两个方面工作：第一，按照工程设计要求和国家有关技术规定，如施工及验收规范、技术操作规程等，对整个施工过程的各个工序环节进行有组织的工程质量检验工作，不合格的建筑材料不能进入施工现场，不合格的分部分项工程不能转入下道工序施工。第二，采用全面质量管理的方法，进行施工质量分析，找出产生各种施工质量缺陷的原因，随时采取预防措施，减少或尽量避免工程质量事故的发生，把质量管理工作贯穿到工程施工全过程，形成一个完整的质量保证体系。

（5）安全管理与文明施工

安全生产是现场施工的重要控制目标之一，也是衡量施工现场管理水平的重要标志。主要内容包括：安全教育；建立安全管理制度；安全技术管理；安全检查与安全分析等。

文明施工是指在施工现场管理中，按照现代化施工的客观要求，使施工现场保持良好的施工环境和施工秩序。

（6）施工过程中的业务分析

为了达到对施工全过程控制，必须进行许多业务分析，如：施工质量情况分析；材料消耗情况分析；机械使用情况分析；成本费用情况分析；施工进度情况分析；安全施工情况分析等。

2. 施工现场管理的任务

建筑施工现场管理的任务，具体可以归纳为以下几点：

（1）全面完成生产计划规定的任务，包含产量、产值、质量、工期、资金、成本、利润和安全等。

（2）按施工规律组织生产，优化生产要素的配置，实现高效率和高效益。

（3）搞好劳动组织和班组建设，不断提高施工现场人员的思想和技术素质。

（4）加强定额管理，降低物料和能源的消耗，减少生产储备和资金占用，不断降低生产成本。

（5）优化专业管理，建立完善管理体系，有效地控制施工现场的投入和产出。

（6）加强施工现场的标准化管理，使人流、物流高效有序。

（7）治理施工现场环境，改变"脏、乱、差"的状况，注意保护施工环境，做到施工不扰民。

第 6 章 建 筑 力 学

在建筑工程中，如桥梁、水坝、电视塔、隧道和房屋等，用以担负预定的任务和支承荷载、由建筑材料按合理方式组成的建筑物称为结构。而这些结构又往往是由若干构件按一定形式组成，如房屋结构中的梁、柱等。

在荷载作用下，承受荷载和传递荷载的建筑结构和构件会引起周围物体对它们的反作用。同时，构件本身因受荷载作用而产生变形，并且存在着发生破坏的可能性。但结构本身具有一定的抵抗变形和破坏的能力，即具有一定的承载能力，而构件的承载能力的大小是与构件的材料性质、截面的几何尺寸和形状、受力性质、工作条件和构造情况等有关。在结构设计中，若其他条件一定时，如果构件的截面设计得过小，当构件所受的荷载大于构件的承载能力时，则结构将不安全，它会因变形过大而影响正常工作，或因强度不够而受破坏。当构件的承载能力大于构件所受的荷载时，则因多用材料，造成浪费。因此，建筑力学的主要任务是讨论和研究建筑结构及构件在荷载或其他因素（支座移动、温度变化）作用下的工作状况，它可归纳为如下几个方面的内容：

1. 力系的简化和力系的平衡问题。研究和分析此问题时，我们往往将所研究的对象视为刚体。所谓刚体是指在任何外力作用下，其形状都不会改变的物体，即物体内任意两点间的距离都不会改变的物体。事实上刚体是不存在的，任何物体在受到力的作用时，都将发生不同 程度的变形（这种物体称为变形体），如房屋结构中的梁和柱，在受力后将产生弯曲和压缩变形。但在很多情况下物体的变形对于研究平衡问题的影响甚小，故变形可略去不计。这样，将会大大简化对力系平衡条件问题的研究。

2. 强度问题。即研究材料、构件和结构抵抗破坏的能力。例如，起吊重物时，吊车梁可能会弯曲断裂，在设计梁时就要保证它在荷载作用下，正常工作情况时不会发生破坏。

3. 刚度问题。即研究构件和结构抵抗变形的能力。例如，吊车梁或楼板梁在荷载等因素作用下，虽然满足强度要求，即不致破坏，但梁的变形过大超出所规定的范围也会影响正常工作和使用。

4. 稳定问题。对于比较细长的中心受压杆，如图 6-1 所示，当压力超过某一定压力时，杆就不能保持直线形状，而突然从原来的直线形状变成曲线形状，改变它原来受压的工作性质而发生破坏。这种现象称为丧失稳定或简称失稳。

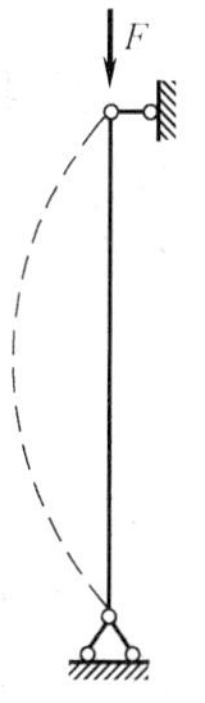

5. 研究几何组成规则，保证结构各部分不致发生相对运动。

图 6-1

6.1 平面力系及杆件内力

6.1.1 力的基本性质

1. 荷载的分类

实际的建筑工程结构由于其作用和工作条件的不同，作用在它们上面的力是多种多样的。如图 6-2 所示为房屋屋架结构。屋架所受到的力有：屋面的自重传给屋架的力、屋架本身的自重、风及雪的压力，以及两端柱或砖墙的支承力等。

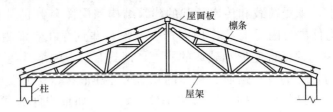

图 6-2　房屋屋架结构

在建筑力学中，我们把作用在物体上的力一般分为两种：一种是使物体运动或使物体有运动趋势的主动力，例如重力、风压力等；另一种是阻碍物体运动的约束力，这里所谓约束，就是指能够限制某构件运动（包括移动、转动）的其他物体（如支承屋架的柱）。而约束作用于被约束构件上的力就称为约束力（例如柱对屋架的支承力）。

通常把作用在结构上的主动力称为荷载，而把约束力称为反力。荷载与反力是互相对立又互相依存的一个矛盾的两个方面。它们都是其他物体作用在结构上的力，所以又统称为外力。在外力作用下，结构内（如屋架内）各部分之间将产生相互作用的力称为内力。结构的强度和刚度问题都直接与内力有关，而内力又是由外力所引起和确定的。在结构设计中，首先要分析和计算作用在结构上的外力，然后进一步计算结构中的内力。因此，确定结构所受的荷载，是进行结构受力分析的前提，必须慎重对待。如将荷载估计过大，则设计的结构尺寸将偏大，造成浪费；如将荷载估计过小，则设计的结构不够安全。

荷载有不同形式的分类：

（1）荷载按其作用在结构上的时间久暂分为恒载和活载

1）恒载

恒载是指作用在结构上的不变荷载，即在结构建成以后，其大小和位置都不再发生变化的荷载，例如，构件的自重和土压力等。构件的自重可根据构件尺寸和材料的密度进行计算。

2）活载

活荷载是指在施工和建成后使用期间可能作用在结构上的可变荷载。所谓可变荷载，就是这种荷载有时存在、有时不存在，它们的作用位置及范围可能是固定的（如风荷载、雪荷载、会议室的人群重力等），也可能是移动的（如吊车荷载、桥梁上行驶的车辆、会议室的人群等）。不同类型的房屋建筑，因其使用情况不同，活荷载的大小就不相同。

（2）荷载按其作用在结构上的分布情况分为分布荷载和集中荷载

1）分布荷载

分布荷载是指满布在结构某一表面上的荷载，又可分为均布荷载和非均布荷载两种。

图 6-3（a）所示为梁的自重，荷载连续作用，大小各处相同，这种荷载称为均布荷载。梁的自重是以每米长度重力来表示，单位是 N/m 或 kN/m，又称为线均布荷载 q。图 6-3（b）所示为板的自重，也是均布荷载，它是以每平方米面积重力来表示的，单位是 N/m² 或 kN/ m²，故又称为面均布荷 g。图 6-3（c）所示为一水池，壁板受到水压力的作用，水压力的大小是与水的深度成正比的，这种荷载形成一个三角形的分布规律，即荷载连续作用，但大小各处不相同，称为非均布荷载。

2）集中荷载

集中荷载是指作用在结构上的荷载一般总是分布在一定的面积上，当分布面积远小于结构的尺寸时，则可认为此荷载是作用在结构的一点上，称为如吊车的轮子对吊车梁的压力、屋架传给柱子或砖墙的压力等，都可认为是集中荷载般用 N 或 kN 来表示。

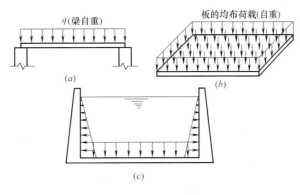

图 6-3

（3）荷载按其作用在结构上的性质分为静荷载和动荷载

1）静荷载

静荷载是指荷载从零慢慢增加至最后的确定数值后，其大小、位置和方向就不再随时间而变化，这样的荷载称为静荷载。如结构的自重、一般的活荷载等。

2）动荷载

动荷载是指荷载的大小、位置、方向随时间的变化而迅速变化，称为动荷载。在这种荷载作用下，结构产生显著的加速度，因此，必须考虑惯性力的影响。如动力机械产生的荷载、地震力等。

以上是从三种不同角度将荷载分为三类，但它们不是孤立无关的，例如，结构的自重，它既是恒载，又是分布荷载，也是静荷载。

2. 常见平面结构的支座及反力

一般来说，一个结构物与基础或地面连接的装置（构造形式）称为支座。其作用是把结构物与基础或地面连接起来，使结构物能稳固在地基上。不过，当一构件支承于另一构件时，其连接处对前一构件来说也称为支座。例如，在房屋建筑中，梁或预制钢筋混凝土板支承在砖墙上，其连接处就是一种比较简单的支座形式。

实际的建筑物，其结构的支座形式是多种多样的，下面分别介绍几种常见的、典型的支座及其反力的性质。

（1）活动铰支座（滚轴支座）

如图 6-4（a）所示为桥梁中常被采用的活动铰支座示意图。这种活动铰支座既允许结构绕铰 A 转动，又允许结构通过滚轴沿着支座垫板水平方向移动，但是限制 A 点沿支承面的法线方向移动。这种支座常用图 6-4（b）的简图表示，或者用两端铰接而本身变形略去不计的杆件即链杆来表示，如图 6-4（c）所示。

在房屋建筑中，常在某些构件支承处垫上沥青杉板之类的柔性材料，这样，当构件受到荷载作用时，它的 A 端可以在水平方向作微小的移动，又可绕 A 点作微小的转动，这种情况也可看成是活动铰支座，如图 6-5（a）、（b）所示。

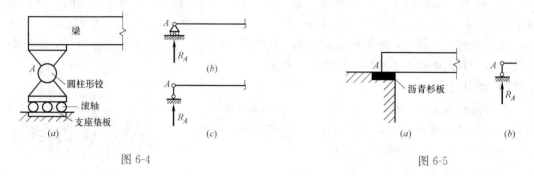

图 6-4

图 6-5

（2）固定铰支座

将上面的圆柱形铰链中的一个物体固定在不动的支撑平面上，形成的装置为固定铰支座如图 6-6（a）所示，其简图为图 6-6（b）所示。

约束反力：通过接触点，沿接触面的公法线方向，指向被约束物体。

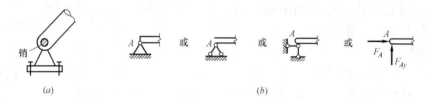

图 6-6

在房屋建筑中，由于构造要求不同，但只要它有约束两个方向移动的性能，而不约束转动，也可视为固定铰支座。如图 6-7（a）表示一木梁的端部，它通常与埋设在混凝土垫块中的锚栓相连接，在荷载作用下，梁端部 A 处的水平移动和竖向移动受到限制，但仍可绕 A 点作微小的转动，其简图用图 6-7（b）来表示。图 6-7（c）所示为预制钢筋混凝土柱，将柱的下端插入杯形基础预留的杯口中后，用沥青麻丝填实，在荷载作用下，柱脚 A 的水平和竖向位移被限制，但它仍可作微小的转动，其简图用图 6-7（d）来表示。图 6-7（e）所示为现浇钢筋混凝土柱，柱在基础面上截面缩小，放有弹性垫板，其内钢筋交叉设置，这样在基础面上柱子虽不能有水平和竖向移动，但阻止转动的性能却大大削弱了，所以，也可视为固定铰支座，其简图见图 6-7（d）。

（3）固定支座

图 6-8（a）所示为预制钢筋混凝土柱，在基础杯口内用细石混凝土浇灌填实。当柱插入杯口深度符合一定要求时，可认为柱脚是固定在基础内，限制了柱脚的水平移动、竖向移动和转动，这种支座形式称为固定支座，可用图 6-8（b）所示的简图来表示。图 6-8（c）所示为常见的房屋雨篷，在荷载作用 A 端的水平、竖向移动和转动均受到限制，因此，A 端可视为固定支座，有三个方向的反力，其简图如图 6-8（d）所示。

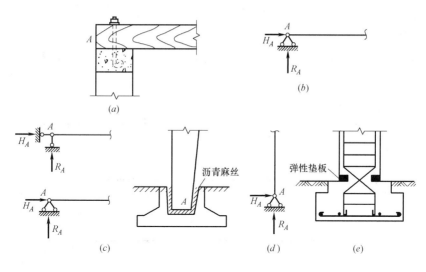

图 6-7

（4）定向支座

图 6-9（a）所示的支座形式，只允许结构沿辊轴滚动的方向移动，而不能发生竖向移动和转动，称为定向支座。为了分析方便起见，其反力简化为垂直于滚动方向的反力以及反力矩，它的简图以图 6-9（b）来表示。

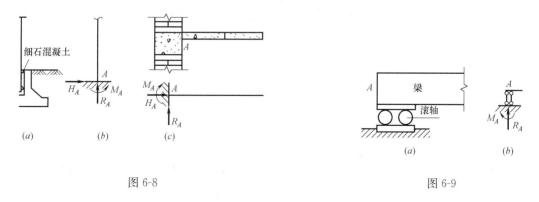

图 6-8   图 6-9

3. 杆系结构的分类

按照空间观点，结构可分为平面结构和空间结构。对平面杆系结构，其常见的形式有下列几种。

（1）梁

梁是一种常见的结构，其轴线常为直线，是受弯杆件，有单跨的和多跨连续的形式。如图 6-10 所示。

（2）刚架

刚架是由直杆组成，各杆主要受弯曲变形，结点大多数是刚性结点，也可以有部分铰结点，如图 6-11 所示。

（3）拱

拱的轴线是曲线，在竖向荷载作用下，不仅产生竖向反力，而且还产生水平反力。如

图 6-12 所示。

（4）桁架

桁架由直杆组成，各结点假设为理想铰结点，荷载作用在结点上，各杆只产生轴力。如图 6-13 所示。

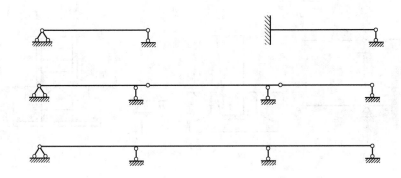

图 6-10

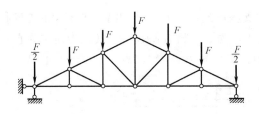

图 6-11

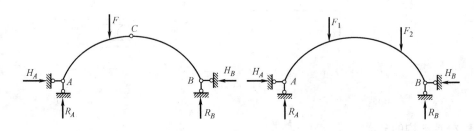

图 6-12

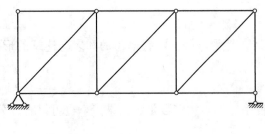

图 6-13

（5）组合结构

这种结构中，一部分是桁架杆件只承受轴力，另一部分是梁或刚架杆件，即受弯杆件，由两者组合而成的结构，称为组合结构，如图 6-14 所示。

4. 力的性质

力是物体之间相互的机械作用，因此，力不能离开物体而存在，它总是成对地出现。物体在力的作用下，可能产生如下的效应：一是使物体的运动状态发生变化

170

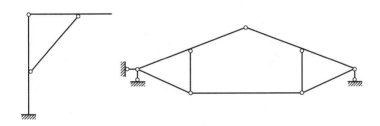

图 6-14

（称之为外效应）；二是使物体发生变形（称之为内效应）。当我们研究第一种效应时，考虑作用在物体上的力之简化与平衡问题，我们将假想地把物体视之为刚体（物体在力的作用下不变形，或变形很微小，可忽略不计），力常用的国际单位是 N 或 kN。

（1）力的三要素

力对物体的效应由力的大小、方向和作用点三要素所决定。因此，力是一个矢量，常常用黑体字表示，如 F。当作图表示时，用线段的长度（按所定的比例尺）表示矢量的大小，用箭头表示矢量的指向，用箭尾或箭头表示该力的作用点。也常用普通字母（如 F）表示力的大小。

（2）静力学公理

所谓静力学基本公理是指人们在生产和生活实践中长期积累和总结出来并通过实践反复验证的具有一般规律的定理和定律。它是静力学的理论基础，且不用加以数学推导。

【公理1】 二力平衡公理

作用在刚体上的两个力，使刚体保持平衡的必要和充分条件是：此二力必大小相等，方向相反，且作用在同一条直线上。如图 6-15 所示，矢量表示

应当指出：二力平衡原理对刚体是必要且充分的，对变形体则是必要的，而不是充分的。

利用此原理可以确定力的作用线位置，例如刚体在两个力作用下平衡，若已知两

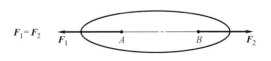

图 6-15

个力的作用点，则此作用点连线可以确定力的作用线；同时二力平衡力也是最简单的平衡力系。

【公理2】 加减平衡力系原理

在作用于刚体的力系中加上或减去任意的平衡力系，并不改变原来力系对刚体的作用。

此原理表明平衡力系对刚体不产生运动效应，其适用条件只是刚体，根据此原理可有下面推论。

【推论1】 力具有可传性

将作用在刚体上的力沿其作用线任意移动到其作用线的另一点，而不改变它对刚体的作用效应。

证明：如图 6-16 所示，设 F 作用在 A 点，在其作用线另一点 B 点上加上一对沿作用线的二力平衡力 F_1 和 F_2 且有 $F_1 = -F_2 = F$，则 F、F_1 和 F_2 构成新的力系，由加减平衡力系原理减去 F 和 F_2 构成二力平衡力，从而将 F 移动作用线的另一点 B 上。

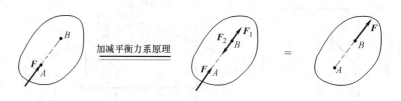

图 6-16

【公理3】 力的平行四边形法则

作用在物体上同一点的两个力，可以合成为一个合力，此合力的大小和方向由此二力矢量所构成的平行四边形对角线来确定，合力的作用点仍在该点。如图 6-17（a）所示，F 为 F_1 和 F_2 的合力，即合力等于两个分力的矢量和，表达式 $F = F_1 + F_2$

也可采用三角形法则，如图 6-17（b）所示，力的平行四边形法则是最简单的力系简化，同时此法则也是力的分解法则。

【推论2】 三力平衡汇交定理

刚体在三力作用下处于平衡，若其中两个力汇交于一点，则第三个力必汇交于该点。

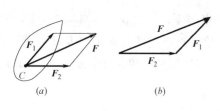

图 6-17

证明：如图 6-18 所示，设刚体在三力 F_1、F_2 和 F_3 作用下处于平衡，若 F_1 和 F_2 汇交于 O 点，将此二力沿其作用线移动汇交点 O 处，并将其合成 F_{12}，则 F_{12} 和 F_3 构成二力平衡力，所以 F_3 必通过汇交点 O，且三力必共面。

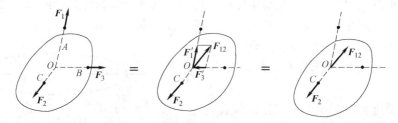

图 6-18

应当指出，三力平衡汇交定理的条件是必要条件，不是充分条件。同时它也是确定力的作用线的方法之一，即若刚体在三个力作用下处于平衡，若已知其中两个力的作用线汇交于一点，则第三力的作用点与该汇交点连线为第三个力的作用线，其指向再由二力平衡原理来确定

【公理4】 作用力与反作用力定理

物体间的作用力与反作用力总是成对出现，其大小相等，方向相反，沿着同一条直线，且分别作用在两个相互作用的物体上。

如图 6-19 所示，C 铰处 F_c 与 F'_c 为一对作用力与反作用力

应当指出，作用力与反作用力不是二力平衡力；此定律不但适用于静力学，还适用于动力学。

（3）力的合成与分解

作用在物体上某一点的力是个矢量，力对物体的效应由力的三要素而决定。因此，当

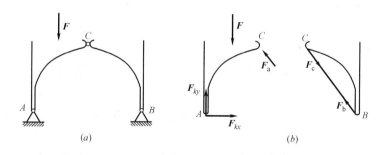

图 6-19

有两个力作用在物体上某一点时，该两力对物体作用的效应可用一个合力 R 来代替。这个合力也作用在该点上，合力的大小与方向用这两力为边的平行四边形的对角线来确定。这个规律称为力的平行四边形法则。如图 6-20（a）所示。

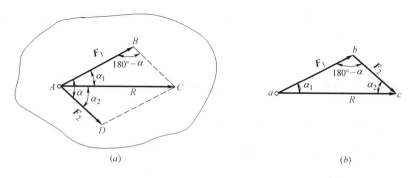

图 6-20

当只有两个力合成时，平行四边形法则可以用三角形法则代替，如图 6-20（b）所示。进一步，当有多个力合成时，平行四边形法则也可以演变成多边形法则。如果各个分力所形成的力的三角形或多边形，首尾相连、自行闭合，则说明其合力为零，这也是平面汇交力系平衡的充要条件。

根据两力合成的原理，同样，可将一个力分解为两个汇交力。但是，以这个力为对角线时，可作出无数个平行四边形，可得无数多组分力，所以，人们可以根据工程实际的需要，给分力以附加条件：已知一分力的大小和方向；或已知两分力的方向，这样就得到一组确定的分力。

力的分解与力的投影不同。力的分解是依据平行四边形法则作平行四边形得到，而力的投影是通过作投影轴的垂直线得到，通常情况下两者数值不等。分解只有在直角坐标系上进行时，分力大小与投影力大小才相等。

若已知分力在平面直角坐标轴上的投影 F_{xi}、F_{yi}，则合力 F_R 的大小和方向为：

$$\begin{cases} F_R = \sqrt{F_{Rx}^2 + F_{Ry}^2} = \sqrt{(\sum_{i=1}^{n} F_{xi})^2 + (\sum_{i=1}^{n} F_{yi})^2} \\ \cos(\boldsymbol{F}_R \cdot \boldsymbol{i}) = \dfrac{F_{Rx}}{F_R} = \dfrac{\sum_{i=1}^{n} F_{xi}}{F_R}, \cos(\boldsymbol{F}_R \cdot \boldsymbol{j}) = \dfrac{F_{Ry}}{F_R} = \dfrac{\sum_{i=1}^{n} F_{yi}}{F_R} \end{cases} \tag{6-1}$$

（4）结构构件的受力分析

研究结构或结构中某一部分构件的受力大小时，须学会对它进行受力分析以及画受力图。画受力图的步骤如下：

第一步，将该部分构件从结构中假想地分离出来，保留下来（称之为脱离体），其余部分假想地抛弃掉，即画脱离体图；

第二步，将作用在该脱离体上外力的大小、方向、作用点均按已知情况画在脱离体图上。

注意，这里的外力为外荷载、约束反力以及抛弃部分对脱离体的作用力。

5. 力矩

力使物体移动的效应取决于它的大小和方向，而力使物体转动的效应则取决于力矩这个物理量。

（1）力矩的基本概念

力矩的定义为力 F 对矩心 O 点的矩（图 6-21），其大小等于力 F 的大小与力臂 d 的乘积，即

$$M_0(F)=\pm Fd \qquad\qquad (6-2)$$

习惯上规定：使物体产生逆时针转动（或转动趋势）的力矩取为正值；反之，则为负值。

当力的作用线通过矩心时，因力臂为零，故力矩等于零，此时无论力多么大，也不能使物体绕此矩心转动。力矩常用的国际单位为 N·m 或 kN·m。

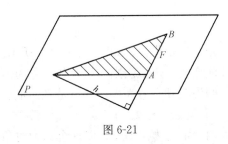

图 6-21

（2）合力矩定理

在工程实际中，有时直接计算一力对某点力臂的值较麻烦，而计算该力的分力对该点的力臂值却很方便，（或者情况相反），因此，我们要讨论一下合力对某点之矩与该合力的分力对某点之矩间的关系。而平面内合力对某一点之矩等于其分力对同一点之矩的代数和。这就叫合力矩定理。

这个结论适用于任意两个或两个以上的力，不论是不是汇交力系，只要它有合力，那么，合力对某点的矩必然等于力系中各个分力对同一点之矩的代数和。

（3）力矩的平衡

作用在物体上同一平面内的各力，对支点或转轴之矩的代数和应为零就是物体在力矩作用下的平衡条件。

6. 力偶

（1）力偶的概念

作用在同一物体上的两个大小相等、方向相反，且不共线的平行力，叫做力偶。

力偶对物体只产生转动效应，用力偶矩 M 来度量，力偶矩是力偶的一个力 F 与力偶臂 d 的乘积，其计算公式是：

$$M=\pm Fd \qquad\qquad (6-3)$$

规定：使物体产生逆时针转动（或转动趋势）的力矩取为正值，反之，则为负值，这与力矩的正负号规定一致。

（2）力偶的性质

力偶是大小相等、方向相反，且不共线的一对力，它对物体产生的是转动的效应，而力对物体产生的是移动的效应，所以力与力偶是两个互相独立的量，不能用一个力来代替或平衡力偶。

力偶的两个力对其作用平面内任一点为矩心的力矩之和均等于力偶矩值，而与矩心位置无关，即力偶对其作用面上任一点的转动效应是相同的。

力偶的三要素为：力偶矩的大小、转向和作用平面。

当平面内作用多个力偶时，这些力偶对物体产生的效应是各力偶的代数和。

7. 平面力系的合成与平衡

（1）平面力系的分类

在工程实践中，经常会遇到所有的外力都作用在一个平面内的情况，这样的力系为平面力系。当构件有对称平面，荷载又对称作用时，常把外力简化为作用在此对称平面内的力系。平面力系又可按力系中的各力的相互关系分为平面汇交力系、平面平行力系与平面任意力系。

当力系中各力汇交于一点时，称平面汇交力系；相互平行时称平面平行力系；如果力系中各力既不全部平行，又不全部交于一点，则为平面任意力系。

（2）平面力系的平衡条件

1）平面汇交力系

平面汇交力系对刚体作用的效应，与其合力对刚体作用的效应是等价的。因此，当合力为零时，表示刚体在力系作用下保持原来的静止状态或匀速直线运动状态，称刚体处于静力平衡状态。故刚体处于平衡状态的主要条件是合力在任意建立的直角坐标系统 x，y 轴上的投影为零。用方程式表示为：

$$\sum F_X = 0$$
$$\sum F_Y = 0$$

应用这两个彼此独立的联立方程，可求解两个未知量。

2）平面一般（任意）力系

力线的平移法则：

当把作用在物体上的 F 力平行移至物体上任一点时，必须同时附加一个力偶，此附加力偶矩等于 F 力对新作用点的力矩。

根据力线的平移法则，对平面一般力系，把所有力往一点平移，最终得到一个平面汇交力系和一个平面力偶系，也即平面一般力系最终合成的结果是得到一个主矢 R 和一个主矩 M。

平面一般力系的平衡条件：

平面一般力系平衡的必要与充分条件是主矢量 $R_O = 0$ 与主矩 $M_O = 0$。

用解析方程表示，有三种形式：

一矩式

$$\sum F_X = 0$$

$$\sum F_Y = 0$$
$$\sum M_A = 0$$

二矩式
$$\sum F_X = 0$$
$$\sum M_A = 0$$
$$\sum M_B = 0 (AB \text{ 不垂直于 } Ox \text{ 轴})$$

三矩式
$$\sum M_A = 0$$
$$\sum M_B = 0$$
$$\sum M_C = 0 (A,B,C \text{ 不在一直线上})$$

以上每一组方程每一组方程均由三个彼此独立的方程式组成，只要满足其中一组方程组，力系就既不可能简化为合力，也不可能简化为力偶，该力系就必定平衡。所以，当一个物体受平面任意力系作用而处于平衡状态时，只能写出三个独立方程，能解三个未知量。对于另外写出的投影方程或力矩方程，只能作为校核计算结果之用，故称为不独立方程。

当结构系统是由若干个构件组成而处于平衡状态时，那么，系统中的每一个构件或其某一部分也必然处于平衡状态。所以，在研究结构系统的平衡问题时，可以选整个系统为研究对象，也可以选系统的某一部分为研究对象。具体如何选取，以简便地求得未知力为好。

3）平面平行力系

在工程实际中，往往遇到作用在物体同一平面内的力是相互平行的，称之为平面平行力系。平面平行力系是平面一般力系的一个特例。

其平衡方程式是：

一矩式
$$\sum F_Y = 0$$
$$\sum M_A = 0$$

二矩式
$$\sum M_A = 0$$
$$\sum M_B = 0$$

6.1.2　静定桁架的内力

1. 桁架的特点和组成

（1）静定平面桁架

桁架结构是指若干直杆在两端铰接组成的静定结构。这种结构形式在桥梁和房屋建筑中应用较为广泛，如南京长江大桥、钢木屋架等。

实际的桁架结构形式和各杆件之间的联结以及所用的材料是多种多样的，实际受力情况复杂，要对它们进行精确的分析是困难的。但根据对桁架的实际工作情况和对桁架进行结构实验的结果表明，由于大多数的常用桁架是由比较细长的杆件所组成，而且承受的荷载大多数都是通过其他杆件传到结点上，这就使得桁架结点的刚性对杆件内力的影响可以大大地减小，接近于铰的作用，结构中所有的杆件在荷载作用下，主要承受轴向力，而弯矩和剪力很小，可以忽略不计。因此，为了简化计算，在取桁架的计算简图时，作如下三个方面的假定：

1）桁架的结点都是光滑的铰结点。

2）各杆的轴线都是直线并通过铰的中心。

3）荷载和支座反力都作用在铰结点上。

通常把符合上述假定条件的桁架称为理想桁架。

（2）桁架的受力特点

桁架的杆件只在两端受力。因此，桁架中的所有杆件均为二力杆。在杆的截面上只有轴力。

（3）桁架的分类

1）简单桁架：由基础或一个基本铰接三角形开始，逐次增加二元体所组成的几何不变体（图 6-22a）。

2）联合桁架：由几个简单桁架联合组成的几何不变的铰接体系（图 6-22b）。

3）复杂桁架：不属于前两类的桁架（图 6-22c）。

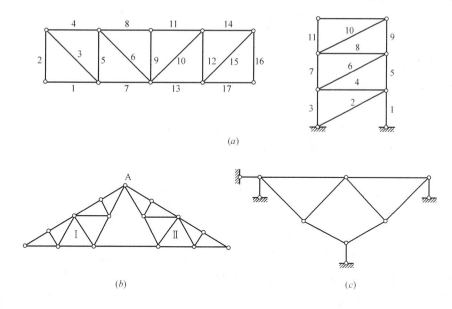

图 6-22

2. 桁架内力计算的方法

桁架结构的内力计算方法主要为：

结点法——适用于计算简单桁架。

截面法——适用于计算联合桁架、简单桁架中少数杆件的计算。

在具体计算时，规定内力符号以杆件受拉为正，受压为负。结点隔离体上拉力的指向是离开结点，压力指向是指向结点。对于方向已知的内力应该按照实际方向画出，对于方向未知的内力，通常假设为拉力，如果计算结果为负值，则说明此内力为压力。

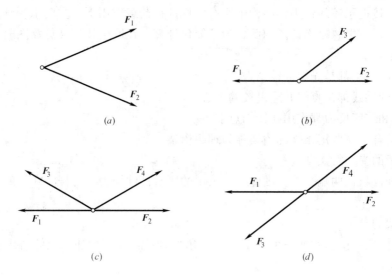

$$(a)$$

$$(b)$$

$$(c)$$

$$(d)$$

图 6-23

常见的以上几种情况可使计算简化：

1. 不共线的两杆结点，当结点上无荷载作用时，两杆内力为零（图 6-23a）。

$$F_1 = F_2 = 0$$

2. 由三杆构成的结点，当有两杆共线且结点上无荷载作用时（图 6-23b），则不共线的第三杆内力必为零，共线的两杆内力相等，符号相同。

$$F_1 = F_2 \qquad\qquad F_3 = 0$$

3. 由四根杆件构成的"K"型结点，其中两杆共线，另两杆在此直线的同侧且夹角相同（图 6-23c），当结点上无荷载作用时，则不共线的两杆内力相等，符号相反。

$$F_3 = -F_4$$

4. 由四根杆件构成的"X"型结点，各杆两两共线（图 6-23d），当结点上无荷载作用时，则共线杆件的内力相等，且符号相同。

$$F_1 = F_2 \qquad F_3 = F_4$$

5. 对称桁架在对称荷载作用下，对称杆件的轴力是相等的，即大小相等，拉压相同；在反对称荷载作用下，对称杆件的轴力是反对称的，即大小相等，拉压相反。

计算桁架的内力宜从几何分析入手，以便选择适当的计算方法，灵活的选取隔离体和平衡方程。如有零杆，先将零杆判断出来，再计算其余杆件的内力。以减少运算工作量，简化计算。

（1）结点法

结点法：截取桁架的一个结点为隔离体计算桁架内力的方法。

结点上的荷载、支座反力和杆件轴力作用线都汇交于一点，组成了平面汇交力系，因此，结点法是利用平面汇交力系来求解内力的。从只有两个未知力的结点开始，按照二元体规则组成简单桁架的次序相反的顺序，逐个截取结点，可求出全部杆件轴力。

结点单杆：如果同一结点的所有内力均为未知的各杆中，除某一杆外，其余各杆都共线，则该杆称为结点的单杆（图 6-23a、b）。

结点单杆具有如下性质：

1) 结点单杆的内力，可以由该结点的平衡条件直接求出。

2) 当结点单杆上无荷载作用时，单杆的内力必为零。

3) 如果依靠拆除单杆的方法可以将整个桁架拆完，则此桁架可以应用结点法将各杆的内力求出，计算顺序应按照拆除单杆的顺序。

实例分析

【例1】 求出图 6-24（a）所示桁架所有杆件的轴力。

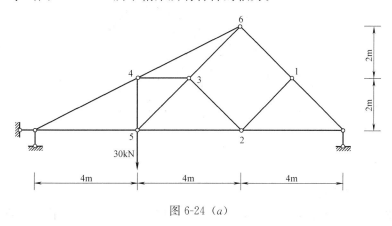

图 6-24（a）

解： 由于图示桁架可以按照依次拆除二元体的方法将整个桁架拆完，因此可应用结点法进行计算。

1) 计算支座反力（图 6-24b）：$R_A = 20$kN　　　$R_B = 10$kN

2) 计算各杆内力

方法一：

应用结点法，可从结点 A 开始，依次计算结点（A、B），1，（2、6），（3、4），5。

结点 A，隔离体如图 6-24c：

结点 A，隔离体如图 6-24c：

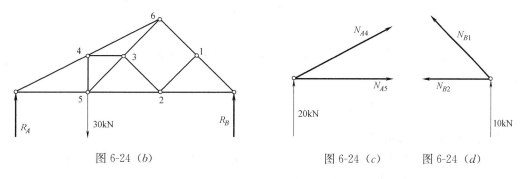

图 6-24（b）　　　　　　　　　　图 6-24（c）　　图 6-24（d）

（压力）$N_{A4} \times \dfrac{2}{2\sqrt{5}} + 20\text{kN} = 0 \Rightarrow N_{A4} = -44.7\text{kN}$

（拉力）$N_{A4} \times \dfrac{4}{2\sqrt{5}} + N_{A5} = 0 \Rightarrow N_{A5} = 40\text{kN}$

179

结点 B，隔离体如图 6-24d：

（压力）$N_{B1} \times \dfrac{\sqrt{2}}{2} + 10\text{kN} = 0 \Rightarrow N_{B1} = -14.1\text{kN}$

（拉力）$N_{B1} \times \dfrac{\sqrt{2}}{2} + N_{B2} = 0 \Rightarrow N_{B2} = 10\text{kN}$

同理依次计算 1，（2、6），（3、4），5 各结点，就可以
求得全部杆件轴力，杆件内力可在桁架结构上直接注明（图 6-24e）。

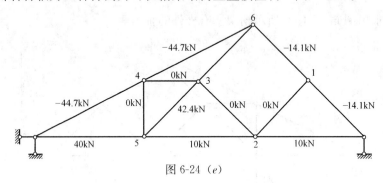

图 6-24 （e）

方法二：

首先进行零杆的判断：

利用前面所总结的零杆判断方法，在计算桁架内力之前，首先进行零杆的判断。

$$N_{12} = N_{23} = N_{43} = N_{45} = 0$$

去掉桁架中的零杆，图示结构则变为图 6-24 （f）所示。

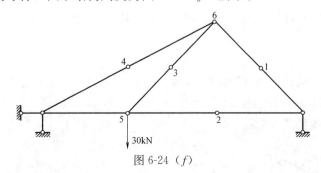

图 6-24 （f）

在结点 5 上，应用结点单杆的性质，N_{53} 内力可直接由平衡条件求出，而不需要求解
支座反力。

$$N_{53} \times \frac{\sqrt{2}}{2} = 30\text{kN} \Rightarrow N_{53} = 42.4\text{kN（拉力）}$$

其他各杆件轴力即可直接求出。

［注意］：利用零杆判断，可以直接判断出哪几根杆的内力是零，最终只求几根杆即
可。在进行桁架内力计算时，可大大减少运算量。

【例2】 求图示桁架中的各杆件的内力。

解：由几何组成分析可知，图示桁架为简单桁架。可采用结点法进行计算。

图 6-25 （a）示结构为对称结构，承受对称荷载，则对称杆件的轴力相等。在计算时

只需计算半边结构即可。

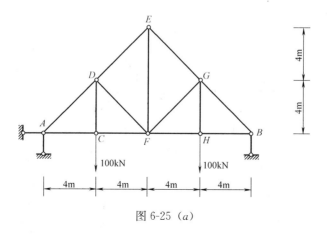

图 6-25 （a）

1）求支座反力。

根据对称性，支座 A、B 的竖向支反力为：

$$R_A = R_B = 100\text{kN}(\uparrow)$$

2）求各杆件内力。

由结点 A 开始，（在该结点上只有两个未知内力）隔离体如图 6-25 （b）所示。

由平衡条件：

$$\frac{\sqrt{2}}{2}N_{AD} + R_A = 0 \Rightarrow N_{AD} = -141.4\text{kN}$$

$$\frac{\sqrt{2}}{2}N_{AD} + N_{AC} = 0 \Rightarrow N_{AC} = 100\text{kN}$$

结点 C：隔离体如图 6-25 （c）所示

由平衡条件：

$$N_{CD} = 100\text{kN}$$
$$N_{CA} = N_{CF} = 100\text{kN}$$

结点 D：隔离体如图 6-25 （d）所示

由平衡条件：为避免求解联立方程，以杆件 DA、DE 所在直线为投影轴。

$$N_{DE} + 141.4\text{kN} - 100 \times \frac{\sqrt{2}}{2} = 0 \Rightarrow N_{DE} = -70.7\text{kN}$$

$$N_{DF} + 100 \times \sqrt{2} = 0 \Rightarrow N_{DF} = -70.7\text{kN}$$

结点 E：隔离体如图 6-25 （e）所示，根据对称性可知 EC 与 ED 杆内力相同。

由平衡条件：$70.7 \times \frac{\sqrt{2}}{2} + 70.7 \times \frac{\sqrt{2}}{2} - N_{EF} = 0 \qquad \Rightarrow \qquad N_{EF} = 100\text{kN}$

所有杆件内力已全部求出，轴力图见图 6-25 （f）。

（2）截面法

用适当的截面，截取桁架的一部分（至少包括两个结点）为隔离体，利用平面任意力系的平衡条件进行求解。

用结点法求解桁架内力时，是按照一定顺序逐个结点计算，这种方法前后计算互相影响。当桁架结点数目较多时，而问题又只要求求解桁架的某几根杆件的内力，此时用结点法就显得繁琐，则采用截面法。

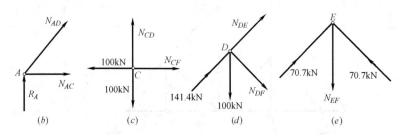

图 6-25

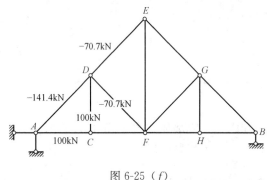

图 6-25 (f)

截面法适用于求解指定杆件的内力，隔离体上的未知力一般不超过三个。

在计算中，未知轴力也一般假设为拉力。

为避免联立方程求解，平衡方程要注意选择，每一个平衡方程一般包含一个未知力。

截面单杆：与结点法相类似，如果某个截面所截得内力为未知的各杆中，除某一杆外其余各杆都交于一点（或彼此平行——交于无穷远处），则此杆称为截面单杆，如图 6-26 (b)。

截面单杆的内力可从本截面相应隔离体的平衡条件直接求出。

实例分析：求出图示杆件 1、2、3 的内力（图 6-27a）。

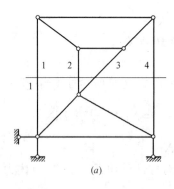

图 6-26

① 求支座反力

由对称性可得，$R_A = R_B = 125kN$（↑）

② 将桁架沿 1-1 截开，选取左半部分为研究对象，截开杆件处用轴力代替（图 6-27b），列平衡方程：

$$\sum M_E = 0: N_1 \times 2 + 125 \times 2 - 50 \times 2 = 0$$

$$\sum Y_Y = 0 : N_2 \times \frac{\sqrt{2}}{2} + 125 - 50 - 50 = 0$$

$$\sum X_X = 0 : N_1 + N_2 \times \frac{\sqrt{2}}{2} + N_3 = 0$$

解：

即可解得：$N_1 = -75kN$ $\qquad N_2 = -35.4kN$ $\qquad N_3 = 100kN$

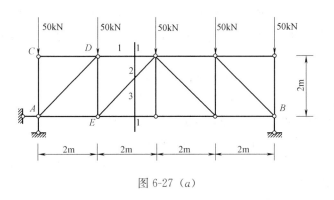

图 6-27（a）

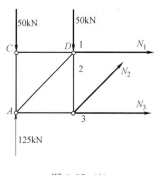

图 6-27（b）

6.2 变形固体的基本概念及基本假设

固体在外力作用下所产生的物理现象是各种各样的，而每门学科仅从自身的特定目的出发去研究某一方面的问题。为了研究方便，常常需要舍弃那些与所研究的问题无关或关系不 大的特征，而只保留主要的特征，将研究对象抽象成一种理想的模型。例如在刚体静力学和动力学中，为了从宏观上研究物体的平衡和机械运动的规律，可将物体看作刚体。在材料力学中，所研究的是构件的强度、刚度和稳定性问题，这就必须考虑物体的变形，即使变形很小，也不能把物体看作刚体。研究变形固体的力学称为固体力学或变形体力学。材料力学是固体力学中的一个分支。

变形固体的组织构造及其物理性质是十分复杂的，为了抽象成理想的模型，通常对变形固体作出下列基本假设：

（1）连续性假设 假设物体内部充满了物质，没有任何空隙。而实际的物体内当然存在着空隙，而且随着外力或其他外部条件的变化，这些空隙的大小会发生变化。但从宏观方面研究，只要这些空隙的大小比物体的尺寸小得多，就可不考虑空隙的存在，而认为物体是连续的。

（2）均匀性假设 假设物体内各处的力学性质是完全相同的。实际上，工程材料的力学性质都有一定程度的非均匀性。例如金属材料由晶粒组成，各晶粒的性质不尽相同，晶粒与晶粒交界处的性质与晶粒本身的性质也不同；又如混凝土材料由水泥、砂和碎石组成，它们的性质也各不相同。但由于这些组成物质的大小和物体尺寸相 比很小，而且是随机排列的，因此，从宏观上看，可以将物体的性质看作各组成部分性质的 统计平均量，而认为物体的性质是均匀的。

（3）各向同性假设 假设材料在各个方向的力学性质均相同。金属材料由晶粒组成，单个晶粒的性质有方向性，但由于晶粒交错排列，从统计观点看，金属材料的力学性质可认为是各个方向相同的。例如铸钢、铸铁、铸铜等均可认为是各向同性材料。同样，像玻璃、塑料、混凝土等非金属材料也可认为是各向同性材料。但是，有些材料在不同方向具有不同的力学性质，如经过碾压的钢材、纤维整齐的木材以及冷扭的钢丝等，这些材料是各向异性材料。在材料力学中主要研究各向同性的材料。

变形固体受外力作用后将产生变形。如果变形的大小较之物体原始尺寸小得多，这种变形称为小变形。材料力学所研究的构件，受力后所产生的变形大多是小变形。在小变形情况下，研究构件的平衡以及内部受力等问题时，均可不计这种小变形，而按构件的原始尺寸计算。

当变形固体所受外力不超过某一范围时，若除去外力，则变形可以完全消失，并恢复原有的形状和尺寸，这种性质称为弹性。若外力超过某一范围，则除去外力后，变形不会全部消失，其中能消失的变形称为弹性变形，不能消失的变形称为塑性变形，或残余变形、永久变形。对大多数的工程材料，当外力在一定的范围内时，所产生的变形完全是弹性的。对多数构件，要求在工作时只产生弹性变形。因此，在材料力学中，主要研究构件产生弹性变形的问题，即弹性范围内的问题。

需要指出的是，在材料力学中，虽然研究对象是变形体，但当涉及大部分平衡问题时，依然将所研究的对象（杆件或其局部）视为刚体。

6.2.1 杆件的基本受力形式

1. 杆件的几何特性

杆件的长度方向称为纵向，垂直长度的方向称为横向。工程上经常遇到的杆件是指纵向尺寸远较横向尺寸为大的杆件。杆件有两个常用到的几何元素：横截面和轴线。前者指垂直杆件长度方向的截面，后者为各横截面形心的连线，两者具有互相垂直的关系，如图6-28所示。

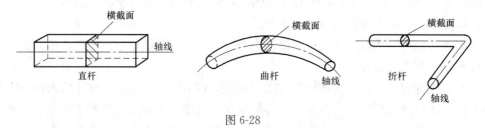

图 6-28

按杆件轴线的形状，分为直杆、曲杆和折杆。而等直杆就是轴线是直线且横截面形状、尺寸均不改变的杆件。

2. 杆件变形的基本形式

作用在杆上的外力是多种多样的，因此杆的变形也是多种多样的。然而，变形的基本形式有以下四种。

（1）轴向拉伸或压缩　直杆受到与轴线重合的外力作用时，杆的变形主要是轴线方向的伸长或缩短。这种变形称为轴向拉伸或压缩，如图6-29（a）、（b）所示。

（2）剪切　在一对大小相等、方向相反、作用线相距很近的横向力作用下，杆件的主要变形是横截面沿外力作用方向发生错动，这种变形形式称为剪切。

（3）扭转　直杆在垂直于轴线的平面内，受到大小相等、方向相反的力偶作用时，各横截面相互发生转动。这种变形称为扭转，如图 6-29（c）所示。

（4）弯曲　直杆受到垂直于轴线的外力或在包含轴线的平面内的力偶作用时，杆的轴线发生弯曲。这种变形称为弯曲，如图 6-29（d）所示。

杆在外力作用下，若同时发生两种或两种以上的基本变形，则称为组合变形。

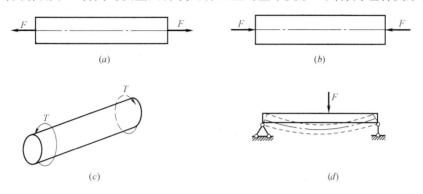

图 6-29　杆件的几种基本变形

3. 轴向拉伸或压缩

工程中有些构件，例如，桁架中的桁杆，万能试验机的立柱等，所受外力的作用线与杆轴线重合，即承受轴向荷载。这时，杆件将沿轴向伸长（缩短）、沿横向收缩（或扩张）。这类杆件称为轴向拉伸（压缩）杆件。轴向拉压是杆件的基本变形形式之一。

在研究杆件的应力、变形时，必须首先知道杆件的内力。对于轴向拉压杆件，其横截面上只有与杆轴线重合的内力，此内力就称为轴力记为 F_N，其正负号规定为：轴力指向与横截面外法线方向一致为正，反之为负，即：拉为正，压为负。其大小可按截面法由平衡方程求得。

当轴向拉（压）杆件所受外力较复杂时，在杆不同部位横截面上的轴力一般不相同。在进行应力与变形分析时，通常需要知道杆的各个横截面上的轴力、最大轴力及其所在横截面的位置，因此需作出表示轴力与截面位置关系的变化图线，即轴力图。

在画轴力图时首先应确定控制面集中力作用点处两侧的横截面、分布荷载的起始作用点和终止作用点处的横截面，都是控制面。计算出控制面的轴力值，再根据相邻控制面之间的荷载情况，画出轴力图。相邻两控制面间，若无荷载，该段轴力图为水平线或竖直线若为均布荷载，该段轴力图为斜直线。轴力图在集中力作用处有突变，突变值即为该集中力的值。

（1）内力：在外力作用下杆件内部相连的两部分间的相互作用。

单位（N 或 KN）

内力随外力的增大而增大但内力的大小是有限的。

（2）内力的计算方法——截面法

1）概念：截面法是计算内力的基本方法，用截面假想地把物体分成两部分，以显示并确定内力的方法。

2）步骤：

① 截开：在需求内力的截面处，将构件假想截分为两部分；

② 代替：任取一部分为研究对象，弃去另一部分，并以内力代替弃去部分对留下部分的作用；

③ 平衡：对留下部分建立平衡方程，求出该截面的内力。

轴向拉伸和压缩时的内力：

拉压杆的内力——轴力

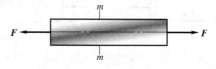

$$\sum F_x = 0; F_N - P = 0, N = P$$

拉压杆横截面的内力沿杆的轴线，故称为轴力。

轴力以拉为正，以压为负。

轴力图：表示沿杆件轴线各横截面上轴力变化规律的图线，

轴力图以平行于杆轴线的 x 轴为横坐标，表示横截面位置，

以 N 轴为纵坐标，表示横截面上的轴力值。

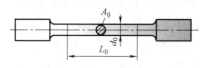

（3）材料在外力作用下表现的有关强度、变形方面的特性。一般情况下指在常温、静载、标准试件情况下的标准试验。

1）图 6-30 为低碳钢拉伸应力-应变曲线（有屈服台阶的塑性材料）。

由低碳钢的 $s\text{-}e$ 曲线可看出，整个拉伸过程可分为以下四个阶段：

① 弹性阶段 OA。A' 点的应力 σ_p 称为比例极限，A 点的应力 σ_e 称为弹性极限。

② 屈服阶段 $B'C$。B 点应力 σ_s 称为屈服极限。

③ 强化阶段 CD。在此阶段卸载内卸载会出现"冷作硬化"现象。

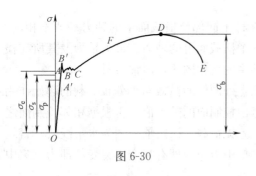

图 6-30

④ 局部变形阶段 DE。D 点过后，试件出现"颈缩"现象。到达 E 点试件断裂。D 点应力 σ_b 称为强度极限。

伸长率（延伸率）：$\delta_n = \dfrac{l_1 - l_0}{l_0} \times 100\%$

断面收缩率：$\varphi = \dfrac{A_0 - A_1}{A_0} \times 100\%$

一般 $\delta > 5\%$ 称为塑性材料，$\delta < 5\%$ 称为脆性材料。

2）锰钢、硬铝、青铜的拉伸力学性能（没有明显屈服台阶的塑性材料）。

没有明显屈服阶段，得不到屈服点，但断裂后具有较大的塑性变形。

名义屈服强度：对应于试样产生 0.2% 的塑性变形时候的应力值。如图 6-31 所示。

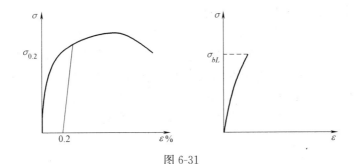

图 6-31

3）灰口铸铁和玻璃钢的拉伸性能。

没有屈服台阶，不存在明显屈服点，脆性破坏，以极限强度 σ_b 作为强度指标。

胡克定律可以近似应用。

4）材料压缩时的力学性能（圆柱体、立方体）

塑性材料：曲线主要部分与拉伸曲线重合，弹性模量 E、屈服点 σ_s 相同，屈服阶段过后开始逐渐分叉。

脆性材料：抗压能力远比抗拉能力强。

4. 剪切

工程中的拉压杆件有时是由几部分联接而成的。在连接部位，一般要有起连接作用的部件，这种部件称为连接件。例如图 6-32（a）所示两块钢板用铆钉（也可用螺栓或销钉）连接成一根拉杆，其中的铆钉（螺栓或销钉）就是连接件。

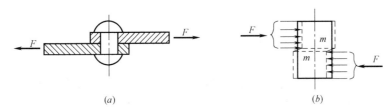

图 6-32　连接和连接件

为了保证连接后的杆件或构件能够安全地工作，除杆件或构件整体必需满足强度、刚度和稳定性的要求外，连接件本身也应具有足够的强度。铆钉、螺栓等连接件的主要受力和变形特点如图 6-32（b）所示。作用在连接件两侧面上的一对外力的合力大小相等，均为 F，而方向相反，作用线相距很近；并使各自作用的部分沿着与合力作用线平行的截面 m-m（称为剪切面）发生相对错动。这种变形称为剪切变形。它与所讲述的拉压、扭转、弯曲等变形均不相同。连接件本身不是细长直杆，其受力和变形情况很复杂，因而要精确地分析计算其内力和应力很困难。工程上对连接件通常是根据其实际破坏的主要形态，对其内力和相应的应力分布作一些合理的简化，并采用实用计算法计算出各种相应的名义应力，作为强度计算中的工作应力。而材料的容许应力，则是通过对连接件进行破坏试验，并用相同的计算方法由破坏荷载计算出各种极限应力，再除以相应的安全因数而获得。实践 证明，只要简化得当，并有充分的实验依据，按这种实用计算法得到的工作应力和容许应力 建立起来的强度条件，在工程上是可以应用的。

下面以铆接拉杆作为典型，进行强度计算分析。

如图 6-33（a）所示的铆接接头，是用一个铆钉将两块钢板以搭接形式连接成一拉杆。两块 钢板通过铆钉相互传递作用力。这种接头可能有三种破坏形式：①铆钉沿横截面剪断，称 为剪切破坏；②铆钉与板孔壁相互挤压而在铆钉柱表面和孔壁柱面的局部范围内发生显著 的塑性变形，称为挤压（bearing）破坏；③板在钉孔位置由于截面削则被拉断，称为拉断破坏。因此，在铆接强度计算中，对这三种可能的破坏情况均应考虑。

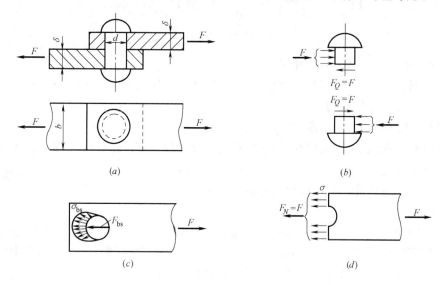

图 6-33

5. 扭转

（1）外力偶矩的计算

设传动轴传递的功率为 P_k（单位：kW），轴的转速为 n（单位：r/Min），则该轴承受的外力偶矩为（单位：N·M）：

$$m = 9550 \frac{P_k}{n}$$

（2）扭转内力

受扭构件横截面上的内力，是作用在横截面平面内的力偶，其力偶矩称为扭矩。扭矩用截面法求解。

扭矩正负号规定：采用右手螺旋法则，四指表示扭矩的转向（图 6-34），拇指的指向离开截面时扭矩为正，拇指指向截面时扭矩为负。

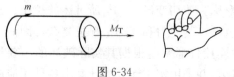

图 6-34

扭矩图：横截面上的扭矩沿截面分布规律的图线。横坐标表示轴线横截面的位置，纵坐标表示扭矩的大小。

　　杆的扭矩图（右图）：

解：AC 段：$\sum m = 0$

$T_1 - 3 = 0$；$T_1 = 3 \text{kN} \cdot \text{m}$

BC 段：$\sum m = 0$

$T_2 + 2 = 0$；$T_2 = -2 \text{kN} \cdot \text{m}$

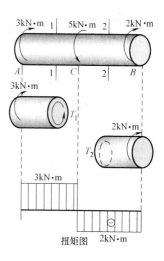

扭矩图

6. 弯曲

（1）弯曲的概念

　　弯曲：在通过轴线的平面内，杆受垂直于轴线的外力或外力偶的作用时，轴线弯曲成为曲线，这种受力形式称为弯曲。

　　梁：以弯曲变形为主的构件通常称为梁。

　　纵向对称面：通过梁轴线和截面对称轴的平面。

　　平面弯曲：杆发生弯曲变形后，轴线仍然和外力在同一平面内或者平行。

（2）计算简图

　　计算简图：梁的支承条件与载荷情况一般都比较复杂，为了便于分析计算，应进行必要的简化，抽象出计算简图。包括几何形状的简化、荷载的简化和支座的简化。

　　几何尺寸的简化：截面的和形状和尺寸对内力计算没有影响，通常取梁的轴线来代替梁。

　　荷载的简化：集中荷载、分布载荷和集中力偶。

　　支座的简化：固定铰支座（2 个约束，1 个自由度），可动铰支座（1 个约束，2 个自由度）和固定端支座（3 个约束，0 个自由度）。

　　按照支座情况，可以把梁分成简支梁，外伸梁和悬臂梁。梁两个支座之间的长度称为跨度。

　　静定梁：由静力学方程可求出支反力，如上述三种基本形式的静定梁。

　　非静定梁：由静力学方程不可求出支反力或不能求出全部支反力。

6.2.2　杆件强度的概念

1. 材料的力学性能

　　材料的力学性质是指材料受外力作用后，在强度和变形方面所表现出来的特性，也可称为机械性质。

（1）拉伸时材料的力学性质

1）低碳钢的拉伸试验

①拉伸过程的各个阶段及特性点应力：

整个拉伸过程大致可分为四个阶段。

　　弹性阶段：在这个阶段内，试样的变形是弹性的，当卸去荷载后，变形完全消失。弹性阶段的应力最高限，称为弹性极限，用 σ_e 表示。在弹性阶段内，应力和应变成线性关系（线弹性阶段）的应力最高限，称为比例极限，用 σ_p 表示。试验结果表明，材料的弹性极限和比例极限数值上非常接近，故工程上对它们往往不加区分。即近似取 $\sigma_e = \sigma_p$。

屈服阶段：此阶段亦称为流动阶段。当增加荷载使应力超过弹性极限后，变形增加较快，而应力不增加或产生波动，在 $\sigma\varepsilon$ 曲线上或 $F\text{-}\Delta l$ 曲线上呈锯齿形线段，这种现象称为材料的屈服或流动。材料在屈服阶段产生的变形绝大部分为塑性变形。材料在断裂前产生塑性变形的能力称为塑性。当材料屈服时，在抛光的试样表面能观察到两组与试样轴线成 45° 的正交细条纹，这些条纹称为滑移线。这种现象的产生，是由于拉伸试样中与杆轴线成 45° 的斜面上，存在着数值最大的切应力。由试验得知，屈服阶段内最高点（上屈服点）的应力很不稳定，而最低点 c（下屈服点）所对应的应力较为稳定。故通常取最低点所对应的应力为材料屈服时的应力，称为屈服极限（屈服点）或流动极限，用 σ_s 表示。

强化阶段：试样屈服以后，内部组织结构发生了调整，重新获得了进一步承受外力的能力，因此要使试样继续增大变形，必须增加外力，这种现象称为材料的强化。在强化阶段中，试样主要产生塑性变形，而且随着外力的增加，塑性变形量显著地增加。这一阶段的最大应力称为强度极限，用 σ_b 表示。

破坏阶段：应力达到强度极限以后，试样在某一薄弱区域内的伸长急剧增加，试样横截面在这薄弱区域内显著缩小，形成了"颈缩"现象，最后试样在最小截面处被拉断。

材料的比例极限 σ_p（或弹性极限 σ_e）、屈服极限 σ_s 及强度极限 σ_b 都是特性点应力，它们在材料力学中有着重要意义。屈服极限 σ_s 和强度极限 σ_b 是材料的两个重要强度指标。

② 材料的塑性指标：

常用的塑性指标有两种即延伸率 δ 和断面收缩率 ψ。

$$\sigma=\frac{l_1-l}{l}\times100\% \quad \psi=\frac{A-A_1}{A}\times100\%$$

工程中一般将 $\delta\geqslant5\%$ 的材料称为塑性材料，$\delta<5\%$ 的材料称为脆性材料。低碳钢的延伸率大约在 25% 左右，故为塑性材料。

③ 冷作硬化现象在材料的强化阶段中，如果卸去荷载，则卸载时拉力和变形之间仍为线性关系，如卸载后重新加载，则开始时拉力和变形之间大致仍按直线变化，但材料的比例极限提高了，而且不再有屈服现象，拉断后的塑性变形减少了，这一现象称为冷作硬化现象。

2）其他塑性材料拉伸时的力学性质：

对于没有明显屈服阶段的塑性材料，通常以产生 0.2% 的塑性应变时的应力作为屈服极限，称为条件屈服极限或称为规定非比例伸长应力，用 $\sigma_{p0.2}$ 表示，也有用 $\sigma_{0.2}$ 表示的。

3）铸铁的拉伸试验：

① 应力-应变曲线上没有明显的直线段，即材料不服从胡克定律。但直至试样拉断为止，曲线的曲率都很小。因此，在工程上，曲线的绝大部分可用一割线（如图中虚线）代替，在这段范围内，认为材料近似服从胡克定律。

② 变形很小，拉断后的残余变形只有 0.5%～0.6%，故为脆性材料。

③ 没有屈服阶段和"颈缩"现象。唯一的强度指标是拉断时的应力，即强度极限 σ_b，但强度极限很低，所以不宜用作为受拉构件的材料。

（2）压缩时材料的力学性质

190

1）低碳钢的压缩试验：

① 低碳钢压缩时的比例极限 σ_p、屈服极限 σ_s 及弹性模量 E 都与拉伸时基本相同。

②当应力超过屈服极限之后，压缩试样产生很大的塑性变形，愈压愈扁，横截面面积不断增大。虽然名义应力不断增加，但实际应力并不增加，故试样不会断裂，无法得到压缩的强度极限。

2）铸铁的压缩试验：

① 和拉伸试验相似，应力-应变曲线上没有直线段，材料只近似服从胡克定律。

② 没有屈服阶段。

③ 和拉伸相比，破坏后的轴向应变较大，约为 $5\%\sim10\%$。

④ 试样沿着与横截面大约成 $55°$ 的斜截面剪断。通常以试样剪断时横截面上的正应力作为强度极限 σ_b。铸铁压缩强度极限比拉伸强度极限高 $4\sim5$ 倍。

（3）塑性材料和脆性材料的比较

① 塑性材料一般为拉压等强度材料，且其抗拉强度通常比脆性材料的抗拉强度高，故塑性材料一般用来制成受拉杆件；脆性材料的抗压强度比抗拉强度高，故一般用来制成受压构件，而且成本较低。

② 塑性材料能产生较大的塑性变形，而脆性材料的变形较小。要使塑性材料破坏需

消耗较大的能量，因此这种材料承受冲击的能力较好；因为材料抵抗冲击能力的大小决定于它能吸收多大的动能。此外，在结构安装时，常常要校正构件的不正确尺寸，塑性材料可以产生较大的变形而不破坏；脆性材料则往往会由此引起断裂。

③ 当构件中存在应力集中时，塑性材料对应力集中的敏感性较小。

必须指出，材料的塑性或脆性，实际上与工作温度、变形速度、受力状态等因素有关。例如低碳钢在常温下表现为塑性，但在低温下表现为脆性；石料通常认为是脆性材料，但在各向受压的情况下，却表现出很好的塑性。

2. 单向应力状态下的强度条件及其应用

（1）强度条件的概念

由材料的拉伸和压缩试验得知，当脆性材料的应力达到强度极限时，材料将会破坏（拉断或剪断）；当塑性材料的应力达到屈服极限时，材料将产生较大的塑性变形。工程上的构件，既不允许破坏，也不允许产生较大的塑性变形。因为较大塑性变形的出现，将改变原来的设计状态，往往会影响杆件的正常工作。因此，将脆性材料的强度极限 σ_b 和塑性材料的屈服极限 $\sigma_{0.2}$ 作为材料的极限正应力，用 σ_u 表示。要保证杆件安全而正常地工作，其最大工作应力不能超过材料的极限应力。但是，考虑到一些实际存在的不利因素后，设计时不能使杆件的最大工作应力等于极限应力，而必须小于极限应力。此外，还要给杆件必要的强度储备。因此，工程上将极限正应力除以一个大于 1 的安全因数，作为材料的容许正应力，即

$$[\sigma]=\frac{\sigma_u}{n}$$

对于脆性材料，$\sigma_u=\sigma_b$，对于塑性材料 $\sigma_u=\sigma_b$（或 $\sigma_{0.2}$）。

安全因数 n 的选取，除了需要考虑前述因素外，还要考虑其他很多因素。例如结构和构件的重要性，杆件失效所引起后果的严重性以及经济效益等。因此，要根据实际情况选

取安全因数。

在通常情况下，对静荷载问题，塑性材料一般取 $n=1.5\sim2.0$，脆性材料一般取 $n=2.0\sim2.5$。

（2）轴向拉压杆的强度条件及其应用

对于等截面直杆，内力最大的横截面称为危险截面，危险截面上应力最大的点就是危险点。拉压杆件危险点处的最大工作应力为横截面上均匀分布的正应力，当该点的最大工作应力不超过材料的容许正应力时，就能保证杆件正常工作。

因此，等截面拉压直杆的强度条件为

对拉压等强度材料：

$$\sigma_{max}=\frac{F_{Nmax}}{A}\leqslant[\sigma]$$

对拉压强度不等的材料：

$$\sigma_{tmax}=\frac{F_{Ntmax}}{A}\leqslant[\sigma_t]$$

$$\sigma_{cmax}=\frac{F_{Ncmax}}{A}\leqslant[\sigma_c]$$

式中 F_{Nmax}、F_{Ntmax}、F_{Ncmax} 均取绝对值进行计算。

利用上面的强度条件，可以进行如下三个方面的强度计算：①校核强度；②设计截面；③求容许荷载。

强度条件的上述三种应用，统称为强度计算。

（3）梁的弯曲正应力强度条件及其应用

1）梁的弯曲正应力强度条件：

为了保障梁能安全可靠的工作，同时留有一定的安全储备，必须使梁内的最大应力不能超过材料的许用正应力 $[\sigma]$，这就是梁的正应力强度条件。分两种情况表达如下：

① 若材料的抗拉和抗压能力相同，其正应力强度条件为

$$\sigma_{max}\leqslant[\sigma]$$

② 若材料的抗拉和抗压能力不相同，应分别对最大拉应力和最大压应力建立强度条件，即：

$$\left.\begin{array}{l}\sigma_{tmax}\leqslant[\sigma_t]\\\sigma_{cmax}\leqslant[\sigma_c]\end{array}\right\}$$

2）梁的弯曲正应力强度条件的应用：

应用梁的正应力强度条件，可以解决如下三个方面的有关梁强度的计算问题：①校核强度；②设计截面；③确定许可的最大荷载。

（4）几种简单组合变形杆件的强度计算

求解组合变形问题的基本方法是叠加法。首先应根据静力等效原理，把作用于杆件上的外力分解或简化成几组，使每一组外力只产生一种基本变形，然后分别计算出每一种基本变形下的内力和应力，运用叠加法算出杆件在原外力共同作用下危险截面上危险点的总应力，再根据危险点的应力状态建立强度条件。

下面两类组合变形杆件内的危险点一般处于单向应力状态，因此可用上述单向应力状态下的强度条件进行强度计算：

1）斜弯曲杆件的强度计算。

2）拉伸（压缩）与弯曲组合变形杆件的强度计算。

3. 纯切应力状态下的强度条件及其应用

（1）受扭圆轴的强度条件及其应用

等直圆轴在扭转时，杆内各点均处于纯剪切状态，其强度条件为在工作切应力不大于材料的许用切应力。

即

$$\tau_{\max} \leqslant [\tau]$$

等直圆轴强度条件为

$$\frac{M_{x\max}}{W_{t}} \leqslant [\tau]$$

根据上式可进行三种不同情况的强度计算：①校核强度；②设计截面；③计算许可荷载。

（2）梁的弯曲切应力强度条件及其应用

与梁的正应力强度计算一样，为了保证梁的安全工作，梁在荷载作用下产生的最大切应力不能超过材料的容许切应力。即梁的切应力强度条件为：

$$\tau_{\max} \leqslant [\tau]$$

对于等直梁有：

$$\tau_{\max} = \frac{F_{Q\max} S_{z\max}^{*}}{I_{z}b} \leqslant [\tau]$$

式中 $S_{z\max}^{*}$ 为梁横截面上中性轴一侧的截面面积对中性轴的静矩，b 为横截面在中性轴处的宽度，$F_{Q\max}$ 为梁中最大剪力。

在进行梁的强度计算时，必须同时满足正应力强度条件及切应力强度条件。

4. 复杂应力状态下的强度条件及其应用

（1）强度理论的概念

为了解决复杂应力状态下的强度计算问题，人们不再采用直接通过复杂应力状态的破坏试验建立强度条件的方法，而是通过对材料各种强度失效现象的观察和材料破坏规律的分析，经过判断和推理，提出某一因素是引起材料强度失效的主要因素的假说，然后利用单向应力状态的试验结果，来建立复杂应力状态下的强度条件。17 世纪以来，人们根据大量的试验，进行观察和分析，提出了各种关于破坏原因的假说，并由此建立了不同的强度条件。这些关于材料破坏规律的假说和由此建立的强度条件通常就称为强度理论。

每种强度理论的提出，都是以一定的试验现象为依据。大量的实践表明，材料强度失效的基本形式可归纳为两种：塑性屈服失效和脆性断裂破坏。前者以屈服现象或较大的塑性变形作为强度失效的标志，后者则在没有明显的塑性变形时就发生断裂破坏。

构件是发生脆性断裂破坏还是发生塑性屈服失效，不仅与构件材料本身的性质有关，而且还与构件内危险点的应力状态以及温度等因素有关。例如，塑性材料在三向拉应力状态下，呈现脆性断裂破坏，而脆性材料在三向压应力状态下却出现明显的塑性变形。

现有的强度理论虽然很多，但大体可分为两类：一类是关于脆性断裂的强度理论；另一类是关于屈服破坏的强度理论。

（2）四种常用的强度理论

由于材料存在着两种强度失效形式，所以强度理论也分为两类。一类是解释材料脆性断裂破坏的强度理论，另一类是解释材料塑性屈服破坏的强度理论。

常温、静载条件下常用的四个基本强度理论：

1）关于脆性断裂的强度理论：

① 最大拉应力理论（第一强度理论）：

这一理论认为：最大拉应力是引起材料发生脆性断裂破坏的主要因素。即无论材料处于何种应力状态，只要危险点处的最大拉应力 σ_1 达到材料在单向应力状态下的极限应力 σ_{jx}，材料就会发生脆性断裂破坏。按第一强度理论建立的强度条件是：

$$\sigma_1 \leqslant [\sigma]$$

这一理论能很好地解释铸铁、砖、岩石、混凝土和陶瓷等脆性材料在拉伸、扭转或二向拉应力状态下所产生的破坏现象，并且因为计算简单，所以上述情况下应用较广。但这一理论没有考虑其他两个主应力 σ_2、σ_3 对破坏的影响，对轴向受压等情况下发生的脆性断裂破坏现象不能正确解释。

② 最大伸长线应变理论（第二强度理论）：

这一理论认为：最大伸长线应变（最大拉应变）是引起材料发生脆性断裂破坏的主要因素。即无论材料处于何种应力状态，只要危险点处的最大伸长线应变 ε_1 达到材料在单向应力状态下的极限拉应变 ε_{jx}，材料就会发生脆性断裂破坏。按第二强度理论建立的强度条件为：

$$\sigma_1 - \mu(\sigma_2 + \sigma_3) \leqslant [\sigma]$$

这一理论可以解释混凝土试件或石料试件受压时的破坏现象。例如混凝土抗压强度实验中当试件端部无摩擦时，受压后将产生纵向裂缝而破坏，这可以认为是由于试件的横向应变超过了极限值的结果。此外，第二强度理论考虑了 σ_2 和 σ_3 对破坏的影响，似乎比第一强度理论合理，但没有得到多数材料的实验证实，而且这一理论对两向受拉比单向受拉更危险等现象难以解释。

2）关于屈服的强度理论：

① 最大切应力理论（第三强度理论）

这一理论认为：最大切应力是引起材料发生塑性屈服破坏的主要因素。即无论材料处于何种应力状态，只要危险点处的最大切应力 τ_{max} 达到材料在单向应力状态下的极限切应力 τ_{jx}，材料就会发生塑性屈服破坏。按第三强度理论建立的强度条件为：

$$\sigma_1 - \sigma_3 \leqslant [\sigma]$$

这一理论能很好地解释塑性材料发生屈服破坏的现象，例如低碳钢试件轴向拉伸时，在与轴线成 $45°$ 的斜截面上剪应力最大，因此，当材料开始屈服时，试件的表面出现沿 $45°$ 方向的滑移线。但这一理论没有考虑主应力 σ_2 对破坏的影响，使其计算结果偏于安全。但由于这一理论计算公式比较简明，所以在工程实际中得到了广泛的应用。

② 形状改变能密度理论（第四强度理论）：

第四强度理论认为：形状改变能密度是引起材料发生塑性屈服破坏的主要因素。即无论材料处于何种应力状态，只要危险点处的形状改变能密度达到材料在单向应力状态下的极限形状改变能密度 $(u_f)_{jx}$，材料就会发生塑性屈服破坏。按第四强度理论建立的强度条件为：

$$\sqrt{\frac{1}{2}\left[(\sigma_1-\sigma_2)^2+(\sigma_2-\sigma_3)^2+(\sigma_3-\sigma_1)^2\right]}\leqslant[\sigma]$$

由于这一理论全面考虑了三个主应力的影响，所以比较合理。实验证明，对于塑性材料，这一理论比第三强度理论更符合实验结果。

6.2.3 杆件刚度和稳定的基本概念

1. 杆件的刚度与变形

（1）拉压杆的变形

杆件在轴向拉压时（图 6-35）：

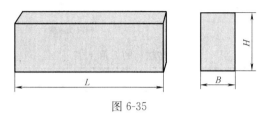

图 6-35

沿轴线方向产生伸长或缩短——纵向变形；

横向尺寸也相应地发生改变——横向变形。

1）纵向变形

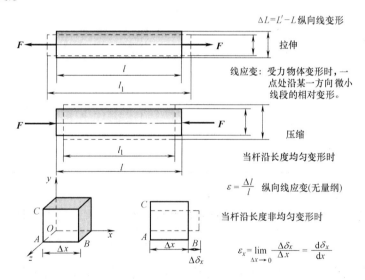

无论是拉伸，还是压缩，轴向线应变与横向线应变总是正负号相反。（拉伸时 $\varepsilon>0$ 称为拉应变；压缩时 $\varepsilon<0$ 称为压应变。）

实验结果表明，在弹性范围内，横向线应变与轴向线应变大小的比值为常数，即

$$\upsilon=\left|\frac{\varepsilon'}{\varepsilon}\right|$$

υ 称为泊松比或横向变形系数，它是表征材料力学性质的重要材料常数之一。见表 6-1。

2）横向变形

纵向线应变：$\varepsilon=\dfrac{\Delta l}{l}$

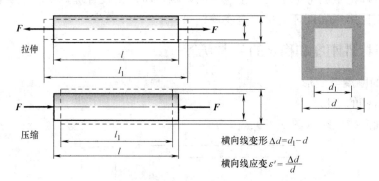

横向线变形 $\Delta d=d_1-d$

横向线应变 $\varepsilon'=\dfrac{\Delta d}{d}$

一些材料的 E 和 ν 值　　　　　　　　表 6-1

材料名称	弹性模量 E(GPa)	泊松比 υ
低碳钢	200～210	0.25～0.33
16 锰钢	200～220	0.25～0.33
合金钢	190～220	0.24～0.33
灰口、白口铸铁	115～160	0.23～0.27
可锻铸铁	155	
硬铝合金	71	0.33
铜及其合金	74～130	0.31～0.42
铅	17	0.42
混凝土	14.6～36	0.16～0.18
木材(顺纹)	10～12	
橡胶	0.08	0.47

（2）胡克定律

实验结果还表明在线弹性范围内，杆件的线应变与正应力成正比，即

$$\varepsilon=\frac{\sigma}{E}\ 或\ \sigma=E\varepsilon$$

此关系称为胡克定律，其中比例系数 E 称为。弹性模量也是表征材料力学性质的重要材料常数之一。将 $\varepsilon=\dfrac{\Delta l}{l}$ 与 $\sigma=\dfrac{F_N}{A}$ 代入上式得：$\Delta l=\dfrac{F_N l}{EA}$。

该式是虎克定律的另一表达形式。其中 EA 表征杆件抵抗拉压变形的能力，称为杆的抗拉（压）强度。

（3）虎克定律的应用

计算拉压杆的变形：

【例】 已知 $A_1=1000\text{mm}^2$，$A_2=500\text{mm}^2$，$E=200\text{GPa}$，试求杆的总伸长。

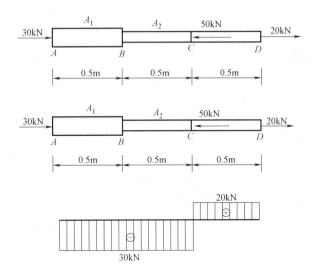

$$\Delta l = \Delta l_{AB} + \Delta l_{BC} + \Delta l_{BC} = \frac{F_{NBA} l_{AB}}{EA_1} + \frac{F_{NBC} l_{BC}}{EA_2} + \frac{F_{NCD} l_{CD}}{EA_2}$$

$$= \frac{0.5 \times 10^3 \times 10^3}{200 \times 10^9 \times 10^{-6}} \left(\frac{-30}{1000} + \frac{-30}{500} + \frac{20}{500} \right)$$

$$= -0.125 \text{mm}$$

2. 压杆稳定的概念

稳定性：压杆能保持稳定的平衡性能称为压杆具有稳定性。

失稳：压杆不能保持稳定的平衡叫压杆失稳。

稳定平衡：细长杆在轴向压力下保持直线平衡状态，如果给杆以微小的侧向干扰力，使杆产生微小的弯曲，在撤去干扰力后，杆能够恢复到原有的直线平衡状态而保持平衡，这种原有的直线平衡状态称为稳定平衡。

不稳定平衡：撤去干扰力后，杆不会回到原来的平衡，而是保持微弯或力 F 继续增大，杆继续弯曲，产生显著的变形，甚至发生突然破坏，则称原有的平衡为不稳定平衡。

失稳：轴向压力 F 由小逐渐增大的过程中，压杆由稳定的平衡转变为不稳定的平衡，这种现象称为压杆丧失稳定性或压杆失稳。

临界平衡状态：压杆在稳定平衡和不稳定平衡之间的状态称为临界平衡状态。

临界压力或临界力：压杆由直线状态的稳定平衡过渡到不稳定平衡时所对应的轴向压力，称为压杆的临界压力或临界力。（即能使压杆保持微弯状态下的平衡的力）

【注意】 ①临界状态也是一种不稳定平衡状态。②临界状态下压杆即能在直线状态下也能在微弯状态下保持平衡。③临界力使压杆保持微小弯曲平衡的最小压力。

3. 理想压杆

理想压杆是指不存在初弯曲、初偏心、初应力的承受轴向压力的均匀连续、各向同性的直杆。

工程中实际压杆与理想压杆有很大的区别，因为实际压杆常常带有初始缺陷，如：①初弯曲的存在使压杆截面形心轴线不是理想直线；②初偏心的存在造成压力作用线与杆件轴线不重合；③残余应力造成材料内部留有初应力；④材质不可能是完全均匀连续的。这些缺陷不同程度地降低了压杆的稳定承载能力。

4. 细长压杆的临界力

细长压杆的临界力与杆件的长度、材料的力学性能、截面的几何性质和杆件两端的约束形式有关。临界力计算公式称为欧拉公式，其统一形式为

$$F_{\mathrm{cr}}=\frac{\pi^2 EI}{(\mu l)^2}=\frac{\pi^2 EI}{l_0^2}$$

【说明】 ①EI 为杆件的抗弯刚度；②$l_0=\mu l$ 称为相当长度或计算长度，其物理意义为各种支承条件下，细长压杆失稳时挠曲线中相当于半波正弦曲线的一段长度，也就是挠曲线上两拐点间的长度，即各种支承情况下弹性曲线上相当于铰链的两点之间的距离；③μ 称为长度系数，它反映了约束情况对临界力的影响，具体情况见表 6-1。

5. 细长压杆的临界应力

压杆处于临界状态时横截面上的平均应力称为临界应力，用 σ_{cr} 来表示。压杆在弹性范围内的临界应力为

$$\sigma_{\mathrm{cr}}=\frac{\pi^2 E}{\lambda^2}=\frac{F_{\mathrm{cr}}}{A}=\frac{\pi^2 EI}{(\mu l)^2 A}$$

【说明】 ①这是欧拉公式的另一种表达形式。②EI 为杆件的抗弯刚度。③I、A、$i^2=I/A$ 是只与杆横截面的形心主矩和截面面积，都是与截面形状和尺寸有关的几何量；④式中 $\lambda=\mu l/i$ 称为压杆的柔度或长细比，它全面地反映了压杆长度、约束条件、截面尺寸和形状对临界荷载的影响，是压杆的一个重要参数。见表 6-2。

各种约束条件下等截面细长压杆的长度系数　　　　　　　　表 6-2

杆端支承情况	两端铰支	一端固定,一端铰支	两端固定	一端固定,一端自由
失稳时挠曲线形状				
长度系数 μ	$\mu=1$	$\mu=0.7$	$\mu=0.5$	$\mu=2$

6. 欧拉公式的适用范围

欧拉公式是以压杆的挠曲线近似微分方程为依据而得到的，因此欧拉公式的适用条件是材料在线弹性范围内工作，即临界应力不超过材料的比例极限，即

$$\sigma_{\mathrm{cr}}=\frac{\pi^2 E}{\lambda^2}\leqslant\sigma_{\mathrm{p}}\ \text{或}\ \lambda\geqslant\pi\sqrt{\frac{E}{\sigma_{\mathrm{p}}}}\text{或}\ \lambda\geqslant\lambda_{\mathrm{p}}$$

【说明】 ①式中 λ 为压杆的柔度或长细比。②式中 $\lambda_{\mathrm{p}}=\pi\sqrt{E/\sigma_{\mathrm{p}}}$，完全取决于材料的

力学性质。③满足 $\lambda \geqslant \lambda_p$ 的压杆才能适用欧拉公式。④适用欧拉公式的压杆称为细长杆或大柔度杆。

7. 中长杆的临界应力

1）直线公式

对于中长杆，把临界应力与压杆的柔度表示成如下的线性关系。

$$\sigma_{cr} = a - b\lambda$$

【说明】 ①式中 a、b 是与材料力学性质有关的系数，可以查相关手册得到。②临界应力 σ_{cr} 随着柔度 λ 的减小而增大。③该式适用于 $\lambda_S \leqslant$ 的 $\lambda < \lambda_p$ 压杆，称为中长杆或中柔度杆，式中 $\lambda_S = (a - \sigma_S)/b$，$\sigma_S$ 为材料的屈服极限。

2）抛物线公式

把临界应力 σ_{cr} 与柔度 λ 的关系表示为如下形式

$$\sigma_{cr} = \sigma_s \left[1 - a \left(\frac{\lambda}{\lambda_c} \right)^2 \right] (\lambda \leqslant \lambda_c)$$

【说明】 ①式中 σ_s 是材料的屈服强度。②a 是与材料性质有关的系数。③λ_c 是欧拉公式与抛物线公式适用范围的分界柔度。

8. 粗短杆的临界应力

当压杆的柔度满足 $\lambda < \lambda_S$ 条件时，这样的压杆称为粗短杆或小柔度杆。实验证明，小柔度杆主要是由于应力达到材料的屈服强度（或抗压强度 σ_b）而发生失效，属于强度问题。

9. 临界应力总图

以柔度 λ 为横坐标，以临界应力 σ_{cr} 为纵坐标，作出 σ_{cr}-λ 图，能够反映三类压杆的临界应力 σ_{cr} 随压杆柔度 λ 变化的情况，称为临界应力总图。图 6-36 所示的是中长杆采用直线公式的临界应力总图。

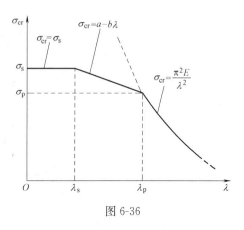

图 6-36

10. 压杆稳定计算的安全系数法

在对压杆进行稳定计算时，以临界应力除以大于 1 的安全系数所得的数值为准，即要求横截面上的正应力 $\sigma \leqslant \sigma_{cr}/n_{st}$，通常将稳定条件写成下列用安全系数表达的形式：

$$n_w = \frac{\sigma_{cr}}{\sigma} = \frac{F_{cr}}{F_N} \geqslant n_{st}$$

【说明】①式中，n_{st} 为规定稳定安全系数。②n_w 称为压杆的工作安全系数。③F_N 是指压杆的轴力。④σ_{cr} 和 F_{cr} 是指由临界应力总图得到的临界应力和临界力。

11. 压杆稳定计算的折减系数法

如果定义 $[\sigma]_{st} = \dfrac{\sigma_{cr}}{n_{st}} = \varphi [\sigma]$ 为稳定许用应力，其中 σ_{cr} 为压杆的临界应力，n_{st} 为规定稳定安全系数，$[\sigma]$ 为强度计算时的许用应力。φ 称为折减系数，是一个小于 1 的数，是压杆长细比的函数，反映了随着压杆长细比的增加对稳定承载能力的降低。

因此，对于同种材料制成的等截面压杆，稳定条件可表达为

$$\sigma_{\mathrm{w}}=\frac{F_{\mathrm{N}}}{A}\leqslant\varphi[\sigma]$$

式中，F_{N} 为压杆轴向；A 为压杆的横截面面积。

【说明】 ①利用式（10.6）或式（10.7）就可进行稳定性校核、设计截面和确定许可荷载等三个方面的计算。②需要指出的是，当压杆由于钉孔或其他原因而使截面有局部削弱时，因为压杆的临界力是根据整根杆的失稳来确定的，因此在稳定计算中不必考虑局部截面削弱的影响，而以毛面积进行计算。③在强度计算中，危险截面为局部被削弱的截面，应按净面积进行计算。

12. 提高压杆承载力的措施

影响压杆稳定性的因素有：压杆的截面形状，压杆的长度、约束条件和材料的性质等。所以提高压杆承载能力的措施可以从选择合理的截面形式、减小压杆长度、改善约束条件及合理选用材料等几个方面着手。

6.2.4 应力、应变的基本概念

1. 应力

应力是受力构件某一截面上一点处的内力集度。

如粗杆与细杆，都承受拉力 P，但 P 增加时，显然是细杆先断裂，说明内力大小不足以反映构件的强度。

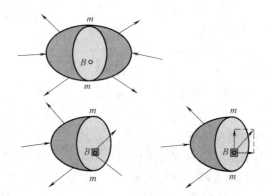

平均应力：$P_{\mathrm{m}}=\dfrac{\Delta P}{\Delta A}$

当面积收缩到 B 点时，B 点的应力为：$p=\lim\limits_{\Delta A\to 0}\dfrac{\Delta P}{\Delta A}=\dfrac{\mathrm{d}P}{\mathrm{d}A}$

σ——正应力

τ——剪应力

单位：Pa（N/m²）、MPa（KN/mm²）。

σ——与截面垂直的法向分量；

τ——与截面相切的切向分量。

应力的特征：

（1）应力是在受力物体的某一截面某一点处的定义，因此，讨论应力必须明确是在哪

个截面上的哪一点处。

（2）在某一截面上一点处的应力是矢量。

（3）整个截面上各点处的应力与微面积 dA 之乘积的合成，即为该截面上的内力。

2. 应变

（1）线应变 $\varepsilon=\dfrac{\Delta u}{\Delta x}$ 长度增量或构件的变形单元未产生变形之前的原长

若杆件是非均匀伸长的，则 X 方向的变形比率集度为：

$$\varepsilon_x=\lim_{\Delta A\to 0}\frac{\Delta u}{\Delta x}=\frac{\mathrm{d}u}{\mathrm{d}x}$$

（2）角应变

直角的改变量称角应变，用 Y 表示

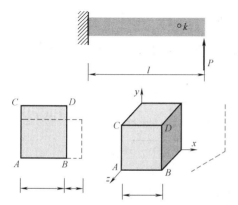

3. 轴向拉（压）杆横截面上的应力

橡胶杆的拉伸试验：

现象：纵向线伸长，横向线缩短，但是仍直线。

假设：平面假设－直杆在轴向拉压时横截面仍保持为平面。

推论：轴向拉（压）杆件横截面上的正应力均匀分布。

σ 的符号规定：拉应力为正，

$\sigma=\dfrac{N}{A}$ 压应力为负。

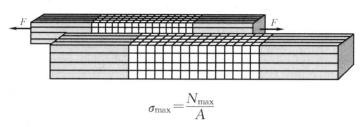

$$\sigma_{\max}=\frac{N_{\max}}{A}$$

正应力计算公式的适用条件：

（1）外力（或其合力）必须通过横截面形心，沿杆件轴线作用。

（2）在平面假设成立的前提下，不论材料在弹性还是弹塑性范围均适用。

（3）尽管公式在等直杆条件下推出，但可近似推广到锥度 $\alpha\leqslant 20^0$ 的变截面直杆；

（4）根据"圣文南原理"（图 6-37），除加力点附近及杆件面积突然变化处不能应用外，应力集中区以外的横截面上仍能应用。

（5）横截面必须是由同一种材料组成而不能是由两种或两种以上的材料组成。

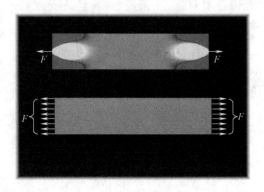

图 6-37　圣文南原理

力作用于杆端方式不同，只会使与杆端距离不大于杆的横向尺寸的范围内受到影响。

α、σ_α、τ_α 的正负号规定：

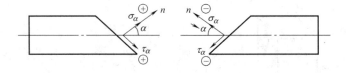

符号规则：

α 角：从 x 轴逆时针转至斜截面的外法线方向为正，反之为负。

正应力：拉为正，压为负。

剪应力：剪应力绕所研究部分顺时针转为正，反之为负。

第7章 建筑构造与建筑结构

7.1 建筑结构

建筑是供人们生产、生活和进行其他活动的房屋或场所。各类建筑都离不开梁、板、墙、柱、基础等构件，它们相互连接形成建筑的骨架。建筑中由若干构件连接而成的能承受作用的平面或空间体系称为建筑结构，在不致混淆时可简称结构。这里所说的"作用"，是指能使结构或构件产生效应（内力、变形、裂缝等）的各种原因的总称。作用可分为直接作用和间接作用。直接作用即习惯上所说的荷载，是指施加在结构上的集中力或分布力系，如结构自重、家具及人群荷载、风荷载等。间接作用是指引起结构外加变形或约束变形的原因，如地震、基础沉降、温度变化等。

建筑结构由水平构件、竖向构件和基础组成。水平构件包括梁、板等，用以承受竖向荷载；竖向构件包括柱、墙等，其作用是支承水平构件或承受水平荷载；基础的作用是将建筑物承受的荷载传至地基。

建筑结构有多种分类方法。按照承重结构所用的材料不同，建筑结构可分为混凝土结构、砌体结构、钢结构、木结构和混合结构五种类型。

7.1.1 民用建筑的基本构造

民用建筑根据其使用功能，可以分为居住建筑和公共建筑两大类。其中居住建筑一般包括住宅和宿舍。

住宅可以说是占民用建筑中比例最高的部分。随着我国人民生活水平的不断提高，特别是引入市场机制、实行住房改革以来，我国城镇居民对住宅的需求量逐年上升，住宅的单体和环境质量也日益改良和提高。如今，放在建筑设计人员面前的主要任务是如何改进住宅，尤其是最大量性的多层住宅的建造工艺，使其摆脱落后的传统营造方式，特别是尽量少用或不用黏土砖，而代之以新型、高效、节能的建筑材料，从而实现向住宅工业化和产业化的方向转变的目标。

公共建筑是提供为公共服务的场所，往往会有大量的人流，其完善的使用功能和安全性能是首选需要关注的问题。此外，许多公共建筑往往还与当地群众的政治、文化生活有关，而且有可能建造在城市的重要部位，并具有相当规模的体量，因此对其造型、外观和内部装修的要求也不容忽视。

7.1.1.1 基础
1. 基础的作用及其与地基的关系

在建筑工程上，把建筑物与土壤直接接触的部分称为基础。把支承建筑物重量的土层叫地基。基础是建筑物上部承重结构向下的延伸和扩大，它承受建筑物的全部荷载，并把这些荷载连同本身的重量一起传到地基上。而地基不是建筑物的组成部分，它只是承受由基础传来荷载的土层。其中，具有一定的地耐力，直接承受建筑荷载，并需进行力学计算的土层称为持力层，持力层以下的土层为称为下卧层（图7-1）。

基础应满足强度、刚度、耐久性方面的要求；地基应满足强度、变形及稳定性方面的要求。

2. 基础的埋置深度

由室外设计地面到基础底面的距离，称为基础的埋置深度，简称基础的埋深（图7-2）。

一般情况下埋深大于等于5m，且采用了特殊的结构形式和施工方法的为深基础；埋深小于5m的为浅基础。从经济角度考虑，基础的埋置深度愈小，工程造价愈低。但基础埋深过小时，基础底面的土层受到压力后会把基础四周的土挤出，使基础产生滑移而失去稳定；同时接近地表的土层带有大量植物根茎等易腐物质及灰渣、垃圾等杂填物，又因地表面受雨雪、寒暑等外界因素影响较大，故基础的埋深度一般不小于500mm。

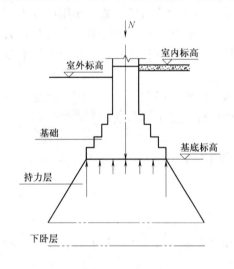

图7-1 基础与地基

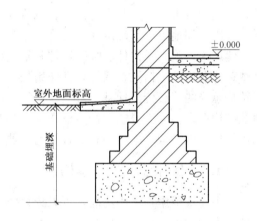

图7-2 基础的埋深

3. 基础的类型和构造

（1）条形基础

基础沿墙体连续设置成长条状称为条形基础，也称为带形基础，是砌体结构建筑基础的基本形式。条形基础可用砖、毛石、混凝土、毛石混凝土等材料制作，也可用钢筋混凝土制作。

1）砖条形基础

砖条形基础一般由垫层、大放脚和基础墙三部分组成。大放脚的做法有间隔式和等高式两种（图7-3）。

2）毛石基础

毛石基础是用毛石和水泥砂浆砌筑而成，其剖面形状多为阶梯形。为保证砌筑质量并便于施工，基础顶面要比基础墙宽出100mm以上，基础墙的宽度和每个台阶的高度不宜小于400mm，每个台阶伸出的宽度不宜大于200mm（图7-4）。

3）混凝土基础

混凝土基础是用不低于C15的混凝土浇捣而成，其剖面形式和尺寸除满足刚性角

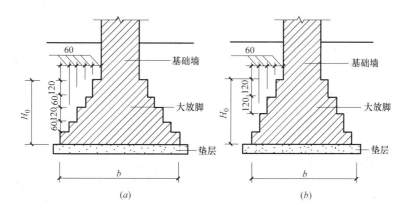

图 7-3　砖基础

(a) 间隔式；(b) 等高式

(45°) 外，不受材料规格限制，其基本形式有阶梯形和锥形（图 7-5）。

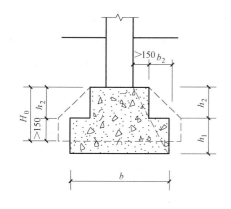

图 7-4　毛石基础

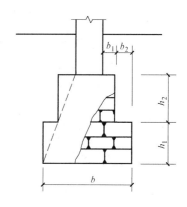

图 7-5　混凝土基础

4）钢筋混凝土基础

钢筋混凝土基础因配有钢筋，可以做得宽而薄，其剖面形式为扁锥形（图 7-6）。

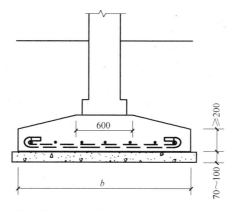

图 7-6　钢筋混凝土基础

当房屋为骨架承重或内骨架承重，且地基条件较差时，为提高建筑物的整体性，避免各承重柱产生不均匀沉降，常将柱下基础沿纵横方向连接起来，形成柱下条形基础（图7-7)或十字交叉的井格基础（图7-8）。

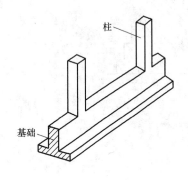 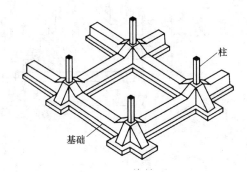

图 7-7　柱下条形基础　　　　　　　　　　图 7-8　井格基础

（2）独立基础

当建筑物上部结构为框架、排架时，基础常采用独立基础。独立基础是柱下基础的基本形式。当柱为预制构件时，基础浇筑成杯形，然后将柱子插入，并用细石混凝土嵌固，称为杯形基础。独立基础常用的断面形式有阶梯形、锥形、杯形等（图7-9）。

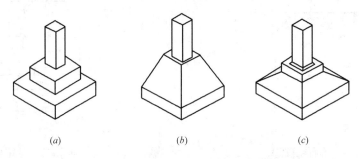

图 7-9　独立基础
（a）阶梯形；（b）锥形；（c）杯形

（3）筏形基础和箱形基础

筏片基础，当建筑物上部荷载较大，或地基土质很差，承载能力小，采用独立基础或井格基础不能满足要求时，可采用筏片基础。筏片基础在构造上像倒置的钢筋混凝土楼盖，分为板式和梁板式两种（图7-10a、b）。

箱形基础，箱形基础是一种刚度很大的整体基础，它是由钢筋混凝土顶板、底板和纵、横墙组成的（图7-10c）。若在纵、横内墙上开门洞，则可做成地下室。箱形基础的整体空间刚度大，能有效地调整基底压力，且埋深大、稳定性和抗震性好，常用做高层或超高层建筑的基础。

（4）桩基础

桩基础由承台和桩柱组成（图7-11）。承台是在桩顶现浇的钢筋混凝土梁或板，如上部结构是砖墙时为承台梁，上部结构是钢筋混凝土柱时为承台板，承台的厚度一般不小于

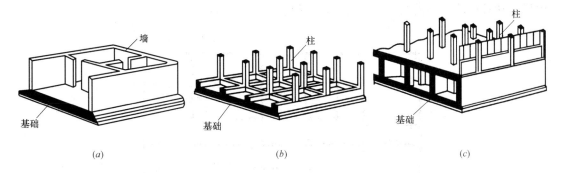

图 7-10
(*a*) 板式；(*b*) 梁板式；(*c*) 箱形

300mm，由结构计算确定，桩顶嵌入承台不小于50mm。

桩柱有木桩、钢桩、钢筋混凝土桩等，我国采用最多的为钢筋混凝土桩。钢筋混凝土桩按施工方法可分为预制桩、灌注桩和爆扩桩。

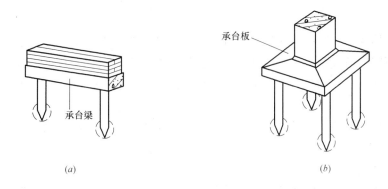

图 7-11　桩基础
(*a*) 墙下桩基础；(*b*) 柱下桩基础

7.1.1.2　墙体的作用与分类

1. 墙体的作用

墙体在房屋中作用有以下四点：

① 承重作用：即承受楼板、屋顶或梁传来的荷载及墙体自重、风荷载、地震荷载等。

② 围护作用：即抵御自然界中风、雨、雪等的侵袭，防止太阳辐射、噪声的干扰，起到保温、隔热、隔声、防风、防水等作用。

③ 分隔作用：即把房屋内部划分为若干房间，以适应人的使用要求。

④ 装饰作用：即墙体装饰是建筑装饰的重要部分，墙面装饰对整个建筑物的装饰效果作用很大。

（1）按墙所处位置及方向分类

按墙所处位置分为外墙和内墙。外墙位于房屋的四周，能抵抗大气侵袭，保证内部空间舒适。内墙位于房屋内部，主要起分隔内部空间作用。按墙的方向又可分为纵墙和横墙。沿建筑物长轴方向布置的墙称为纵墙；沿建筑物短轴方向布置的墙称为横墙，房屋有内横墙和外横墙，外横墙通常叫山墙，墙的名称如图 7-12 所示。

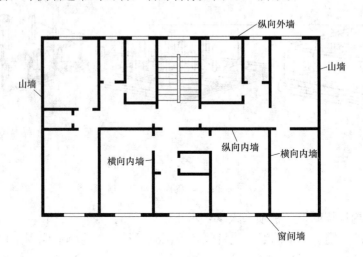

图 7-12　墙的名称

（2）按受力情况分类

在砌体结构建筑中墙按结构受力情况分为承重墙和非承重墙两种。承重墙直接承受楼板、屋顶传下来的荷载及水平风荷载及地震作用。非承重墙不承受外来荷载，它可以分为自承重墙和隔墙。自承重墙仅承受门身重量，并把自重传给基础。隔墙则把自重传给楼板层。

在框架结构中，墙不承受外来荷载，自重由框架承受，墙仅起分隔作用，称为框架填充墙。

（3）按材料及构造方式分类

按构造方式可以分为实体墙、空体墙和组合墙三种。实体墙由单一材料组成，如普通砖墙、实心砌块墙等；空体墙是由一材料砌成内部空腔，例如空斗砖墙，也可用具有孔洞的材料建造墙，如空心砌块墙、空心板材墙等；组合墙由两种以上材料组合而成，例如混凝土、加气混凝土复合板材墙，其中混凝土起承重作用，加气混凝土起保温隔热作用。墙体构造形式如图 7-13 所示。

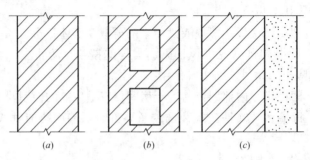

图 7-13　墙体构造形式
(a) 实体墙；(b) 空体墙；(c) 组合墙

（4）按施工方法分类

按施工方法可分为块材墙、板筑墙及板材墙三种。

块材墙是用砂浆等胶结材料将砖石块材等组砌而成；板筑墙是在现场立模板，现浇而成的墙体，例如现浇混凝土墙等；板材墙是预先制成墙板，施工时安装而成的墙，例如预制混凝土大板墙、各种轻质条板内隔墙等。

2. 墙体的设计与使用要求

（1）墙体的设计要求

多层民用建筑，可采用多层砌体结构类型。即由墙体承受屋顶和楼板的荷载，并连同自重一起将垂直荷载传至基础和地基。

1）结构方面的要求

结构布置方案：

结构布置是指梁、板、墙、柱等结构构件在房屋中的总体布局。

（a）横墙承重方案、（b）纵墙承重方案、（c）纵墙承重方案、（d）内框架承重方案如图 7-14 所示。

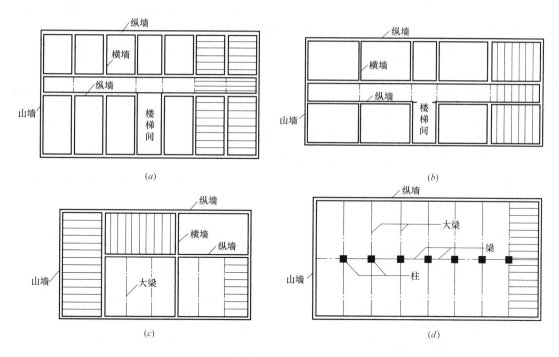

图 7-14　墙体结构布置方式

（a）横墙承重；（b）纵墙承重；（c）纵横墙承重；（d）内框架承重

2）对墙体的使用要求

① 保温与隔热要求

a. 通过对材料的选择，提高外墙保温能力减少热损失；

b. 防止外墙出现凝结水；

c. 防止外墙出现空气渗透；

d. 采用具有复合空腔构造的外墙形式。

② 隔声方面的要求

a. 加强墙体的密封处理；

b. 增加墙体密实性及厚度；

c. 采用有空气间层或多孔隔声材料的复合墙；

d. 在建筑总平面设计中考虑隔声问题。

③ 防火方面的要求

a. 选择燃烧性能和耐火极限符合防火规范规定的材料；

b. 按照防火规范要求用防火墙设置防火分区等。

④ 防水方面的要求

在卫生间、厨房、实验室、地下室等房间的墙应采取防潮、防水措施。

⑤ 建筑工业化要求

提高机械化施工程度、降低劳动强度；采用轻墙材料以减轻自重，降低成本。

7.1.1.3 楼地层

楼板层与底层地坪层统称楼地层，它们是房屋的重要组成部分。楼板层是建筑物中分隔上下楼层的水平构件，它不仅承受自重和其上的使用荷载，并将其传递给墙或柱，而且对墙体也起着水平支撑的作用。此外，建筑物中的各种水平管线也可敷设在楼板层内。

地层是建筑物中与土壤直接接触的水平构件，承受作用在它上面的各种荷载，并将其传给地基。

地面是指楼板层和地层的面层部分，它直接承受上部荷载的作用，并将荷载传给下部的结构层和垫层，同时对室内又有一定的装饰作用。

楼板层主要由面层、结构层和顶棚组成（图 7-15）。

地层主要由面层、垫层和基层组成（图 7-16）。

根据使用要求和构造做法的不同，楼地层有时还需设置找平层、结合层、防水层、隔声层、隔热层等附加构造层。

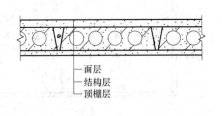

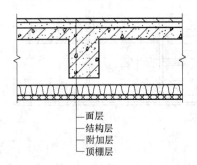

图 7-15 楼板层的组成

1. 楼地层的构造要求

为保证楼板层和地坪层在使用过程中的安全和使用质量，楼地层的构造设计应满足如下要求：

① 具有足够的强度和刚度，以保证结构的安全和正常使用。

② 根据不同的使用要求和建筑质量等级，要求具有不同程度的隔声、防火、防水、

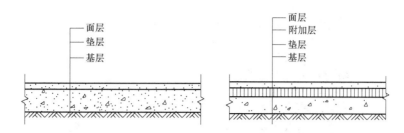

图 7-16　地坪层的组成

防潮、保温、隔热等性能。

③ 便于在楼地层中敷设各种管线。

④ 满足建筑经济的要求。

⑤ 尽量为建筑工业化创造条件，提高建筑质量和加快施工进度。

2. 现浇钢筋混凝土楼板

现浇钢筋混凝土楼板是指在现场支模、绑扎钢筋、浇捣混凝土，经养护而成的楼板。这种楼板具有成型自由、整体性和防水性好的优点，但模板用量大、工期长、工人劳动强度大，且受施工季节的影响较大。适用于地震区及平面形状不规则或防水要求较高的房间。

现浇钢筋混凝土楼板根据受力和传力情况不同，分为板式楼板、梁板式楼板（图7-17、表7-1）、无梁式楼板和压型钢板组合板（图7-18）等。

图 7-17　梁板式楼板

梁板式楼板各构件经济尺度表　　　　　　　　　　表 7-1

构件名称	经济跨度 （L）	构件截面高度 （h）	构件截面宽度 （b）
主梁	5～8m	1/14～1/8L	1/3～1/2h
次梁	4～6m	1/18～1/12L	1/3～1/2h
楼板	单向板　2～3m		1/30～1/40L
楼板	双向板　3～6m		1/40～1/50L

图 7-18　压型钢板组合楼板

3. 板式楼板

板内不设梁，板直接搁置在四周墙上的板称为板式楼板。板有单向板和双向板之分（图 7-19）。

当板的长边与短边之比大于 2 时，板基本上沿短边单方向传递荷载，这种板称为单向板；当板的长边与短边之比小于或等于 2 时，作用于板上的荷载是沿双向传递，在两个方向产生弯曲，称为双向板。

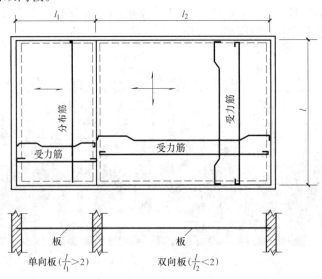

图 7-19　单向板和双向板

楼板搁置要求：支承面上应采用 20mm 厚且不低于 M5 的水泥砂浆找平（俗称坐浆）；板端伸进外墙的长度：不应小于 120mm；板端伸进内墙的长度：不应小于 100mm；支承于钢筋混凝土梁：不应小于 80mm。

7.1.1.4　楼梯

建筑物中作为楼层间垂直交通用的构件。用于楼层之间和高差较大时的交通联系。在设有电梯、自动梯作为主要垂直交通手段的多层和高层建筑中也要设置楼梯。高层建筑尽管采用电梯作为主要垂直交通工具，但仍然要保留楼梯，供火灾时逃生之用。楼梯由连续梯级的梯段（又称梯跑）、平台（休息平台）和围护构件等组成。

楼梯按梯段可分为单跑楼梯、双跑楼梯和多跑楼梯。梯段的平面形状有直线的、折线的和曲线的。

单跑楼梯最为简单，适合于层高较低的建筑；双跑楼梯最为常见，有双跑直上、双跑曲折、双跑对折（平行）等，适用于一般民用建筑和工业建筑；三跑楼梯有三折式、丁字式、分合式等，多用于公共建筑；剪刀楼梯系由一对方向相反的双跑平行梯组成，或由一对互相重叠而又不连通的单跑直上梯构成，剖面呈交叉的剪刀形，能同时通过较多的人流并节省空间；螺旋转梯是以扇形踏步支承在中立柱上，虽行走欠舒适，但节省空间，适用于人流较少、使用不频繁的场所；圆形、半圆形、弧形楼梯，由曲梁或曲板支承，踏步略呈扇形，花式多样，造型活泼，富于装饰性，适用于公共建筑（图7-20）。

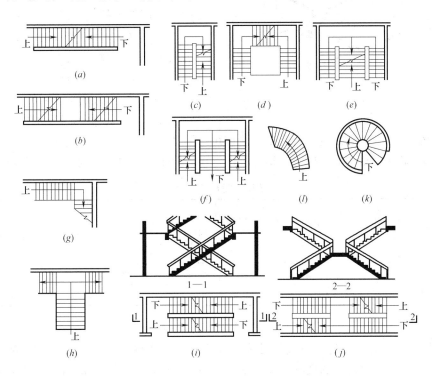

图 7-20　楼梯的各种形式

（a）单跑直楼梯；（b）双跑直楼梯；（c）双跑平行楼梯；（d）三跑楼梯；（e）双分平行楼梯；（f）双合平行楼梯；（g）转角楼梯；（h）双分转角楼梯；（i）交叉楼梯；（j）剪刀楼梯；（k）螺旋楼梯；（l）弧线楼梯

1. 楼梯概况

（1）楼梯的组成

楼梯一般由梯段、平台和栏杆扶手三部分组成（图7-21）。

1）楼梯梯段

是联系两个不同标高平台的倾斜构件，由若干个踏步构成。每个梯段的踏步数量最多不超过18级，最少不少于3级。公共建筑楼梯井净宽大于200mm，住宅楼梯井净宽大于110mm时，必须采取安全措施。

2）楼梯平台

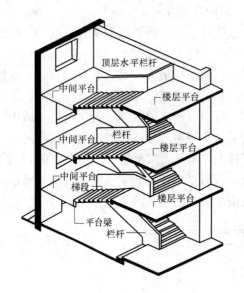

图 7-21 楼梯的组成

是联系两个楼梯段的水平构件。平台一般分成楼层平台和中间平台。

3）栏杆和扶手

为了确保使用安全，应在楼梯段的临空边缘设置栏杆或栏板。栏杆、栏板上部供人们用手扶持的连续斜向配件称为扶手。

（2）楼梯的坡度及踏步尺寸

楼梯坡度范围在 25°～45°之间，普通楼梯的坡度不宜超过 38°，30°是楼梯的适宜坡度。

楼梯的坡度决定了踏步的高宽比，在设计中常使用如下经验公式：

$$2h+b=600～620mm$$

式中　h——踏步高度；

　　　b——踏步宽度；

600～620mm——人的平均步距。

踏步尺寸一般根据建筑的使用功能、使用者的特征及楼梯的通行量综合确定，具体可参见表 7-2 之规定。为适应人们上下楼常将踏面适当加宽，而又不增加梯段的实际长度，可将踏面适当挑出，或将踢面前倾。

常用踏步尺寸（mm）　　　　　　　　　　　　　　　表 7-2

建筑类别	住宅公用梯	幼儿园、小学	剧院、体育馆、商场、医院、旅馆和大中学校	其他建筑	专用疏散梯	服务楼梯、住宅套内楼梯
最小宽度值	260	260	280	260	250	220
最大高度值	175	150	160	170	180	200

（3）梯段尺度

楼段宽度（净宽）：应根据使用性质、使用人数（人流股数）和防火规范确定。通常情况下，作为主要通行用的楼梯，按每股人流 0.55＋（0～0.15）m 考虑，双人通行时为 1100～1400mm，三人通行时为 1650～2100mm，余类推。室外疏散楼梯其最小宽度为 900mm。同时，需满足各类建筑设计规范中对梯段宽度的限定。如防火疏散楼梯，医院病房楼、居住建筑及其他建筑，楼梯的最小净宽应不小于 1.30m、1.10m、1.20m。

楼段长度（L）：其值为 $L=b×(N-1)$。

（4）栏杆扶手尺度

设置条件：当梯段的垂直高度大于 1.0m 时，就应在梯段的临空面设置栏杆。楼梯至少应在梯段临空面一侧设置扶手，梯段净宽达三股人流时应两侧设扶手，四股人流时应加设中间扶手。

扶手高度：应从踏步前缘线垂直量至扶手顶面。其高度根据人体重心高度和楼梯坡度大小等因素确定。一般不宜小于 900mm，靠楼梯井一侧水平扶手长度超过 0.5m 时，其高度不应小于 1.05m；室外楼梯栏杆高度不应小于 1.05m；中小学和高层建筑室外楼梯栏杆高度不应小于 1.1m；供儿童使用的楼梯应在 500～600mm 高度增设扶手。

（5）楼梯净空高度

净高要求：应充分考虑人行或搬运物品对空间的实际需要。我国规定，民用建筑楼梯平台上部及下部过道处的净高应不小于 2m，楼梯段净高不宜小于 2.2m，如图 7-22 所示。

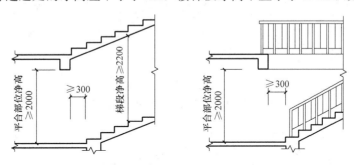

图 7-22 楼梯净空高度

2. 钢筋混凝土楼梯构造

现浇整体式钢筋混凝土楼梯构造：

现浇钢筋混凝土楼梯的梯段和平台整体浇筑在一起，其整体性好、刚度大、抗震性好，不需要大型起重设备，但施工进度慢、耗费模板多、施工程序较复杂。

（1）板式楼梯

构造特点：板式楼梯的梯段分别与两端的平台梁整浇在一起，由平台梁支承。楼段相当于是一块斜放的现浇板，平台梁是支座（图 7-23a）。为保证平台过道处的净空高度，可在板式楼梯的局部位置取消平台梁，形成折板式楼梯（图 7-23b）。

适用情况：适用于荷载较小、建筑层高较小（建筑层高对梯段长度有直接影响）的情况，如住宅、宿舍建筑。梯段的水平投影长度一般不大于 3m。

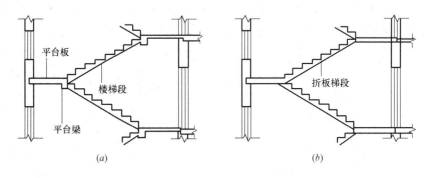

图 7-23 现浇钢筋混凝土板式楼梯
（a）板式；（b）折板式

（2）梁板式楼梯

构造特点：由踏步板、楼梯斜梁、平台梁和平台板组成。踏步板由斜梁支承；斜梁由两端的平台梁支承（图 7-24）。

明步：梁在踏步板下，踏步露明，见图 7-25（a）；

暗步：梁在踏步板上面，下面平整，踏步包在梁内，见图 7-25（b）。

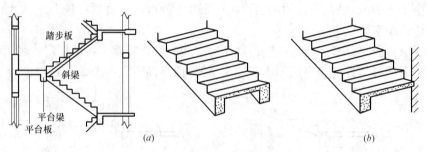

图 7-24　梁板式楼梯

(a) 梯段两侧设斜梁；(b) 梯段一侧设斜梁

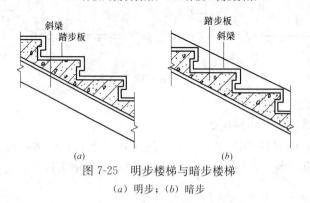

图 7-25　明步楼梯与暗步楼梯

(a) 明步；(b) 暗步

3. 台阶

（1）台阶的形式和尺寸

台阶形式：单面踏步、两面踏步、三面踏步以及单面踏步带花池（花台）等。

台阶尺寸：顶部平台的宽度应大于所连通的门洞口宽度，一般每边至少宽出 500mm，室外台阶顶部平台的深度不应小于 1.0m。台阶面层标高应比首层室内地面标高低 10mm 左右，并向外作 1%～2%的坡度。室外台阶踏步的踏面宽度不宜小于 300mm，踢面高度不宜大于 150mm。室内台阶踏步数不应小于 2 级，当高差不足 2 级时，应按坡道设置（图 7-26）。

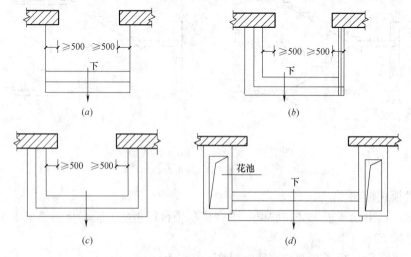

图 7-26　台阶的形式和尺寸

(a) 单面踏步；(b) 两面踏步；(c) 三面踏步；(d) 单面踏步带花池

（2）台阶的构造

1）架空式台阶：将台阶支承在梁上或地垄墙上（图 7-27a）。

2）分离式台阶：台阶单独设置，如支承在独立的地垄墙上。单独设立的台阶必须与主体分离，中间设沉降缝，以保证相互间的自由沉降（图 7-27b、c）。

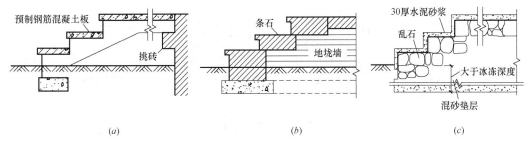

图 7-27　台阶构造

（a）预制钢筋混凝土架空台阶；（b）支承在地垄墙上的架空台阶；（c）地基换土台阶

7.1.1.5　门和窗

1. 窗的作用与分类

（1）窗的作用与分类

1）采光　各类房间都需要一定的照度。自然采光有益于人的健康，同时也可以节约能源。所以要合理设置窗来满足房间室内的采光要求。

2）通风、调节温度　利用窗组织自然通风使室内空气清新。同时在夏季可以起到调节室内温度的作用。

3）观察、传递　观察室外景物和情况，传递信息，有时还可以通过窗传递小物品。

4）维护　关闭窗时可以减少热量损失，避免风、霜、雨、雪的侵袭及防盗作用。

5）装饰　窗占整个建筑立面比例较大，对立面效果影响很大，如窗的大小、形状、布局、色彩、材质等直接影响建筑的效果。

（2）窗的分类

1）按所使用的材料分

窗按所用材料的不同分为木窗、钢窗、铝合金窗、塑钢窗、玻璃钢窗等。

木窗用松、杉木制作而成，具有制作简单、经济、密封、保温性能好等优点，但透光率小，防火性能差，耗用木材，耐久性差，易变形、损坏。

钢窗是由型钢焊接而成，具有透光率高，坚固不易变形，防火性能高，便于拼装组合等优点。但密闭性能差、保温性能低、耐久性能差、易生锈。

铝合金窗是由铝合金型材用拼接件装配而成，具有轻质高强，美观耐久，耐腐蚀，刚度大变形小，开启方便等优点，但成本较高。

塑钢窗与铝合金窗相似，此外其保温隔热、隔声性能好。玻璃钢窗具有耐腐蚀性强，重量轻等优点。

2）按窗的开启方式分

窗按开启方式分为平开窗、推拉窗、悬窗、立转窗、固定窗等（图 7-28）。

平开窗制作简单、使用方便，是常用的一种形式。推拉窗不占空间，但通风面积小，

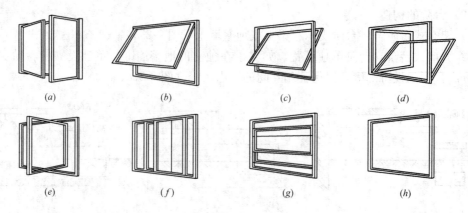

(a)   (b)   (c)   (d)

(e)   (f)   (g)   (h)

图 7-28 窗的开启方式

铝合金窗和塑钢窗普遍采用。悬窗可分为上悬窗、中悬窗、下悬窗三种，一般用于高窗。立转窗通风效果较好。固定窗仅用于采光和观察。

2. 窗的构造

（1）窗的尺寸

窗的尺寸大小由采光、通风要求来确定，同时综合考虑建筑的造型及模数等。一般先根据房屋的使用性质确定采光等级（分Ⅰ～Ⅴ级，Ⅰ级最高），再根据采光等级确定具体采光系数既窗地比。如居住房间窗地比为 1/8～1/10，教室为 1/4～1/5，医院手术室为 1/2 等。窗的尺寸一般以 300mm 为模数，居住建筑也可以 100mm 为模数。窗高超过 1500mm 时上部应设亮子。

（2）平开木窗的组成与构造

平开木窗是由窗框、窗扇、五金零件等组成（图 7-29）。

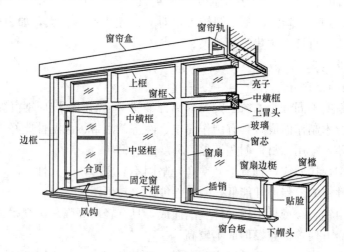

图 7-29 木窗的组成

窗扇是由边梃、上、下冒头、窗棂等榫接而成，其厚度一致（一般为 35～42mm）。在窗扇外侧做深度为 8～12mm 且不超过窗扇厚度 1/3、宽度为 10mm 的裁口，用每边不少于两个小铁钉将玻璃固定在窗扇上，然后用玻璃密封膏嵌成斜三角。

窗框是由边框、上框、下框、中竖框、中横框等榫接而成。在窗框上做深度约为10～12mm、宽度略大于窗扇厚度的裁口，与窗框接触的窗扇侧面做成斜面。窗框与墙体接触面应裁出灰口，抹灰时用砂浆或油膏嵌缝，窗框背面应涂沥青或其他防腐剂，以保证防腐耐久、防蛀、防止潮湿变形等。

窗框的安装方法有两种：一是立口，既先立窗框后砌筑窗间墙，窗上下两侧伸出120mm的羊角压砌入墙内；二是塞口，既在砌墙时先留出比窗框四周大30mm的洞口，砌筑完毕后将窗框塞入。窗框可用长铁钉固定在墙内每隔500～700mm设置的防腐木砖上，也可用膨胀螺栓直接固定在砖墙上，每边至少两个固定点。窗框与墙的相对位置可分为内平、居中、外平三种情况（图7-30）。

平开木窗上常用的五金零件有铰链、拉手、风钩、插销、铁三角等。

（3）钢窗及其构造

钢窗有实腹和空腹两种是用热轧或冷轧型钢经高频焊接而成。实腹钢窗一般用于南方地区，空腹钢窗用于寒冷地区。

钢窗由窗框、窗扇、五金等组成。平开窗在两扇闭合处设中竖框，以在关窗时固定执手。窗框固定是在窗洞口墙内预埋铁脚，再用螺栓将窗框与铁脚连接固定在一起。窗扇安装玻璃时，先在窗扇的边梃、上下冒头、窗棂上钻小孔，玻璃上底灰后用钢丝夹紧玻璃，再用油膏嵌固。钢窗关闭用执手固定，开启时用牵筋固定，合页一般用长脚铰链，以便清洗。

（4）推拉式铝合金窗的组成及其构造

目前较多采用的水平推拉式铝合金窗主要有窗扇、窗框、五金零件组成。窗框的安装是先将砖墙窗洞口用水泥砂浆抹平，并比窗框尺寸每边大30mm左右。在窗框的外侧安装固定片（厚度不小于1.5mm、宽度不小于15mm的Q235—A冷轧镀锌钢板），离中竖框、横框的挡头不小于150mm的距离，每边不少于两个，且间距不大于600mm，一般用射钉或膨胀螺栓固定在墙上。窗框与墙体间的缝隙，一般用与其材料相容闭合孔泡沫塑料、发泡聚苯乙烯等填塞嵌缝，且不得填实，以免变形破坏。

（5）塑钢窗及其构造

塑钢窗的开启方式有平开窗、推拉窗、立转窗、固定窗及平开与推拉综合窗等。其中平开推拉综合窗可将平开和推拉相互转换，可弥补推拉窗通风面积小的不足，但构造较复杂，造价较高。塑钢窗的构造与铝合金窗相同。

3. 门的作用与分类

（1）门的作用

门的作用有出入通行、紧急疏散、采光通风、防火防盗、美观等。

（2）门的分类

门按所使用材料的不同可分为木门、钢门、铝合金门、塑钢门、玻璃钢门、无框玻璃门等。木门较轻便、密封性能好、经济，应用较广泛；钢门多用于有防盗要求的门；铝合金门目前应用较多，一般在门洞较大时使用；玻璃钢门、无框玻璃门多用于大型建筑和商业建筑的出入口，美观大方但成本较高。

门按开启方式分为平开门、推拉门、弹簧门、旋转门、折叠门、卷帘门、翻板门等（图7-30）。

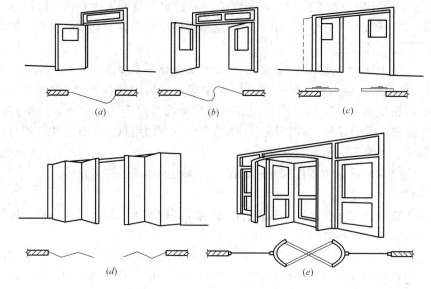

图 7-30　门的开启方式

（a）平开门；（b）弹簧门；（c）推拉门；（d）折叠门；（e）转门

4. 门的构造

（1）门的尺寸

门洞的宽高尺寸是由人体平均高度、搬运物体尺寸、人流股数和人流量来确定的。门的高度一般以 300mm 为模数，特殊情况以 100mm 为模数。门的最小高度为 2000mm，高度超过 2200mm 时应设亮子。门的宽度一般以 100mm 为模数，超过 1200mm 时以 300mm 为模数。单扇门宽度一般为 800～1000mm，辅助门宽度为 700～800mm。门宽为 1200～1800mm 可做成双扇门，门宽为 2400mm 以上时，作成四扇门。

（2）平开木门的组成与构造

平开木门是建筑中常用的一种门，它主要由门框、门扇、亮子、五金零件等组成。

门框主要由上框、边框、中横框、中竖框等榫接而成。单扇门框断面为 60mm×90mm，双扇门框为 60mm×100mm。

门扇常见的有夹板门、镶板门、拼板门、百叶门等。其中夹板门只用于室内；百叶门用于卫生间、储藏室。

木门的构造与木窗相似，如图 7-31 所示。

7.1.2　民用建筑的装饰构造

建筑装饰构造是指建筑物除主体结构部分以外，使用建筑材料、建筑制品、装饰性材料对建筑物内外与人接触的部分以及看得见部分进行装潢和修饰的构造做法。

7.1.2.1　楼地面装饰构造

1. 楼地面的构造层次及其作用

建筑物的地坪、楼板层一般是由承担荷载的结构层，和满足使用要求的饰面两个主要

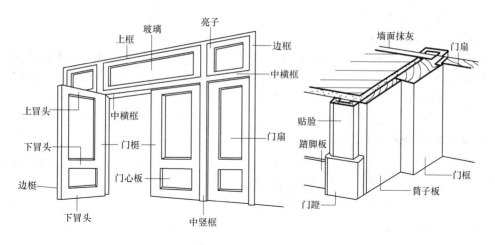

图 7-31　木门的组成

部分组成。为满足找平、结合、防水、防潮、隔声、弹性、保温隔热、管线敷设等功能上的要求，往往还要在基层与面层之间增加若干中间层。

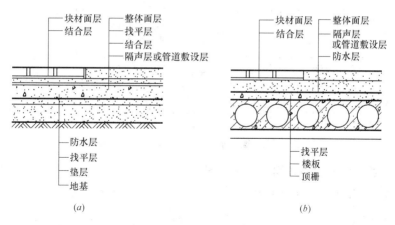

图 7-32　楼地面构造层示意

（a）地面各构造层；（b）楼面各构造层

1）结构层承受面层传来的各种使用荷载及结构自重，应坚固稳定，具有足够刚性，以保证安全与正常使用。

2）各类中间层所起的作用不同，但都必须承受并传递由面层传来的荷载。

3）面层是供人们生活、工作、生产直接接触的构造层次，也是地面承受各种物理、化学作用的表面层。

2. 楼地面饰面的功能

（1）保护楼板或地坪。

（2）保证使用条件：

1）隔声要求；

2）吸声要求；

3）保温性能要求。

（3）满足装饰方面的要求。

3. 楼地面饰面的分类

可以分为水泥砂浆地面、水磨石地面大理石地面、地砖地面、木地板地面、地毯地面等。根据构造处理的特征不同，可以分为整体式地面、块材式地面、木地面及人造软质制品铺贴式楼地面四大类。

7.1.2.2 整体式楼地面构造

1. 水泥石屑楼地面基本构造作法

（1）清理基层，并找平。找平层采用1：3水泥浆，厚15mm，若基层表面材料老化应刮抹一遍素水泥浆以增加与找平层间的粘结力。

（2）在找下层上刮抹一遍素水泥浆结合层。

（3）抹水泥石屑浆面层。

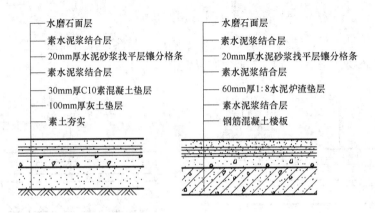

图 7-33 现浇水磨石楼地面的做法示意

2. 现浇水磨石楼地面基本构造作法（图7-33）

现浇水磨石楼地面的一般由面层、找平层、底层等几部分组成。

（1）基层找平（图7-34）。

（2）镶嵌分格条（图7-34）。

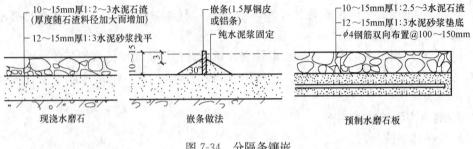

图 7-34 分隔条镶嵌

（3）面层：

面层用料为配合比1：1.5～2.5的水泥石子，面层厚度随石子粒径大小而变化，保证水泥砂浆充分包裹石子。

（4）后期处理：

磨光、补浆、打蜡、养护。

3. 块材式楼地面构造

（1）饰面特点

1）花色品种多样，可按设计要求拼做成各种图案

2）经久耐用，易于保持清洁。

3）施工速度快，湿作业量少。

4）对板材的尺寸与色泽要求高；板材的尺寸相差较大，及色差特别明显的现象经常发生。

5）这类地面属于刚性地面，弹性、保温、消声等性能较差。

6）造价偏高，工效偏低。

（2）基本构造

基本构造要点

大理石板、花岗石板铺贴时，先在刚性平整的垫层上抹 30 mm 厚 1：3 干硬性水泥砂浆，然后在其上铺贴大理石板，并用纯水泥浆填缝。陶瓷锦砖楼地面构造示意如图 7-35 所示。

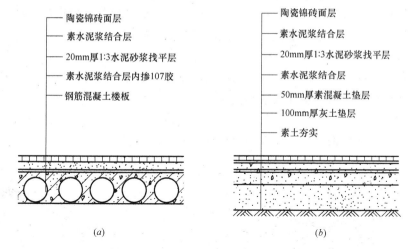

图 7-35　陶瓷锦砖楼地面构造示意图

（a）楼地面；（b）地面

7.1.2.3　墙面装饰工程构造

1. 墙面装饰的分类

建筑的墙体饰面类型，按材料和施工方法的不同可分为抹灰类、涂刷类、贴面类、裱糊类、镶板类、幕墙类等。

其中裱糊类、镶板类应用于室内墙面；幕墙类应用于室外墙面；其他几类可应用于室内、室外墙面。

2. 抹灰类饰面装饰构造

抹灰类饰面装饰又称水泥灰浆类饰面、砂浆类饰面，通常选用各种加色的或不加色的水泥砂浆、石灰砂浆、混合砂浆、石膏砂浆、石灰膏以及水泥石渣浆等，做成各种装饰抹

灰层。

装饰抹灰取材广泛，施工方便，与墙体附着力强，但手工操作居多，湿作业量大，劳动强度高，且耐久性较差。

3. 抹灰类饰面的构造层次及类型

（1）抹灰类饰面的构造层次

抹灰类饰面的基本构造，一般分为底层抹灰、中层抹灰和面层抹灰三层，如图 7-36 所示。

1）底层抹灰

底层抹灰是对墙体基层的表面处理，墙体基层材料的不同，处理的方法亦不相同。

① 砖墙面的底层抹灰；

② 混凝土墙体的底层抹灰；

③ 加气混凝土墙体的底层抹灰；

④ 砌块填充墙体底层抹灰；

⑤ 保温墙体底层抹灰。

一般外保温多采用聚苯乙烯泡沫塑料板、保温砂浆等保温材料。如图 7-36 所示。

底层抹灰的作用是使灰浆与基层墙体粘结并初步找平。

外墙底层抹灰一般多采用水泥砂浆、石灰砂浆、保温砂浆等，内墙底层抹灰多采用混合砂浆、纸筋（麻刀）砂浆、石膏灰、水泥砂浆、保温砂浆等。

2）中层抹灰

中层抹灰主要起结合和进一步找平的作用，还可以弥补底层抹灰的干缩裂缝。一般来说，中层抹灰所用材料与底层抹灰基本相同。

3）面层抹灰

面层抹灰主要起装饰作用，要求表面平整、均匀、无裂缝。

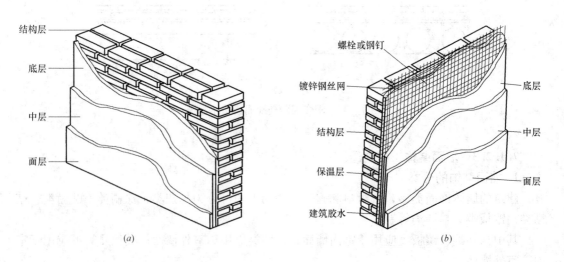

图 7-36

（a）抹灰类墙面构造；（b）外保温复合墙体构造

（2）灰类饰面的类型

224

根据所用材料和施工方法的不同，面层抹灰可分为普通抹灰和装饰抹灰。

4. 涂刷类墙面装饰构造

涂刷类饰面，是指将建筑涂料涂刷于构配件表面而形成牢固的膜层，从而起到保护、装饰墙面作用的一种装饰做法。

涂刷类饰面与其他种类饰面相比，具有工效高、工期短、材料用量少、自重轻、造价低等优点。涂刷类饰面的耐久性略差，但维修、更新很方便，且简单易行。

（1）涂料饰面

根据状态的不同，建筑涂料可划分为溶剂型涂料、水溶性涂料、乳液型涂料和粉末涂料等几类。

根据建筑物涂刷部位的不同，建筑涂料可划分为外墙涂料、内墙涂料、地面涂料、顶棚涂料和屋面涂料等几类。

（2）刷浆饰面

刷浆饰面，是将水质涂料喷刷在建筑物抹灰层或基体等表面上，用以保护墙体、美化建筑物的装饰层。

水质涂料的种类较多，适用于室内刷浆的有石灰浆、大白粉浆、可赛银浆、色粉浆等；适用于室外刷浆工程的有水泥避水色浆、油粉浆、聚合物水泥浆等。

（3）涂刷类饰面的基本构造

1）底层俗称刷底漆，其主要目的是增加涂层与基层之间的粘附力，同时还可以进一步清理基层表面的灰尘，使一部分悬浮的灰尘颗粒固定于基层。

另外，在许多场合中，底层涂层还兼具基层封闭剂的作用。

2）中间层是整个涂层构造中的成型层。其目的是通过适当的工艺，形成具有一定厚度的、匀实饱满的涂层，通过这一涂层，达到保护基层和形成所需的装饰效果。

（4）贴面类墙面装饰构造

直接镶贴饰面构造比较简单，大体上由底层砂浆、粘结层砂浆和块状贴面材料面层组成，底层砂浆具有使饰面与基层之间粘附和找平的双层作用，粘结层砂浆的作用是与底层形成良好的整体，并将贴面材料粘附在墙体上。

常见的直接镶贴饰面材料有陶瓷制品，如面砖、瓷砖、陶瓷锦砖等。

5. 贴挂类饰面基本构造

贴挂类饰面是采用一定的构造连接措施，以加强饰面块材与基层的连接，与直接镶贴饰面有一定区别。

常见的贴挂类饰面材料有天然石材（如花岗石、大理石等）和预制块（如预制水磨石板、人造石材等）。

6. 裱糊类墙面

裱糊类饰面是指用墙纸墙布、丝绒锦缎、微薄木等材料，通过裱糊方式覆盖在外表面作为饰面层的墙面。一般只用于室内，可以是室内墙面、顶棚或其他构配件表面。裱糊类墙面装饰有施工方便、装饰效果好、多功能性、维护保养方便等特点。

裱糊类饰面材料，通常可分为墙纸墙布饰面、丝绒锦缎饰面和微薄木饰面三大类。

（1）墙纸墙布饰面

1）墙纸的种类较多，主要有普通墙纸、塑料墙纸（PVC墙纸）、复合纸质墙纸、纺织纤维墙纸、彩色砂粒墙纸、风景墙纸等。

2) 玻璃纤维墙布是以中间玻璃纤维作为基材，表面涂以耐磨树脂，经染色、印花等工艺制成的一种墙布。

（2）丝绒锦缎饰面

丝绒和锦缎墙布的特点是绚丽多彩、典雅精致、质感温暖、色泽自然逼真。

在基层处理中必须注重防潮。一般做法是：在墙面基层上用水泥砂浆找平后刷冷底子油，再做一毡二油防潮层。然后立木龙骨，木龙骨断面为 50mm×50mm，骨架纵横双向间距为 450mm，胶合板直接钉在木龙骨上，最后在胶合板上用 108 胶、墙纸胶等裱贴丝绒、锦缎。其构造示意如图 7-37（a）、(b) 所示。

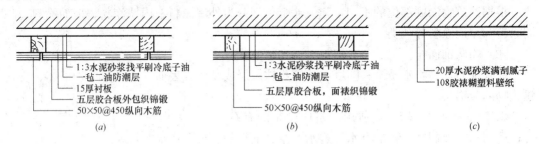

图 7-37　裱糊类墙面构造示意图
(a) 分块式织锦缎；(b) 锦缎；(c) 塑料墙纸或墙布

（3）微薄木饰面

微薄木是由天然名贵木材经机械旋切加工而成的薄木片，厚度只有 1mm。它具有护壁板的效果，而只有墙纸的价格。而且厚薄均匀、木纹清晰、材质优良，保持了天然木材的真实质感。

7. 镶板类墙面装饰的构造

镶板类墙面，是指用竹、木及其制品、人造革、有机玻璃等材料制成的各类饰面板，利用墙体或结构主体上固定的龙骨骨架形成的结构层，通过镶、钉、拼、贴等构造手法构成的墙面饰面。这些材料往往有较好的接触感和可加工性，所以大量地被建筑装饰所采用。

（1）竹、木及其制品饰面

竹、木及其制品可用于室内墙面饰面，经常被做成护壁或用于其他有特殊要求的部位。

有的纹理色泽丰富，手感好；有的表面粗糙，质感强，如甘蔗糖板等具有一定的吸声性能；有的光洁、坚硬、组织细密，具有一定的意义、独特的风格和浓郁的地方色彩。

（2）皮革及人造革饰面

皮革或人造革墙饰面具有质地柔软、保温性能好、能消声减振、易于清洁等特点。

皮革或人造革饰面构造与木护墙的构造方法相似，墙面应先进行防潮处理，先抹防潮砂浆、粘贴油毡，然后再通过预埋木砖立墙筋，钉胶合板衬底，墙筋间距按皮革面分块，用钉子将皮革按设计要求固定在木筋上。

（3）玻璃墙面

玻璃墙面是选用普通平板玻璃或特制的彩色玻璃、压花玻璃、磨砂玻璃等作墙面。

玻璃墙面光滑易清洁，用于室内可以起到活跃气氛、扩大空间等作用；用于室外可结合不锈钢、铝合金等作门头等处的装饰。

7.1.2.4 顶棚装饰构造

1. 直接式顶棚

直接在钢筋混凝土屋面板或楼板下表面直接喷浆、抹灰或粘贴装修材料的一种构造方法。当板底平整时，可直接喷、刷大白浆或106涂料；当楼板结构层为钢筋混凝土预制板时，可用1：3水泥砂浆填缝刮平，再喷刷涂料。这类顶棚构造简单，施工方便，具体做法和构造与内墙面的抹灰类、涂刷类、裱糊类基本相同，常用于装饰要求不高的一般建筑。

2. 悬吊式顶棚

悬吊式顶棚又称"吊顶"，它离开屋顶或楼板的下表面有一定的距离，通过悬挂物与主体结构联结在一起。

（1）吊顶的类型

1）根据结构构造形式的不同，吊顶可分为整体式吊顶、活动式装配吊顶、隐蔽式装配吊顶和开敞式吊顶等。

2）根据材料的不同，吊顶可分为板材吊顶、轻钢龙骨吊顶、金属吊顶等。

（2）吊顶的构造组成

1）吊顶龙骨

吊顶龙骨分为主龙骨与次龙骨，主龙骨为吊顶的承重结构，次龙骨则是吊顶的基层。主龙骨通过吊筋或吊件固定在楼板结构上，次龙骨用同样的方法固定在主龙骨上。龙骨可用木材、轻钢、铝合金等材料制作，其断面大小视其材料品种、是否上人和面层构造做法等因素而定。主龙骨断面比次龙骨大，间距约为2m。悬吊主龙骨的吊筋为 $\phi 8 \sim \phi 10$ 钢筋，间距也是不超过2m。次龙骨间距视面层材料而定，间距一般不超过600mm。

2）顶面层分为抹灰面层和板材面层两大类。抹灰面层为湿作业施工，费工费时；板材面层，既可加快施工速度，又容易保证施工质量。板材吊顶有植物板材、矿物板材和金属板材等。

（3）木质（植物）板材吊顶构造

吊顶龙骨一般用木材制作，分格大小应与板材规格相协调。为了防止植物板材因吸湿而产生凹凸变形，面板宜锯成小块板铺钉在次龙骨上，板块接头必须留3～6mm的间隙作为预防板面翘曲的措施。板缝缝形根据设计要求可做成密缝、斜槽缝、立缝等形式如图7-38。

（4）矿物板材吊顶构造

矿物板材吊顶常用石膏板、石棉水泥板、矿棉板等板材作面层，轻钢或铝合金型材作龙骨。这类吊顶的优点是自重轻、施工安装快、无湿作业、耐火性能优于植物板材吊顶和抹灰吊顶，故在公共建筑或高级工程中应用较广。

轻钢和铝合金龙骨的布置方式有两种：

1）龙骨外露的布置方式

龙骨外露吊顶的构造图和实例见图7-39、图7-40。

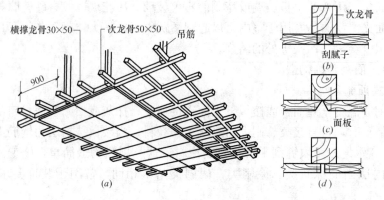

图 7-38 木质板材吊顶构造

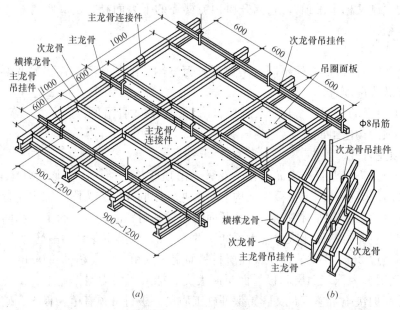

图 7-39 龙骨外露吊顶的构造

图 7-40 龙骨外露吊顶实例

2）不露龙骨的布置方式

这种布置方式的主龙骨仍采用槽形断面的轻钢型材，但次龙骨采用 U 形断面轻钢型材，用专门的吊挂件将次龙骨固定在主龙骨上，面板用自攻螺钉固定于次龙骨上（图 7-41）。

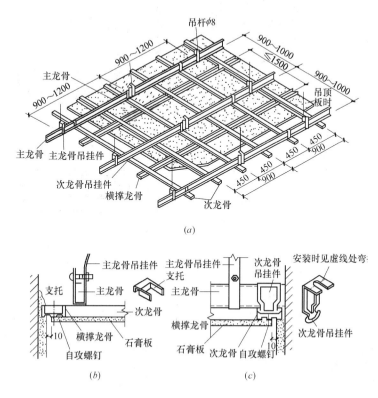

图 7-41 不露龙骨吊顶的构造

（5）金属板材吊顶构造

金属板材吊顶最常用的是以铝合金条板作面层，龙骨采用轻钢型材。

1）密铺铝合金条板吊顶（见图 7-42）。

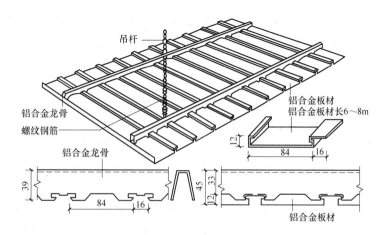

图 7-42 密铺铝合金条板吊顶

2）开敞式铝合金条板吊顶见图 7-43。

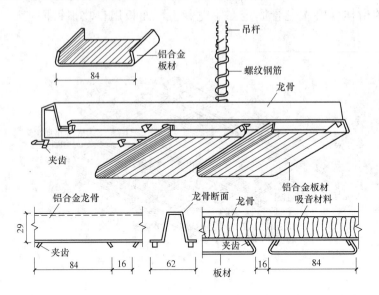

图 7-43　开敞式铝合金条板吊顶

7.1.2.5　幕墙

根据用途不同，幕墙可分为外幕墙和内幕墙。外幕墙用作外墙立面，主要起围护作用。

内幕墙用于室内，可起分隔和围护作用。

根据饰面所用材料不同，幕墙又可分：玻璃幕墙、铝板幕墙、不锈钢幕墙、石材幕墙。

1. 玻璃幕墙

玻璃幕墙根据其承重方式不同分为：

框支承玻璃幕墙（造价低，使用最为广泛）；

全玻璃幕墙（通透、轻盈，常用于大型公共建筑）；

点支承玻璃幕墙（不仅通透，而且展现了精美的结构，发展迅速）。

（1）框支承玻璃幕墙

含义：指玻璃面板周边由金属框架支承的玻璃幕墙。

按其构造方式可分为：

1）明框玻璃幕墙即金属框架的构件显露面板外表面的框支承玻璃幕墙；

2）隐框玻璃幕墙即金属框架的构件完全不显露于面板外表面的框支承玻璃幕墙；

3）半隐框玻璃幕墙即金属框架的竖向或横向构件显露于面板外表面的框支承玻璃幕墙。

按其安装施工方法分：

1）现场组装（分件式幕墙），造价低，对施工条件要求不高，应用广泛。

2）预制装配（单元式幕墙），它是一种工厂预制组合系统，铝型材加工、墙框组合、安装玻璃、嵌条密封等工序都在工厂进行，使玻璃幕墙的产品标准化、生产自动化，最重要的是容易严格控制质量。

优点：安装速度快，工厂化程度高，质量容易控制，是幕墙设计施工发展的方向。

（2）全玻璃幕墙

全玻幕墙是由肋玻璃和面玻璃构成的玻璃幕墙（图7-44）。肋玻璃垂直于面玻璃设置，以加强面玻璃的刚度。肋玻璃与面玻璃可采用结构胶黏结，也可以通过不锈钢爪件驳接。面玻璃的厚度不宜小于10mm；肋玻璃厚度不应小于12mm；截面高度不应小于100mm。

全玻幕墙的玻璃固定方式：下部支承式和上部支承式。

当幕墙的高度不太大时，可以用下部支撑的悬挂系统。当高度更大时，为避免面玻璃和肋玻璃在自重作用下因变形而失去稳定，需采用悬挂的支撑系统。

这种系统有专门的吊挂机构在上部抓住玻璃，以保证玻璃稳定。

图7-44　全玻幕墙

（3）点支承玻璃幕墙

点支承玻璃幕墙是由玻璃面板、支承结构构成的玻璃幕墙，其中，支承结构可分为杆件体系和索杆体系两种。杆件体系是由刚性构件组成的结构体系。索杆体系是由拉索、拉杆和钢件构件等组成的预拉力结构体系。

常见的杆件体系有钢立柱和刚桁架，索杆体系有钢拉索、钢拉杆和自平衡索桁架。

连接玻璃面板与支承结构的支承装置由爪件、连接件以及转接件组成。爪件根据固定点数分为：四点式、三点式、两点式和单点式。

点支承玻璃幕墙的玻璃面板必须采用钢化玻璃，玻璃面板形状通常为矩形，采用四点支承，根据情况也可采用六点支承，对于三角形玻璃面板可采用三点支承。

2. 石材幕墙

石材幕墙的构造一般采用框支承结构，因石材面板连接方式的不同，可分为钢销式、槽式和背栓式等。如图 7-45 所示。

钢销式连接需在石材的上下两边或四边开设销孔，石材通过钢销以及连接板与幕墙骨架连接。但受力不合理，容易出现应力集中导致石材局部破坏，使用受到限制。所适用的幕墙高度不宜大于 20m，石板面积不宜大于 $1m^2$。

槽式连接需在石材的上下两边或四边开设槽口，与钢销式相比，它的适应性更强。根据槽口的大小可分为短槽式（安装要求较高）、通槽式（主要用于单元式幕墙中）。

背栓式连接方式与钢销式及槽式连接不同，它将连接石材面板的部位放在面板背部，改善了面板的受力。通常先在石材背面钻孔，插入不锈钢背栓，并扩胀使之与石板紧密相连接，然后通过连接件与幕墙骨架连接。

图 7-45　石材幕墙

3. 铝板板块

铝板板块由加劲肋和面板组成。板块的制作需要在铝板背面设置边肋和中肋等加劲肋。在制作板块时，铝板应四周折边以便与加劲肋连接。加劲肋常采用铝合金型材，以槽形或角形型材为主。

面板与加劲肋之间的连接方法：铆接、电栓焊接、螺栓连接、化学黏接等。如图 7-46 所示。

7.1.3　单层工业厂房基本构造

7.1.3.1　单层厂房外墙

1. 砌体墙

砌体墙在单层工业厂房中，除跨度小于 15m，吊车吨位小于 5t 时，作为承重和围护结构之用外，一般只起围护作用。砖墙的厚度一般为 240mm 和 365mm，其他砌体墙厚度 $200\sim300mm$。

（1）墙体的位置

由于墙体属于自承重墙，墙下不单作条形基础，而是通过基础梁将砖墙的重量传给基础。当墙身的高度大于 15m 时，应加设连系梁来承托上部墙身。

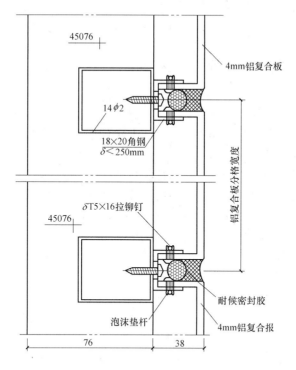

图 7-46 铝板幕墙

墙身一般在柱子外侧，形成封闭结合。也可以把墙体砌在柱子中间，以增加排架的刚度，对抗震有利。

（2）砌体墙与柱子的连接

围护墙应与柱子牢固拉接，还应与屋面板、天沟板或檩条拉接。拉接钢筋的设置原则是：上下间距为 500～620mm，钢筋数量为 2φ6，伸入墙体内部不少于 500mm。

2. 大型板材墙

墙板的类型：

按墙板的性能分：保温墙板和非保温墙板。

按墙板的材料、构造和形状分：钢筋混凝土槽形板、烟灰膨胀矿渣混凝土平板、钢丝网水泥折板、预应力钢筋混凝土板等。

（1）墙板布置

1）墙板横向布置：墙板长度和柱距一致，利用柱来作墙板的支承或悬挂点，竖缝由柱身遮挡，不易渗透风雨，是应用较多的一种方式。

2）墙板竖向布置：不受柱距限制，布置灵活，遇到穿墙孔洞时便于处理。但墙板的固定须设置联系梁，其构造复杂，竖向板缝多，易渗漏雨水。

3）墙板混合布置：布置较为灵活，但板型较多，难以定型化，并且构造较为复杂。

厂房的山墙上形成山尖形，从立面设计要求可作出多种处理方案。

（2）墙板与柱的连接构造

1）柔性连接：通过设置预埋铁件和其他辅助件使墙板和排架柱相连接。适用于地基构成不均匀、沉降较大或有较大振动影响的厂房。

2）刚性连接：在柱子和墙板中先分别设置预埋铁件，安装时用角钢或Φ6的钢筋焊接连牢。宜用于地震设防烈度≤7度的地区和地基构成均匀，振动影响不大的厂房。

（3）轻质板材墙

对不要求保温、隔热的热加工车间、防爆车间、仓库建筑等的外墙，可采用轻质板材墙。

1）彩色涂层钢板

具有绝缘、耐酸碱、耐油等优点，并具有较好的加工性能，可切段、弯曲、钻孔、铆边、卷边。彩色涂层钢板是用自攻螺钉将板固定在型钢墙筋上。竖向布板和横向布板均可。

2）彩色压型钢板复合墙板

以轻质保温材料为芯层，经复合加工而成的轻质、保温墙板，有塑料复合墙板、复合隔热板隔热夹心板等多种。其特点为：质量轻、保温性好、耐腐蚀、耐久、立面美观、施工速度快。复合板的安装是依靠吊件，把板材挂在基体墙身的骨架上，用焊接法把吊件与骨架焊牢。其水平缝为搭接缝，垂直缝为企口缝。

7.1.3.2 单层厂房屋面

1. 屋面排水

厂房屋面排水方式应根据气候条件、厂房高度、生产工艺特点、屋面面积大小等因素综合考虑。

（1）无组织排水

某些有特殊要求的厂房，如屋面容易积灰的冶炼车间，屋面防水要求很高的铸工车间以及对内排水的铸铁管具有腐蚀作用的炼铜车间、某些化工厂房等均宜采用无组织排水。

无组织排水的挑檐长度 L 要求一般可根据檐口高度 H 确定，如图 7-47 所示。

高低跨厂房的高低跨相交处，若高跨为无组织排水时，在低跨屋面的滴水范围内要加铺一层滴水板做保护层。

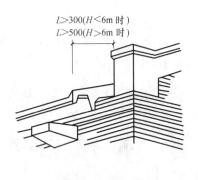

$L>300(H<6m\ 时)$
$L>500(H>6m\ 时)$

图 7-47　无组织排水

（2）有组织排水

1）挑檐沟外排水：采用该方案时，水流路线的水平距离不应超过 20m，以免造成屋面渗水。当厂房为高低跨时，可先将高跨的雨水排至低跨屋面，然后从低跨挑檐沟引入地下。

2）长天沟外排水：多用于单层厂房。在多跨厂房中，可沿纵向天沟向厂房两端山墙外部排水，形成长天沟外排水。长天沟板端部做溢流口，以防止在暴雨时因竖管来不及泄水而使天沟浸水。

3）内排水：严寒地区多跨单层厂房宜选用内排水方案。优点是不受厂房高度限制，屋面排水组织较灵活，适用于多跨厂房，严寒地区采用内排水可防止因结冻胀裂引起屋檐和外部雨水管的破坏。

4）内落外排水：当厂房跨数不多时（如仅有三跨），可用悬吊式水平雨水管将中间天沟的雨水引导至两边跨的雨水管中，构成内落外排水。优点是可以简化室内排水设施，生产工艺的布置不受地下排水管道的影响，但水平雨水管易被灰尘堵塞，有大量粉尘积于屋面的厂房不宜采用。

2. 屋面防水

（1）卷材防水屋面节点构造

1）接缝：大型屋面板相接处的缝隙，必须用C20细石混凝土灌缝填实。在无隔热（保温）层的屋面上，屋面板短边端肋的交接缝（即横缝）处的卷材应加以处理，一般采用在横缝上加铺一层干铺卷材延伸层的做法。

2）挑檐：屋面为无组织排水时，可用外伸的檐口板形成挑檐，有时也可利用顶部圈梁挑出挑檐板。挑檐处应处理好卷材的收头，以防止卷材起翘、翻裂。通常可采用卷材自然收头和附加镀锌铁皮收头的方法。

3）纵墙外天沟：南方地区较多采用外天沟外排水的形式，其槽形天沟板一般支承在钢筋混凝土屋架端部挑出的水平挑梁上或钢屋架、钢筋混凝土屋面大梁端部的钢牛腿上。在天沟内应加铺一层卷材。雨水口周围应附加玻璃布两层。外天沟的防水卷材也应注意收头处理，因天沟的檐壁较矮，为保证屋面检修、清灰的安全，可在沟外壁设铁栏杆。

4）中间天沟：设于等高多跨厂房的两坡屋面之间，一般用两块槽形天沟板并排布置（图7-48）。其防水处理、找坡等构造方法与纵墙内天沟基本相同。直接利用两坡屋面的坡度做成的"V"形"自然天沟"仅适用于内排水（或内落外排水）。

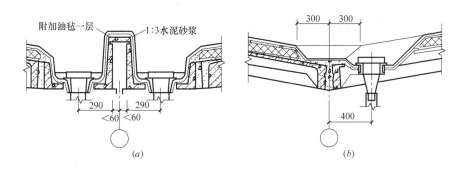

图7-48　中间天沟构造

5）长天沟：当采用长天沟外排水时，必须在山墙上留出洞口，天沟板伸出山墙，该洞口可兼做溢水口用，洞口的上方应设置预制钢筋混凝土过梁。长天沟及洞口处应注意卷材的收头处理，如图7-49所示。

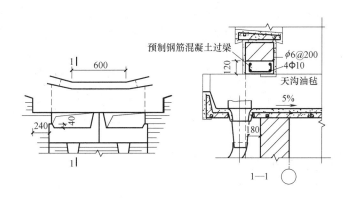

图7-49　长天沟外排水构造

6）泛水：

① 山墙泛水　做法与民用建筑基本相同。振动较大的厂房，可在卷材转折处加铺一层卷材，山墙一般应采用钢筋混凝土压顶，以利于防水和加强山墙的整体性。

② 纵向女儿墙泛水　应注意天沟与女儿墙交接处的防水处理。

③ 高低跨处泛水　如在厂房平行高低跨处无变形缝，而由墙梁承受高跨侧墙墙体荷载时，墙梁下需设牛腿。因牛腿有一定高度，因此高跨墙梁与低跨屋面之间必然形成一个大空隙，这段空隙应采用较薄的墙来填充，并做泛水处理，如图7-50所示。

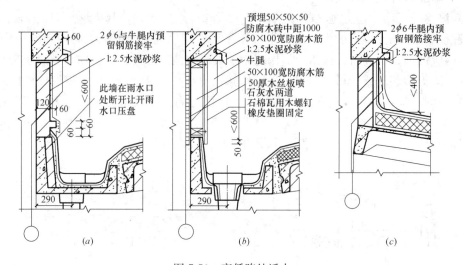

图 7-50　高低跨处泛水

（a）、（b）有天沟高低跨泛水；（c）无天沟高低跨泛水

④ 变形缝泛水　屋面的横向变形缝处最好设置矮墙泛水，以免水溢入缝内，缝的上部应设置能适应变形的镀锌铁皮盖缝或预制混凝土压顶板，如图7-51（a）所示。如横向变形缝处不设矮墙泛水，其构造如图7-51（b）所示。

（2）钢筋混凝土构件自防水屋面

概念：利用钢筋混凝土板本身的密实性，对板缝进行局部防水处理而形成防水的屋面。

特点：具有省工、省料、造价低和维修方便的优点。缺点是混凝土暴露在大气中容易引起风化和碳化，板面后期容易出现裂缝而引起渗漏。油膏和涂料易老化，接缝的搭盖处易产生飘雨等情况。

1）嵌缝式、脊带式防水：板缝嵌油膏防水。若在嵌缝上面再粘贴一层卷材（玻璃布较好）作防水层，则成为脊带式防水，其防水性能较嵌缝式为佳。

2）搭盖式防水：构造原理和瓦材相似，如用 F 型屋面板做防水构件，板的纵缝上下搭接，横缝和脊缝用盖瓦覆盖（图7-52）。

7.1.3.3　单层厂房地面

1. 地面的组成

主要由面层、垫层和地基组成。另需增加一些其他层次，如结合层、找平层、防水

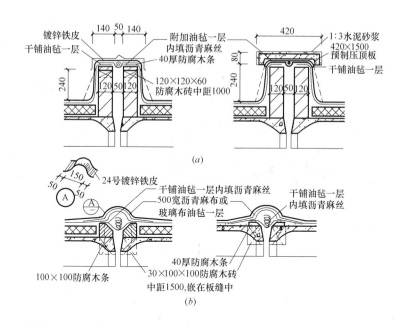

图 7-51 屋面横向变形缝示例

(*a*) 有矮墙泛水；(*b*) 无矮墙泛水

（潮）层、保温层和防腐蚀层等。

（1）地基

当地基土质较弱或地面承受荷载较大时，对地面的地基应采取加强措施。一般的做法是先铺灰土层，或干铺碎石层，或干铺泥结碎石层，然后碾压压实。

（2）垫层

其厚度主要根据作用在地面上的荷载经计算确定。当地面直接安装中小型设备、有较大的荷载且不允许面层变形或裂缝，或有侵蚀性介质及大量水的作用时，采用刚性垫层。其材料有混凝土、沥青混凝土、钢筋混凝土等。当地面有重大冲击、剧烈振动作用或储放笨重材料时（有时伴有高温），采用柔性垫层。其材料有砂、碎石、矿渣、灰土、三合土等。有时也把灰土、三合土作的垫层称半刚性垫层。

（3）面层

面层直接承受各种物理和化学作用。根据生产特征和对面层的使用要求选择。地面的名称按面层的材料名称而定。

2. 地面的类型及构造

按面层材料分：素土夯实、石灰三合土、水泥砂浆、细石混凝土、木板、陶土板等。

按使用性质分：一般地面和特殊地面（如防腐、防爆等）。

按构造分：整体面层和板、块材面层两类。

3. 地面细部构造

（1）缩缝、分格缝

当采用混凝土作垫层时，垫层应设置纵向、横向缩缝。纵向缩缝根据要求采用平头缝（图 7-53*a*）或企口缝（图 7-53*b*），其间距一般为 3～6m；横向缩缝宜采用假缝（图 7-53*c*）

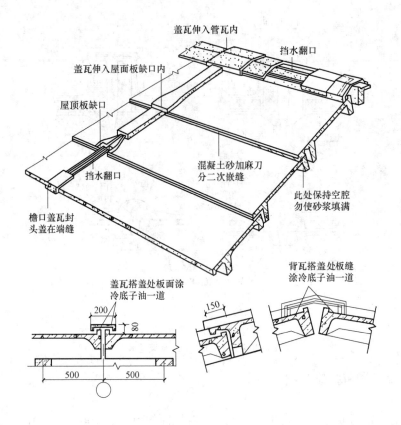

图 7-52 F 板屋面铺设情况及节点构造

其间距为 6～12m。

在混凝土垫层上作细石混凝土面层时，其面层应设分格缝，分格缝应与垫层的缩缝对齐；如采用沥青类面层或块材面层时，其面层可不设缝；设有隔离层的水玻璃混凝土、耐碱混凝土面层的分格缝可不与垫层的缩缝对齐。

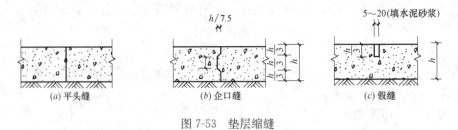

图 7-53 垫层缩缝

（2）地面的接缝

1）变形缝

位置：应与建筑结构的变形缝处理一致，且贯穿地面各构造层（图 7-54（a））。在一般地面与振动大的设备（如锻锤、破碎机等）的基础之间应设变形缝；在承受荷载相差较大的两地段间也设置变形缝。

构造要求：变形缝的宽度为 20～30mm，用沥青砂浆或沥青胶泥填缝。若面层为块料时，面层不再留缝（图 7-54（b））。设有分格缝的大面积混凝土作垫层的地面，可不另设地面伸缩缝。在地面承受荷载较大，经常有冲击、磨损、车辆通过频繁等强烈机械作用的地面边缘须用角钢或钢板焊成护边。

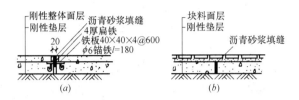

图 7-54 地面变形缝构造

2）交界缝

在交界处的垫层中预埋钢板焊接角钢嵌边，或用混凝土预制板加固（图 7-55a、b）。当厂房内铺设有铁轨时，应考虑道渣及枕木安装方便，在距铁轨两侧不小于 850mm 的地带采用板、块材地面。为使铁轨不影响其他车辆和行人的通行，轨顶应与地面相平（图 7-55c）。

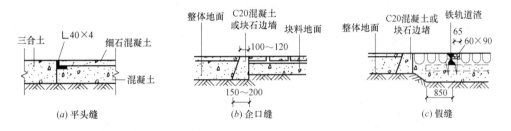

图 7-55 不同地面的交界缝

3）地面与墙间的接缝

地面与墙间的接缝处均设踢脚线，有水冲洗的车间需做墙裙，厂房中踢脚线高度不应小于 150mm，踢脚线的材料一般与地面面层相同，但须注意以下几点：

① 混凝土及沥青地面其踢脚线一般采用水泥砂浆；

② 块料地面的踢脚线可采用水磨石；

③ 设有隔离层的地面，其隔离层应延伸至踢脚线的高度，同时还应注意边缘的固结问题；

④ 当有腐蚀介质和水冲洗的车间，踢脚线的高度应为 200～300mm，并和地面一次施工减少缝隙。

（3）地面排水

有腐蚀性液体作用的地段，不应流向柱、设备基础、墙根等处，而要做反向的斜坡。一般排水坡度根据地面材料和适用性质定。

厂房地面排水沟多用明沟，一般沟宽为 100mm～250mm，沟底最浅处为 100mm，沟底纵向坡度为 0.5%。沟边与墙面或柱边距应≥150mm，并与地面一道施工。沟、地漏四周及地面转角处的隔离层，应适当增加层数。地漏中心线与墙柱边缘距应≮400mm。

（4）地沟

厂房内各种管道缆线（如电缆、采暖、压缩空气、蒸汽管道等）需设在地沟中。地沟由沟壁、底板和盖板组成。常用有砖砌地沟和混凝土地沟（图 7-56）。

地沟上一般都设盖板，盖板表面应与地面标高相平。

当地沟穿过外墙时，应做好室内外管沟接头处的构造。

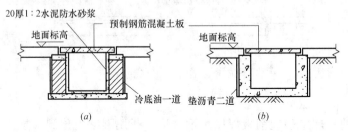

图 7-56　地沟
（a）砖砌地沟；（b）混凝土地沟

（5）坡道

厂房室内外高差一般为 150mm。为便于通行车辆，在门口外侧须设置坡道。坡道宽度应大于门洞宽度 1200mm，坡度一般为 10％～15％，最大不超过 30％。当坡度＞10％且潮湿，坡道应在表面作齿槽防滑，若有铁轨通入，则坡道设在铁轨两侧。

7.1.3.4　轻钢结构厂房构造

概念：轻型钢结构是在普通钢结构的基础上发展起来的一种新型结构形式，它包括所有轻型屋面下采用的钢结构。

特点：有较好的经济指标。不仅自重轻、钢材用量省、施工速度快，而且它本身具有较强的抗震能力，并能提高整个房屋的综合抗震性能。

组成：由基础梁、柱、檩条、层面和墙体组成（图 7-57）。

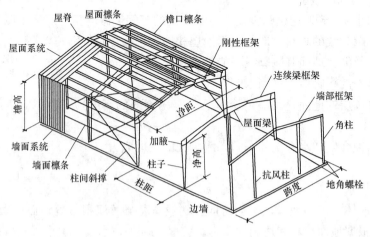

图 7-57　轻钢结构

承重结构：一般采用门式刚架（图 7-58）、屋架（图 7-59）和网架（图 7-60）为承重结构，其上设檩条、屋面板（或板檩合一的轻质大型屋面板），下设柱（对刚架则梁柱合一）、基础，柱外侧有轻质墙架，柱内侧可设吊车梁。

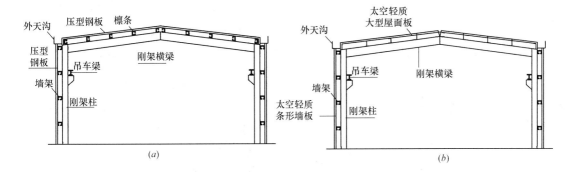

图 7-58　门式刚架

(*a*) 有檩体系；(*b*) 无檩体系

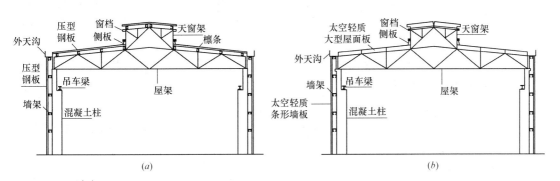

图 7-59　屋架

(*a*) 有檩体系；(*b*) 无檩体系

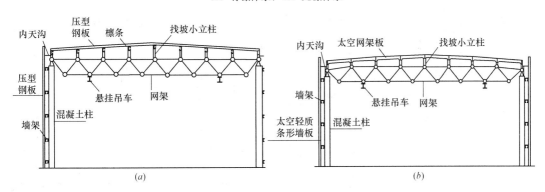

图 7-60　网架

(*a*) 有檩体系；(*b*) 无檩体系

1. 刚架的形式及特点

形式：刚架结构是梁、柱单元构件的组合体，其形式应用较多的为单跨、双跨或多跨的单、双坡门式刚架（根据需要可带挑檐或毗屋），如图 7-61 所示。

特点：

（1）采用轻型屋面，不仅可减小梁柱截面尺寸，基础也相应减小。

（2）在多跨建筑中可做成一个屋脊的大双坡屋面，为长坡面排水创造了条件。

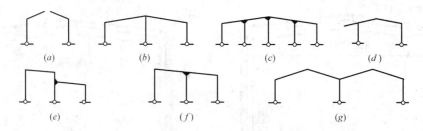

图 7-61　门式刚架的形式

（a）单跨双坡；（b）双跨双坡；（c）四跨双坡；（d）单跨双坡带挑檐；
（e）双跨单坡（毗层）；（f）双跨单坡；（g）双跨四坡

（3）刚架的侧向刚度有檩条的支撑保证，省去纵向刚性构件，并减小翼缘宽度。

（4）刚架可采用变截面，截面与弯矩成正比；变截面时根据需要可改变腹板的高度和厚度及翼缘的宽度，做到材尽其用。

（5）刚架的腹板可按有效宽度设计，即允许部分腹板失稳，并可利用其屈曲后强度。

（6）竖向荷载通常是设计的控制荷载，但当风荷载较大或房屋较高时，风荷载的作用不应忽视。在轻屋面门式刚架中，地震作用一般不起控制作用。

（7）支撑可做得较轻便。将其直接或用水平节点板连接在腹板上，可采用张紧的圆钢。

2. 门式刚架节点构造

（1）横梁和柱连接及横梁拼接

门式刚架横梁与柱的连接，可采用端板竖放（图 7-62a）、端板斜放（图 7-62b）和端板平放（图 7-62c）。横梁拼接时宜使端板与构件外缘垂直（图 7-62d）。

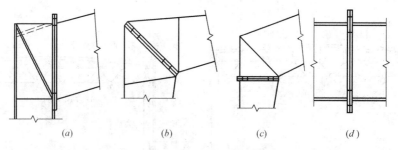

图 7-62　刚架横梁与柱的连接及横梁的拼接

主刚架构件的连接应采用高强度螺栓，吊车梁与制动梁的连接宜采用高强度螺栓摩擦型连接。

（2）刚架柱脚

门式刚架轻型房屋钢结构的柱脚宜采用平板式铰接柱脚。当有必要时，也可采用刚性柱脚。

（3）牛腿

牛腿的构造见图 7-63。

3. 屋架

屋架的结构形式

242

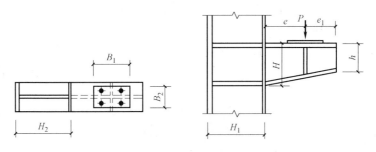

图 7-63　牛腿的节点构造

屋架的结构形式主要取决于所采用的屋面材料和房屋的使用要求。

轻型钢屋架：以三角形屋架、三角拱屋架和梭形屋架为主。与普通钢屋架的设计方法原则相同，只是轻型钢屋架的杆件截面尺寸较小，连接构造和使用条件稍有不同。轻型梯形屋架：如图7-64，属平坡屋架，屋面系统空间刚度

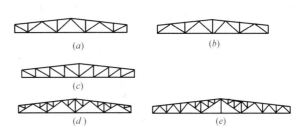

图 7-64　轻型梯形钢屋架

大，受力合力，施工方便。屋架跨度一般为 15～30m，柱距 6～12m，通常以铰接支承于混凝土柱顶。屋架的杆件材料一般采用角钢、T 型钢、热轧 H 型钢或高频焊接轻型 H 型钢以及冷弯薄壁型钢（截面见图 7-65）。双角钢可组成 T 形或十字形截面。

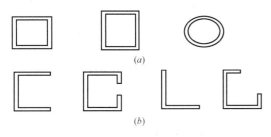

图 7-65　冷弯薄壁型钢截面

4. 檩条

（1）檩条的形式

檩条宜优先采用实腹式构件，也可采用空腹式或格构式构件。檩条一般为单跨简支构件，实腹式檩条也可是连续构件。

1）实腹式檩条

包括槽钢檩条、高频焊接轻型 H 型钢檩条、卷边槽形冷弯薄壁型钢檩条、卷边Z 形冷弯薄壁型钢檩条（直卷边 Z 形和斜卷边 Z 形），其截面形式如图 7-66 所示。

图 7-66　实腹式檩条

2）空腹式檩条

由角钢的上、下弦和缀板焊接组成，其主要特点是用钢量较少，能合理地利用小角钢和薄钢板，因缀板间距较密，拼装和焊接的工作量较大，故应用较少。

3）格构式檩条

可采用平面桁架式、空间桁架式及下撑式檩条。

（2）檩条的连接构造

1）檩条在屋架（刚架）上的布置和搁置

① 为使屋架上弦杆不产生弯矩，檩条宜位于屋架上弦节点处。当采用内天沟时，边檩应尽量靠近天沟。

② 实腹式檩条的截面均宜垂直于屋面坡面。对槽钢和Z形钢檩条，宜将上翼缘肢尖（或卷边）朝向屋脊方向，以减小屋面荷载偏心而引起的扭矩。

③ 桁架式檩条的上弦杆宜垂直于屋架上弦杆，而腹杆和下弦杆宜垂直于地面。

④ 脊檩方案。实腹式檩条应采用双檩方案，屋脊檩条可用槽钢、角钢或圆钢相连，见图7-67。桁架式檩条在屋脊处采用单檩方案时，虽用钢量较省，但檩条型号增多，构造

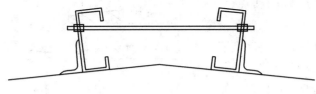

图7-67　脊檩方案（双檩）

复杂，故一般以采用双檩为宜。

2）檩条与屋面的连接

檩条与屋面应可靠连接，以保证屋面能起阻止檩条侧向失稳和扭转的作用，这对一般不需验算整体稳定性的实腹式檩条尤为重要。

檩条与压型钢板屋面的连接，宜采用带橡胶垫圈的自攻螺钉。

3）檩条的拉条和撑杆

拉条和撑杆的布置参见图7-68，互相采用螺栓连接。

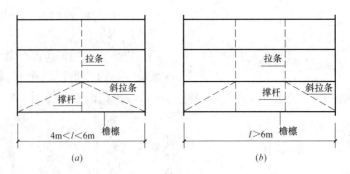

图7-68　拉条和撑杆布置图

5. 轻型围护结构

（1）轻型墙面屋面类型

1）压型钢板

采用热镀锌钢板或彩色镀锌钢板，经辊压冷弯成各种波型，具有轻质、高强、美观、耐用、施工简便、抗震、防火等特点。

2）太空板

以高强水泥发泡工艺制成的人工轻石为芯材，以玻璃纤维网（或纤维束）增强的上下水泥面层及钢（或混凝土）边肋复合而成的新型轻质墙面和屋面板材，具有刚度好、强度高、延性好等特点，有良好的结构性能和工程应用前途。

3）加气混凝土屋面板

是一种承重、保温和构造合一的轻质多孔板材，以水泥（或粉煤灰）、矿渣、砂和铝粉为原料，经磨细、配料、浇筑、切割并蒸压养护而成，具有质量轻、保温效能好、吸声好等优点。因系机械化生产，板的尺寸准确，表面平整，一般可直接在板上铺设卷材防水，施工方便。

（2）压型钢板墙面和屋面节点构造

1）轻型彩色涂色压型钢板墙面节点构造

压型钢板墙面的构造主要解决的问题是：固定点要牢靠、连结点要密封、门窗洞口要做防排水处理。

主要节点包括单块墙板的构造、墙面板的连接构造、墙面板的转角构造、墙身的窗洞口构造。

2）轻型彩色涂层压型钢板屋面节点

主要包括挑檐檐口节点、内天沟节点、屋脊节点、女儿墙泛水节点、屋面变形缝节点

7.2 建 筑 结 构

7.2.1 基础

7.2.1.1 概述

基础设计必须根据建筑物的用途和安全等级、建筑布置和结构类型，充分考虑建筑场地和地基岩土条件，结合施工条件以及工期、造价等各方面要求，合理选择地基基础方案，因地制宜、精心设计，以保证建筑物的安全和正常使用。

地基基础的设计和计算应该满足下列三项基本原则：

（1）对防止地基土体剪切破坏和丧失稳定性方面，应具有足够的安全度；

（2）应控制地基变形量，使之不超过建筑物的地基变形允许值，以免引起基础不利截面和上部结构的损坏，或影响建筑物的使用功能和外观；

（3）基础的型式、构造和尺寸，除应能适应上部结构、符合使用需要，满足地基承载力（稳定性）和变形要求外，还应满足对基础结构的强度，刚度和耐久性的要求。

设计浅基础一般要妥善处理下列几方面问题：

（1）充分掌握拟建场地的工程地质条件和地基勘察资料；

（2）了解当地的建筑经验，施工条件和就地取材的可能性，并结合实际考虑采用先进的施工技术和经济、可行的地基处理方法；

（3）选择基础类型和平面布置方案，并确定地基持力层和基础埋置深度；

（4）按地基承载力确定基础底面尺寸，进行必要的地基稳定性和变形验算；

（5）以简化的，或考虑相互作用的计算方法进行基础结构的内力分析和截面设计。

1. 浅基础的若干类型

（1）扩展基础

无筋扩展基础（刚性基础）：

不配筋基础的材料都具有较好的抗压性能，但抗拉、抗剪强度却不高。设计时必须保证发生在基内的拉应力和剪应力不超过相应的材料强度设计值。这种保证通常是通过对基础构造的限制来实现的，即基础每个台阶的宽度与高度之比都不得超过台阶高宽比的允许值，在这样的限制下，基础的现对高度都比较大几乎不发生挠曲变形，所以无筋扩展基础习惯上称为刚性基础设计时一般先选择适当的基础埋置深度和基础底面尺寸。设基础宽度为 b 则按上述限制，基础的构造高度应满足下列要求。

（2）钢筋混凝土扩展基础

钢筋混凝土扩展基础的抗弯和抗剪性能良好，可在竖向荷载较大、地基承载力不高以及承受水平力和力矩荷载等情况下使用。由于这类基础的高度不受台阶宽高比的限制故适宜于需要宽基浅埋的场合下采用。

墙基础的构造：

柱基础的构造：

当基础埋深和底面尺寸确定之后，即可计算基础内力，以便设计基础截面。此时如按直线分布假设以公式计算基底反力则应不计基础和其上土的重量（G）所引起的反力这样得到的是用于计算内力的基底净反力。

钢筋混凝土扩展基础高度和变阶处的高度应按现行《混凝土结构设计规范》进行受冲切和受剪承载力计算确定。锥形基础的边缘高度，不宜小于 200mm，阶形基础每阶高度，宜为 300～500mm。

计算底板受力钢筋时，按下列简化方法求得基础任意截面的弯矩：

对矩形基础，当台阶宽高比≤2.5 且荷载偏心距 $e≤b/6$ 时，任意截面 Ⅰ-Ⅰ 及 Ⅱ-Ⅱ 的弯矩按下列公式计算：

$$M_1 = \frac{1}{12} a_1^2 (2l + a')(p_{p\max} + p_p)$$

（3）联合基础

$$M_2 = \frac{1}{48} (l - a')^2 (2b + b')(p_{p\max} + p_{p\min})$$

本节的联合基础主要指间列相邻二柱公共的钢筋混凝土基础，即双柱联合基础，但其设计原则，可供其他形式的联合基础参考。

为使联合基础的基底压力分布较为均匀，除应使基础底面形心尽可能接近柱主要荷载合力作用点外，基础还宜具有较大的抗弯刚度，因而通常采用"刚性设计"原则，即假设基底压力按线性规律分布，且不考虑基础与上部结构的相互作用。

（4）独立基础

独立基础是配置于整个结构物之下的无筋或配筋的单个基础。

1）独立基础的常用型式

烟囱、水塔、高炉等构筑物，有时也可采用壳体基础外，更多的是采用钢筋混凝土圆板或圆环基础及混凝土大块式基础。

2）壳体基础

壳体的形式很多，在基础工程中采用得较多的是正圆锥壳及其组合型式。前者可以用作柱基础，后者主要在烟囱、水塔、贮仓和中、小型高炉等筒形构筑物下使用

2. 基础埋置深度的选择

选择基础的埋置深度是基础设计工作中的重要一环，因为它关系到地基是否可靠、施工的难易及造价的高低。等与建筑物有关的条件。

（1）工程地质条件

直接支承基础的土层称为持力层，其下的各土层称为下卧层。为了保证建筑物的安全，必须根据荷载的大小和性质给基础选择可靠的持力层。

在按地基条件选择埋深时，还经常要求从减少不均匀沉降的角度来考虑。同一建筑物的基础可采用不同的埋深来调整不均匀沉降量。

对墙基础，如地基持力层顶面倾斜，必要时可沿墙长将基础底面分段做成高低不同的台阶状，以保证基础各段都具有足够的埋深。

对修建于坡高和坡角不太大的稳定土坡坡顶的基础。

（2）水文地质条件

选择基础埋深时应注意地下水的埋藏条件和动态。对底面低于潜水面的基础，除应考虑基坑排水、坑壁围护以及保护基土不受扰动等措施外，还应考虑可能出现的其他施工与设计问题。

（3）地基冻融条件

季节性冻土是冬季冻结，天暖解冻的土层。

对于埋置于可冻胀土中的基础，其最小埋深应由计算确定。

（4）场地环境条件

基础埋深应大于因气候变化或树木生长导致地基土胀缩以及其他生物活动形成孔洞等可能到达的深度，对靠近原有建筑物基础修建的新基础，其埋深不宜超过原有基础的底面，否则新、旧基础间应保留一定的净距，如果基础邻近有管道或沟、坑等设施时，基础底面一般应低于这些设施的底面。濒临河、湖等水边修建的建筑物基础，如受到流水或波浪冲刷的影响，其底面应位于冲刷线之下。

3. 地基承载力设计值

地基基础设计首先必须保证在荷载作用下的地基对土体产生剪切破坏而失效方面，应具有足够的安全度。为此，各级建筑物浅基础的地基承载力验算均应满足下列要求：

地基竖向承载力（以后都简称承载力）设计值的确定方法可归纳为三类：

① 根据土的抗剪强度指标以理论公式计算；

② 按现场载荷试验的曲线确定；

③ 按土的抗剪强度指标确定。

（1）魏锡克公式（或汉森公式）

按总应力强度指标计算承载力时，测定土的抗剪强度指标的试验方法（指土样加载和剪切时的排水条件）理应与地基土在荷载作用下的固结程度相适应。在一般情况下，对黏性土和粉土，应以固结不排水剪（或固结快剪）的抗剪强度指标标准值计算长期承载力。

（2）按地基载荷试验确定

在现场通过一定尺寸的载荷板对扰动较少的地基土体直接施荷，所测得的成果一般能反映相当于 1～2 倍载荷板宽度的深度以内土体的平均性质。这样大的影响范围为许多其他测试方法所不及。

对于密实砂，硬塑黏土等低压缩性土，其 $p\text{-}s$ 曲线通常有比较明显的起始直线段和极限值，考虑到低压缩性土的承载力基本值一般由强度安全控制，故《建筑地基基础设计规范》规定取图中的（比例界限荷载）作为承载力基本值。

对于有一定强度的中，高压缩性土，如松砂、填土、可塑黏土等，$p\text{-}s$ 曲线无明显转折点，但曲线的斜率随荷载的增加而逐渐增大，最后稳定在某个最大值，此时，极限荷载可取曲线斜率开始到达最大值时所对应的压力。

事实上，中、高压缩性土的基本承载力，往往受允许沉降量的控制，故应当从沉降的观点来考虑。规范总结了许多实测资料，当压板面积为 0.25～0.50 时，规定对于黏性土，取曲线上载荷板的沉降量 $s=0.02b$ 值所对应的压力作为基本承载力。对于砂土，可采用 $s=(0.010～0.015)b$ 所对应的压力作为承载力基本值。

对同一土层，应选择三个以上的试验点，如所得的基本值的极差不超过平均值的 30%，则取该平均值作为地基承载力标准值，然后再考虑实际基础的宽度 b 和埋深 d，将其修正为设计值。

当基础宽度大于 3m 或埋置深度大于 0.5m 时，应按下式计算地基承载力设计值。

$$f_a = f_{ak} + \eta_b \gamma (b-3) + \eta_d \gamma_m (d-0.5)$$

4. 按地基承载力确定基础底面尺寸

（1）按地基持力层的承载力计算基底尺寸

设计浅基础时，计算步骤：

1）确定基础埋深；

2）假定基础宽度不大于 3 计算出地基承载力设计值；

3）按照中心荷载计算基础地面积；

4）把中心荷载作用下的基础底面积按照 1.1～1.4 的比例放大；

5）按照基础长宽比的要求确定基础长和基础宽；

6）如果基础宽度大于 3m 较多时，返回第 2 步按照基础宽度大于 3m 确定承载力设计值；

7）验算基底压力是否满足承载力的要求；满足计算完成；不满足要求调整放大系数重新计算。

（2）软弱下卧层的验算

当地基受力层范围内存在软弱下卧层（承载力显著低于持力层的高压缩性土层）时，按持力层土的承载力计算得出基础底面所需的尺寸后，还必须对软弱下卧层进行验算，要求作用在软弱下卧层顶面处的附加应力与自重应力之和不超过它的承载力设计值关于附加应力的计算。

《建筑地基基础设计规范》通过试验研究并参照双层地基中 附加应力分布的理论解答提出了以下简化方法：当持力层与下卧软弱土层的压缩模量比值时，对矩形或条形基础，可按压力扩散角的概念计算。假设基底处的附加压力往下传递时按某一角度向外扩散分布于较大的面积上。根据扩散前后各面积上的总压力相等的条件进行计算。

5. 地基变形验算和基底尺寸调整

（1）概述

按地基承载力适当选定了基础底面尺寸，一般已可保证建筑物在防止地基剪切破坏方面具有足够的安全度，但是，在荷载作用下，地基的变形总要发生。如何控制地基变形，使之不会导致建筑物开裂破坏、有损其使用条件和外观，这是地基基础设计必须予以充分考虑的另一基本问题。

在常规设计中，一般都针对各类建筑物的结构特点、整体刚度和使用要求的不同，计算地基变形的某一特征值，验证其是否不超过相应的允许值，即要求满足下列条件：地基变形验算结果如不满足要求，可以先通过适当调整基础底面尺寸或埋深，如仍未满足要求，再考虑是否可从建筑、结构、施工诸方面采取有效措施以防止不均匀沉降对建筑物的损害，或改用其他地基基础设计方案。

（2）地基变形特征

地基变形特征一般分为：

沉降量——基础某点的沉降值；

沉降差——基础两点或相邻柱基电点的沉降量之差；

倾斜——基础倾斜方向两端点的沉降差与其距离的比值；

局部倾斜——砌体承重结构沿 6～10m 内基础两点的沉降差与其距离的比值。

具体建筑物所需验算的地基变形特征取决于建筑物的结构类型、整体刚度和使用要求。以下按柔性、敏感性和刚性三类结构分述与其有关的地基变形特征及其可能招致的损害特点。

1）与柔性结构有关的地基变形特征

以屋架、柱和基础为主体的木结构和排架结构，在中、低压缩性地基上一般不因沉降而损坏，但在高压缩性地基上就应注意下列情况下的地基特征变形：

被开窗面积不大的墙砌体所填充的边排柱、抗风柱之间的沉降差

单层排架结构柱基的沉降量

相邻柱基的沉降差所形成的桥式吊车轨面沿纵向或横向的倾斜

厂房内部大面积地面堆载引起柱基向内转动倾斜

2）与敏感性结构有关的地基变形特征

建筑物因地基变形所引起的损坏，最常见的是砌体承重结构房屋外纵墙由拉应变形成的裂缝。根据一些实测资料，砖墙可见裂缝的临界拉应变约为 0.05％（脆性饰面最易开裂），裂缝的形态多样。混合结构房屋外纵墙上多因砌体剪切变形引起斜裂缝。斜裂缝的形态特征是朝沉降较大那一方倾斜地向上延伸的。

一般砌体承重结构房屋的长高比不太大，以局部出现斜裂缝为主，应以局部倾斜作为地基变形的主要特征，其允许值见教材表中规定，框架结构主要因柱基的不均匀沉降使构件受剪扭曲而损坏。

3）与刚性结构有关的地基变形特征

对于高耸结构以及长高比很小的高层建筑，其地基变形的主要特征是建筑物的整体倾斜。

地基土层的不均匀分布以及邻近建筑物的影响是高耸结构物产生倾斜的重要原因。

如果地基的压缩性比较均匀，且无邻近荷载的影响，对高耸结构，只要基础中心沉降量不超过表 6-16 的允许值，便可不作倾斜验算。

有关文献指出，高层建筑横向整体倾斜允许值主要取决于人们视觉的敏锐程度，倾斜值到达明显可见的程度时大致为 1/250（0.004），而结构损坏则大致当倾斜值达到 1/150 时开始。

（3）要求验算地基变形的建筑物范围

凡属下列情况之一者，在按地基承载力确定基础底面尺寸之后，尚须验算地基变形是否超过允许值：

1）安全等级为一级的建筑物。

2）教材相应表所列范围以外的二级建筑物。

3）教材相应表所列范围以内有下列情况的二级建筑物：

① 地基承载力标准值小于 130kh，且体型复杂的建筑；

② 在基础上及其附近有地面堆载或相邻基础荷载差异较大，引起地基产生过大的不均匀沉降时；

③ 软弱地基上的相邻建筑如距离过近，可能发生倾斜时；

④ 地基内有厚度较大或厚薄不均的填土。

7.2.1.2 桩基础

1. 概述

如果建筑场地浅层的土质不能满足建筑物对地基承载力和变形的要求而又不宜采取地基处理措施时，就需要考虑以下部坚实土层或岩层作为持力层的深基础方案。桩基础是应用最为广泛的一类深基础。

桩基础：是由基桩和连接于桩顶的承台共同组成。承台把桩联结起来并承受上部结构的荷载，然后通过桩传递到地基中去。

桩是垂直或微斜埋置于土中的受力杆件，它的横截面尺寸比长度小得多。其作用是将上部结构的荷载传递给土层或岩层。

桩基础设计也应注意满足地基承载力和变形这两项基本要求。

按行业标准《建筑桩基技术规范》，建筑桩基设计与建筑结构设计一样，应采用以概率理论为基础的极限状态设计法，并按极限状态设计表达式计算。桩基的极限状态分为下列两类：

（1）承载能力极限状态

对应于桩基受荷载达到最大承载能力导致整体失稳或发生不适于继续承载的变形。

（2）正常使用极限状态

对应于桩基变形达到为保证建筑物正常使用所规定的限值或桩基达到耐久性要求的某项限值。

2. 桩的分类

（1）按桩的使用功能分类

1）竖向抗压桩

主要承受竖向下压荷载（简称竖向荷载）的桩，应进行竖向承载力计算，必要时还需计算桩基沉降，验算软弱下卧层的承载力以及负摩阻力产生的下拉荷载。

2）竖向抗拔桩

主要承受竖向上拔荷载的桩，应进行桩身强度和抗裂计算以及抗拔承载力验算。

3）水平受荷桩

主要承受水平荷载的桩，应进行桩身强度和抗裂验算以及水平承载力和位移验算。

4）复合受荷桩

承受竖向、水平荷载均较大的桩，应按竖向抗压（或抗拔）桩及水平受荷桩的要求进行验算。

（2）按桩承载性能分类

1）摩擦桩

当软土层很厚，桩端达不到坚硬土层或岩层上时，则桩顶的极限荷载主要靠桩身与周围土层之间的摩擦力来支承，桩尖处土层反力很小，可忽略不计。

2）端承桩

桩穿过软弱土层，桩端支承在坚硬土层或岩层上时，则桩顶极限荷载主要靠桩尖处坚硬岩土层提供的反力来支承，桩侧摩擦力很小，可以忽略不计。

3）摩擦端承桩

桩顶的极限荷载由桩侧阻力和桩端阻力共同承担，但主要由桩端阻力承受。

4）端承摩擦桩

桩顶的极限荷载由桩侧阻力和桩端阻力共同承担，但主要由桩侧阻力承受。

（3）按桩身材料分类

可分为木桩、混凝土桩、钢桩、组合桩等。

（4）按设置效应分类

1）非挤土桩

包括干作业挖孔桩，泥浆护壁钻（冲）孔桩，套管护壁灌注桩等。

这类在成桩过程中基本对桩相邻土不产生挤土效应的桩，称为非挤土桩。其设备噪音较挤土桩小，而废泥浆、弃土运输等可能会对周围环境造成影响。

2）部分挤土桩

当挤土桩无法施工时，可采用预钻小孔后打较大尺寸预制或灌注桩的施工方法，也可打入敞口桩。

3）挤土桩

挤土桩除施工噪音较大外，不存在泥浆及弃土污染问题，当施工质量好，方法得当时，其单方混凝土材料所提供的承载力较非挤土桩及部分挤土桩高。

（5）按桩径大小分类

1）小桩

桩径 $d \leqslant 250$mm。由于桩径小，施工机械，施工场地及施工方法一般较为简单。小桩多用于基础加固（树根桩或锚杆静压桩）及复合桩基础。

2）中等直径桩

250mm$< d < 800$mm。这类桩长期以来在工业与民用建筑物中大量使用，成桩方法和工艺繁多。

3）大直径桩

桩径 $d \geqslant 800$mm。近年来的发展较快，应用范围逐渐增大。因为桩径大且桩端还可以扩大，因此，单桩承载力较高。此类桩除大直径钢管桩外，多数为钻、冲、挖孔灌注桩。通常用于高层或重型建（构）筑物的基础，并可实现柱下单桩的结构型式。正因为如此，也决定了大直径桩施工质量的重要性。

3. 单桩轴向荷载的传递

孤立的一根桩称为单桩，群桩中性能不受邻桩影响的一根桩可视为单桩。

单桩工作性能的研究是单桩承载力分析理论的基础。通过桩土相互作用分析，了解桩土间的传力途径和单桩承载力的构成及其发展过程，以及单桩的破坏机理等，对正确评价单桩轴向承载力具有一定的指导意义。

（1）桩身轴力和截面位移

在轴向荷载作用下，桩身将发生压缩变形；同时桩顶部分荷载通过桩身传递到桩底，致使桩底土层发生压缩变形，这两部分压缩变形之和构成桩顶轴向位移。由于桩与桩周土体的紧密接触，当桩相对于土向下位移时，桩侧表面受到土向上的摩阻力。由桩底土层的压缩变形导致的桩端位移加大了由于桩身的压缩变形引起的桩身各截面的位移，并促使桩侧摩阻力进一步发挥。一般来说，靠近桩身上部土层的摩阻力先于下部土层发挥出来，桩侧阻力先于桩端阻力发挥出来。

单桩在轴向荷载作用下，桩身的截面位移、桩侧的摩阻力分布以及轴力分布见下图7-69。

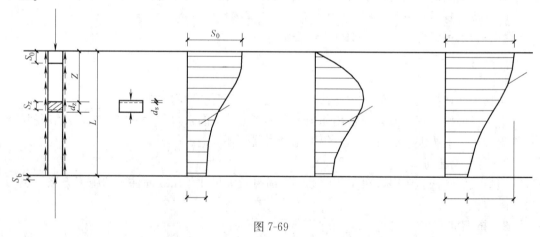

图 7-69

（2）桩侧摩阻力和桩端阻力

桩侧摩阻力是桩截面对桩周土的相对位移的函数 $[q_s = f_{(s)}]$，可用下图中的曲线 OCD 表示，且常简化为折线 OAB。AB 段表示一旦桩土界面相对滑移超过某一极限值，侧摩阻力将保持极限值不变。

极限摩阻力可用类似于土的抗剪强度的库伦表达式：

$$q_u = c_a + \sigma_x \tan \varphi_a$$

式中 c_a 和 φ_a 为桩侧表面与土之间的附着力和摩擦角，σ_x 为深度 z 处作用于桩侧表面的法向压力，它与桩侧土的竖向有效应力成正比例，即：

式中 K_s 为桩侧土的侧压力系数，对挤土桩，$K_0 < K_s < K_p$；

$$\sigma_x = K_s \sigma_v'$$

对非挤土桩，因桩孔中土被清除，而使 $K_a < K_s < K_0$。此处，K_a、K_0 和 K_p 分别为主动、静止和被动土压力系数。

采用上述公式计算深度 z 处的单位侧阻时，如取

$$\sigma_v' = \gamma' z$$

则侧阻将随深度线性增大。然而砂土中的模型桩试验表明，当桩入土深度达到某一临界值后，侧阻就不随深度增加了，这个现象称为侧阻的深度效应。

综上所述，桩侧极限摩阻力与所在的深度、土的类别和性质、成桩方法等许多因素有关。但是，桩侧摩阻力达到极限值所需的桩土滑移极限值则与土的类别有关、而与桩径大小无关，根据试验资料约为 4～6mm（对黏性土）或 6～10mm（对砂类土）。单桩受荷过程中桩端阻力的发挥不仅滞后于桩侧阻力，而且其充分发挥所需的桩底位移值比桩侧摩阻力达到极限所需的桩身截面位移值大的多。根据小型桩试验所得的桩底极限位移值，对砂类土约为 $d/12 \sim d/10$，对黏性土约为 $d/10 \sim d/4$（d 为桩径）。因此，对工作状态下的单桩，其桩端阻力的安全储备一般大于桩侧摩阻力的安全储备。

单桩静载荷试验所得的

荷载—沉降（$Q \sim s$）关系曲线可大体分为陡降型（A）和缓变型（B）两类形态。

对桩底持力层不坚实、桩径不大、破坏时桩端刺入持力层的桩，其曲线多呈"急进破坏"的陡降型，相应于破坏时的特征点明显，据之可确定单桩极限承载力。对桩底为非密实砂类土或粉土、清孔不净残留虚土、桩底面积大、桩底塑性区随荷载增长逐渐扩展的桩，则呈"渐进破坏"的缓变型，其曲线不具有表示变形性质突变的明显特征点，因而较难确定极限承载力。为了发挥这类桩的潜力，其极限承载力宜按建筑物所能承受的最大沉降确定。换句话说，这类桩的承载力极限状态是受"不适于继续承载的变形"制约的。

4. 单桩竖向承载力的确定

单桩极限承载力 Q_u 由总极限侧阻力 Q_{su} 和总极限端阻力 Q_{pu} 组成，若忽略二者间的相互影响，可表示为：

$$Q_u = Q_{su} + Q_{pu} = \sum U_i l_i q_{sui} + A_p q_{pu}$$

式中　l_i、U_i——桩周第 i 层土厚度和相应的桩身周长；

　　　　A_p——桩底面积；

q_{sui}、q_{pu}——第 i 层土的极限侧阻力和持力层极限端阻力。

Q_u、q_{sui}、q_{pu} 的确定通常采用下列几种方法：

（1）原型试验法

原型静载荷试验是传统的也是最可靠的确定承载力的方法。它不仅可确定桩的极限承载力，而且通过埋设各类测试元件可获得桩身轴力、桩侧阻力、桩端阻力、荷载—沉降关系等诸多资料。由于土体因打桩扰动而降低的强度有待随时间而恢复，在桩身强度达到设计要求的前提下，桩设置后开始载荷试验所需的间歇时间：对于砂类土不得少于 10 天；粉土和黏性土不得少于 15 天，饱和软黏土不得少于 25 天。

在同一条件下，进行静载荷试验的桩数不宜少于总桩数的 1%，工程桩总桩数在 50 根以内时不应少于 2 根，其他情况不应少于 3 根。关于单桩竖向静载（抗压）试验的方法、终止加载条件以及单桩竖向承载力标准值的确定详见《建筑桩基技术规范》JGJ 94。

（2）静力学计算法

根据桩侧阻力、桩端阻力的破坏机理，按静力学原理，分别对桩侧阻力和桩端阻力进行计算。由于计算模式、强度参数实际的某些差异，计算结果的可靠性受到限制，往往只用于一般工程或重要工程的初步设计阶段，或与其他方法综合比较来确定承载力。

（3）原位测试法

对地基土进行原位测试，利用桩的静载荷试验与原位测试参数间的关系，确定桩的侧阻力和端阻力。常用的原位测试法有静力触探法（CPT）、标准贯入试验法（SPT）、旁压试验法（PMT）。

5. 桩基础设计

和浅基础一样，桩基的设计也应符合安全、合理和经济的要求。对桩和承台来说，应有足够的强度、刚度和耐久性；对地基来说，要有足够的承载力和不产生过量的变形。

（1）基本设计资料

设计桩基之前必须具备各种资料：建筑物类型及其规模、岩土工程勘察报告、施工机具和技术条件、环境条件及当地桩基工程经验。勘察报告应符合勘察规范的一般规定和桩基工程的专门勘察要求。

（2）桩型、截面和桩长的选择以及单桩承载力的确定

桩基设计的第一步就是根据结构类型及层数、荷载情况、地层条件和施工能力，选择桩型（预制桩或灌注桩）、桩的截面尺寸和长度。确定桩长的关键，在于选择桩端持力层。坚实土（岩）层（可用触探试验或其他指标作为坚实土层的鉴别标准）最适宜作为桩端持力层。对于 10 层以下的房屋，如在桩端可达的深度内无坚实土层时，也可选择中等强度的土层作为持力层。对于桩端进入坚实土层的深度和桩端下坚实土层的厚度，应该有所要求。一般可以这样考虑：

1）对黏性土、粉土进入的深度不宜小于 2 倍桩径，砂类土不宜小于 1.5 倍桩径；

2）对碎石类土不宜小于 1 倍桩径。

3）桩端以下坚实土层的厚度，一般不宜小于 4 倍桩径。穿越软弱土层而支撑在倾斜岩层面上的桩，当风化层厚度小于 2 倍桩径时，桩端应进入新鲜或微风化基岩。端承桩嵌入微风化或中等风化岩体的深度不宜小于 0.5m，以确保桩端与岩体接触。嵌岩桩或端承桩桩底下 3 倍桩径范围内应无软弱夹层、断裂带、洞穴、和空隙的分布。在确定桩长之后，施工时桩的设置深度必须满足设计要求。如果土层比较均匀，坚实土层层面比较平坦，那么桩的实际长度常与设计桩长比较接近；当场地土层复杂，或者桩端持力层层面起伏不平时，桩的实际长度常与设计桩长不一致。打入桩的入土深度应按所设计的桩端标高和最后贯入度两方面控制。最后贯入度是指打桩结束以前每次锤击的沉入量，通常以最后每阵（10 击）的平均贯入量表示。一般要求最后二、三阵的平均贯入量为 10～30mm/阵（锤重、桩长者取大值，质量为 7t 以上的单动蒸汽锤、柴油锤可增至 30～50mm/阵）；振动沉桩者，可用 1min 作为一阵。在确定桩的类型和几何尺寸后，应初步确定承台底面标高。一般情况下，主要从结构要求和方便施工的角度来选择承台深度。季节性冻土上的承台埋深，应根据地基土的冻胀性考虑，并应考虑是否需要采取相应的防冻害措施。膨胀土的承台，其埋深选择与此类似。

（3）桩的根数和布置

1）桩的根数

初步估计桩数时，先不考虑群桩效应，在确定了单桩承载力设计值 R 后，可对桩数进行估算。当桩基为轴心受压时，桩数 n 应满足下式要求：

$$n \geqslant \frac{F+G}{R}$$

式中　F——作用在承台上的轴向压力设计值；

　　　G——承台及其上方填土的重力。

偏心受压时，对于偏心距固定的桩基，如果桩的布置使得群桩横截面的重心与荷载合力作用点重合，则仍可按上式估算桩数，否则，桩的根数应按上式确定的增加 10%～20%。对桩数超过 3 根的非端承群

桩基础，在求得基桩承载力设计值后应重新估算桩数，如有必要，还要通过桩基软弱下卧层承载力和桩基沉降验算才能最终确定。

应当指出，在层厚较大的高灵敏度流塑黏性土（如我国东南沿海的淤泥、淤泥质土）中，不宜采用间距小而桩数多的打入式桩基，否则，对这类土的结构破坏严重，致使土体强度明显降低。如果加上相邻各桩的相互影响，这类桩基的沉降和不均匀沉降都将显著增加。这时宜采用承载力高而桩数较少的桩基。

2）桩的间距

桩的间距（中心距）一般采用 3～4 倍桩径。间距太大会增加承台的体积和用料，太小则将使桩基（摩擦型桩）的沉降量增加，且给施工造成困难。

3）桩在平面上的布置

桩在平面内可以布置成方形（或矩形）网格或三角形网格（梅花式）的形式，也可采用不等距排列。

为了使桩基中各桩受力比较均匀，群桩横截面的重心应与荷载合力的作用点重合或接近。当上部结构的荷载有几种不同的组合时，承台底面上的荷载合力作用点将发生变化，此时，可使群桩横截面重心位于合力作用点变化范围之内，并应尽量接近最为不利的合力作用点位置。

7.2.1.3　软弱土地基处理

1. 概述

软弱土系指淤泥、淤泥质土和部分冲填土、杂填土及其他高压缩性土。由软弱土组成的地基称为软弱土地基。淤泥、淤泥质土在工程上统称为软土，其具有特殊的物理力学性质，从而导致了其特有的工程性质。软土：指在静水或非常缓慢的流水环境中沉积，经生物化学作用下形成的软弱土。

（1）软土的物理力学特性

天然孔隙比大：$e > 1$。

天然含水量高：$w \geqslant w_1$。

抗剪强度低。

压缩系数高。

渗透系数小。

灵敏度高。

具有明显的流变性。

流变：在应力不变的情况下，土体的剪应变和体应变仍随时间而增长的现象。

淤泥：$e \geq 1.5$。

淤泥质土：$1.5 > e \geq 1.0$。

软土地基的工程特性：地基承载力低，建筑物的沉降和差异沉降较大，建筑物沉降历时长。由于软土地基的上述工程特性，所以在软土地基上修建建筑物，必须重视地基的变形和稳定问题。由于软土地基的承载力较低，如果不做任何处理，一般不能承受较大的建筑物荷载。因此在软土地基上建造建筑物，要求对软土地基进行处理。

（2）地基处理的目的

主要是改善地基的工程性质，包括改善地基土的变形特性和渗透性，提高其抗剪强度等。

（3）地基处理的原则

地基处理有许多方法，各种方法都有各自的特点和作用机理。没有哪一种方法是万能的，对于每一个工程都必须进行综合考虑，通过几种可能采用的地基处理方案的比较，选择一种技术可靠、经济合理、施工可行的方案，既可以是单一的地基处理方法，也可以是多种地基处理方法的综合。

2. 夯实法及碾压法

通过夯锤或机械，夯击或碾压填土、疏松土层，使其孔隙体积减小、密实程度提高，这种作用称为压实。压实能降低土的压缩性、提高其抗剪强度、减弱土的透水性，使经过处理的表层弱土成为能承担较大荷载的地基持力层。

（1）土的压实原理

大量工程实践和试验研究表明，控制土的压实效果的主要因素是：土的含水量，压实机械及其压实功能等。土的压实效果常用干密度 r_d（单位土体积内土粒的质量）来衡量。

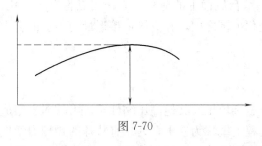

图 7-70

（2）最优含水量

对黏性土，当压实功能和条件相同时，土的含水量过大或过小，土体都不易压实，只有把土的含水量调整到某一适宜值时，才能收到最佳的压实效果。在一定压实机械的功能条件下，土最易于被压实，并能达到最大密度时的含水量，称为最优含水量 w_{op}，相应的干密度则称为最大干密度 r_{dmax}。如图 7-70 所示。

试验统计表明：最优含水量 w_{op} 与土的塑限 w_p 有关，大致为 $w_{op} = w_p + 2\%$。土中黏土矿物含量大，则最优含水量大。

（3）压实功能

对于同类土，随着压实功能的变化，最大干密度和最优含水量也随之变化。当压实功能较小时，土压实后的最大干密度较小，对应的最优含水量则较大；反之，干密度较大，对应的最优含水量则较小。

3. 换土垫层法

当建筑物基础下的持力层比较软弱、不能满足上部荷载对地基的要求时，常采用换土垫层法来处理软弱土地基，即将基础下一定深度内的土层挖去，然后回填以强度较高的砂、碎石或灰土等，并夯至密实。

实践证明：换土垫层可以有效地处理某些荷载不大的建筑物地基问题。换土垫层按其回填的材料可分为砂垫层、碎石垫层、灰土垫层等。

砂垫层的主要作用：

（1）提高浅基础下地基的承载力；

（2）减少沉降量；

（3）加速基底下软弱土层的排水固结；

（4）防止冻胀；

（5）消除膨胀土的胀缩作用。

4. 排水固结预压法

排水固结预压法是利用地基土排水固结的特性，通过施加预压荷载，并增设各种排水条件（砂井和排水垫层等排水体），以加速饱和软黏土固结发展的一种软土地基处理方法。

土层的排水固结效果和它的排水边界条件有关。当土层厚度相对于荷载宽度比较小时，土层中孔隙水向上下面透水层排出而使土层发生固结，称为竖向排水固结。根据固结理论，黏性土固结所需时间与排水距离的平方成正比。因此，为了加速土层的固结，最有效的方法是增加土层的排水途径，缩短排水距离。如图 7-71 所示。

排水固结预压法主要适用于处理淤泥、淤泥质土及其他饱和软黏土。对于砂类土和粉土，因其透水性良好，无需用此法处理。

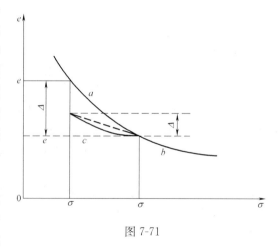

图 7-71

预压法有堆载预压法、砂井堆载预压法、真空预压法。

5. 挤密法和振冲法

在砂土中，通过机械振动挤压或加水振动可以使土密实。挤密法和振冲法就是利用这个原理发展起来的两种地基加固方法。

（1）挤密法

挤密法的加固机理主要靠桩管打入地基中，对土产生横向挤密作用，在一定挤密功能作用下，土粒彼此移动，小颗粒填入大颗粒的空隙，颗粒排列紧密，孔隙体积减小，地基土的强度也随之增强。所以挤密法主要是使松软土地基挤密，改善土的强度和变形特性。

（2）振冲法

振冲法是利用一个振冲器，在高压水流的作用下边振边冲，使松砂地基变密；或在黏性土地基中成孔，在孔中填入碎石制成一根根的桩体，这样的桩体和原来的土构成复合地基。在砂土中和黏性土中振冲法的加固机理是不同的。在砂土中主要是振动挤密和振动液化作用；在黏性土中主要是振冲置换作用，置换的桩体与土组成复合地基。

6. 强夯法

强夯法是用几吨至几十吨的重锤从高处落下，反复多次夯击地面，对地基进行强力夯实。这种强大的夯击力在地基中产生动应力和振动，从夯击点发出纵波和横波，向地基纵深方向传播，使地基浅层和深处产生不同程度的加固作用。

7. 深层搅拌法

深层搅拌法（Deep Mixing Method——DMM）是一种化学加固地基的方法。它通过特制机械——各种深层搅拌机，沿深度将固化剂（水泥浆、水泥粉或石灰粉，外掺一定的添加剂）与地基土强制就地搅拌，利用固化剂自身及其与地基土之间所产生的一系列物理、化学反应，使地基土硬结成为具有整体性、水稳性、较低渗透性和一定强度的复合土桩（体），或与地基土构成复合地基，从而提高软土地基的承载力、减小地基的变形。深层搅拌法按固化主剂的不同可分为水泥系深层搅拌法和石灰系深层搅拌法；按施工工艺又可分为浆体喷射深层搅拌法和粉体喷射深层搅拌法。

水泥系深层搅拌法所形成的固化土称为水泥土（水泥加固土），影响水泥土强度的主要因素有：

（1）水泥掺入比

水泥土的无侧限抗压强度随水泥掺入比的增大而增大。

$$a_w = \frac{掺加的水泥重量}{被加固的软土重量} \times 100\%$$

当 $a_w < 5\%$ 时，由于水泥与土的固化反应过弱，对于提高地基土的强度效果不明显。工程上常用的 a_w 约 $7 \sim 25\%$。水泥土的强度增长率在不同的掺入量区域、不同的龄期时段内是不相同的，而且原状土不同，水泥土的强度增长率也不同。

（2）龄期

水泥土的无侧限抗压强度随着龄期的增长而增大，其强度增长规律不同于混凝土，一般在 $T > 28d$ 后强度仍有较大增长。直到 90d 后其强度增长率逐渐变缓。所以，以龄期 90 天作为标准强度。

（3）地基土的含水量

当水泥掺入比相同时，水泥土的无侧限抗压强度随着含水量的降低而增大。含水量的降低使水泥土的密实性得到增强，从而提高了强度。

（4）水泥强度等级

水泥土的强度随水泥强度等级的提高而增大。在水泥掺入比相同的条件下，水泥强度等级每提高一个等级，水泥土的无侧限抗压强度约增大 $20\% \sim 30\%$。

（5）添加剂

不同的添加剂对水泥土强度有着不同的影响，选用合适的添加剂可以提高水泥土强度或节省水泥用量。在水泥系深层搅拌法中，常选用木质素磺酸钙、石膏和三乙醇胺等添加剂。添加剂对水泥土强度的影响程度可通过试验来确定。

（6）土中的有机质含量

由于有机质使土壤具有较大的水容量和塑性，较大的膨胀性和低渗透性，并使土壤具有酸性，这些因素都会阻碍水泥水化反应的进行，影响水泥土的固化，从而降低水泥土的强度。因此，有机质含量的增高将会明显地降低水泥土的强度。

8. 高压喷射注浆法

高压喷射注浆法（High Pressure Jet Grouting）是利用高压射流技术，喷射化学浆液，破坏地基土体，并强制土与化学浆液混合，形成具有一定强度的加固体，来处理软弱地基的一种方法。按注浆喷射形式的不同，加固体的形状不同。喷射形式主要有：

（1）旋转喷射注浆；

（2）定向喷射注浆；

（3）摇摆喷射注浆。

高压喷射注浆法在工程上的应用主要有两方面：

（1）加固地基，提高建筑物地基的承载力，改善地基的变形性质，既可应用于拟建建筑物的地基处理，又可应用于已建建筑物的事故处理。

（2）地基或土体的防渗处理，形成防渗帷幕，防止渗流破坏、流土或管涌。

7.2.2 常用的混凝土结构知识

混凝土结构是钢筋混凝土结构、预应力混凝土结构和素混凝土结构的总称。素混凝土结构是指由无筋或不配置受力钢筋的混凝土制成的结构，在建筑工程中一般只用作基础垫层或室外地坪。

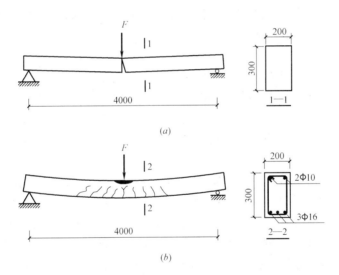

图 7-72　钢筋混凝土梁与素混凝土梁的破坏情况比较
（a）素混凝土梁；（b）钢筋混凝土梁

钢筋混凝土结构是指由配置受力的普通钢筋、钢筋网或钢筋骨架的混凝土制成的结构。在混凝土内配置受力钢筋，能明显提高结构或构件的承载能力和变形性能。图 7-72 所示素混凝土、钢筋混凝土简支梁，截面尺寸、跨度及荷载相同，混凝土强度等级均为 C20。试验结果表明，当 $F=8kN$ 时素混凝土梁即发生断裂破坏，并且破坏是突然发生的，无明显预兆。而钢筋混凝土梁破坏前的变形和裂缝都发展得很充分，呈现出明显的破坏预兆，且破坏荷载提高到 36kN。

由于混凝土的抗拉强度和抗拉极限应变很小，钢筋混凝土结构在正常使用荷载下一般是带裂缝工作的。这是钢筋混凝土结构最主要的缺点。为了克服这一缺点，可在结构承受荷载之前，在使用荷载作用下可能开裂的部位，预先人为地施加压应力，以抵消或减少外荷载产生的拉应力，从而达到使构件在正常的使用荷载下不开裂，或者延迟开裂、减小裂缝宽度的目的，这种结构称为预应力混凝土结构。

钢筋混凝土结构是混凝土结构中应用最多的一种，也是应用最广泛的建筑结构形式之一。它不但被广泛应用于多层与高层住宅、宾馆、写字楼以及单层与多层工业厂房等工业与民用建筑中，而且水塔、烟囱、核反应堆等特种结构也多采用钢筋混凝土结构。钢筋混凝土结构之所以应用如此广泛，主要是因为它具有如下优点：

（1）就地取材。钢筋混凝土的主要材料是砂、石、水泥和钢筋所占比例较小。砂和石一般都可由建筑工地附近提供，水泥和钢材的产地在我国分布也较广。

（2）耐久性好。钢筋混凝土结构中，钢筋被混凝土紧紧包裹而不致锈蚀，即使在侵蚀性介质条件下，也可采用特殊工艺制成耐腐蚀的混凝土，从而保证了结构的耐久性。

（3）整体性好。钢筋混凝土结构特别是现浇结构有很好的整体性，这对于地震区的建筑物有重要意义，另外对抵抗暴风及爆炸和冲击荷载也有较强的能力。

（4）可模性好。新拌合的混凝土是可塑的，可根据工程需要制成各种形状的构件，这给合理选择结构形式及构件断面提供了方便。

（5）耐火性好。混凝土是不良传热体，钢筋又有足够的保护层，火灾发生时钢筋不致很快达到软化温度而造成结构瞬间破坏。

钢筋混凝土也有一些缺点，主要是自重大，抗裂性能差，现浇结构模板用量大、工期长等。但随着科学技术的不断发展，这些缺点可以逐渐克服。例如采用轻质、高强的混凝土，可克服自重大的缺点；采用预应力混凝土，可克服容易开裂的缺点；掺入纤维做成纤维混凝土可克服混凝土的脆性；采用预制构件，可减小模板用量，缩短工期。

应当注意的是，钢筋和混凝土是两种物理力学性质不同的材料，在钢筋混凝土结构中之所以能够共同工作，是因为：

（1）钢筋表面与混凝土之间存在粘结作用。这种粘结作用由三部分组成：一是混凝土结硬时体积收缩，将钢筋紧紧握住而产生的摩擦力；二是由于钢筋表面凹凸不平而产生的机械咬合力；三是混凝土与钢筋接触表面间的胶结力。其中机械咬合力约占 50%；

（2）钢筋和混凝土的温度线膨胀系数几乎相同（钢筋为 1.2×10^{-5}，混凝土为 $1.0 \times 10^{-5} \sim 1.5 \times 10^{-5}$），在温度变化时，二者的变形基本相等，不致破坏钢筋混凝土结构的整体性；

（3）钢筋被混凝土包裹着，从而使钢筋不会因大气的侵蚀而生锈变质。

上述三个原因中，钢筋表面与混凝土之间存在粘结作用是最主要的原因。因此，钢筋混凝土构件配筋的基本要求，就是要保证二者共同受力，共同变形。

7.2.2.1 受弯构件

截面上有弯矩和剪力共同作用，而轴力可以忽略不计的构件称为受弯构件。梁和板是建筑工程中典型的受弯构件，也是应用最广泛的构件。二者的区别仅在于，梁的截面高度一般大于截面宽度，而板的截面高度则远小于截面宽度。

1. 截面形式及尺寸

梁的截面形式主要有矩形、T形、倒T形、L形、I形、十字形、花篮形等（图7-

73）。其中，矩形截面由于构造简单，施工方便而被广泛应用。T 形截面虽然构造较矩形截面复杂，但受力较合理，因而应用也较多。

板的截面形式一般为矩形、空心板、槽形板等（图 7-74）。

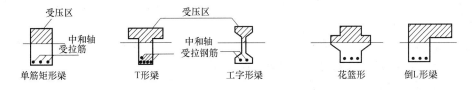

图 7-73　梁的截面形式

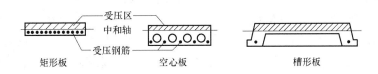

图 7-74　板的截面形式

梁、板截面高跨比 h/l_0 参考值　　　　　　　　　　　　表 7-3

构件种类			h/l_0
梁	整体肋形梁	主梁 简支梁	1/12
		主梁 连续梁	1/15
		主梁 悬臂梁	1/6
		次梁 简支梁	1/20
		次梁 连续梁	1/25
		次梁 悬臂梁	1/8
	矩形截面独立梁	简支梁	1/12
		连续梁	1/15
		悬臂梁	1/6
板	单向板		1/35～1/40
	双向板		1/40～1/50
	悬臂板		1/10～1/12
	无梁楼板	有柱帽	1/32～1/40
		无柱帽	1/30～1/35

注：表中 l_0 为梁的计算跨度。当 $l_0 \geqslant 9m$ 时，表中数值宜乘以 1.2。

梁、板的截面尺寸必须满足承载力、刚度和裂缝控制要求，同时还应满足模数，以利模板定型化。

按刚度要求，根据经验，梁、板的截面高度不宜小于表 7-3 所列数值。

按模数要求，梁的截面高度 h 一般可取 250、300…800、900、1000（mm）等，$h \leqslant$ 800mm 时以 50mm 为模数，$h > 800mm$ 时以 100mm 为模数；矩形梁的截面宽度和 T 形截面的肋宽 b 宜采用 100、120、150、180、200、220、250mm，大于 250mm 时以 50mm 为

261

模数。梁适宜的截面高宽比 h/b，矩形截面为 $2\sim3.5$，T 形截面为 $2.5\sim4$。

按构造要求，现浇板的厚度不应小于表 7-4 的数值。现浇板的厚度一般取为 10mm 的倍数，工程中现浇板的常用厚度为 60、70、80、100、120mm。

2. 梁、板的配筋

（1）梁的配筋

梁中通常配置纵向受力钢筋、弯起钢筋、箍筋、架立钢筋等，构成钢筋骨架（图 7-75），有时还配置纵向构造钢筋及相应的拉筋等。

1）纵向受力钢筋

根据纵向受力钢筋配置的不同，受弯构件分为单筋截面和双筋截面两种。前者指只在受拉区配置纵向受力钢筋的受弯构件；后者指同时在梁的受拉区和受压区配置纵向受力钢筋的受弯构件。配置在受拉区的纵向受力钢筋主要用来承受由弯矩在梁内产生的拉力，配置在受压区的纵向受力钢筋则是用来补充混凝土受压能力的不足。由于双筋截面利用钢筋来协助混凝土承受压力，一般不经济。因此，实际工程中双筋截面梁一般只在有特殊需要时采用。

梁纵向受力钢筋的直径应当适中，太粗不便于加工，与混凝土的粘结力也差；太细则根数增加，在截面内不好布置，甚至降低受弯承载力。梁纵向受力钢筋的常用直径 $d=12\sim25$mm。当 $h<300$mm 时，$d\geqslant8$mm；当 $h\geqslant300$mm 时，$d\geqslant10$mm。一根梁中同一种受力钢筋最好为同一种直径；当有两种直径时，其直径相差不应小于 2mm，以便施工时辨别。梁中受拉钢筋的根数不应少于 2 根，最好不少于 $3\sim4$ 根。纵向受力钢筋应尽量布置成一层。当一层排不下时，可布置成两层，但应尽量避免出现两层以上的受力钢筋，以免过多地影响截面受弯承载力。

为了保证钢筋周围的混凝土浇筑密实，避免钢筋锈蚀而影响结构的耐久性，梁的纵向受力钢筋间必须留有足够的净间距，如图 7-76 所示。当梁的下部纵向受力钢筋配置多于两层时，两层以上钢筋水平方向的中距应比下面两层的中距增大一倍。

现浇板的最小厚度 （mm） 表 7-4

单向板			双向板	密肋板		悬臂板		无梁楼板
屋面板	民用建筑楼板	车道下楼板		肋间距 ≤700mm	肋间距 >700mm	悬臂长度 ≤500mm	悬臂长度 >500mm	
60	60	80	80	40	50	60	80	150

2）架立钢筋

架立钢筋设置在受压区外缘两侧，并平行于纵向受力钢筋。其作用，一是固定箍筋位置以形成梁的钢筋骨架；二是承受因温度变化和混凝土收缩而产生的拉应力，防止发生裂缝。受压区配置的纵向受压钢筋可兼作架立钢筋。

架立钢筋的直径与梁的跨度有关，其最小直径不宜小于表 7-5 所列数值。

架立钢筋的最小直径 （mm） 表 7-5

梁跨(m)	<4	4～6	>6
架立钢筋最小直径(mm)	8	10	12

262

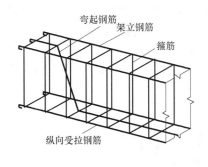

图 7-75 梁的配筋图

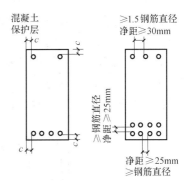

图 7-76 受力钢筋的排列

3）弯起钢筋

弯起钢筋在跨中是纵向受力钢筋的一部分，在靠近支座的弯起段弯矩较小处则用来承受弯矩和剪力共同产生的主拉应力，即作为受剪钢筋的一部分。钢筋的弯起角度一般为 45°，梁高 $h > 800mm$ 时可采用 60°。当按计算需设弯起钢筋时，前一排（对支座而言）弯起钢筋的弯起点至后一排的弯起点的距离不应大于表 7-6 中 $V > 0.7 f_t b h_0$ 栏的规定。实际工程中第一排弯起钢筋的弯起点距支座边缘的距离通常取为 50mm。

4）箍筋

箍筋主要用来承受由剪力和弯矩在梁内引起的主拉应力，并通过绑扎或焊接把其他钢筋联系在一起，形成空间骨架。

梁中箍筋和弯起钢筋的最大间距 S_{max}（mm）　　　　　　　　表 7-6

梁高 h(mm)	$V > 0.7 f_t b h_0$	$V \leqslant 0.7 f_t b h_0$
$150 < h \leqslant 300$	150	200
$300 < h \leqslant 500$	200	300
$500 < h \leqslant 800$	250	350
$h > 800$	300	400

箍筋应根据计算确定。按计算不需要箍筋的梁，当梁的截面高度 $h > 300mm$，应沿梁全长按构造配置箍筋；当 $h = 150 \sim 300mm$ 时，可仅在梁的端部各 1/4 跨度范围内设置箍筋，但当梁的中部 1/2 跨度范围内有集中荷载作用时，仍应沿梁的全长设置箍筋；若 $h < 150mm$，可不设箍筋。

梁内箍筋宜采用 HPB235、HRB335、HRB400 级钢筋。箍筋直径，当梁截面高度 $h \leqslant 800mm$ 时，不宜小于 6mm；当 $h > 800mm$ 时，不宜小于 8mm。当梁中配有计算需要的纵向受压钢筋时，箍筋直径还不应小于纵向受压钢筋最大直径的 1/4。为了便于加工，箍筋直径一般不宜大于 12mm。箍筋的常用直径为 6、8、10（mm）。

箍筋的最大间距应符合表 3.1.4 的规定。当梁中配有计算需要的纵向受压钢筋时，箍筋的间距不应大于 15d（d 为纵向受压钢筋的最小直径），同时不应大于 400mm；当一层内的纵向受压钢筋多于 5 根且直径大于 18mm 时，箍筋间距不应大于 10d。

箍筋的形式可分为开口式和封闭式两种（图 7-77）。除无振动荷载且计算不需要配置纵向受压钢筋的现浇 T 形梁的跨中部分可用开口箍筋外，均应采用封闭式箍筋。箍筋的肢数，当梁的宽度 $b \leqslant 150$mm 时，可采用单肢；当 $b \leqslant 400$mm，且一层内的纵向受压钢筋不多于 4 根时，可采用双肢箍筋；当 $b > 400$mm，且一层内的纵向受压钢筋多于 3 根，或当梁的宽度不大于 400mm 但一层内的纵向受压钢筋多于 4 根时，应设置复合箍筋。梁中一层内的纵向受拉钢筋多于 5 根时，宜采用复合箍筋。

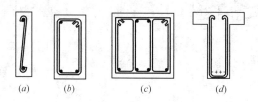

图 7-77　箍筋的形式和肢数

（a）单肢箍筋；（b）封闭式双肢箍筋；（c）复合箍筋（四肢）；（d）开口式双肢箍筋

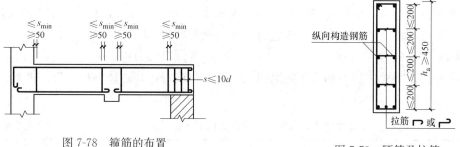

图 7-78　箍筋的布置

图 7-79　腰筋及拉筋

　　梁支座处的箍筋一般从梁边（或墙边）50mm 处开始设置。支承在砌体结构上的独立梁，在纵向受力钢筋的锚固长度 l_{as} 范围内应配置两道箍筋，其直径不宜小于纵向受力钢筋最大直径的 0.25 倍，间距不宜大于纵向受力钢筋最小直径的 10 倍。当梁与钢筋混凝土梁或柱整体连接时，支座内可不设置箍筋（图 7-78）。应当注意，箍筋是受拉钢筋，必须有良好的锚固。其端部应采用 135°弯钩，弯钩端头直段长度不小于 50mm，且不小于 $5d$。

　　5）纵向构造钢筋及拉筋

　　当梁的截面高度较大时，为了防止在梁的侧面产生垂直于梁轴线的收缩裂缝，同时也为了增强钢筋骨架的刚度，增强梁的抗扭作用，当梁的腹板高度 $h_w \geqslant 450$mm 时，应在梁的两个侧面沿高度配置纵向构造钢筋（亦称腰筋），并用拉筋固定（图 7-79）。每侧纵向构造钢筋（不包括梁的受力钢筋和架立钢筋）的截面面积不应小于腹板截面面积 bh_w 的 0.1%，且其间距不宜大于 200mm。此处 h_w 的取值为：矩形截面取截面有效高度，T 形截面取有效高度减去翼缘高度，I 形截面取腹板净高（图 7-80）。纵向构造钢筋一般不必做弯钩。拉筋直径一般与箍筋相同，间距常取为箍筋间距的两倍。

　　（2）板的配筋

　　板通常只配置纵向受力钢筋和分布钢筋（图 7-81）。

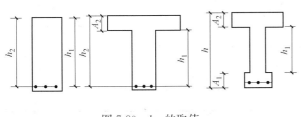

图 7-80　h_w 的取值

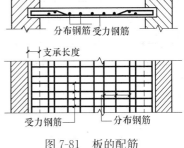

图 7-81　板的配筋

1）受力钢筋

梁式板的受力钢筋沿板的短跨方向布置在截面受拉一侧，用来承受弯矩产生的拉力。板的纵向受力钢筋的常用直径为 6、8、10、12（mm）。

为了正常地分担内力，板中受力钢筋的间距不宜过稀，但为了绑扎方便和保证浇捣质量，板的受力钢筋间距也不宜过密。当 $h \leqslant 150mm$ 时，不宜大于 200mm；当 $h > 150mm$ 时，不宜大于 1.5h，且不宜大于 300mm。板的受力钢筋间距通常不宜小于 70mm。

2）分布钢筋

分布钢筋垂直于板的受力钢筋方向，在受力钢筋内侧按构造要求配置。分布钢筋的作用，一是固定受力钢筋的位置，形成钢筋网；二是将板上荷载有效地传到受力钢筋上去；三是防止温度或混凝土收缩等原因沿跨度方向的裂缝。

分布钢筋宜采用 HPB235、HRB335 级钢筋，常用直径为 6、8（mm）。梁式板中单位长度上分布钢筋的截面面积不宜小于单位宽度上受力钢筋截面面积的 15%，且不宜小于该方向板截面面积的 0.15%。分布钢筋的直径不宜小于 6mm，间距不宜大于 250mm；当集中荷载较大时，分布钢筋截面面积应适当增加，间距不宜大于 200mm。分布钢筋应沿受力钢筋直线段均匀布置，并且受力钢筋所有转折处的内侧也应配置。

3. 混凝土保护层厚度

钢筋外边缘至混凝土表面的距离称为钢筋的混凝土保护层厚度。其主要作用，一是保护钢筋不致锈蚀，保证结构的耐久性；二是保证钢筋与混凝土间的粘结；三是在火灾等情况下，避免钢筋过早软化。

纵向受力钢筋的混凝土保护层不应小于钢筋的公称直径，并符合表 7-7 的规定。

混凝土保护层厚度过大，不仅会影响构件的承载能力，而且会增大裂缝宽度。实际工程中，一类环境中梁、板的混凝土保护层厚度一般取为：混凝土强度等级 $\leqslant$ C20 时，梁 30mm，板 20mm；混凝土强度等级 $\geqslant$ C25 时，梁 25mm，板 15mm。当梁、柱中纵向受力钢筋的混凝土保护层厚度大于 40mm 时，应对保护层采取有效的防裂构造措施。

7.2.2.2　受压构件

按照纵向力在截面上作用位置的不同，纵向受力构件分为轴心受力构件和偏心受力构件。纵向力作用线与构件轴线重合的构件称为轴心受力构件，否则为偏心受力构件。偏心受力构件又可分为单向偏心受力构件和双向偏心受力构件。纵向力可以是拉力，也可以是压力，因此，轴心受力构件可分为轴心受拉构件和轴心受压构件，偏心受力构件可分为偏心受拉构件和偏心受压构件。建筑工程中，受压构件是最重要最常见的承重构件之一。

混凝土保护层最小厚度（mm）

表 7-7

环境类别		板、墙、壳			梁			柱		
		≤C20	C25～C45	≥C50	≤C20	C25～C45	≥C50	≤C20	C25～C45	≥C50
一		20	15	15	30	25	25	30	30	30
二	a	—	20	20	—	30	30	—	30	30
	b	—	25	20	—	35	30	—	35	30
三		—	30	25	—	40	35	—	40	35

注：1. 基础中纵向受力钢筋的混凝土保护层厚度不应小于40mm；当无垫层时不应小于70mm。

2. 处于一类环境中且由工厂生产的预制构件，当混凝土强度等级不低于C20时，其保护层厚度可按表中规定减少5mm，但预制构件中的预应力钢筋的保护层不应小于15mm；处于二类环境且由工厂生产的预制构件，当表面采取有效保护措施时，保护层厚度可按表中一类环境数值采用。

3. 预制钢筋混凝土受弯构件钢筋端头的保护层厚度不应小于10mm；预制肋形板主肋钢筋的保护层厚度应按梁的数值取用。

4. 板、墙、壳中分布钢筋的保护层厚度不应小于表中相应数值减10mm，且不小于10mm。梁、柱箍筋和构造钢筋的保护层不应小于15mm。

本章只介绍轴心受力构件和单向偏心受力构件。

1. 材料强度

受压构件的承载力主要取决于混凝土强度，采用较高强度等级的混凝土可以减小构件截面尺寸，节省钢材，因而柱中混凝土一般宜采用较高强度等级，但不宜选用高强度钢筋。其原因是受压钢筋要与混凝土共同工作，钢筋应变受到混凝土极限压应变的限制，而混凝土极限压应变很小，所以高强度钢筋的受压强度不能充分利用。《混凝土规范》规定受压钢筋的最大抗压强度为 $400N/mm^2$。一般柱中采用 C25 及以上等级的混凝土，对于高层建筑的底层柱可采用更高强度等级的混凝土，例如采用 C40 或以上；纵向钢筋一般采用 HRB400 和 HRB335 级热轧钢筋。

2. 截面型式及尺寸要求

钢筋混凝土受压构件通常采用方形或矩形截面，以便制作模板。一般轴心受压柱以方形为主，偏心受压柱以矩形为主。当有特殊要求时，也可采用其他形式的截面，如轴心受压柱可采用圆形、多边形等，偏心受压柱还可采用 I 形、T 形等。

为了充分利用材料强度，避免构件长细比太大而过多降低构件承载力，柱截面尺寸不宜过小。一般应符合 ≤25 及 l_0/b≤30（其中 l_0 为柱的计算长度，h 和 b 分别为截面的高度和宽度）。对于方形和矩形截面，其尺寸不宜小于 250×250mm。为了便于模板尺寸模数化，柱截面边长在 800mm 以下者，宜取 50mm 的倍数；在 800mm 以上者，取为 100mm 的倍数。

3. 配筋构造

（1）纵向受力钢筋

轴心受压构件的荷载主要由混凝土承担，设置纵向受力钢筋的目的有三：一是协助混凝土承受压力，以减小构件尺寸；二是承受可能的弯矩，以及混凝土收缩和温度变形引起的拉应力；三是防止构件突然的脆性破坏。

轴心受压柱的纵向受力钢筋应沿截面四周均匀对称布置，偏心受压柱的纵向受力钢筋布置在弯矩作用方向的两对边，圆柱中纵向受力钢筋宜沿周边均匀布置。

纵向受力钢筋直径 d 不宜小于 12mm，通常采用 12～32mm。一般宜采用根数较少，直径较粗的钢筋，以保证骨架的刚度。方形和矩形截面柱中纵向受力钢筋不少于 4 根，圆柱中不宜少于 8 根且不应少于 6 根。纵向受力钢筋的净距不应小于 50mm，偏心受压柱中垂直于弯矩作用平面的侧面上的纵向受力钢筋及轴心受压柱中各边的纵向受力钢筋的中距不宜大于 300mm（图7-82）。对水平浇筑的预制柱，其纵向钢筋的最小净距可按梁的有关规定采用。受压构件纵向钢筋的最小配筋率应符合规范规定。从经济和施工方便（不使钢筋太密集）角度考虑，全部纵向钢筋的配筋率不宜超过 5%。受压钢筋的配筋率一般不超过 3%，通常在 0.5 %～2%之间。

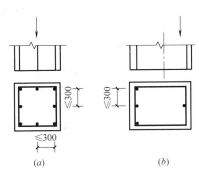

图 7-82　柱纵向钢筋的布置
（a）轴心受压轴；（b）偏心受压轴

偏心受压构件的纵向钢筋配置方式有两种。一种是在柱弯矩作用方向的两对边对称配置相同的纵向受力钢筋，这种方式称为对称配筋。对称配筋构造简单，施工方便，不易出错，但用钢量较大。另一种是非对称配筋，即在柱弯矩作用方向的两对边配置不同的纵向受力钢筋。非对称配筋的优缺点与对称配筋相反。在实际工程中，为避免吊装出错，装配式柱一般采用对称配筋。屋架上弦、多层框架柱等偏心受压构件，由于在不同荷载（如风荷载、竖向荷载）组合下，在同一截面内可能要承受不同方向的弯矩，即在某一种荷载组合作用下受拉的部位在另一种荷载组合作用下可能就变为受压，当这两种不同符号的弯矩相差不大时，为了设计、施工方便，通常也采用对称配筋。

（2）箍筋

受压构件中箍筋的作用是保证纵向钢筋的位置正确，防止纵向钢筋压屈，从而提高柱的承载能力。箍筋的构造如图 7-83 所示。

受压构件中的周边箍筋应做成封闭式。箍筋直径不应小于 $d/4$（d 为纵向钢筋的最大直径），且不应小于 6mm。箍筋间距不应大于 400mm 及构件截面的短边尺寸，且不应大于 15d（d 为纵向受力钢筋的最小直径）。

当柱中全部纵向受力钢筋的配筋率超过 3%时，箍筋直径不应小于 8mm，间距不应大于 10d（d 为纵向受力钢筋的最小直径），且不应大于 200mm；箍筋末端应做成 135°弯钩且弯钩末端平直段长度不应小于直径的 10 倍。

在纵向钢筋搭接长度范围内，箍筋的直径不宜小于搭接钢筋直径的 0.25 倍。箍筋间距，当搭接钢筋为受拉时，不应大于 5d（d 为受力钢筋中最小直径），且不应大于 100mm；当搭接钢筋为受压时，不应大于 10d，且不应大于 200mm。当搭接受压钢筋直径大于 25mm 时，应在搭接接头两个端面外 100mm 范围内各设置 2 根箍筋。

当柱截面短边尺寸大于 400mm 且各边纵向受力钢筋多于 3 根时，或当柱截面短边尺寸不大于 400mm 但各边纵向钢筋多于 4 根时，应设置复合箍筋，以防止中间钢筋被压屈（图 7-83）。复合箍筋的直径、间距与前述箍筋相同。

当偏心受压柱的截面高度 $h \geqslant 600$mm 时，在柱的侧面上应设置直径为 10～16mm 的纵向构造钢筋，并相应设置复合箍筋或拉筋。

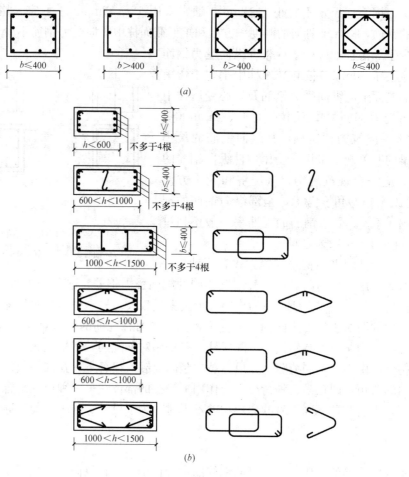

图 7-83　箍筋的构造

（a）轴心受压柱；（b）偏心受压轴柱

　　对于截面形状复杂的构件，不可采用具有内折角的箍筋（图 7-84）。其原因是，内折角处受拉箍筋的合力向外，可能使该处混凝土保护层崩裂。

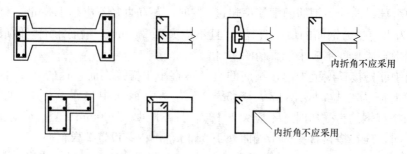

图 7-84　复杂截面的箍筋形式

7.2.2.3　受扭构件

1. 受扭构件受力特点

　　凡是在构件截面中有扭矩作用的构件，都称为受扭构件。扭转是构件受力的基本形式之一，也钢筋混凝土结构中常见的构件形式，例如钢筋混凝土雨篷、平面曲梁或折梁、现浇框架边梁、吊车梁、螺旋楼梯等结构构件都是受扭构件（图 7-85）。受扭构件根据截面上存在的内力情况可分为纯扭、剪扭、弯扭、弯剪扭等多种受力情况。在实际工程中，纯扭、剪扭、弯扭的受力情况较少，弯剪扭的受力情况则较普遍。钢筋混凝土结构中的受扭构件大都是矩形截面。

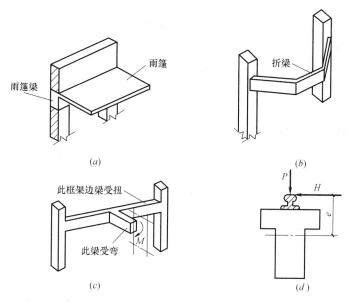

图 7-85　常见受扭构件示例

（a）雨篷梁；（b）平面折梁；（c）框架边梁；（d）吊车梁

素混凝土纯扭构件：

构件在扭矩作用下主要产生剪应力。匀质弹性材料矩形截面在扭矩的作用下，截面中各点都将产生剪应力 τ（图 7-86a）。最大剪应力发生在截面长边中点，与该点剪应力作用相对应的主拉应力 σ_{tp} 和主压应力 σ_{cp} 分别与构件轴线成 45°角，其大小为 $\sigma_{tp}=\sigma_{cp}=\tau_{max}$。当主拉应力超过混凝土的抗拉强度时，混凝土将首先在截面长边中点处，垂直于主拉应力方向开裂。所以，在纯扭构件中，构件裂缝与轴线成 45°角。

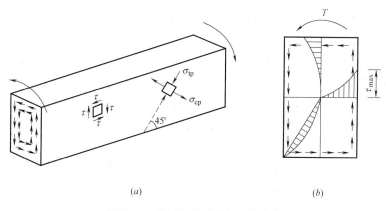

图 7-86　纯扭构件的弹性应力分布

对于理想弹塑性材料而言，截面上某点的应力达到强度极限时并不立即破坏，该点能保持极限应力不变而继续变形，整个截面仍能继续承受荷载，直到截面上各点的应力达到 $\tau_{max}=f_t$ 时，构件才达到极限抗扭能力。

素混凝土既非完全弹性，又非理想塑性，是介于两者之间的弹塑性材料，因而受扭时的极限应力分布将介于上述两种情况之间。为计算方便起见，取素混凝土构件的受扭承载力即开裂扭矩为

$$T_{cr}=0.7f_tW_t$$

式中　　f_t——混凝土抗拉强度设计值；

　　　　W_t——受扭构件的截面抗扭塑性抵抗矩。对矩形截面 $W_t=b_2(3h-b)/6$。

2. 钢筋混凝土纯扭构件

试验表明，配置受扭钢筋对提高受扭构件抗裂性能的作用不大，当混凝土开裂后，可由钢筋继续承担拉力，因而能使构件的受扭承载力大大提高。如前所述，扭矩在匀质弹性材料构件中引起的主拉应力方向与构件轴线成 45°。因此，最合理的配筋方式是在构件靠近表面处设置呈 45°走向的螺旋形钢筋。但这种配筋方式不便于施工，且当扭矩改变方向后则将完全失去效用。在实际工程中，一般是采用由靠近构件表面设置的横向箍筋和沿构件周边均匀对称布置的纵向钢筋共同组成的抗扭钢筋骨架（图 7-87）。它恰好与构件中受弯钢筋和受剪钢筋的配置方向相协调。

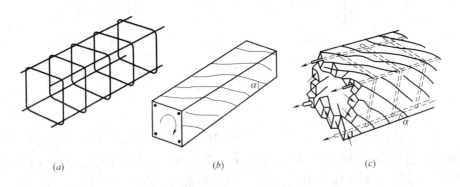

(a)　　　　　　　　　　　(b)　　　　　　　　　　　(c)

图 7-87　受扭构件的受力性能

(a) 抗扭钢筋骨架；(b) 受扭构件裂缝；(c) 受扭构件的空间桁架模型

配置了适量受扭钢筋的构件，在裂缝出现以后不会立即破坏。随着外扭矩的不断增大，在构件表面逐渐形成多条大致沿 45°方向呈螺旋形发展的裂缝（图 7-87b）。在裂缝处，原来由混凝土承担的主拉应力主要改由与裂缝相交的钢筋来承担。多条螺旋形裂缝形成后的钢筋混凝土构件可以看成图 7-87（c）所示的空间桁架，其中纵向钢筋相当于受拉弦杆，箍筋相当于受拉竖向腹杆，而裂缝之间接近构件表面一定厚度的混凝土则形成承担斜向压力的斜腹杆。随着其中一条裂缝所穿越的纵筋和箍筋达到屈服时，该裂缝不断加宽，直到最后形成三面开裂一边受压的空间扭曲破坏面，进而受压边混凝土被压碎，构件破坏（图 7-88）。整个破坏过程具有一定延性和较明显的预兆，类似受弯构件适筋破坏。

当受扭箍筋和纵筋配置过少时，构件的受扭承载力与素混凝土没有实质差别，破坏过程迅速而突然，类似于受弯构件的少筋破坏，称为少筋受扭构件。如果箍筋和纵筋配置过

多，钢筋未达到屈服强度，构件即由于斜裂缝间混凝土被压碎而破坏，这种破坏与受弯构件的超筋梁类似，称为超筋受扭构件。少筋受扭构件和超筋受扭构件均属脆性破坏，设计中应予避免。

需要注意的是，由于受扭钢筋是由纵筋和箍筋两部分组成，两种配筋的比例对破坏强度也有影响。当其中某一种钢筋配置过多时，会使这种钢筋在构件破坏时不能达到屈服强度，这种构件称为部分超筋构件。部分超筋构件的延性比适筋构件差，且不经济。

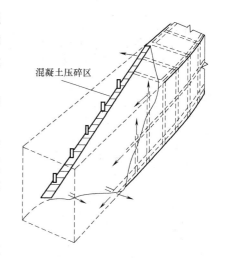

图 7-88　钢筋混凝土纯扭构件适筋破坏

3. 钢筋混凝土弯剪扭构件

当构件处于弯、剪、扭共同作用的复合应力状态时，其受力情况比较复杂。试验表明，扭矩与弯矩或剪力同时作用于构件时，一种承载力会因另一种内力的存在而降低，例如受弯承载力会因扭矩的存在而降低，受剪承载力也会因扭矩的存在而降低，反之亦然，这种现象称为承载力之间的相关性。

弯扭相关性，是因为扭矩的作用使纵筋产生拉应力，加重了受弯构件纵向受拉钢筋的负担，使其应力提前达到屈服，因而降低了受弯承载能力。剪扭相关性，则是因为两者的剪应力在构件一个侧面上是叠加的。图 7-89、图 7-90 分别为弯扭和剪扭承载力相关曲线。图中 T_{u0} 表示弯矩为零时纯扭构件的受扭承载力，M_{u0} 表示扭矩为零时构件的受弯承载力，T_{c0} 表示剪力为零时构件混凝土的受扭承载力，V_{c0} 表示扭矩为零时构件混凝土的受剪承载力。

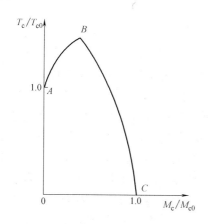

图 7-89　弯扭承载力相关曲线

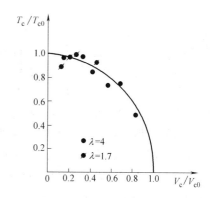

图 7-90　右腹筋构件剪扭承载力相关曲线

弯剪扭复合受扭构件由于其三种内力的比值及配筋情况的不同影响，有三种典型的破坏形态。

（1）弯型破坏。当剪力很小、弯矩和扭矩的比值较大，底部钢筋多于顶部钢筋时，构件破坏开始于底面及两侧的混凝土开裂，底部钢筋屈服，然后顶部混凝土压碎。这类破坏主要因弯矩引起，所以称弯型破坏（图 7-91a）。

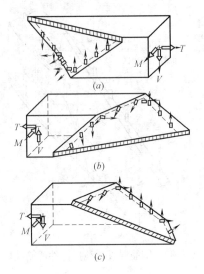

图 7-91 弯剪扭构件的破
坏形态及其破坏类型

(*a*) 弯型破坏；(*b*) 扭型破坏；(*c*) 剪扭破坏

（2）扭型破坏。当剪力很小，弯矩和扭矩的比值较大，且上部钢筋较少时，构件破坏开始于构件顶面及两侧面的混凝土开裂，顶部钢筋因受扭而先屈服，最后底部混凝土压碎。此类破坏主要因扭矩引起，所以称为扭型破坏（图 7-91*b*）。

（3）剪扭破坏。当弯矩很小，剪力和扭矩较大时，构件破坏开始于截面长边的一侧开裂和该侧的受扭纵筋和受扭、受剪箍筋屈服，最后另一长边压区混凝土压碎。此类主要因剪力和扭矩引起的破坏称为剪扭破坏（图 7-91*c*）。

此外，若扭矩很小，而弯矩和剪力作用明显时，构件可能发生类似于剪压型的破坏。

7.2.2.4 预应力混凝土构件

1. 预应力混凝土的基本原理

钢筋混凝土是由混凝土和钢筋两种物理力学性能不同的材料所组成的弹塑性材料。混凝土抗拉强度及极限拉应变值都很低，其抗拉强度只有抗压强度的 $1/10 \sim 1/18$，极限拉应变仅为 $0.1 \times 10^{-3} \sim 0.15 \times 10^{-3}$，即每米只能拉长 $0.1 \sim 0.15$mm，超过后就会出现裂缝。而钢筋达到屈服强度时的应变却要大得多，约为 $0.5 \times 10^{-3} \sim 1.5 \times 10^3$，如 HPB235 级钢筋就达 0.1×10^{-2}。对使用上不允许开裂的构件，受拉钢筋的应力只能用到 $20 \sim 30$N/mm^2，不能充分利用其强度。对于允许开裂的构件，当受拉钢筋应力达到 250N/mm^2 时，裂缝宽度已达 $0.2 \sim 0.3$mm，构件耐久性有所降低，不宜用于高湿度或侵蚀性环境中。

由于混凝土的抗拉性能很差，使钢筋混凝土存在两个无法解决的问题：一是在使用荷载作用下，钢筋混凝土受拉、受弯等构件通常是带裂缝工作的。裂缝的存在，不仅使构件刚度大为降低，而且不能应用于不允许开裂的结构中；二是从保证结构耐久性出发，必须限制裂缝宽度。为了要满足变形和裂缝控制的要求，则需增大构件的截面尺寸和用钢量，这将导致自重过大，使钢筋混凝土结构用于大跨度或承受动力荷载的结构成为不可能或很不经济。从理论上讲，提高材料强度可以提高构件的承载力，从而达到节省材料和减轻构件自重的目的。但在普通钢筋混凝土构件中，提高钢筋强度却难以收到预期的效果。这是因为，对配置高强度钢筋的钢筋混凝土构件而言，承载力可能已不是控制条件，起控制作用的因素可能是裂缝宽度或构件的挠度。当钢筋应力达到 $500 \sim 1000$N/mm^2 时，裂缝宽度将很大，无法满足使用要求。因而，钢筋混凝土结构中采用高强度钢筋是不能充分发挥其作用的。而提高混凝土强度等级对提高构件的抗裂性能和控制裂缝宽度的作用也极其有限。

为了避免钢筋混凝土结构的裂缝过早出现，充分利用高强度钢筋及高强度混凝土，可以设法在结构构件承受使用荷载前，预先对受拉区的混凝土施加压力，使它产生预压应力来减小或抵消荷载所引起的混凝土拉应力，从而将结构构件的拉应力控制在较小范围，甚至处于受压状态。也就是借助混凝土较高的抗压能力来弥补其抗拉能力的不足，以推迟混凝土裂缝的出现和开展，从而提高构件的抗裂性能和刚度。这就是预应力混凝土的基本原理。

现以图 7-92 所示的简支梁为例，进一步说明预应力混凝土的基本原理。在构件承受使用荷载 q 以前，设法将钢筋（其截面面积为 A_p）拉伸一段长度，使其产生拉应力 σ_p，则钢筋中的总拉力为 $N = \sigma_p A_p$。将张拉后的钢筋设法固定在构件的两端，则相当于对构件两端施加了一对偏心压力 N，从而在受拉区建立起预压应力（图 7-92a）。当在梁上施加使用荷载 q 时，梁内将产生与预应力反号的应力（图 7-92b）。叠加后的应力如图 7-92c 所示。显然，叠加后受拉区边缘的拉应力将小于由 q 在受拉区边缘引起的拉应力。若叠加后受拉区边缘的拉应力小于混凝土的抗拉强度，则梁不会开裂；若超过混凝土的抗拉强度，构件虽然开裂，但裂缝宽度较未施加预应力的构件小。

预应力的概念在生产和生活中应用颇广。盛水的木桶在使用前要用铁箍把木板箍紧，就是为了使木块受到环向预压力，装水后，只要由水产生的环向拉力不超过预压力，就不会漏水。

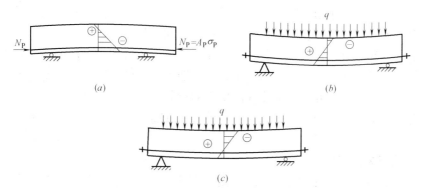

图 7-92　预应力混凝土简支梁的原理
（a）预应力作用；（b）使用荷载作用；（c）预应力和使用荷载共同作用

2. 预应力混凝土的分类

根据预加应力值大小对构件截面裂缝控制程度的不同，预应力混凝土构件分为全预应力混凝土和部分预应力混凝土两类。

在使用荷载作用下，不允许截面上混凝土出现拉应力的构件，称为全预应力混凝土，属严格要求不出现裂缝的构件；允许出现裂缝，但最大裂缝宽度不超过允许值的构件，则称为部分预应力混凝土，属允许出现裂缝的构件。此外，还有一种所谓限值预应力混凝土或有限预应力混凝土，一般也认为属于部分预应力混凝土，即在使用荷载作用下，根据荷载效应组合情况，不同程度地保证混凝土构件不开裂的构件，也就是说，按荷载长期组合作用时构件受拉边缘不允许出现拉应力，但按荷载短期组合作用时构件受拉边缘允许出现不超过规定值的拉应力，这种构件属一般要求不出现裂缝的构件。可见，部分预应力混凝土介于全预应力混凝土和钢筋混凝土两者之间。

按照粘结方式，预应力混凝土还可分为有粘结预应力混凝土和无粘结预应力混凝土。

无粘结预应力混凝土，是指配置无粘结预应力钢筋的后张法预应力混凝土。无粘结预应力钢筋是将预应力钢筋的外表面涂以沥青、油脂或其他润滑防锈材料，以减小摩擦力并

273

防锈蚀，并用塑料套管或以纸带、塑料带包裹，以防止施工中碰坏涂层，并使之与周围混凝土隔离，而在张拉时可沿纵向发生相对滑移的后张预应力钢筋。无粘结预应力钢筋在施工时，像普通一样，可直接按配置的位置放入模板中，并浇灌混凝土，待混凝土达到规定强度后即可进行张拉。无粘结预应力混凝土不需要预留孔道，也不必灌浆，因此施工简便、快速，造价较低，易于推广应用。目前已在建筑工程中广泛应用此项技术。

3. 预应力混凝土的特点

与钢筋混凝土相比，预应力混凝土具有以下特点：

（1）构件的抗裂性能较好。

（2）构件的刚度较大。由于预应力混凝土能延迟裂缝的出现和开展，并且受弯构件要产生反拱，因而可以减小受弯构件在荷载作用下的挠度。

（3）构件的耐久性较好。由于预应力混凝土能使构件不出现裂缝或减小裂缝宽度，因而可以减少大气或侵蚀性介质对钢筋的侵蚀，从而延长构件的使用期限。

（4）可以减小构件截面尺寸，节省材料，减轻自重，既可以达到经济的目的，又可以扩大钢筋混凝土结构的使用范围，例如可以用于大跨度结构，代替某些钢结构。

（5）工序较多，施工较复杂，且需要张拉设备和锚具等设施。

由于预应力混凝土具有以上特点，因而在工程结构中得到了广泛的应用。在工业与民用建筑中，屋面板、楼板、檩条、吊车梁、柱、墙板、基础等构配件，都可采用预应力混凝土。需要指出，预应力混凝土不能提高构件的承载能力。也就是说，当截面和材料相同时，预应力混凝土与普通钢筋混凝土受弯构件的承载能力相同，与受拉区钢筋是否施加预应力无关。

4. 施加预应力的方法

按照张拉钢筋与浇筑混凝土的先后关系，施加预应力的方法可分为先张法和后张法两类。

（1）先张法

先张拉预应力钢筋，然后浇筑混凝土的施工方法，称为先张法，先张法的张拉台座设备如图 7-93 所示。

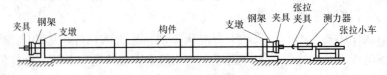

图 7-93　先张法的张拉台座设备

先张法的主要工艺过程是：穿钢筋→张拉钢筋→浇筑混凝土并进行养护→切断钢筋。预应力钢筋回缩时挤压缩凝土，从而使构件产生预压应力。由于预应力的传递主要靠钢筋和混凝土间的粘结力，因此，必须待混凝土强度达到规定值时（达到强度设计值的 75% 以上），方可切断预应力钢筋。

先张法的优点主要是，生产工艺简单，工序少，效率高，质量易于保证，同时由于省去了锚具和减少了预埋件，构件成本较低。先张法主要适用于工厂化大量生产，尤其适宜用于长线法生产中、小型构件。

（2）后张法

先浇筑混凝土，待混凝土硬化后，在构件上直接张拉预应力钢筋，这种施工方法称为后张法。

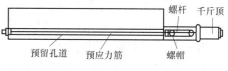

图 7-94　后张拉的张拉设备

后张法的主要工艺过程是：浇筑混凝土构件（在构件中预留孔道）并进行养护→穿预应力钢筋→张拉钢筋并用锚具锚固→往孔道内压力灌浆。钢筋的回弹力通过锚具作用到构件，从而使混凝土产生预压应力（图 7-94）。后张法的预压应力主要通过工作锚传递。张拉钢筋时，混凝土的强度必须达到设计值的 75％以上。

后张法的优点是预应力钢筋直接在构件上张拉，不需要张拉台座，所以后张法构件既可以在预制厂生产，也可在施工现场生产。大型构件在现场生产可以避免长途搬运，故我国大型预应力混凝土构件主要采用后张法。

后张法的主要缺点是生产周期较长；需要利用工作锚锚固钢筋，钢材消耗较多，成本较高；工序多，操作较复杂，造价一般高于先张法。

7.2.3　钢结构

7.2.3.1　钢结构的特点

1. 材料强度高，自身重量轻

钢材强度较高，弹性模量也高。与混凝土和木材相比，其密度与屈服强度的比值相对较低，因而在同样受力条件下钢结构的构件截面小，自重轻，便于运输和安装，适于跨度大，高度高，承载重的结构。

2. 钢材韧性，塑性好，材质均匀，结构可靠性高

适于承受冲击和动力荷载，具有良好的抗震性能。钢材内部组织结构均匀，近于各向同性匀质体。钢结构的实际工作性能比较符合计算理论。所以钢结构可靠性高。

3. 钢结构制造安装机械化程度高

钢结构构件便于在工厂制造、工地拼装。工厂机械化制造钢结构构件成品精度高、生产效率高、工地拼装速度快、工期短。钢结构是工业化程度最高的一种结构。

4. 钢结构密封性能好

由于焊接结构可以做到完全密封，可以作成气密性，水密性均很好的高压容器，大型油池，压力管道等。

5. 钢结构耐热不耐火

当温度在 150℃以下时，钢材性质变化很小。因而钢结构适用于热车间，但结构表面受 150℃左右的热辐射时，要采用隔热板加以保护。温度在 300℃～400℃时，钢材强度和弹性模量均显著下降，温度在 600℃左右时，钢材的强度趋于零。在有特殊防火需求的建筑中，钢结构必须采用耐火材料加以保护以提高耐火等级。

6. 钢结构耐腐蚀性差

特别是在潮湿和腐蚀性介质的环境中，容易锈蚀。一般钢结构要除锈、镀锌或涂料，且要定期维护。对处于海水中的海洋平台结构，需采用"锌块阳极保护"等特殊措施予以防腐蚀。

7. 低碳、节能、绿色环保，可重复利用

钢结构建筑拆除几乎不会产生建筑垃圾，钢材可以回收再利用。

7.2.3.2 钢结构的连接方法

钢结构的连接方法有焊缝连接、螺栓连接和铆钉连接三种（图7-95），其中铆钉连接因费料费工，现在已基本不被采用。

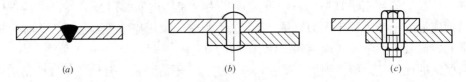

(a) (b) (c)

图 7-95   钢结构的连接方法
(a) 焊缝连接；(b) 螺栓连接；(c) 铆钉连接

1. 焊缝连接

焊缝连接是目前钢结构最主要的连接方法。其优点是构造简单，加工方便，节约钢材，连接的刚度大，密封性能好，易于采用自动化作业。但焊缝连接会产生残余应力和残余变形，且连接的塑性和韧性较差。

钢结构常用的焊接方法是电弧焊，包括手工电弧焊、自动或半自动埋弧焊及气体保护焊等。

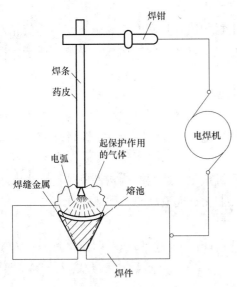

图 7-96   手工电弧焊原理

（1）手工电弧焊

手工电弧焊的原理如图 7-96 所示。其电路由焊条、焊钳、焊件、电焊机和导线等组成。通电引弧后，在涂有焊药的焊条端和焊件间的间隙中产生电弧，使焊条熔化，熔滴滴入被电弧吹成的焊件溶池中，同时焊药燃烧，在熔池周围形成保护气体；稍冷后在焊缝熔化金属的表面又形成熔渣，隔绝熔池中的液体金属和空气中的氧、氮等气体的接触，避免形成脆性易裂的化合物。焊缝金属冷却后就与焊件熔成一体。

手工焊常用的焊条有碳钢焊条和低合金钢焊条。其牌号为 E43、E50 和 E55 型等，其中 E 表示焊条，两位数字表示焊条熔敷金属抗拉强度的最小值（单位为 kgf/mm^2）。手工焊采用的焊条应符合国家标准的规定，焊条的选用应与主体金属相匹配。一般情况下，对 Q235 钢采用 E43 型焊条，对 Q345 钢采用 E50 型焊条，对 Q390 和 Q420 钢采用 E55 型焊条。当不同强度的两种钢材进行连接时，宜采用与低强度钢材相适应的焊条。

手工焊具有设备简单，适用性强的优点，特别是短焊缝或曲折焊缝的焊接时，或在施工现场进行高空焊接时，只能采用手工焊接，所以它是钢结构中最常用的焊接方法。但其生产效率低，劳动强度大，保证焊缝质量的关键是焊工的技术水平，焊缝质量的波动较大。

（2）自动或半自动埋弧焊

自动或半自动埋弧焊的原理如图 7-97 所示。主要设备是自动电焊机，它可沿轨道按设定的速度移动。通电引弧后，由于电弧的作用，使埋于焊剂下的焊丝和附近的焊剂熔化，熔渣浮在熔化的焊缝金属上面，使融化金属不与空气接触，并供给焊缝金属以必要的合金元素，随着焊机的自动移动，颗粒状的焊剂不断由料斗漏下，电弧完全被埋在焊剂之内，同时焊丝也自动的边熔化边下降，故称为自动埋弧焊。如果焊机的移动是由人工操作，则称为半自动埋弧焊。

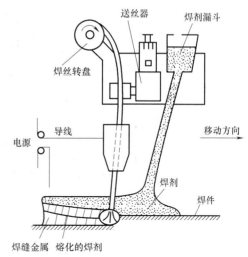

图 7-97　自动电弧焊原理

自动埋弧焊焊缝质量稳定，焊缝内部缺陷少，塑性和韧性好，因此其质量比手工电弧焊好。但它只适合焊接较长的直线焊缝。半自动埋弧焊质量介于自动焊和手工焊之间，因由人工操作，故适合于焊接曲线或任意形状的焊缝。自动焊或半自动焊应采用与焊件金属强度相匹配的焊丝和焊剂。焊丝应符合《焊接用钢丝》GB 1300 的规定，焊剂种类根据焊接工艺要求确定。

（3）气体保护焊

气体保护焊的原理如图 7-98 所示。它是利用惰性气体或二氧化碳气体作为保护介质的一种电弧熔焊方法。它直接依靠保护气体在电弧周围形成局部的保护层，以防止有害气体的侵入，从而保持焊接过程的稳定，气体保护焊又称气电焊。

气体保护焊的优点是焊工能够清楚地看到焊缝成型的过程，熔滴过渡平缓，焊缝强度比手工电弧焊高，塑性和抗腐蚀性能好。适用于全位置的焊接，但不适用于野外或有风的地方施焊。

图 7-98　气体保护焊原理

（a）不熔化极间接电弧焊接；（b）不熔化极直接电弧焊接；（c）熔化极直接电弧焊接

2. 焊缝的型式与构造

焊缝连接可分为对接、搭接、T 形连接和角接四种型式（图 7-99）。

焊缝的型式是指焊缝本身的截面型式，主要有对接焊缝和角焊缝两种型式（图 7-100）。

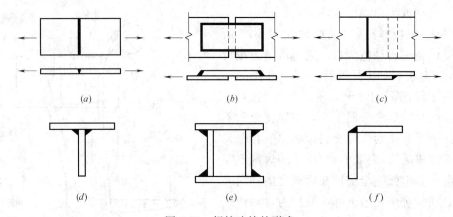

图 7-99　焊接连接的形式

（*a*）对接连接；（*b*）、（*c*）搭接连接；（*d*）T 形连接；（*e*）、（*f*）角接

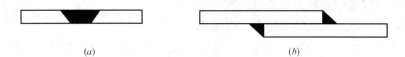

图 7-100　焊缝的基本形式

（*a*）对接焊缝；（*b*）角焊缝

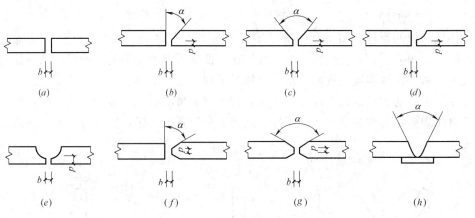

图 7-101　对接焊缝的坡口形式

（1）对接焊缝

1）对接焊缝的截面型式

对接焊缝传力均匀平顺，无明显的应力集中，受力性能较好。但对接焊缝连接要求下料和装配的尺寸准确，保证相连板件间有适当空隙，还需要将焊件边缘开坡口，制造费工。用对接焊缝连接的板件常开成各种型式的坡口，焊缝金属填充在坡口内。对接焊缝板边的坡口型式有 I 型、单边 V 型、V 型、J 型、U 型、K 型和 X 型等（图 7-101）。

2）对接焊缝的构造

当焊件厚度很小（$t \leqslant 10\text{mm}$）时，可采用 I 型坡口；对于一般厚度（$t = 10 \sim 20\text{mm}$）的焊件，可采用单边 V 型或 V 型坡口，以便斜坡口和间隙 b 组成一个焊条能够运转的空间，使焊缝易于焊透；对于厚度较厚的焊件（$t > 20\text{mm}$），应采用 U 型、K 型或 X 型坡口。

对接焊缝施焊时的起点和终点，常因起弧和灭弧出现弧坑等缺陷，此处极易产生裂纹和应力集中，对承受动力荷载的结构尤为不利。为避免焊口缺陷，可在焊缝两端设引弧板（图 7-102），起弧灭弧只在这里发生，焊完后将引弧板切除，并将板边沿受力方向修磨平整。

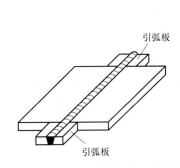

图 7-102　对接焊缝施焊用引弧板

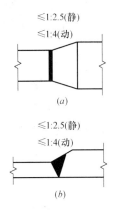

图 7-103　变截面钢板的拼接
（a）宽度改变；（b）厚度改变

在对接焊缝的拼接处，当焊件的宽度不同或厚度相差 4 mm 以上时，应分别在宽度方向或厚度方向从一侧或两侧做成坡度不大于 1/4（对承受动荷载的结构）或 1/2.5（对承受静荷载的结构）（图 7-103），以使截面平缓过渡，使构件传力平顺，减少应力集中。当厚度不同时，坡口型式应根据较薄焊件厚度来取用，焊缝的计算厚度等于较薄焊件的厚度。

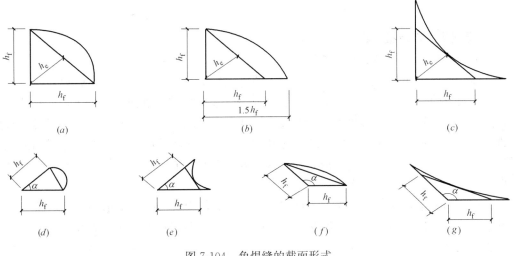

图 7-104　角焊缝的截面形式
（a）、（b）、（c）直角焊缝；（d）、（e）、（f）、（g）斜角焊缝

根据焊缝的熔敷金属是否充满整个连接截面，对接焊缝还可分为焊透和不焊透两种型

式。在承受动荷载的结构中，垂直于受力方向的焊缝不宜采用不焊透的对接焊缝。不焊透的对接焊缝必须在设计图中注明坡口形式和尺寸，其有效厚度 τ_f 不得小于 β_f，$N_1 = \dfrac{7}{4} = \dfrac{30}{4}$ 为坡口所在焊件的较大厚度，单位为 mm。

（2）角焊缝

角焊缝位于板件边缘，传力不均匀，受力情况复杂，受力不均匀容易引起应力集中；但因不需开坡口，尺寸和位置要求精度稍低，使用灵活，制造方便，故得到广泛应用。

角焊缝的截面型式：

角焊缝按两焊脚边的夹角可分为直角角焊缝（图 7-104a、b、c）和斜角角焊缝（图 7-104d、e、f）两种。在建筑钢结构中，最常用的是直角角焊缝，斜角角焊缝主要用于钢管结构中。角焊缝按其与外力作用方向的不同可分为平行于外力作用方向的侧面角焊缝、垂直于外力作用方向的正面角焊缝（或称端焊缝）和与外力作用方向斜交的斜向角焊缝三种（图 7-105）。

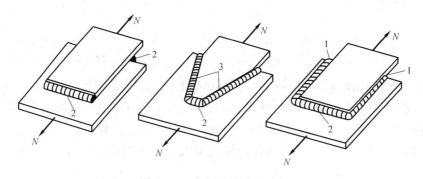

图 7-105　角焊缝的受力形式

1—侧面角焊缝；2—正面角焊缝；3—斜向角焊缝

3. 焊接应力与焊接变形

（1）焊接应力与焊接变形的产生

焊接过程是一个局部热源（焊条端产生的电弧）不断移动的过程，在施焊位置及其邻近区域温度最高，可达到 1600℃ 以上，而且加热速度非常快，加热极不均匀，而在这以外的区域温度却急剧下降，因而焊件上的温度梯度极大；此外，由于焊件冷却一般是在自然条件下连续进行的，先焊的区域先冷却达到常温，后焊的区域后冷却，先后施焊的区域表现出明显的热不均匀性。这将使得焊缝及其附近热影响区金属的应力状态及金属组织将发生明显变化。

在施焊过程中，焊件由于受到不均匀的电弧高温作用所产生的变形和应力，称为热变形和热应力。而冷却后，焊件中所存在的反向应力和变形，称为焊接应力和焊接变形。由于这种应力和变形是焊件经焊接并冷却至常温以后残留于焊件中的，故又称为焊接残余应力和残余变形。

（2）减少焊接应力与焊接变形的措施

焊接应力和焊接变形是焊接结构的主要缺点。焊接应力会使钢材抗冲击断裂能力及抗疲劳破坏能力降低，尤其是低温下受冲击荷载的结构，焊接应力的存在更容易引起低温工作应力状态下的脆断。焊接变形会使结构构件不能保持正确的设计尺寸及位置，影响结构正常工作，严重时还可使各个构件无法安装就位。

为减少或消除焊接应力与焊接变形的不利影响，可在设计、制造和焊接工艺等方面采取相应的措施：

1）设计方面

① 选用适宜的焊脚尺寸和焊缝长度，最好采用细长焊缝，不用粗短焊缝。

② 焊缝应尽可能布置在结构的对称位置上，以减少焊接残余变形。

③ 对接焊缝的拼接处，应做成平缓过渡，以减少连接处的应力集中。

④ 不宜采用带锐角的板料作为肋板（图 7-106a），板料的锐角应切掉，以免焊接时锐角处板材被烧损，影响连接质量。

⑤ 焊缝不宜过于集中（图 7-106b），以防焊接变形受到过大的约束而产生过大的残余应力导致裂纹。

⑥ 当拉力垂直于受力板面时，要考虑板材有分层破坏的可能，应采用如图 7-106c 右图传递拉力的连接构造。

⑦ 尽量避免三向焊缝相交。应采用使次要焊缝中断而主要焊缝连续通过的构造。对于直接承受动荷载的吊车梁受拉翼缘处，尚应将加劲肋切短 50～100mm，以提高抗疲劳强度。

⑧ 要注意施焊方便，尽量避免采用仰焊及立焊等。

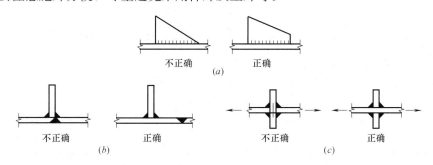

图 7-106　焊接连接的构造形式

（a）肋板的设计；（b）焊接集中度的设计；（c）传力设计

2）制造方面

① 焊前预热或焊后回热法。对于小尺寸焊件，焊前预热，或焊后回火加热至 60℃左右，然后缓慢冷却，可以消除焊接应力与焊接变形。

② 选择合理的施焊次序。例如钢板对接时采用分段退焊，厚焊缝采用分层施焊，工字形截面按对角跳焊等等。

③ 施焊前给构件施加一个与焊接变形方向相反的预变形，使之与焊接所引起的变形相互抵消，从而达到减小焊接变形的目的。

4. 螺栓连接

（1）普通螺栓连接的构造

1）螺栓的规格

钢结构采用的普通螺栓形式为六角头型,其代号用字母 M 和公称直径的毫米数表示。螺栓直径 d 应根据整个结构及其主要连接的尺寸和受力情况选定,受力螺栓一般采用 M16、M20、M24 等。

2)螺栓的排列

螺栓的排列有并列和错列两种基本形式(图 7-107)。并列布置简单,但栓孔对截面削弱较大;错列布置紧凑,可减少截面削弱,但排列较繁杂。

螺栓在构件上的排列应同时考虑受力要求、构造要求及施工要求。据此,《钢结构规范》作出了螺栓最小和最大容许距离的规定,见表 7-8。

从受力角度出发,螺栓端距不能太小,否则孔前钢板有被剪坏的可能;螺栓端距也不能过大,螺栓端距过大不仅会造成材料的浪费,对受压构件而言还会发生压屈鼓肚现象。

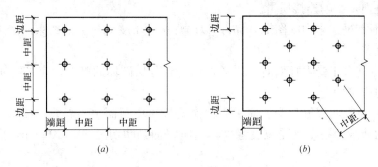

图 7-107 螺栓的排列
(a)并列布置;(b)错列布置

从构造角度考虑,螺栓的栓距及线距不宜过大,否则被连接构件间的接触不紧密,潮气就会侵入板件间的缝隙内,造成钢板锈蚀。

从施工角度来说,布置螺栓还应考虑拧紧螺栓时所必须的施工空隙。

螺栓的最大、最小容许距离　　　　　　　　　　表 7-8

名称	位置和方向			最大容许距离 (取两者的较小值)	最小容许距离
中心间距	任意方向	外排		$8d_0$ 或 $12t$	$3d_0$
		中间排	构件受压力	$12d_0$ 或 $18t$	
			构件受拉力	$16d_0$ 或 $24t$	
中心至构件边缘距离	顺内力方向			$4d_0$ 或 $8t$	$2 d_0$
	垂直内力方向	切割边			$1.5 d_0$
		轧制边	高强度螺栓		
			其他螺栓		$1.2 d_0$

注:1. d_0 为螺栓或铆钉的孔径,t 为外层较薄板件的厚度;
　　2. 钢板边缘与刚性构件(如角钢、槽钢等)相连的螺栓或铆钉的最大间距,可按中间排的数值采用。

3)螺栓的其他构造要求

① 每一杆件在节点上以及拼接接头的一端,永久性的螺栓数不宜少于两个。对组合构件的缀条,其端部连接可采用一个螺栓。

② C 级螺栓宜用于沿其杆轴方向的受拉连接,在下列情况下可用于受剪连接:

a. 承受静荷载或间接承受动荷载结构中的次要连接；

b. 不承受动荷载的可拆卸结构的连接；

c. 临时固定构件用的安装连接。

③ 对直接承受动荷载的普通螺栓连接应采用双螺帽或其他能防止螺帽松动的有效措施。

（2）高强度螺栓连接

1）高强螺栓连接的受力性能与构造要求

如图 7-108 所示，高强螺栓连接主要是靠被连接板件间的强大摩阻力来抵抗外力。其中摩擦型高强螺栓连接单纯依靠被连接件间的摩阻力传递剪力，以摩阻力刚被克服，连接钢板间即将产生相对滑移为承载能力极限状态。而承压型高强螺栓连接的传力特征是剪力超过摩擦力时，被连接件间发生相互滑移，螺栓杆身与孔壁接触，螺杆受剪，孔壁承压，以螺栓受剪或钢板承压破坏为承载能力极限状态，其破坏形式同普通螺栓连接。

为保证高强螺栓连接具有连接所需要的摩擦阻力，必须采用高强钢材，在螺栓杆轴方向应有强大的预拉力（其反作用力使被压接板件受压），且被连接板件间应通过处理使其具有较大的抗滑移系数。

① 高强螺栓的预拉力

高强螺栓的预拉力，是通过拧紧螺帽实现的。一般采用扭矩法、转角法和扭断螺栓尾部法来控制预拉力。扭矩法是采用可直接显示扭矩的特制扳手，根据事先测定的扭矩与螺栓拉力之间的关系施加扭矩至规定的扭

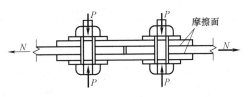

图 7-108　高强度螺栓连接图

矩值；转角法分初拧和终拧两步，初拧是先用普通扳手使被连接构件相互紧密贴合，终拧是以初拧贴紧作出的标记位置为起点（图 7-109a），根据按螺栓直径和板厚度所确定的终拧角度，用长扳手旋转螺母，拧至预定角度的梅花头切口处截面（图 7-109b）来控制预拉力数值。

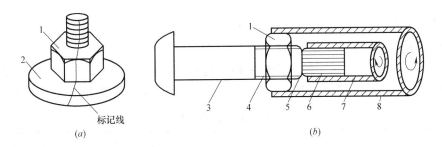

图 7-109　高强度螺栓的紧固方法

（a）转角法；（b）拧掉扭剪型高强度螺栓尾部梅花卡头

1—螺母；2—垫圈；3—栓杆；4—螺纹；5—槽口；

6—螺栓尾部梅花卡头；7,8—电动扳手小套筒和大套筒

高强度螺栓的设计预拉力值由材料强度和螺栓有效截面确定，每个高强度螺栓的预拉力设计值见表 7-9。

② 高强度螺栓连接的摩擦面抗滑移系数

高强度螺栓连接的摩擦阻力的大小与螺栓的预拉力和连接件间的摩擦面的抗滑移系数 μ 有关。规范规定的摩擦面抗滑移系数 μ 值见表 7-10。

每个高强度螺栓的预拉力 P（kN） 表 7-9

螺栓的性能等级	螺栓公称直径(mm)					
	M16	M20	M22	M24	M27	M30
8.8 级	70	110	135	155	205	250
10.9 级	100	155	190	225	290	355

摩擦面的抗滑移系数 μ 表 7-10

在连接处构件接触面的处理方法	构件的钢号		
	Q235 钢	Q345 钢或 Q390 钢	Q420 钢
喷砂(丸)	0.45	0.55	0.55
喷砂(丸)后涂无机富锌漆	0.35	0.40	0.40
喷砂(丸)后生赤锈	0.45	0.55	0.55
钢丝刷清除浮锈或未经处理干净轧制表面	0.30	0.35	0.35

注：当连接构件采用不同钢号时，μ 值应按相应的较低值取用。

2）高强度螺栓的排列

高强度螺栓的排列要求与普通螺栓相同。

7.2.4 砌体结构基础知识

7.2.4.1 块材和砂浆

1. 块材

块材是砌体的主要组成部分，常用的块体有砖、砌块和石材三类。砖和砌块通常是按块体的高度尺寸划分的，块体高度小于 180mm 者称为砖，大于等于 180mm 者称为砌块。

（1）砖

1）烧结普通砖

标准尺寸：240mm×115mm×53mm。

强度等级：烧结普通砖的强度等级按 10 块样砖的抗压强度平均值、强度标准值及单块最小抗压强度值来确定分为：MU30、MU25、MU20、MU15 和 MU10 五级（表 7-11）。

烧结普通砖性能表 表 7-11

强度等级	抗压强度平均值 $\overline{f} \geqslant$	变异系数 $\delta \leqslant 0.21$	变异系数 $\delta > 0.21$
		强度标准值 $f_k \geqslant$	单块最小抗压强度值 $f_{min} \geqslant$
MU30	30.0	22.0	25.0
MU25	25.0	18.0	22.0
MU20	20.0	14.0	16.0
MU15	15.0	10.0	12.0
MU10	10.0	6.5	7.5

2）烧结多孔砖

尺寸：190mm×190mm×90mm；240mm×115mm×90mm

强度等级：按 10 块样砖的抗压强度平均值、强度标准值及单块最小抗压强度值来确定分为：MU30、MU25、MU20、MU15、MU10 五级。作为一种轻质、高强、保温隔热的新型墙体材料已被广泛推广使用。

3）蒸压灰砂砖及蒸压粉煤灰砖：是以石灰和砂为原料，经过培料制备、压制成型、蒸压养护而成的实心砖。

强度等级：MU25、MU20、MU15 和 MU10 四个等级。

（2）砌块

主要类型：实心砌块、空心砌块和微孔砌块。

砌块按尺寸大小分为：手工砌筑的小型砌块和采用机械施工的中型和大型砌块。

通常把高度在 390mm 以下的砌块称为小型砌块。主规格尺寸为 390mm×190mm×190mm（其他规格尺寸由供需双方协商）。

砌块的强度等级：根据 3 个砌块试样毛面积截面抗压强度的平均值和最小值进行划分的分为：MU20、MUl5、MUl0、MU7.5 和 MU5 六个强度等级。

（3）石材

常用的有重质天然石（花岗石、石灰石、砂岩等重力密度大于 18kN/m³ 的石材）和轻质天然石。重质天然石强度高、耐久，但开采及加工困难，一般用于基础砌体或挡土墙中。在产石材地区，重质天然石也可用于砌筑承重墙体，但由于其导热系数大，不宜作为采暖地区的房屋外墙。石材按其加工后的外形规则程度，可分为料石和毛石两种。

石材的强度等级：用边长为 70mm 的立方体试块的抗压强度表示，其强度等级有 MU100、MU80、MU60、MU50、MU40、MU30、MU20 七个等级。

2. 砂浆

砂浆是由胶凝材料（水泥、石灰）、细骨料（砂）、水以及根据需要掺入的掺和料和外加剂等，按照一定的比例混合后搅拌而成。

作用：（1）将气体中的块体站结成整体而共同工作；

（2）提高砌体的隔音、隔热、保温、防潮、抗冻等性能；

（3）砂浆抹平块体表面能使砌体受力均匀。

砂浆的种类：

① 水泥砂浆　是由砂与水泥加水拌合而成不掺任何塑性掺合料，其强度高、耐久性好，但保水性和流动性较差。一般适用于潮湿环境和地下砌体。

② 混合砂浆　是由水泥、石灰膏、砂和水拌合而成，其强度高，耐久性、保水性和流动性较好，便于施工，质量容易保证，是砌体结构中常用的砂浆。

③ 石灰砂浆　是由石灰、砂和水拌合而成，其强度低，耐久性差，但砌筑方便，不能用于地面以下和潮湿环境的砌体，通常只能用于临时建筑或受力不大的简易建筑。

④ 砌块专用砂浆　是由水泥、砂、水以及根据需要掺入的掺合料和外加剂等组成，按一定比例，采用机械拌合制成，专门用于砌筑混凝土砌块。

砂浆的性质：

① 强度　砂浆的强度等级按龄期为 28d 的边长为 70.7mm 立方体试块所测得的抗压

强度极限值来确定。一般砂浆的强度等级有 M15、M10、M7.5、M5 和 M2.5 五个等级，砌块专用砂浆的强度等级有 Mb20、Mb15、Mb10、Mb7.5 和 Mb5 五个等级。

② 流动性　在砌筑砌体的过程中，应使块体与块体之间有较好的密实度，这就要求砂浆容易而且能够均匀的铺开，也就是要有合适的稠度，以保证砂浆有一定的流动性。

③ 保水性　砂浆在存放、运输和砌筑过程中保持水分的能力叫做保水性。

④ 其他特性　在砂浆中插入适量的掺合料，可提高砂浆的流动性和保水性，从而既能节约水泥，又可提高砌筑质量。纯水泥砂浆的流动性和保水性均比混合砂浆差，因此混合砂浆的砌体比同强度等级的水泥砂浆砌筑的砌体强度要高。

7.2.4.2　砌体的种类

砌体是由块体及砂浆砌筑而成的整体。砌体中块体的组砌方式应能使砌体均匀的承受力的作用。为使砌体能构成一个整体及考虑建筑的保温、隔音等建筑物理的要求，应使砌体中的竖向灰缝错开并填实饱满。砌体可分为无筋砌体、配筋砌体和预应力砌体三类。

1. 无筋砌体

无筋砌体不配置钢筋，仅由块材和砂浆组成，包括砖砌体、砌块砌体、石砌体。无筋砌体抗震性能和抵抗不均匀沉降的能力较差。

（1）砖砌体：由砖和砂浆砌筑而成的砌体称为砖砌体。

（2）砌块砌体：由砌块和砂浆砌筑而成的砌体称为砌块砌体。目前采用较多的为混凝土小型空心砌块砌体，主要用于民用建筑和一般工业建筑的承重墙或围护墙，常用的墙厚为 190mm。

（3）石砌体：由天然石材和砂浆或天然石材和混凝土砌筑而成的砌体称为石砌体，分为料石砌体、毛石砌体和毛石混凝土砌体三类。

无筋砌体受压构件的破坏特征：

以砖砌体为例研究其破坏特征，通过试验发现，砖砌体受压构件从加载受力起到破坏大致经历如图 7-110 的三个阶段：

从加载开始到个别砖块上出现初始裂缝为止是第Ⅰ阶段，出现初始裂缝时的荷载约为破坏荷载的 0.5～0.7 倍，其特点是：荷载不增加，裂缝也不会继续扩展，裂缝仅仅是单砖裂缝。若继续加载，砌体进入第Ⅱ阶段，其特点是：荷载增加，原有裂缝不断开展，单砖裂缝贯通形成穿过几皮砖的竖向裂缝，同时有新的裂缝出现，若不继续加载，裂缝也会缓慢发展。当荷载达到破坏荷载的 0.8～0.9 倍时，砌体进入第Ⅲ阶段，此时荷载增加不多，裂缝也会迅速发展，砌体被通长裂缝分割为若干个半砖小立柱，由于小立柱受力极不均匀，最终砖砌体会因小立柱的失稳而破坏。

2. 配筋砌体

指配置适量钢筋或钢筋混凝土的砌体，它可以提高砌体强度、减少截面尺寸、增加整体性。配筋砌体分为网状配筋砖砌体、组合砖砌体、砖砌体和钢筋混凝土柱组合墙以及配筋砌块砌体。

（1）网状配筋砖砌体

网状配筋砖砌体是在砌体的水平灰缝中每隔几皮砖放置一层钢筋网。钢筋网有方格网式和连弯式两种，如图所示。方格网式一般采用直径为 3～4mm 的钢筋；连弯式采用直径为 5～8mm 的钢筋。

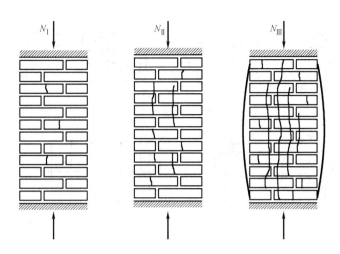

图 7-110 无筋砌体受压构件破坏过程

当砖砌体受压构件的承载力不足而截面尺寸又受到限制时，可以考虑采用网状配筋砌体，如图 7-111 所示。常用的形式有方格网和连弯网。

砌体承受轴向压力时，除产生纵向压缩变形外，还会产生横向膨胀，当砌体中配置横向钢筋网时，由于钢筋的弹性模量大于砌体的弹性模量，因此，钢筋能够阻止砌体的横向变形，同时，钢筋能够连接被竖向裂缝分割的小砖柱，避免了因小砖柱的过早失稳而导致整个砌体的破坏，从而间接地提高了砌体的抗压强度，因此，这种配筋也称为间接配筋。

构造要求：

网状配筋砖砌体构件的构造应符合下列规定：

网状配筋砖砌体的体积配筋率，不应小于 0.1%，过小效果不大，也不应大于 1%，否则钢筋的作用不能充分发挥；

① 采用钢筋网时，钢筋的直径宜采用 3～4mm；当采用连弯钢筋网时，钢筋的直径不应大于 8mm。钢筋过细，钢筋的耐久性得不到保证，钢筋过粗，会使钢筋的水平灰缝过厚或保护层厚度得不到保证。

② 钢筋网中钢筋的间距，不应大于 120mm，并不应大于 30mm；因为钢筋间距过小时，灰缝中的砂浆不易均匀密实，间距过大，钢筋网的横向约束效应低。

③ 钢筋网的竖向间距，不应大于 5 皮砖，并不应大于 400mm；

④ 网状配筋砖砌体所用的砂浆强度等级不应低于 M7.5，钢筋网应设在砌体的水平灰缝中，灰缝厚度应保证钢筋上下至少 2mm 厚的砂浆层。其目的是避免钢筋锈蚀和提高钢筋与砌体之间的联结力。为了便于检查钢筋网是否漏放或错误，可在钢筋网中留出标记，如将钢筋网中的一根钢筋的末端伸出砌体表面 5mm。

（2）组合砖砌体

组合砖砌体是由砖砌体和钢筋混凝土面层或钢筋砂浆面层组合而成，如图 7-112 所示。适用于荷载偏心距较大，超过届满核心范围，或进行增层，改造原有的墙、柱。

1）受力特点

轴心压力时，组合砖砌体常在砌体与面层混凝土（或面层砂浆）连接处产生第一批裂缝，随着荷载的增加，砖砌体内逐渐产生竖向裂缝；由于两侧的钢筋混凝土（或钢筋砂

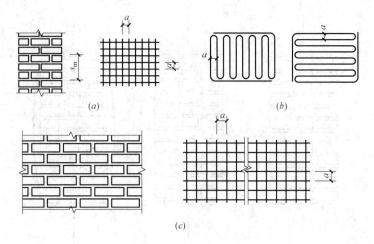

图 7-111　网状配筋砌体

（*a*）用方格网配筋的砖柱；（*b*）连弯形钢筋网；（*c*）用方格网配筋的砖墙

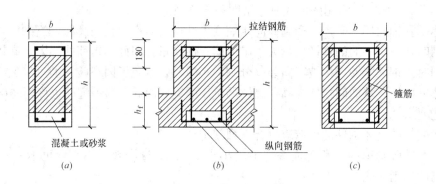

图 7-112　组合砖砌体构件截面

浆）对砖砌体有横向约束作用，因此砌体内裂缝的发展较为缓慢，当砌体内的砖和面层混凝土（或面层砂浆）严重脱落甚至被压碎，或竖向钢筋在箍筋范围内被压屈，组合砌体完全破坏。

外设钢筋混凝土或钢筋砂浆层的矩形截面偏心受压组合砖砌体构件的试验表明，其承载力和变形性能与钢筋混凝土偏压构件类似，根据偏心距的大小不同以及受拉区钢筋配置多少的不同，构件的破坏亦可分为大偏心破坏和小偏心破坏两种形态。大偏心破坏时，受拉钢筋先屈服，然后受压区的混凝土（砂浆）即受压砖砌体被破坏；当面层为混凝土时，破坏时受压钢筋可达到屈服强度；当面层为砂浆时，破坏时受压钢筋达不到屈服强度。小偏压破坏时，受压区混凝土或砂浆面层及部分受压砌体受压破坏，而受拉钢筋没有达到屈服。

2）构造要求

组合砖砌体构件的构造要求符合下列规定：

① 面层混凝土强度等级宜采用 C20，面层水泥砂浆强度等级不宜低于 M10，砌筑砂浆的强度等级不宜低于 M7.5；

组合砖砌体结构件保护层最小厚度（mm） 表 7-12

环境条件 构件类别	室内正常环境	露天或室内潮湿环境
墙	15	25
柱	25	35

注：当面层为水泥砂浆时，对于柱，保护层厚度可减小 5mm。

② 竖向受力钢筋的混凝土保护层厚度，不应小于表 7-12 的规定，竖向受力钢筋距砖砌体表面的距离不应小于 5mm；

③ 砂浆面层的厚度，可采用 30～45mm，当面层厚度大于 45mm 时，其面层宜采用混凝土；

④ 竖向受力钢筋宜采用 HPB235 级钢筋，对于混凝土面层，亦可采用 HRB335 级钢筋。受压钢筋一侧的配筋率，对砂浆面层，不宜小于 0.1%，对混凝土面层，不宜小于 0.2%。受拉钢筋的配筋率，不应小于 0.1%，竖向受力钢筋的直径，不应小于 8mm，钢筋的净间距，不应小于 30mm；

⑤ 箍筋的直径，不宜小于 4mm 及 0.2 倍的受压钢筋直径，并不宜大于 6mm，箍筋的间距，不应大于 20 倍受压钢筋的直径及 500mm，并不应小于 120mm；

⑥ 当组合砖砌体构件一侧的竖向受力钢筋多于 4 根时，应设置附加箍筋或设置拉结钢筋；

⑦ 对于截面长短边相差较大的构件如墙体等，应采用穿通墙体的拉结钢筋作为箍筋，同时设置水平分布钢筋，水平分布钢筋的竖向间距及拉结钢筋的水平间距，均不应大于 500mm；

⑧组合砖砌体构件的顶部及底部，以及牛腿部位，必须设置钢筋混凝土垫块。竖向受力钢筋伸入垫块的长度，必须满足锚固要求。

（3）砖砌体和钢筋混凝土柱组合墙

砖砌体和钢筋混凝土柱组合墙是由砖砌体和钢筋混凝土构造柱共同组成，如图所示。工程实践表明，在砌体墙的纵横墙交接处及大洞口边缘，设置钢筋混凝土构造柱与房屋圈梁连接组成钢筋混凝土空间骨架，可以有效提高墙体的承载力，加强整体性。这种墙体施工时必须先砌墙，后浇筑钢筋混凝土构造柱。

（4）配筋砌块砌体

配筋砌块砌体是在混凝土小型空心砌块的竖向孔洞中配置钢筋，在砌块横肋凹槽中配置水平筋，然后浇筑混凝土，或在水平灰缝中配置水平钢筋，所形成的砌体。常用于中高层或高层房屋中起剪力墙作用，所以又称配筋砌块剪力墙结构。这种砌体具有抗震性能好，造价较低，节能的特点。

3. 预应力砌体

在砌体的孔洞或槽口内放置预应力钢筋，构成预应力砌体，国外已有这方面的应用。

7.2.4.3 砌体的抗压性能

砌体轴心受压破坏特征

砌体轴心受压构件从加载开始到破坏，大致经历了以下三个阶段。

第一阶段：大约达到破坏荷载的 50%～70% 时，单个块体内产生细小裂缝，如不增加荷载，这些细小裂缝亦不发展。

第二阶段：随着压力的增加，达到破坏荷载的 80%～90% 时，单个块体内的裂缝连接起来而形成连续的裂缝，沿竖向贯通若干皮砌体，即使不增加荷载，这些裂缝仍会继续发展，砌体已接近破坏，见图。

第三阶段：压力继续增加，接近破坏荷载时，砌体中裂缝发展很快，并连成几条贯通的裂缝，从而将砌体分成若干个小柱体（个别砖可能被压碎），随着小柱体的受压失稳，砌体明显向外鼓出从而导致砌体试件的破坏，见图。

7.2.4.4 多层砌体房屋的构造要求

1. 多层砌体结构墙和柱的一般构造要求

（1）最低强度等级要求（表 7-13）

《砌体规范》规定，5 层及以上房屋的墙，以及受震动或层高大于 6m 的墙柱，所用的材料的最低强度等级应符合：砖采用 MU10，砌块采用 MU7.5，石材采用 MU30，砂浆采用 M5。对安全等级为一级或设计使用年限大于 50 年的房屋，墙、柱所用材料的最低强度等级应至少应提高一级。

地面以下或防潮层以下的砌体、潮湿房间墙所用材料的最低强度等级　　　　表 7-13

基土的潮湿程度	烧结普通砖、蒸压灰砂砖		混凝土砌块	石材	水泥砂浆
	严寒地区	一般地区			
稍潮湿的	MU10	MU10	MU7.5	MU30	M5
很潮湿的	MU15	MU10	MU7.5	MU30	M7.5
含饱和水的	MU20	MU15	MU10	MU40	M10

注：1. 在冻胀地区，地面以下或防潮层以下的砌体，不宜采用多孔砖，如采用时其孔洞应用水泥砂浆灌实，当采用混凝土砌块砌体时，其孔洞应采用强度等级不低于 Cb20 的混凝土灌实；
　　2. 对安全等级为一级或设计使用年限大于 50 年的房屋，表中材料强度等级应至少提高一级。

（2）截面尺寸要求

1）承重的独立砖柱截面尺寸不应小于 240mm×370mm；

2）毛石墙的厚度不宜小于 350mm；

3）毛料石柱较小边长不宜小于 400mm，当有振动荷载时，墙、柱不宜采用毛石砌体。

（3）设置垫块的条件

跨度大于 6m 的屋架和跨度大于下列数值的梁，应在支承处砌体上设置混凝土或钢筋混凝土垫块；当墙中设有圈梁时，垫块与圈梁宜浇成整体。

1）对砖砌体为 4.8m；

2）对砌块或料石砌体为 4.2m；

3）对毛石砌体为 3.9m。

（4）设置壁柱或构造柱的条件

1）对 240mm 厚砖墙为 6m，对 180mm 厚砖墙为 4.8m；

2）对砌块、料石墙为 4.8m。

（5）预制钢筋混凝土板支承长度要求

预制钢筋混凝土板的支承长度，在墙上不宜小于 100mm；在钢筋混凝土圈梁上不宜小于 80mm；当利用板端伸出钢筋拉结和混凝土灌缝隙时，其支承长度可为 40mm，但板端缝宽不小于 80mm，灌缝混凝土不宜低于 C20。

（6）连接锚固要求

1）支承在墙、柱上的吊车梁、屋架及跨度大于或等于下列数值的预制梁的端部，应采用锚固件与墙、柱上的垫块锚固：

①对砖砌体为 9m；

②对砌块和料石砌体为 7.2m。

2）填充墙、隔墙应分别采取措施与周边构件可靠连接。

3）山墙处的壁柱宜砌至山墙顶部，屋面构件应与山墙可靠拉结。

砌块砌体的构造

①砌块砌体应分皮错缝搭砌，上下皮搭砌长度不得小于 90mm。当搭砌长度不满足上述要求时，应在水平灰缝内设置不少于 2ϕ4、横筋间距不大于 200mm 的焊接钢筋网片（横向钢筋的间距不宜大于 200mm），网片每端均应超过该垂直缝，其长度不得小于 300mm。

②砌块墙与后砌隔墙交接处，应沿墙高每 400mm 在水平灰缝内设置不少于 2ϕ4、横筋间距不大于 200mm 的焊接钢筋网片。

③混凝土砌块墙体的下列部位，如未设圈梁或混凝土垫块，应采用不低于 Cb20 灌孔混凝土将孔洞灌实：

a. 搁栅、檩条和钢筋混凝土楼板的支承面下，高度不应小于 200mm 的砌体；

b. 屋架、梁等构件的支承面下，高度不应小于 600mm，长度不应小于 600mm 的砌体；

c. 挑梁支承面下，距墙中心线每边不应小于 300mm，高度不应小于 600mm 的砌体。

（7）砌体中留槽洞及埋设管道的要求

1）不应在截面长边小于 500mm 的承重墙体、独立柱内埋设管线；

2）不宜在墙体中穿行暗线或预留、开凿沟槽，无法避免时应采取必要的措施或按削弱后的截面验算墙体的承载力。（对受力较小或未灌孔的砌块砌体，允许在墙体的竖向孔洞中设置管线。）

（8）防止或减轻墙体开裂的主要措施

1）设伸缩缝

2）为了防止减轻房屋顶层墙体的裂缝，可根据情况采取下列措施：

① 屋面应设置保温、隔热层；

② 屋面保温（隔热）层或屋面刚性面层及砂浆找平层应设置分隔缝，分隔缝间距不宜大于 6m，并与女儿墙隔开，其缝宽不小于 30mm；

③ 采用装配式有檩体系钢筋混凝土屋盖和瓦材屋盖；

④ 在钢筋混凝土屋面板与墙体圈梁的接触面处设置水平滑动层，滑动层可采用两层油毡夹滑石粉或橡胶片等；对于长纵墙，可只在其两端的 2～3 个开间内设置，对于横墙可只在其两端各 $l/4$ 范围内设置（l 为横墙长度）；

⑤ 顶层屋面板下设置现浇混凝土圈梁，并沿内外墙拉通，房屋两端圈梁下的墙体内宜适当设置水平钢筋；

⑥ 顶层挑梁末端下墙体灰缝内设置 3 道焊接钢筋网片（纵向钢筋不宜少于 2Φ4，横筋

间距不宜大于 200mm）或 2Φ6 钢筋，钢筋网片或钢筋应自挑梁末端伸入两边墙体不小于 1m；

⑦ 顶层墙体有门窗等洞口时，在过梁上的水平灰缝内设置 2～3 道焊接钢筋网片或 2Φ6 钢筋，并应伸入过梁两端墙内不小于 600mm；

⑧ 顶层及女儿墙砂浆强度等级不低于 M5；

⑨ 女儿墙应设构造柱，构造柱间距不宜大于 4m，构造柱应伸至女儿墙顶并与钢筋混凝土压顶整浇在一起；

⑩ 房屋顶层端部墙体内适当增设构造柱。

3）为防止或减轻房屋底层墙体裂缝，可根据情况采取下列措施：

① 增大基础圈梁的刚度；

② 在底层的窗台下墙体灰缝内设置 3 道焊接钢筋网片或 2Φ6 钢筋，并伸入两边窗间墙内不小于 600mm；

③ 采用钢筋混凝土窗台板，窗台板嵌入窗间墙内不小于 600mm。

2. 多层砌体房屋抗震的一般规定

（1）房屋层数和高度的限制（表 7-14）

房屋的层数和总高度限值   表 7-14

房屋类型		最小墙厚度（mm）	烈度							
			6		7		8		9	
			高度	层数	高度	层数	高度	层数	高度	层数
多层砌体	普通砖	240	24	8	21	7	18	6	12	4
	多孔砖	240	21	7	21	7	18	6	12	4
	多孔砖	190	21	7	18	6	15	5	—	—
	小砌块	190	21	7	21	7	16	6	—	—
底层框架—抗用墙		240	22	7	22	7	19	6		
多排柱内框架		240	16	5	16	5	13	4		

注：1. 房屋的总高度指室外地面到主要屋面板板顶或檐口的高度。半地下室从地下室室内地面算起。全地下室和嵌固条件好的半地下室应允许从室外地面算起。对带阁楼的坡屋面应算到山尖墙的 $l/2$ 高度处；

2. 室内外高差大于 0.6mm 时，房屋总高度应允许比表中数据适当增加。但不应多于 1mm；

3. 本表小砌块砌体房屋不包括配筋混凝土小型空心砌块砌体房屋。

（2）房屋的高宽比限制

为保证房屋有足够的稳定性和整体抗弯能力，要求房屋的总高度与总宽度的最大比值宜符合：6、7 度时不大于 2.5，8 度时不大于 2.0，9 度时不大于 1.5。在计算单面走廊房屋的总宽度时不把走廊宽度记在内；当建筑平面接近正方形时，高宽比宜适当减小。

（3）房屋局部尺寸限制

对房屋中砌体墙段的局部尺寸限值，宜符合表 7-15 的要求。

（4）房屋结构体系选择要合理

1）应优先采用横墙承重或纵横墙共同承重的结构体系。

2）纵横墙的布置宜均匀对称，沿平面内宜对齐，沿竖向应上下连续；同一轴线上的窗间墙宽度宜均匀。

房屋类别		烈度			
		6	7	8	9
多层砌体	现浇或装配整体式钢筋混凝土楼、屋盖	18	18	15	11
	装配式钢筋混凝土、屋盖	15	15	11	7
	木楼、屋盖	11	11	7	4
底部框架-抗震墙	上部各层	同多层砌体房屋			—
	底层或底部两层	21	18	15	—
多排柱内框架		25	21	18	—

注：1. 多层砌体房屋的顶层。最大横墙间距应允许适当放宽；

2. 表中木楼、屋盖的规定。不适用于小砌块砌体房屋。

3）房屋有下列情况之一时宜设置防震缝，缝两侧均应设置墙体，缝宽应根据烈度和房屋高度确定，可采用50～100mm：

① 房屋立面高差在6m以上；

② 房屋有错层，且楼板高差较大；

③ 各部分结构刚度、质量截然不同。

4）楼梯间不宜设置在房屋的尽端和转角处。

5）烟道、风道、垃圾道等不应削弱墙体；当墙体被削弱时，应对墙体采取加强措施；不宜采用无竖向配筋的附墙烟囱及屋面的烟囱。

6）不应采用无锚固的钢筋混凝土预制挑檐。

底部框架-抗震墙房屋的结构布置，应符合下列要求：

① 上部的砌体抗震墙与底部的框架梁或抗震墙应对齐或基本对齐。

② 房屋的底部，应沿纵横两方向设置一定数量的抗震墙，并应均匀对称布置或基本均匀对称布置。6、7度且总层数不超过五层的底层框架-抗震墙房屋，应允许采用嵌砌于框架的附加轴力和附加剪力；其余情况应采用钢筋混凝土抗震墙。

③ 底层框架-抗震墙房屋的纵横两个方向，第二层与底层侧向刚度的比值，6、7度时不应大于2.5，8度时不应大于2.0，且不应小于1.0。

④ 底部两层框架-抗震墙房屋的纵横两个方向，底层与底部第二层侧向刚度应接近，第三层与底部第二层侧向刚度的比值，6、7度时不应大于2.0，8度时不应大于1.5，且均不应小于1.0。

⑤ 底部框架-抗震墙房屋的抗震墙应设置条形基础、筏式基础或桩基。

3. 多层黏土砖房抗震构造措施

（1）钢筋混凝土构造柱构造要求

1）构造柱最小截面可采用240mm×180mm，纵向钢筋宜采用4Φ12，箍筋间距不宜大于250mm，且在柱上下端宜适当加密；7度时超过六层、8度时超过五层和9度时，构造柱纵向钢筋宜采用4Φ14，箍筋间距不应大于200mm；房屋四角的构造柱可加大截面及配筋。

2）构造柱与墙连接处应砌成马牙槎，并应沿墙高每隔500mm设2Φ6拉结钢筋，每边伸入墙内不宜小于1m。

3）构造柱与圈梁连接处，构造柱的纵筋应穿过圈梁，保证构造柱纵筋上下贯通。

4）构造柱可不单独设置基础，但应伸入室外地面下 500mm，或与埋深小于 500mm 的基础圈梁相连。

5）房屋高度和层数接近限值时，纵、横墙内构造柱间距应符合下列要求：

①横墙内的构造柱间距不宜大于层高的二倍；下部 1/3 楼层的构造柱间距适当减小；

②当外纵墙开间大于 3.9m 时，应另设加强措施。内纵墙的构造柱间距不宜大于 4.2m。

（2）钢筋混凝土圈梁

1）圈梁的设置要求：

① 装配式钢筋混凝土楼、屋盖或木楼、屋盖的砖房，横墙承重 是应按表 8-7 的要求设置圈梁；纵墙承重时每层均应设置圈梁，且抗震横墙上的圈梁间距应比表内要求适当加密。

② 现浇或装配整体式钢筋混凝土楼、屋盖与墙体有可靠连接的房屋，应允许不另设圈梁，但楼板沿墙体周边应加强配筋并应与相应的构造柱钢筋可靠连接。

2）圈梁的构造要求：

① 圈梁应闭合，遇有洞口圈梁应上下搭接。圈梁宜与预制板设在同一标高处或紧靠板底；

② 圈梁在要求的间距内无横墙时，应利用梁或板缝中配筋替代圈梁；

③ 圈梁的截面高度不应小于 120mm，配筋应符合有关规范的要求。

（3）楼、屋盖

1）现浇钢筋混凝土楼板或屋面板伸进纵、横墙内的长度，均不应小于 120mm。

2）装配式钢筋混凝土楼板或屋面板，当圈梁未设在板的同一标高时，板端伸进外墙的长度不应小于 120mm，伸进内墙的长度不应小于 100mm，在梁上不应小于 80mm。

3）当板的跨度大于 4.8m 并与外墙平行时，靠外墙的预制板侧边应与墙或圈梁拉结。

4）房屋端部大房间的楼盖，8 度时房屋的屋盖和 9 度时房屋的楼、屋盖，当圈梁设在板底时，钢筋混凝土预制板应相互拉结，并应与梁、墙或圈梁拉结。

5）楼、屋盖的钢筋混凝土梁或屋架应与墙、柱（包括构造柱）或圈梁有可靠的连接。

（4）楼梯间

1）8 度和 9 度时，顶层楼梯间横墙和外墙应沿墙每隔 500mm 设 2Φ6 通长钢筋；9 度时其他各层楼梯间墙体应在休息平台或楼层半高处设置 60mm 厚的钢筋混凝土带或配筋砖带，其砂浆强度等级不应低于 M7.5，纵向钢筋不应少于 2Φ10。

2）8 度和 9 度时，楼梯间及门厅内墙阳角处的大梁支承长度不应小于 500mm，并应与圈梁连接。

3）装配式楼梯段应与平台板的梁可靠连接；不应采用墙中悬挑式踏步或踏步竖肋插入墙体的楼梯，不应那个无筋砖砌栏板。

4）突出屋顶的楼、电梯间，构造柱应伸到顶部，并与顶部圈梁连接，内外墙交接处应沿墙高每隔 500mm 设 2Φ6 拉结钢筋，且每边伸入墙内不应小于 1m。

（5）其他构造要求

1）门窗洞处不应采用无筋砖过梁；过梁支承长度，6~8 度时不应小于 240mm，9 度时不应小于 360mm。

2）7 度时长度大于 7.2m 的大房间，及 8 度和 9 度时，外墙转角及内外墙交接处，应沿墙高每隔 500mm 配置 2ϕ6 拉结钢筋，并每边伸入墙内不宜小于 1m。

7.2.4.5 多层砌块房屋抗震构造措施

1. 钢筋混凝土芯柱

（1）芯柱的构造要求：

1）截面不宜小于 120mm×120mm。

2）混凝土强度等级不应低于 C20。

3）芯柱的竖向插筋应贯通墙身且与圈梁连接；插筋不应小于 1ϕ12，7 度时超过五层、8 度时超过四层和 9 度时，插筋不应小于 1ϕ14。

4）芯柱应伸入室外地面下 500mm 或与埋深小于 500mm 的基础圈梁相连。

5）为提高墙体抗震受剪承载力而设置的芯柱，宜在墙体内均匀布置，最大净距不宜大于 2.0m。

（2）小砌块房屋中替代芯柱的钢筋混凝土构造柱构造要求：

1）构造柱最小截面可采用 190mm×190mm，纵向钢筋宜采用 4ϕ12，箍筋间距不宜大于 250mm，且在柱上下端宜适当加密；7 度时超过五层、8 度时超过四层和 9 度时，构造柱纵向钢筋宜采用 4ϕ14，箍筋间距不应大于 200mm；外墙转角的构造柱可适当加大截面及配筋。

2）构造柱与砌块墙连接处应砌成马牙槎，与构造柱相邻的砌块孔洞，6 度时宜填实，7 度时应填实，8 度时应填实并插筋；沿墙高每隔 600mm 应设拉结钢筋网片，每边伸入墙内不宜小于 1m。

3）构造柱与圈梁连接处，构造柱的纵筋应穿过圈梁，保证构造柱纵筋上下贯通。

4）构造柱可不单独设置基础，但应伸入室外地面下 500mm，或与埋深小于 500mm 的基础圈梁相连。

2. 小砌块房屋的现浇钢筋混凝土圈梁

小砌块房屋的现浇钢筋混凝土圈梁应按规范要求设置，圈梁宽度不应小于 190mm，配筋不应少于 4ϕ12，箍筋间距不应大于 200mm。

3. 其他构造措施

（1）小砌块房屋墙体交接处或芯柱与墙体连接处应设置拉结钢筋网片，网片可采用直径 4mm 的钢筋电焊而成，沿墙高每隔 600mm 设置，每边伸入墙内不宜小于 1m。

（2）小砌块房屋的层数，6 度时七层、7 度时超过五层、8 度时超过四层，在底层和顶层的窗台标高处，沿纵横墙应设置通长的水平现浇钢筋混凝土带；其截面高度不小于 60mm，纵筋不少于 2ϕ10，并应有分布拉结钢筋；其混凝土强度等级不应低于 C20。

（3）小砌块房屋的其他抗震构造措施应符合有关规范的规定。

4. 底部框架-抗震墙房屋的抗震构造措施

（1）材料

1）框架柱、抗震墙和托墙梁的混凝土强度等级不应低于 C30。

2）过渡层墙体的砌筑砂浆强度等级不应低于 M7.5。

（2）构造柱

1）钢筋混凝土构造柱的设置部位，应根据房屋的总层数按多层黏土砖房有关构造柱抗震构造措施的规定设置。过渡层尚应在底部框架柱对应位置处设置构造柱。

2）构造柱的截面，不宜小于240mm×240mm。

3）构造柱的纵向钢筋不宜少于4Φ14，箍筋间距不宜大于200mm。

4）过渡层构造柱的纵向钢筋，7度时不宜少于4Φ16，8度时不宜少于6Φ16。一般情况下，纵向钢筋应锚入下部的框架柱内；当纵向钢筋锚固在框架梁内时，框架梁的相应位置应加强。

（3）楼盖

1）过渡层的底板应采用现浇钢筋混凝土板，板厚不应小于120mm；并应少开洞、开小洞，当洞口尺寸大于800mm时，洞口周边应设置边梁。

2）其他楼层，采用装配式钢筋混凝土楼板时均应设现浇圈梁，采用现浇钢筋混凝土楼板时应允许不另设圈梁，但楼板沿墙体周边应加强配筋并应与相应的构造柱可靠连接。

（4）托墙梁

1）梁的截面宽度不应小于300mm，梁的截面高度不应小于跨度的1/10。

2）箍筋的直径不应小于8mm，间距不应大于200mm；梁端在1.5倍梁高且不小于1/5梁净跨范围内，以及上部墙体的洞口处和洞口两侧各500mm且不小于梁高的范围内，箍筋间距不应大于100mm。

3）沿梁高应设腰筋，数量不应少于2φ14，间距不应大于200mm。

4）梁的主筋和腰筋应按受拉钢筋的要求锚固在柱内，且支座上部的纵向钢筋在柱内的锚固长度应符合钢筋混凝土框支梁的有关要求。

（5）抗震墙

1）抗震墙周边应设置梁（或暗梁）和边框柱（或框架柱）组成的边框；边框梁的截面宽度不宜小于墙板厚度的1.5倍，截面高度不宜小于墙板厚度的2.5倍；边框柱截面高度不宜小于墙板厚度的2倍。

2）抗震墙墙板的厚度不宜小于160mm，且不应小于墙板净高的1/20；

抗震墙宜开设洞口形成若干墙段，各墙段的宽度比不宜小于2。

3）抗震墙的竖向和横向分布钢筋率均不应小于0.25%，并应采用双排布置；双排分布钢筋间拉筋的间距不应大于600mm，直径不应小于6mm。

4）抗震墙的边缘构件可按《建筑抗震设计规范》GB 50011中关于一般部位的规定设置。

（6）底层采用普通砖抗震墙

1）墙厚不应小于240mm，砌筑砂浆强度等级不应低于M10，应先砌墙后浇筑框架。

2）沿框架柱每隔500mm配置2φ6拉结钢筋，并沿砖墙全长设置；在墙体半高处尚应设置与框架柱相连的钢筋混凝土水平系梁。

3）墙长大于5m时，应在墙内增设钢筋混凝土构造柱。

第 8 章　环境与职业健康

随着人类社会进步和科技发展，职业健康与环境的问题越来越受关注。为了保证劳动者在劳动生产过程中的健康安全和保护人类的生存环境，必须加强职业健康与环境管理。

8.1　建设工程职业健康与环境管理

8.1.1　职业健康管理体系与环境管理体系

1. 职业健康体系标准

职业健康管理体系是企业总体管理体系的一部分。作为我国推荐性标准的职业健康安全管理体系标准，目前被企业普遍采用，用以建立职业健康管理体系。该标准覆盖了国际上的 OHSAS 18000 体系标准。即：

《职业健康安全管理体系规范》GB/T 28001—2011；

《职业健康安全管理体系实施指南》GB/T 28002—2011。

根据《职业健康安全管理体系规范》GB/T 28001—2011 定义，职业健康是指影响工作场所内的员工、临时工作人员、合同方人员、访问者和其他人员健康安全的条件和因素。

2. 环境管理体系标准

随着全球经济的发展，人类赖以生存的环境不断恶化，20 世纪 80 年代，联合国组建了世界环境与发展委员会，提出了"可持续发展"的观点。国际标准化制定的 ISO14000 体系标准，被我国等同采用。即：

《环境管理体系要求及使用指南》GB/T 24001—2004；

《环境管理体系原则、体系和支持技术通用指南》GB/T 24004—2004。

在《环境管理体系要求及使用指南》GB/T 24001—2004 中，认为环境是指"组织运行活动的外部存在，包括空气、水、土地、自然资源、植物、动物、人，以及它（他）们之间的相互关系"。这个定义是以组织运行活动为主体，其外部存在主要是指人类认识到的、直接或间接影响人类生存的各种自然因素及它（他）们之间的相互关系。

3. 职业健康与环境管理体系标准的比较

根据《职业健康安全管理体系规范》GB/T 28001—2011 和《环境管理体系要求及使用指南》GB/T 24001—2004，职业健康管理和环境管理都是组织管理体系的一部分，其管理的主体是组织，管理的对象是一个组织的活动、产品或服务中能与职业健康发生相互作用的不健康、不安全的条件和因素，以及能与环境发生相互作用的要素。两个管理体系所需要满足的对象和管理侧重点有所不同，但管理原理基本相同。

（1）职业健康和环境管理体系的相同点

1）管理目标基本一致

上述两个管理体系均为组织管理体系的组成部分，管理目标一致。一是分别从职业健康和环境方面，改进管理绩效；二是增强顾客和相关方的满意程度；三是减小风险降低成本；四是提高组织的信誉和形象。

2）管理原理基本相同

职业健康和环境管理体系标准均强调了预防为主，系统管理，持续改进和 PIX〉A 循环原理；都强调了为制定、实施、实现、评审和保持响应的方针所需要的组织活动、策划活动、职责、程序、过程和资源。

3）不规定具体绩效标准

这两个管理体系标准都不规定具体的绩效标准，它们只是组织实现目标的基础、条件和组织保证。

（2）职业健康和环境管理体系的不同点

1）需要满足的对象不同

建立职业健康管理体系的目的是"消除或减小因组织的活动而使员工和其他相关方可能面临的职业健康风险"，即主要目标是使员工和相关方对职业健康条件满意。

建立环境管理体系的目的是"针对众多相关方和社会对环境保护的不断的需要"，即主要目标是使公众和社会对环境保护满意。

2）管理的侧重点有所不同

职业健康管理体系通过对危险源的辨识，评价风险，控制风险，改进职业健康绩效，满足员工和相关方的要求。

环境管理体系通过对环境产生不利影响的因素的分析，进行环境管理，满足相关法律法规的要求。

4. 建设工程职业健康与环境管理的目的

（1）建设工程职业健康管理的目的

职业健康管理的目的是在生产活动中，通过职业健康生产的管理活动，进行对影响生产的具体因素的状态控制，使生产因素中的不安全行为和状态减少或消除，且不引发事故，以保证生产活动中人员的健康和安全。对于建设工程项目，职业健康管理的目的是防止和减少生产安全事故、保护产品生产者的健康与安全、保障人民群众的生命和财产免受损失；控制影响工作场所内员工、临时工作人员、合同方人员、访问者和其他有关部门人员健康和安全的条件和因素；考虑和避免因管理不当对员工健康和安全造成的危害。

（2）建设工程环境管理的目的

环境保护是我国的一项基本国策。对环境管理的目的是保护生态环境，使社会的经济发展与人类的生存环境相协调。对于建设工程项目，环境保护主要是指保护和改善施工现场的环境。企业应当遵照国家和地方的相关法律法规以及行业和企业自身的要求，采取措施控制施工现场的各种粉尘、废水、废气、固体废弃物以及噪声、振动对环境的污染和危害，并且要注意对资源的节约和避免资源的浪费。

8.1.2 职业健康与环境管理的特点和要求

1. 建设工程职业健康与环境管理的特点

依据建设工程产品的特性，建设工程职业健康与环境管理有以下特点。

（1）复杂性

建设项目的职业健康和环境管理涉及大量的露天作业，受到气候条件、工程地质和水文地质、地理条件和地域资源等不可控因素的影响较大。

（2）多变性

一方面是项目建设现场材料、设备和工具的流动性大；另一方面由于技术进步，项目不断引人新材料、新设备和新工艺，这都加大了相应的管理难度。

（3）协调性

项目建设涉及的工种甚多，包括大量的高空作业、地下作业、用电作业、爆破作业、施工机械、起重作业等较危险的工程，并且各工种经常需要交叉或平行作业。

（4）持续性

项目建设一般具有建设周期长的特点，从设计、实施直至投产阶段，诸多工序环环相扣。前一道工序的隐患，可能在后续的工序中暴露，酿成安全事故。

（5）经济性

产品的时代性、社会性与多样性决定环境管理的经济性。

2. 建设工程职业健康与环境管理的要求

（1）建设工程项目决策阶段

建设单位应按照有关建设工程法律法规的规定和强制性标准的要求，办理各种有关安全与环境保护方面的审批手续。对需要进行环境影响评价或安全预评价的建设工程项目，应组织或委托有相应资质的单位进行建设工程项目环境影响评价和安全预评价。

（2）工程设计阶段

设计单位应按照有关建设工程法律法规的规定和强制性标准的要求，进行环境保护设施和安全设施的设计，防止因设计考虑不周而导致生产安全事故的发生或对环境造成不良影响。

在进行工程设计时，设计单位应当考虑施工安全和防护需要，对涉及施工安全的重点部分和环节在设计文件中应进行注明，并对防范生产安全事故提出指导意见。

对于采用新结构、新材料、新工艺的建设工程和特殊结构的建设工程，设计单位应在设计中提出保障施工作业人员安全和预防生产安全事故的措施建议。

在工程总概算中，应明确工程安全环保设施费用、安全施工和环境保护措施费等。

设计单位和注册建筑师等执业人员应当对其设计负责。

（3）工程施工阶段

建设单位在申请领取施工许可证时，应当提供建设工程有关安全施工措施的资料。

对于依法批准开工报告的建设工程，建设单位应当自开工报告批准之日起 15 日内，将保证安全施工的措施报送建设工程所在地的县级以上人民政府建设行政主管部门或者其他有关部门备案。

对于应当拆除的工程，建设单位应当在拆除工程施工 15 日、前，将拆除施工单位资质等级证明，拟拆除建筑物、构筑物及可能涉及毗邻建筑的说明，拆除施工组织方案，堆放、清除废弃物的措施的资料报送建设工程所在地的县级以上的地方人民政府主管部门或者其他有关部门备案。

施工企业在其经营生产的活动中必须对本企业的安全生产负全面责任。企业的代表人是安全生产的第一负责人，项目经理是施工项目生产的主要负责人。施工企业应当具备安全生产的资质条件，取得安全生产许可证的施工企业应设立安全机构，配备合格的安全人员，提供必要的资源；要建立健全职业健康体系以及有关的安全生产责任制和各项安全生产规章制度。对项目要编制切合实际的安全生产计划，制定职业健康保障措施；实施安全教育培训制度，不断提高员工的安全意识和安全生产素质。

建设工程实行总承包的，由总承包单位对施工现场的安全生产负总责并自行完成工程主体结构的施工。分包单位应当接受总承包单位的安全生产管理，分包合同中应当明确各自的安全生产方面的权利、义务。分包单位不服从管理导致生产安全事故的，由分包单位承担主要责任，总承包和分包单位对分包工程的安全生产承担连带责任。

（4）项目验收试运行阶段

项目竣工后，建设单位应向审批建设工程项目环境影响报告书、环境影响报告或者环境影响登记表的环境保护行政主管部门申请，对环保设施进行竣工验收。环保行政主管部门应在收到申请环保设施竣工验收之日起 30 日内完成验收。验收合格后，才能投入生产和使用。

对于需要试生产的建设工程项目，建设单位应当在项目投入试生产之日起 3 个月内向环保行政主管部门申请对其项目配套的环保设施进行竣工验收。

8.2 工程建设中的环境保护制度

8.2.1 工程建设中的环境保护制度

《建筑法》规定，建筑施工企业应当遵守有关环境保护和安全生产的法律、法规的规定，采取控制和处理施工现场的各种粉尘、废气、废水、固体废物以及噪声、振动对环境的污染和危害的措施。

《建设工程安全生产管理条例》进一步规定，施工单位应当遵守有关环境保护法律、法规的规定，在施工现场采取措施，防止或者减少粉尘、废气、废水、固体废物、噪声、振动和施工照明对人和环境的危害和污染。

8.2.2 环境保护法概述

1. 环境保护法概念及调整对象

（1）环境保护法的概念

环境保护法是国家制定或认可的、由国家强制力保证其执行的、调整因保护和改善环境而产生的社会关系的各种法律规范的总称。

由此，涉及以下三个概念：

1）环境。是指影响人类生存和发展的各种天然的和经过人工改造过的自然因素的总体。包括大气、水、海洋、土地、矿藏、森林、草原、野生动物、自然古迹、人文遗迹、自然保护区、风景名胜区、城市和乡村。

2）环境问题。是指由于人类活动或自然原因使环境条件发生不利于人类的变化，产生了影响人类的生产和生活、给人类带来灾害的问题。

3）环境保护。是指以协调人与自然的关系、保障经济社会和环境的持续发展为目的，而实施的有关防治环境问题，保护和改善环境行政的、经济的、法律的、科学技术的、工程的、宣传教育的各种措施和活动的总称。

（2）环境保护法的调整对象

环境保护法的调整对象是人们在保护和改善环境的活动中产生的各种社会关系。这些社会关系包括：与合理开发、利用和保护各种自然资源有关的社会关系；与防治污染和其他公害有关的社会关系；与防止自然灾害和减轻自然灾害不良影响有关的社会关系。

2. 环境保护法的基本原则

环境保护法的基本原则，是环境保护方针、政策在法律上的体现，是调整环境保护方面社会关系的指导规范，也是环境保护立法、司法、执法、守法必须遵循的准则，它反映了环保法的本质，并贯穿环境保护法制建设的全过程，具有十分重要的意义。

（1）建设与环境保护协调发展的原则。我国是发展中国家，在现阶段必须保持较快的经济增长速度。但是，必须加强环境保护，经济、社会发展与资源、环境的承载能力相适应，这样才能实现环境保护同经济建设、社会发展相协调，实现可持续发展。

（2）预防为主、防治结合的原则。环境污染和破坏一旦发生，往往难以消除和恢复，其影响往往都是长期的，因此，环境保护应当预防为主。预防为主要求在国家的环境管理中，通过计划、规划及各种管理手段，采取防范性措施，防止环境损害的发生。但是，对于已经发生的环境污染与破坏，则要采取积极的治理措施，做到防治结合。

（3）开发者养护、污染者治理的原则。开发者养护，是指对环境和自然资源进行开发利用的组织或个人，有责任对其进行恢复、整治和养护；污染者治理，则是指对环境造成污染的组织或个人，有责任对其污染和被污染的环境进行治理。

（4）环境保护公民责任的原则。环境保护必须有公民的广泛参与，每一个公民都应参与、支持、监督环境保护工作，并有权对污染和破坏环境单位和个人进行检举和控告。

3. 环境保护的基本制度

（1）环境影响评价制度；

（2）"三同时"制度；

（3）排污申报登记制度；

（4）排污许可证制度；

（5）排污收费制度；

（6）限期治理制度；

（7）污染物总量控制。

8.2.3 环境保护专项法中与工程建设有关的基本内容

1. 水污染防治法关于防止地表水和地下水污染的规定

（1）防止地表水污染。地表水是指陆地表面的江、河、湖、池塘、水渠、水库等积聚或流动的水体，是相对于地下水而言的。为防止地表水污染，《水污染防治法》及其《实施细则》规定了以下具体措施：

1）禁止向水体排放油类、酸液、碱液或者剧毒废液。

2）禁止在水体清洗装贮过油类或者有毒污染物的车辆和容器。

3）禁止将含有汞、镉、砷、铬、铅、氰化物、黄磷等的可溶性剧毒废渣向水体排放、倾倒或者直接埋入地下。存放可溶性剧毒废渣的场所，必须采取防水、防渗漏、防流失的措施。

4）禁止向水体排放、倾倒工业废渣、城市垃圾和其他废弃物。

5）禁止在江河、湖泊、运河、渠道、水库最高水位线以下的滩地和岸坡堆放、存贮固体废弃物和其他污染物。

6）禁止向水体排放或者倾倒放射性固体废弃物或者含有高放射性和中放射性物质的废水。向水体排放含低放射性物质的废水，必须符合国家有关放射防护的规定和标准。

7）向水体排放含热废水，应当采取措施，保证水体的水温符合水环境质量标准，防止热污染危害。

8）排放含病原体的污水，必须经过消毒处理；符合国家有关标准后，方准排放。

（2）防止地下水污染。地下水是指潜水和承压水，一般不易被污染，但一旦受到污染，则危害严重，难以治理。《水污染防治法》及其《实施细则》为防止地下水污染，进行了以下禁止性规定：

1）禁止单位利用渗井、渗坑、裂隙和溶洞排放、倾倒含有毒污染物的废水、含病原体的污水和其他废弃物。

2）在无良好隔渗地层，禁止单位使用无防止渗漏措施的沟渠、坑塘等输送或者存贮含有毒污染物的废水、含病原体的污水和其他废弃物。

3）兴建地下工程设施或者进行地下勘探、采矿等活动，应当采取防护性措施，防止地下水污染。

2. 固体废物污染环境防治法关于固体废物排放的规定

（1）固体废物污染环境的防治。

1）产生固体废物的单位和个人，应当采取措施，防止或者减少固体废物对环境的污染。

2）收集、贮存、运输、利用、处置固体废物的单位和个人，必须采取防扬散、防流失、防渗漏或者其他防止污染环境的措施。不得在运输过程中沿途丢弃、遗撒固体废物。

3）产品应当采用易回收利用、易处置或者在环境中易消纳的包装物。产品生产者、销售者、使用者应当按照国家有关规定对可以回收利用的产品包装物和容器等回收利用。

4）对收集、贮存、运输、处置固体废物的设施、设备和场所，应当加强管理和维护，保证其正常运行和使用。

5）单位和个人必须在有关规定的期限内分别停止生产、销售、进口或者使用限期淘汰目录中的设备。生产工艺的采用者必须在有关部门规定的期限内停止采用限期淘汰目录中的工艺。

6）产生工业固体废物的单位应当建立、健全污染环境防治责任制度，采取防治工业固体废物污染环境的措施。

7）单位应当合理选择和利用原材料、能源和其他资源，采用先进的生产工艺和设备，减少工业固体废物产生量。

8）任何单位和个人应当遵守城市人民政府环境卫生行政主管部门的规定，在指定的地点倾倒、堆放城市生活垃圾，不得随意扔撒或者堆放。

9）城市生活垃圾应当及时清运，并积极开展合理利用和无害化处置。城市生活垃圾应当逐步做到分类收集、贮存、运输和处置。

10）施工单位应当及时清运、处置建筑施工过程中产生的垃圾，并采取措施，防止污染环境。

（2）危险废物污染防治

1）对危险废物的容器和包装物以及收集、贮存、运输、处置危险废物的设施、场所，必须设置危险废物识别标志。

2）产生危险废物的单位，必须按照国家有关规定处置；逾期不处置或者处置不符合国家有关规定的，由所在地县级以上地方人民政府环境保护行政主管部门指定单位按照国家有关规定代为处置，处置费用由产生危险废物的单位承担。

3）以填埋方式处置危险废物不符合规定的，应当缴纳危险废物排污费。危险废物排污费用于危险废物污染环境的防治，不得挪作他用。

4）从事收集、贮存、处置危险废物经营活动的单位，必须向县级以上人民政府环境保护行政主管部门申请领取经营许可证。

5）收集、贮存危险废物，必须按照危险废物特性分类进行。禁止混合收集、贮存、运输、处置性质不相容而未经安全性处置的危险废物。禁止将危险废物混入非危险废物中贮存。

6）转移危险废物的，必须按照规定填写危险废物转移联单，并向危险废物移出地和接受地的县级以上地方人民政府环境保护行政主管部门报告。

7）运输危险废物，必须采取防止污染环境的措施，并遵守国家有关危险货物运输管理的规定。禁止将危险废物与旅客在同一运输工具上载运。

8）收集、贮存、运输、处置危险废物的场所、设施、设备和容器、包装物及其他物品转作他用时，必须经过消除污染的处理，方可使用。

9）直接从事收集、贮存、运输、利用、处置危险废物的人员，应当接受专业培训，经考核合格，方可从事该项工作。

10）禁止经中华人民共和国过境转移危险废物。

3. 环境噪声污染防治法关于建筑施工噪声污染防治的规定

环境噪声，是指在工业生产、建筑施工、交通运输和社会生活中所产生的干扰周围生活环境的声音。环境噪声污染，是指所产生的环境噪声超过国家规定的环境噪声排放标准并干扰他人正常生活、工作和学习的现象。常用分贝值表示声音的强弱。噪声污染可引起人情绪紊乱、易怒、脱发、焦躁不安、食欲减退、高血脂、高血压、偏头痛等，噪声影响人们身心健康，已成为当代社会的四大公害之一。

城市噪声中，居民对建筑施工噪声反应强烈，建筑施工噪声，是指在建筑施工过程中产生的干扰周围生活环境的声音。建筑施工噪声污染严重的原因主要是有些施工企业为抢时间赶工期，夜间施工，严重扰乱居民的生活秩序。《环境噪声污染防治法》对防治工业建筑施工噪声污染作出了规定：

1）在城市市区范围内向周围生活环境排放建筑施工噪声的，应当符合国家规定的建筑施工场界环境噪声排放标准。

2）产生噪声污染的企业，应当采取有效措施，减轻噪声对周围生活的影响。

3）在城市市区范围内，建筑施工过程可能产生环境噪声污染的，施工单位必须在工程开工 15 日以前向工程所在地县级以上地方人民政府环境保护行政主管部门申报该工程所采取的环境噪声污染防治措施的情况。

4）在城市市区噪声敏感建筑物集中区域内，禁止夜间进行产生环境噪声污染的建筑施工作业，因特殊需要必须连续作业的，必须有县级以上人民政府或者其有关主管部门的证明且夜间作业，必须公告附近居民。

8.2.4 建设项目环境保护制度

1. 建设项目环境影响评价制度

环境影响评价，是指对规划和建设项目实施后可能造成的环境影响进行分析、预测和评估，提出预防或者减轻不良环境影响的对策和措施，进行跟踪监测的方法与制度。

（1）对建设项目的环境影响评价实行分类管理。建设单位应当按照下列规定组织编制环境影响评价文件：可能造成重大环境影响的，应当编制环境影响报告书，对产生的环境影响进行全面评价；可能造成轻度环境影响的，应当编制环境影响报告表，对产生的环境影响进行分析或者专项评价；对环境影响很小、不需要进行环境影响评价的应当填报环境影响登记表。

（2）环境影响报告书的基本内容。建设项目的环境影响报告书应当包括下列内容：

1）建设项目概况；

2）建设项目周围环境现状；

3）建设项目对环境可能造成影响的分析、预测和评估；

4）建设项目环境保护措施及其技术、经济论证；

5）建设项目对环境影响的经济损益分析；

6）对建设项目实施环境监测的建议；

7）环境影响评价的结论。

涉及水土保持的建设项目，还必须有经水行政主管部门审查同意的水土保持方案。

（3）建设项目环境影响评价机构。接受委托为建设项目环境影响评价提供技术服务的机构，应当经国务院环境保护行政主管部门考核审查合格后，颁发资质证书，按照资质证书规定的等级和评价范围，从事环境影响评价服务，并对评价结论负责。

为建设项目环境影响评价提供技术服务的机构，不得与负责审批建设项目环境影响评价文件的环境保护行政主管部门或者其他有关审批部门存在任何利益关系。环境影响评价文件中的环境影响报告书或者环境影响报告表，应当由具有相应环境影响评价资质的机构编制。

（4）建设环境影响评价文件的审批管理。建设项目的环境影响评价文件，由建设单位按照国务院的规定报有审批权的环境保护行政主管部门审批；建设项目有行业主管部门的，其环境影响报告书或者环境影响报告表应当经行业主管部门预审后，报有审批权的环境保护行政主管部门审批。

审批部门应当自收到环境影响报告书之日起六十日内，收到环境影响报告表之日起三十日内，收到环境影响登记表之日起十五日内，分别作出审批决定并书面通知建设单位。建设项目的环境影响评价文件经批准后，建设项目的性质、规模、地点、采用的生产工艺或者防治污染、防止生态破坏的措施发生重大变动的，建设单位应当重新报批建设项目的环境影响评价文件。

2. 环境保护设施建设

建设项目需要配套建设的环境保护设施，必须与主体工程实施"三同时制度"即同时设计、同时施工、同时投产使用。

建设项目竣工后，建设单位应当向审批该建设项目环境影响报告书、环境影响报告表或者环境影响登记表的环境保护行政主管部门，申请该建设项目需要配套建设的环境保护设施竣工验收。环境保护设施竣工验收，应当与主体工程竣工验收同时进行。环境保护行政主管部门应当自收到环境保护设施竣工验收申请之日起 30 日内，完成验收。建设项目需要配套建设的环境保护设施经验收合格，该建设项目方可正式投入生产或者使用。

8.2.5 建设工程施工现场环境保护

施工单位应当加强施工现场环境管理，采取措施控制施工现场的各种粉尘、废气、废水、固体废弃物以及噪声、振动对环境的污染和危害。具体措施为：

（1）加强环保管理，促进建筑工程综合管理

环保管理看起来似乎并没有什么实际的意义，或者说不能立竿见影，但是在施工中由于环保问题的不够重视而引发的安全事故却屡见不鲜。建筑工程中的环保问题，已经不是单纯的技术管理，和技术处理的问题。它已经延伸到施工项目的安全管理和质量管理上，对此，加强施工项目中的环境保护工作，切实地做到组织机构高度负责，落实到人，对于管理职责明确而具体，是加强管理的根本办法。

（2）加强设施建设，防止作业过程中出现环境污染现象

在建筑工程施工中，环境污染的现象主要集中体现在排减设施，物流运输通路，电力设施，运输工具的停放场所，作业工具的仓储场所等环节的完善和建设，尤其是具有危害性的，污染性的设施更要从严治理，在源头上控制污染从施工工地由内到外的蔓延。

（3）强废旧材料的处理和再利用

对于拆除而来的建筑垃圾和施工中的施工材料，工程管理中应当注重对于该类物品的管理和妥当处置。可能转化为成本作为基础的设施材料的废旧物品，合理的科学地进行转换，不仅能使工程项目的成本能节省下来，更重要的是对于建筑垃圾是一个更好地利用，对于环境保护省去了必要的处置，无形中为工程施工节约了时间。

（4）加强施工作业人员的环保知识培训

对所有的作业人员要进行环保培训，在实际的操作中，要高度把环保理念融入实际的作业中。尤其是对工程施工中可能被破坏的绿地以及生态环境要尽量地保护，及时根据图纸进行避让。

（5）有效控制工程投入成本

加强工程施工的成本管理，成本投入，并加大环境保护预算，切实做到环保问题不因为资金投入的问题被忽视或者不予解决，否则只能在某种程度上加大工程的成本，而且为工程的质量也埋下了隐患。建筑业在推动经济发展、改善人民生活的同时，其在生产活动中产生的大量污染物也严重影响了广大群众的生活质量。在环境总体污染中，与建筑业有关的环境污染所占比例相当大，包括噪声污染、水污染、空气污染、间体垃圾污染、照明

污染以及化学污染等。因此，加强对建筑施工现场进行科学管理、尽量减少各类污染的研究具有十分重要的现实意义。

8.3　职业健康的基本要求

8.3.1　建筑行业职业健康的现状

近年来，我国在建筑安全生产管理方面颁布了一系列的法律、法规、条例及安全技术标准，已经建立了一套较为完整的建筑安全管理组织体系，建筑安全管理工作也取得了显著的成绩。全国很多省份发生的较大以上建筑施工安全事故起数和总死亡人数连续下降，但建筑行业的事故发生率仍居全国各行业的前几位。

1. 建筑行业常见的职业病

职业病主要分为三大类：

（1）生产过程中产生的有害因素——主要包括化学因素（如有毒物质、生产性粉尘等）、物理因素（如高温、高湿、噪声、射线等）和生物因素（如附着在皮肤上的各种致病病菌等）。

（2）劳动过程中的有害因素——如劳动组织不合理、休息制度不健全、劳动强度过大、生产额过高、超负荷加班加点、个别器官过度紧张等。

（3）生产环境中的有害因素——包括生产场所设计不符合卫生标准或要求（如厂房低矮、狭窄，布局不合理，有毒和无毒工段安排在一起等）；缺乏必要的卫生技术设施（如没有通风换气、照明、防尘、防毒、防噪声、防振动设备等）；还包括个人防护用品装备不全等。

具体症状：

1）粉尘可导致尘肺病；

2）噪声可导致职业性噪声聋；

3）高温可导致职业性中暑；

4）振动可导致职业性手臂振动病；强烈的全身振动可导致内脏器官的损伤或位移，周围神经和血管功能的改变、腰椎损伤等；

5）化学毒物主要有：①爆破作业产生氮氧化物等；②油漆、防腐作业产生苯、甲苯等有机蒸气，以及铅、汞等金属毒物；防腐作业产生沥青烟；③涂料作业产生甲醛、苯、甲苯、二甲苯，游离甲苯二异氰酸酯以及铅、汞等金属毒物；④建筑物防水工程作业产生沥青烟等有机溶剂，以及阴离子再生乳胶等化学品；⑤路面敷设沥青作业产生沥青烟等；⑥电焊作业产生锰等；⑦地下储罐等地下工作场所作业产生硫化氢、甲烷、一氧化碳和缺氧状态。诸多职业病危害因素可导致多种相应的职业中毒。

2. 建筑行业在危险源辨识、风险评价工作上存在的主要问题

（1）对危险源辨识和风险评价的认识还相当落后

受传统思维和旧有习惯的影响，大部分工程建设企业从管理人员到操作人员，对风险管理都满足于经验型的粗放控制，依赖于感官印象和主观判断，对如何科学进行危险源辨识、风险评价认识不足，尤其是危险源辨识、风险评价应有哪些要求、适用哪些方法，如何适宜于行业和企业的特点等等更是不予重视，主动应用科学的辨识、评价方法以及实现辨识、评价范围的全面覆盖更是十分薄弱。

（2）危险源辨识和风险评价在内容和方法上还存在缺陷

我国企业对危险源辨识和评价在内容和方法的研究、应用还处于自发阶段，随着安全健康事故的增多，各行各业日益关注辨识、评价内容与方法的科学性、合理性、有效性和适宜性。但是，通过评审和研讨，人们发现过去零散的、自发的辨识、评价方法，在可靠性、充分性方而存在明显不足，一些从国外引进的方法在中国出现"水土不服"、不好应用等问题，尤其是立足于建筑行业特点，如何强化辨识、评价内容与方法的针对性、适宜性和匹配性，如何确定内容与方法的应用准则、可靠程度等更是难上加难。由于经验法简单可行，而科学方法复杂得无从下手，导致目前大部分企业应用的多种辨识、评价方法存在经验和科学之间的错位，往往最后采用经验方式决定辨识和评价结果。

（3）现有的辨识和评价内容与方法不利于风险预防和控制

由于施工企业的特殊性和所面临风险的复杂性，各种辨识和评价方法的有效应用相当困难，粗放的辨识和评价结果，不适宜的应用方法，不仅导致风险管理缺乏系统手段和成效，而且还导致了人们对科学辨识、评价方法的实际作用产生怀疑，不利于风险的预防和控制，从管理理念和实施方法上产生了大量的人为缺陷。

8.3.2　建筑工程施工现场职业健康与环境管理的要求

1. 施工现场文明施工的要求

文明施工是指保持施工现场良好的作业环境、卫生环境和工作秩序。因此，文明施工也是保护环境的一项重要措施。文明施工主要包括：规范施工现场的场容，保持作业环境的整洁卫生；科学组织施工，使生产有序进行；减少施工对周围居民和环境的影响；遵守施工现场文明施工的规定和要求，保证职工的安全和身体健康。

文明施工可以适应现代化施工的客观要求，有利于员工的身心健康，有利于培养和提高施工队伍的整体素质，促进企业综合管理水平的提高，提高企业的知名度和市场竞争力。

（1）建设工程现场文明施工的要求

依据我国相关标准，文明施工的要求主要包括现场围挡、封闭管理、施工场地、材料堆放、现场住宿、现场防火、治安综合治理、施工现场标牌、生活设施、保健急救、社区服务 11 项内容。总体上应符合以下要求：

1）有整套的施工组织设计或施工方案，施工总平面布置紧凑，施工场地规划合理，符合环保、市容、卫生的要求；

2）有健全的施工组织管理机构和指挥系统，岗位分工明确；工序交叉合理，交接责任明确；

3）有严格的成品保护措施和制度，大小临时设施和各种材料构件、半成品按平面布置堆放整齐；

4）施工场地平整，道路畅通，排水设施得当，水电线路整齐，机具设备状况良好，使用合理，施工作业符合消防和安全要求；

5）搞好环境卫生管理，包括施工区、生活区环境卫生和食堂卫生管理；

6) 文明施工应贯穿施工结束后的清场。

实现文明施工，不仅要抓好现场的场容管理，而且还要做好现场材料、机械、安全、技术、保卫、消防和生活卫生等方面的工作。

(2) 建设工程现场文明施工的措施

1) 加强现场文明施工的管理

① 建立文明施工的管理组织

应确立项目经理为现场文明施工的第一责任人，以各专业工程师、施工质量、安全、材料、保卫等现场项目经理部人员为成员的施工现场文明管理组织，共同负责本工程现场文明施工工作。

② 健全文明施工的管理制度

包括建立各级文明施工岗位责任制、将文明施工工作考核列入经济责任制，建立定期的检查制度，实行自检、互检、交接检制度，建立奖惩制度，开展文明施工立功竞赛，加强文明施工教育培训等。

2) 落实现场文明施工的各项管理措施

针对现场文明施工的各项要求，落实相应的各项管理措施。

① 施工平面布置

施工总平面图是现场管理、实现文明施工的依据。施工总平面图应对施工机械设备、材料和构配件的堆场、现场加工场地，以及现场临时运输道路、临时供水供电线路和其他临时设施进行合理布置，并随工程实施的不同阶段进行场地布置和调整。

② 现场围挡、标牌

a. 施工现场必须实行封闭管理，设置进出口大门，制定门卫制度，严格执行外来人员进场登记制度。沿工地四周连续设置围挡，市区主要路段和其他涉及市容景观路段的工地设置围挡的高度不低于 2.5m，其他工地的围挡高度不低于 1.8m，围挡材料要求坚固、稳定、统一、整洁、美观。

b. 施工现场必须设有"五牌一图"，即工程概况牌、管理人员名单及监督电话牌、消防保卫（防火责任）牌、安全生产牌、文明施工牌和施工现场总平面图。

c. 施工现场应合理悬挂安全生产宣传和警示牌，标牌悬挂牢固可靠，特别是主要施工部位、作业点和危险区域以及主要通道口都必须有针对性地悬挂醒目的安全警示牌。

③ 施工场地

a. 施工现场应积极推行硬地坪施工，作业区、生活区主干道地面必须用一定厚度的混凝土硬化，场内其他道路地面也应硬化处理。

b. 施工现场道路畅通、平坦、整洁，无散落物。

c. 施工现场设置排水系统，排水畅通，不积水。

d. 严禁泥浆、污水、废水外流或未经允许排入河道，严禁堵塞下水道和排水河道。

e. 施工现场适当地方设置吸烟处，作业区内禁止随意吸烟。

f. 积极美化施工现场环境，根据季节变化，适当进行绿化布置。

④ 材料堆放、周转设备管理

a. 建筑材料、构配件、料具必须按施工现场总平面布置图堆放，布置合理。

b. 建筑材料、构配件及其他料具等必须做到安全、整齐堆放（存放），不得超高。堆料分门别类，悬挂标牌，标牌应统一制作，标明名称、品种、规格数量等。

c. 建立材料收发管理制度，仓库、工具间材料堆放整齐，易燃易爆物品分类堆放，专人负责，确保安全。

d. 施工现场建立清扫制度，落实到人，做到工完料尽场地清，车辆进出场应有防泥带出措施。建筑垃圾及时清运，临时存放现场的也应集中堆放整齐、悬挂标牌。不用的施工机具和设备应及时出场。

e. 施工设施、大模板、砖夹等，集中堆放整齐，大模板成对放稳，角度正确。钢模及零配件、脚手扣件分类分规格，集中存放。竹木杂料，分类堆放、规则成方，不散不乱，不作他用。

⑤ 现场生活设施

a. 施工现场作业区与办公、生活区必须明显划分，确因场地狭窄不能划分的，要有可靠的隔离栏防护措施。

b. 宿舍内应确保主体结构安全，设施完好。宿舍周围环境应保持整洁、安全。

c. 宿舍内应有保暖、消暑、防煤气中毒、防蚊虫叮咬等措施。严禁使用煤气灶、煤油炉、电饭煲、热得快、电炒锅、电炉等器具。

d. 食堂应有良好的通风和洁卫措施，保持卫生整洁，炊事员持健康证上岗。

e. 建立现场卫生责任制，设卫生保洁员。

f. 施工现场应设固定的男、女简易淋浴室和厕所，并要保证结构稳定、牢固和防风雨。并实行专人管理、及时清扫，保持整洁，要有灭蚊蝇滋生措施。

⑥ 现场消防、防火管理

a. 现场建立消防管理制度，建立消防领导小组，落实消防责任制和责任人员，做到思想重视、措施跟上、管理到位。

b. 定期对有关人员进行消防教育，落实消防措施。

c. 现场必须有消防平面布置图，临时设施按消防条例有关规定搭设，做到标准规范。

d. 易燃易爆物品堆放间、油漆间、木工间、总配电室等消防防火重点部位要按规定设置灭火器和消防沙箱，并有专人负责，对违反消防条例的有关人员进行严肃处理。

e. 施工现场用明火做到严格按动用明火规定执行，审批手续齐全。

⑦ 医疗急救的管理

展开卫生防病教育，准备必要的医疗设施，配备经过培训的急救人员，有急救措施、急救器材和保健医药箱。在现场办公室的显著位置张贴急救车和有关医院的电话号码等。

⑧ 社区服务的管理

建立施工不扰民的措施。现场不得焚烧有毒、有害物质等。

⑨ 治安管理

a. 建立现场治安保卫领导小组，有专人管理。

b. 新入场的人员做到及时登记做到合法用工。

c. 按照治安管理条例和施工现场的治安管理规定搞好各项管理工作。

d. 建立门卫值班管理制度，严禁无证人员和其他闲杂人员进入施工现场，避免安全事故和失盗事件的发生。

3) 建立检查考核制度

对于建设工程文明施工，国家和各地大多制定了标准或规定，也有比较成熟的经验。在实际工作中，项目应结合相关标准和规定建立文明施工考核制度，推进各项文明施工措施的落实。

4）抓好文明施工建设工作

① 建立宣传教育制度。现场宣传安全生产、文明施工、国家大事、社会形势、企业精神、优秀事迹等。

② 坚持以人为本，加强管理人员和班组文明建设。教育职工遵纪守法，提高企业整体管理水平和文明素质。

③ 主动与有关单位配合，积极开展共建文明活动，树立企业良好的社会形象。

2. 施工现场环境保护的要求

建设工程项目必须满足有关环境保护法律法规的要求，在施工过程中注意环境保护，对企业发展、员工健康和社会文明有重要意义。

环境保护是按照法律法规、各级主管部门和企业的要求，保护和改善作业现场的环境，控制现场的各种粉尘、废水、废气、固体废弃物、噪声、振动等对环境的污染和危害。环境保护也是文明施工的重要内容之一。

（1）建设工程施工现场环境保护的要求：

根据《中华人民共和国环境保护法》和《中华人民共和国环境影响评价法》的有关规定，建设工程项目对环境保护的基本要求如下：

① 涉及依法划定的自然保护区、风景名胜区、生活饮用水水源保护区及其他需要特别保护的区域时，应当符合国家有关法律法规及该区域内建设工程项目环境管理的规定，不得建设污染环境的工业生产设施；建设的工程项目设施的污染物排放不得超过规定的排放标准。已经建成的设施，其污染物排放超过排放标准的，限期整改。

② 开发利用自然资源的项目，必须采取措施保护生态环境。

③ 建设工程项目选址、选线、布局应当符合区域、流域规划和城市总体规划。

④ 应满足项目所在区域环境质量、相应环境功能区划和生态功能区划标准或要求。

⑤ 拟采取的污染防治措施应确保污染物排放达到国家和地方规定的排放标准，满足污染物总量控制要求；涉及可能产生放射性污染的，应采取有效预防和控制放射性污染措施。

⑥ 建设工程应当采用节能、节水等有利于环境与资源保护的建筑设计方案、建筑材料、装修材料、建筑构配件及设备。建筑材料和装修材料必须符合国家标准。禁止生产、销售和使用有毒、有害物质超过国家标准的建筑材料和装修材料。

⑦ 尽量减少建设工程施工中所产生的干扰周围生活环境的噪声。

⑧ 应采取生态保护措施，有效预防和控制生态破坏。

⑨ 对环境可能造成重大影响、应当编制环境影响报告书的建设工程项目，可能严重影响项目所在地居民生活环境质量的建设工程项目，以及存在重大意见分歧的建设工程项目，环保部门可以举行听证会，听取有关单位、专家和公众的意见，并公开听证结果，说明对有关意见采纳或不采纳的理由。

⑩ 建设工程项目中防治污染的设施，必须与主体工程同时设计、同时施工、同时投产使用。防治污染的设施必须经原审批环境影响报告书的环境保护行政主管部门验收合格

后，该建设工程项目方可投入生产或者使用。防治污染的设施不得擅自拆除或者闲置，确有必要拆除或者闲置的，必须征得所在地的环境保护行政主管部门同意。

⑪ 新建工业企业和现有工业企业的技术改造，应当采取资源利用率高、污染物排放量少的设备和工艺，采用经济合理的废弃物综合利用技术和污染物处理技术。

⑫ 排放污染物的单位，必须依照国务院环境保护行政主管部门的规定申报登记。

⑬ 禁止引进不符合我国环境保护规定要求的技术和设备。

⑭ 任何单位不得将产生严重污染的生产设备转移给没有污染防治能力的单位使用。

(2)《中华人民共和国海洋环境保护法》规定：在进行海岸工程建设和海洋石油勘探开发时，必须依照法律的规定，防止对海洋环境的污染损害。

3. 施工现场职业健康安全卫生的要求

为保障作业人员的身体健康和生命安全，改善作业人员的工作环境与生活环境，防止施工过程中各类疾病的发生，建设工程施工现场应加强卫生与防疫工作。

(1) 建设工程现场职业健康安全卫生的要求

根据我国相关标准，施工现场职业健康安全卫生主要包括现场宿舍、现场食堂、现场厕所、其他卫生管理等内容。基本要符合以下要求：

1) 施工现场应设置办公室、宿舍、食堂、厕所、淋浴间、开水房、文体活动室、密闭式垃圾站（或容器）及盥洗设施等临时设施。临时设施所用建筑材料应符合环保、消防要求。

2) 办公区和生活区应设密闭式垃圾容器。

3) 办公室内布局合理，文件资料宜归类存放，并应保持室内清洁卫生。

4) 施工企业应根据法律、法规的规定，制定施工现场的公共卫生突发事件应急预案。

5) 施工现场应配备常用药品及绷带、止血带、颈托、担架等急救器材。

6) 施工现场应设专职或兼职保洁员，负责卫生清扫和保洁。

7) 办公区和生活区应采取灭鼠、蚊、蝇、蟑螂等措施，并应定期投放和喷洒药物。

8) 施工企业应结合季节特点，做好作业人员的饮食卫生和防暑降温、防寒保暖、防煤气中毒、防疫等工作。

9) 施工现场必须建立环境卫生管理和检查制度，并应做好检查记录。

(2) 建设工程现场职业健康安全卫生的措施

施工现场的卫生与防疫应由专人负责，全面管理施工现场的卫生工作，监督和执行卫生法规规章、管理办法，落实各项卫生措施。

1) 现场宿舍的管理

① 宿舍内应保证有必要的生活空间，室内净高不得小于 2.4m，通道宽度不得小于 0.9m，每间宿舍居住人员不得超过 16 人。

② 施工现场宿舍必须设置可开启式窗户，宿舍内的床铺不得超过 2 层，严禁使用通铺。

③ 宿舍内应设置生活用品专柜，有条件的宿舍宜设置生活用品储藏室。

④ 宿舍内应设置垃圾桶，宿舍外宜设置鞋柜或鞋架，生活区内应提供为作业人员晾晒衣服的场地。

2) 现场食堂的管理

① 食堂必须有卫生许可证，炊事人员必须持身体健康证上岗。

② 炊事人员上岗应穿戴洁净的工作服、工作帽和口罩，并应保持个人卫生。不得穿工作服出食堂，非炊事人员不得随意进入制作间。

③ 食堂炊具、餐具和公用饮水器具必须清洗消毒。

④ 施工现场应加强食品、原料的进货管理，食堂严禁出售变质食品。

⑤ 食堂应设置在远离厕所、垃圾站、有毒有害场所等污染源的地方。

⑥ 食堂应设置独立的制作间、储藏间，门扇下方应设不低于0.2m的防鼠挡板。制作间灶台及其周边应贴瓷砖，所贴瓷砖高度不宜小于1.5m，地面应做硬化和防滑处理。粮食存放台距墙和地面应大于0.2m。

⑦ 食堂应配备必要的排风设施和冷藏设施。

⑧ 食堂的燃气罐应单独设置存放间，存放间应通风良好并严禁存放其他物品。

⑨ 食堂制作间的炊具宜存放在封闭的橱柜内，刀、盆、案板等炊具应生熟分开。食品应有遮盖，遮盖物品应用正反面标识。各种作料和副食应存放在密闭器皿内，并应有标识。

⑩ 食堂外应设置密闭式潜水桶，并应及时清运。

3）现场厕所的管理

① 施工现场应设置水冲式或移动式厕所，厕所地面应硬化，门窗应齐全。蹲位之间宜设置隔板，隔板高度宜低于0.9m。

② 厕所大小应根据作业人员的数量设置。高层建筑施工超过8层以后，每隔四层宜设置临时厕所。厕所应设专人负责清扫、消毒、化粪池应及时清掏。

4）其他临时设施的管理

① 淋浴间应设置满足需要的淋浴喷头，可设置储衣柜或挂衣架。

② 盥洗设施应设置满足作业人员使用的盥洗池，并应使用节水龙头。

③ 生活区应设置开水炉、电热水器或饮用水保温桶；施工区应配备流动保温水桶。

④ 文体活动室应配备电视机、书报、杂志等文体活动设施、用品。

⑤ 施工现场作业人员发生法定传染病、食物中毒或急性职业中毒时，必须在2小时内向施工现场所在地建设行政主管部门和有关部门报告，并应积极配合调查处理。

⑥ 现场施工人员患有法定传染病时，应及时进行隔离，并由卫生防疫部门进行处置。

8.4 施工现场环境保护的有关规定

8.4.1 建筑工程对大气污染的影响

空气质量与人类的健康息息相关，对人类的生存与发展有着举足轻重的影响，现今社会，研究空气污染及其控制方法已得到全人类的高度重视，建筑工地表面裸露，各类建筑材料和废物堆放杂乱无序，成为空气污染的源头。

1. 建筑工程常见的空气污染物

建筑工程常见的空气污染物可分为五种：颗粒污染物、气态污染物、二次污染物、石棉及消耗臭氧层物质。另外，建筑工程排放大量的二氧化碳，对环境有深远的不良影响。

（1）颗粒污染物

颗粒污染物是泛指固体粒子和液体粒子的空气污染物，主要来源包括各建筑工程项目实施过程车辆废气机械废气土壤风化作用产生的沙尘等。一般度量此类污染物的参数是总悬浮颗粒（TSP），可吸入颗粒（PM10）、PM2.5等。

在建筑工程实施过程中，许多施工程序会产生颗粒污染物，其中包括工地内燃料的搬运及堆放产生的扬尘；扬尘工序尤其是某些特别工序进行时，例如结构清拆、土方开挖回填等过程无可避免产生尘埃；工地路面扬尘。

（2）气态污染物

气态污染物是以气态形式进入空气的污染物。一般的污染源包括燃料燃烧及车辆废气。主要的气态污染物包括二氧化硫、氮氧化物、一氧化碳、碳氢化合物等。

建筑工程实施过程中造成的气态污染物其来源包括挥发性有机化学品的使用，例如沥青含有多种有机物，在铺设马路过程中，沥青会被加热，热力将其含有的有机物挥发，造成空气污染；内燃机机械操作；运输通道上车辆排放的废气，形成气体污染物，这是空气污染的另一个来源。

（3）其他空气污染物

以上两种污染物都是直接从污染源排放出来，而二次污染物是指以上两种污染物经过一些化学作用产生的污染物，典型例子是以臭氧为主要成分的光化学烟雾，氮氧化物及挥发性有机化合物在阳光及和暖温度下，产生一连串的光化学反应，形成光化学烟雾。其他气象条件会不利于污染物的扩散，形成高浓度的臭氧。

建筑工地内内燃机在工作时排放的氮氧化物也是二次污染物产生的重要因素。

石棉是一组天然纤维的硅质矿物的泛指。最常见的是温石棉、铁石棉及青石棉。因具有良好的隔热、隔电、吸声、防震及防火的特性，广泛应用在各种建筑材料中。

消耗臭氧层物质包括氯氟烃、氢氯氟烃、澳氟烃等。对于建筑工业来说，接触消耗臭氧层物质的机会相对较其他工业为小。

二氧化碳严格来说不可以视为空气污染物，因为空气的天然成分中含有0.03%的二氧化碳。但是，二氧化碳是数量最人的温室气体，对环境的影响是不容忽视的。它的来源跟人部分的空气污染物的来源一样，均是各种机械及汽车的石油类燃料燃烧后的产物。

2. 建筑工程对空气污染的危害及防治

建筑工程对空气污染的影响是多方面的，最直接的是对人类健康的影响。从宏观角度考虑，空气污染的影响广泛而深远，例如近年来议论纷纷的雾霾、酸雨及温室效应等都是因为空气受到污染的结果。

（1）对人类健康的影响

空气污染物对人类最直接的影响是对健康的伤害。空气污染物对人类健康的影响分类有两种：直接影响和间接透过其他途径影响。直接影响是指因污染物本身的特性及毒性而直接引起健康问题，例如2013年1月发生的雾霾罪魁祸首就是可吸入颗粒PM2.5会引致呼吸道炎，同时这些可吸入颗粒PM2.5可以进入肺泡。肺泡是用来做气体交换的地方，那些颗粒被巨噬细胞吞噬，就永远停留在肺泡里，对心血管、神经系统、其他都会有影响。而间接影响是指污染物透过一些途径而产生一些足以影响健康的因素，如氮氧化物在强烈紫外线辐射下产生光化学烟雾而刺激呼吸道等器官。

另一种影响分类则是以其引发急性或慢性疾病而分类。根据毒理学论，急性疾病一般是因为暴露于高浓度的污染物当中，根据不同的浓度和进入身体途径，而引起不同急性病症状，例如吸入较低浓度的一氧化碳会引致头晕、头痛、恶心和感到疲劳，但吸入高浓度一氧化碳会中毒甚至引起死亡。而慢性疾病是因长期及重复地暴露于低浓度的污染物当中，长年累月的堆积而引起人类出现各种慢性病变。

（2）酸雨

当天然降水（包括降雪）的酸碱值低于5.6时，其降水称为酸雨。引起降水酸化的主要物质是二氧化硫及氮氧化物，而主要产生这两种物质的是人类的工业活动，尤其是以煤为矿物燃料的发电厂。酸雨是一项地区性的空气污染问题，其主要影响是多方面的。首先，影响人体健康。其次，严重腐蚀建筑物和室外材料。最后，是对生态环境的影响。

（3）全球暖化

温室效应引致全球暖化是多年来很多人讨论及研究，且最惹人关注的环境问题。人气中天然存在的水蒸气和甲烷等微量气体成分，会一方而让太阳光通过，加热地球表而，另一方而吸引山地球表而反向宇宙空间的远红外线，从而令人气的温度上升，维持地球气温相对平稳，为人类和地球上所有生物提供了适宜的生存温度及气候。这种现象被称为温室效应。

与水蒸气、二氧化碳、甲烷、一氧化二氮和氯氟烃类同，臭氧也是温室气体，它们在人气中的存在只会加剧温室效应，令全球暖化。全球暖化引起气候改变；地球上数千种动物濒临灭绝；冰山、冰川融化，海平面上升，陆地面积减少，威胁人类的生存环境。

（4）大气污染的防治

按照国际标准化组织（ISO）的定义，大气污染通常是指由于人类活动或自然过程引起某些物质进人大气中，呈现出足够的浓度，达到足够的时间：并因此危害了人体的舒适、健康和福利或环境污染的现象。如果不对大气污染物的排放总量加以控制和防治，将会严重破坏生态系统和人类生存条件。

1）建设项目大气污染的防治

《大气污染防治法》规定，新建、扩建、改建向大气排放污染物的项目，必须遵守国家有关建设项目环境保护管理的规定。

建设项目的环境影响报告书，必须对建设项目可能产生的大气污染和对生态环境的影响作出评价，规定防治措施，并按照规定的程序报环境保护行政主管部门审查批准。

建设项目投入生产或者使用之前，其大气污染防治设施必须经过环境保护行政主管部门验收，达不到国家有关建设项目环境保护管理规定的要求的建设项目，不得投入生产或者使用。

2）施工现场大气污染的防治

《大气污染防治法》规定，城市人民政府应当采取绿化责任制、加强建 设施工管理、扩大地面铺装面积、控制渣土堆放和清洁运输等措施，提高人均占有绿地面积，减少市区裸露地面和地面尘土，防治城市扬尘污染。

在城市市区进行建设施工或者从事其他产生扬尘污染活动的单位，必须按照当地环境保护的规定，采取防治扬尘污染的措施。运输、装卸、贮存能够散发有毒有害气体或者粉尘物质的，必须采取密闭措施或者其他防护措施。

在人口集中地区存放煤炭、煤矸石、煤渣、煤灰、砂石、灰土等物料，必须采取防燃、防尘措施，防止污染大气。严格限制向大气排放含有毒物质的废气和粉尘；确需排放的，必须经过净化处理，不超过规定的排放标准。

3. 建筑工地空气污染的预防及治理方法

建筑工地的主要空气污染问题集中在尘埃方面。处理建筑工地空气污染问题一般分为预防及治理两个方向。预防是指控制及改良某些工地上产生污染物的施工程序，避免在施工时产生污染物，减少污染。而治理方法是指在污染物产生后，加以处理以减少其扩散程度，舒缓有关污染危害。

（1）预防方法

预防，被公认为是最佳的处理空气污染的方法，故此在工地上普遍优先考虑。有效的预防，可把预训一的空气污染问题尽力避免，使环境避免受到伤害，公众及工人的健康亦不会因此受到影响。有关预防方法可分为如下三个范畴：

1）改良易生尘埃物料的表面性质

因风蚀或其他原因，在建筑工地上往往产生大量尘埃，其中包括道路通道斜坡材料堆放等，而其表面一般存在一层松散的微细粒状物质，容易因吹风等空气流动而产生尘埃。就其表面性质，工地常见的其中一种预防尘埃的方法是将表面的性质改变，剔除或覆盖这一类容易被流动空气吹起的物质。例如在道路及通道铺设混凝土砾石沥青物料硬填料或金属板，避免因风的作用在车辆经过时扬起尘埃。

2）妥善使用和减少施工机械

现代的施工方法往往使用繁多的机械，这虽然将施工效率提高了，同时亦带来了大大小小的气态及固态的空气污染物。为避免或减少空气的污染，妥善或减少使用施工机械是其中减少废气的良方，在施工的整体规划上，妥善安排及研究有关施工的机械数目及型号，以减少燃油的使用量。

3）避免使用不符合环保要求的物料

工地上物料繁多，在使用过程中往往产生污染物，诸如燃烧含硫的燃油及使用含哈龙的火火器等。为此，工地环境管理须识别有关不符合环保要求的物料，进而减少或避免使用，例如选择含硫量低的燃油以减少或避免使用，例如选择含硫量低的燃油以减少二氧化硫排放，选购不含如哈龙或 CFC_s 的手提式灭火筒，以防损耗臭氧层。

（2）治理方法

治理是较预防次一级的处理空气污染方法，因治理的目的仅在于避免污染物的扩散或减少污染程度。就有关方法，大致可分为两大类：

1）围堵及隔离法

围堵及隔离法是指将污染物局限在一个范围，避免其污染扩散，并分隔污染物与外界环境，避免外部环境受到影响。有关围堵及隔离法的例子，包括把易生尘埃物料堆放在顶部和三侧面有围护、掩蔽的地方，清拆石棉时将该地区围封，在棚架上设置棚网，工地外围设至少高于 2.4 m 的围挡等。

2）转化法

工地往往碍于地理环境、资源环境或其他原因，在某些情况下，围堵及隔离法未能切合现场环境而被采用。例如道路表面已铺设混凝土或其他物料及减少尘埃，然而一般工地车辆的车轮往往沾上泥土，遗落地上。随着轮胎辗过及空气流动，沙泥旋即扬起，产生尘埃。故此围堵及隔离法在部分工地的降尘工作未能有效发挥其作用，转化法在工地上应运而生，将空气污染物转化另一种形态，使其离开空气，减少空气污染。

一般而言，转化法是将空气污染物由空气这一媒介带到水中的另一媒介。而工地上最广泛利用的转化法为以水降尘，用水降尘的原理是把颗粒污染物吸附在水珠表而，使其重量增加，产生降尘作用。当水喷洒于含尘埃的空气中，空气中的颗粒污染物随即吸附在水珠表而，降至地而，减少空气中的颗粒污染物数量。

相同道理，当水喷洒到堆放在地上的易生尘埃物料或挖掘泥土上，颗粒物吸附在水珠表而，重量增加，因而较难被风吹起。

使用水作转化法有两点需要留意，第一点，在大风或炎热的环境下，水分的蒸发特别快，用水喷洒的密度务必增加。第二点是要避免过分用水，这不但产生大量污水，而且导致浪费。然而，用作洒水尘埃的水的质量不需要太高，经适当处理的污水则可以再用于降尘，有利于工地资源利用。

（3）对向大气排放污染物单位的监管

《大气污染防治法》规定，向大气排放污染物的单位，必须按照国务院环境保护行政主管部门的规定向所在地的环境保护行政主管部门申报拥有的污染物排放设施、处理设施和在正常作业条件下排放污染物的种类、数量、浓度，并提供防治大气污染方面的有关技术资料。

排污单位排放大气污染物的种类、数量、浓度有重大改变的，应当及时申报；其大气污染物处理设施必须保持正常使用，拆除或者闲置大气污染物处理设施的，必须事先报经所在地的县级以上地方人民政府环境保护行政主管部门批准。

向大气排放污染物的，其污染物排放浓度不得超过国家和地方规定的排放标准。在人口集中地区和其他依法需要特殊保护的区域内，禁止焚烧沥青、油毡、橡胶、塑料、皮革、垃圾以及其他产生有毒有害烟尘和恶臭气体的物质。

8.4.2 噪声污染

1. 建设项目环境噪声污染的防治

《环境噪声污染防治法》规定，新建、改建、扩建的建设项目，必须遵守国家有关建设项目环境保护管理的规定。

建设项目可能产生环境噪声污染的，建设单位必须提出环境影响报告书，规定环境噪声污染的防治措施，并按照国家规定的程序报环境保护行政主管部门批准。环境影响报告书中，应当有该建设项目所在地单位和居民的意见。

建设项目的环境噪声污染防治设施必须与主体工程同时设计、同时施工、同时投产使用。

建设项目在投入生产或者使用之前，其环境噪声污染防治设施必须经原审批环境影响报告书的环境保护行政主管部门验收；达不到国家规定要求的，该建设项目不得投入生产或者使用。

2. 施工现场环境噪声污染的防治

（1）排放建筑施工噪声应当符合建筑施工场界环境噪声排放标准

《环境噪声污染防治法》规定，在城市市区范围内向周围生活环境排放建筑施工噪声的，应当符合国家规定的建筑施工场界环境噪声排放标准。噪声排放，是指噪声源向周围生活环境辐射噪声。

按噪声来源可分为交通噪声（如汽车、火车、飞机等）、工业噪声（如鼓风机、汽轮机、冲压设备等）、建筑施工的噪声（如打桩机、推土机、混凝土搅拌机等发出的声音）、社会生活噪声（如高音喇叭、收音机等）。噪声妨碍人们正常休息、学习和工作，为防止噪声扰民，应控制人为强噪声。

按照《建筑施工场界环境噪声排放标准》GB 12523—2011 的规定，城市建筑施工期间施工场地不同施工阶段产生的作业噪声限值为：

土石方施工阶段（主要噪声源为推土机、挖掘机、装载机等），噪声限制是昼间75dB，夜间55dB；

打桩施工阶段（主要噪声源为各种打桩机等），噪声限制是昼间85dB，夜间禁止施工；

结构施工阶段（主要噪声源为混凝土施工、振捣棒、电锯等），噪声限制是昼间70dB，夜间55dB；

装修施工阶段（主要噪声源为吊车、升降机等），噪声限制是昼间65dB，夜间55dB。夜间，是指晚 22 点至早 6 点之间的期间。

（2）使用机械设备可能产生环境噪声污染的申报

《环境噪声污染防治法》规定，在城市市区范围内，建筑施工过程中使用机械设备，可能产生环境噪声污染的，施工单位必须在工程开工 15 日以前向工程所在地县级以上地方人民政府环境保护行政主管部门申报该工程的项目名称、施工场所和期限、可能产生的环境噪声值以及所采取的环境噪声污染防治措施的情况。

国家对环境噪声污染严重的落后设备实行淘汰制度。国务院经济综合主管部门应当会同国务院有关部门公布限期禁止生产、禁止销售、禁止进口的环境噪声污染严重的设备名录。

（3）禁止夜间进行产生环境噪声污染施工作业的规定

《环境噪声污染防治法》规定，在城市市区噪声敏感建筑物集中区域内，禁止夜间进行产生环境噪声污染的建筑施工作业，但抢修、抢险作业和因生产工艺上要求或者特殊需要必须连续作业的除外。

因特殊需要必须连续作业的，必须有县级以上人民政府或者其有关主管部门的证明。以上规定的夜间作业，必须公告附近居民。

噪声敏感建筑物集中区域，是指医疗区、文教科研区和以机关或者居民住宅为主的区域。噪声敏感建筑物，是指医院、学校、机关、科研单位、住宅等需要保持安静的建筑物。

（4）政府监管部门的现场检查

《环境噪声污染防治法》规定，县级以上人民政府环境保护行政主管部门和其他环境噪声污染防治工作的监督管理部门、机构，有权依据各自的职责对管辖范围内排放环境噪声的单位进行现场检查。

被检查的单位必须如实反映情况，并提供必要的资料。检查部门、机构应当为被检查的单位保守技术秘密和业务秘密。检查人员进行现场检查，应当出示证件。

(5) 对产生环境噪声污染企业事业单位的规定

《环境噪声污染防治法》规定，产生环境噪声污染的企业事业单位，必须保持防治环境噪声污染的设施的正常使用；拆除或者闲置环境噪声污染防治设施的，必须事先报经所在地的县级以上地方人民政府环境保护行政主管部门批准。

产生环境噪声污染的单位，应当采取措施进行治理，并按照国家规定缴纳超标准排污费。征收的超标准排污费必须用于污染的防治，不得挪作他用。

对于在噪声敏感建筑物集中区域内造成严重环境噪声污染的企业事业单位，限期治理。被限期治理的单位必须按期完成治理任务。

(6) 施工现场噪声的控制措施

噪声控制技术可从声源、传播途径、接收者防护等方面来考虑。

1) 声源控制

① 声源上降低噪声，这是防止噪声污染的最根本的措施。

② 尽量采用低噪声设备和加工工艺代替高噪声设备与加工工艺，如低噪声振捣器、x1机、电动空压机、电锯等。

③ 在声源处安装消声器消声，即在通风机、鼓风机、压缩机、燃气机、内燃机及各种排气放空装置等进出风管的适当位置设置消声器。

2) 传播途径的控制

① 吸声：利用吸声材料（大多由多孔材料制成）或由吸声结构形成的共振结构（金爵或木质薄板钻孔制成的空腔体）吸收声能，降低噪声。

② 隔声：应用隔声结构，阻碍噪声向空间传播，将接收者与噪声声源分隔。隔声结构包括隔声室、隔声罩、隔声屏障、隔声墙等。

③ 消声：利用消声器阻止传播。允许气流通过的消声降噪是防治空气动力性噪声的主要装置。如对空气压缩机、内燃机产生的噪声等。

④ 减振降噪：对来自振动引起的噪声，通过降低机械振动减小噪声，如将阻尼材料涂在振动源上，或改变振动源与其他刚性结构的连接方式等。

3) 接收者的防护

让处于噪声环境下的人员使用耳塞、耳罩等防护用品，减少相关人员在噪声环境中的暴露时间，以减轻噪声对人体的危害。

4) 严格控制人为噪声

① 进入施工现场不得高声喊叫、无故摔打模板、乱吹哨，限制高音喇叭的使用，最大限度地减少噪声扰民。

② 凡在人口稠密区进行强噪声作业时，须严格控制作业时间，一般晚10点到次日早3点之间停止强噪声作业。确系特殊情况必须昼夜施工时，尽量采取降低噪声措施，并会同建设单位找当地居委会、村委会或当地居民协调，出安民告示，求得群众谅解。

8.4.3 水污染

《水污染防治法》规定，水污染防治应当坚持预防为主、防治结合、综合治理的原则，优先保护饮用水水源，严格控制工业污染、城镇生活污染，防治农业面源污染，积极推进生态治理工程建设，预防、控制和减少水环境污染和生态破坏。

水污染，是指水体因某种物质的介入，而导致其化学、物理、生物或者放射性等方面特性的改变，从而影响水的有效利用，危害人体健康或者破坏生态环境，造成水质恶化的现象。水污染防治包括江河、湖泊、运河、渠道、水库等地表水体以及地下水体的污染防治。

水污染的主要来源有：

① 工业污染源：指各种工业废水向自然水体的排放。

② 生活污染源：主要有食物废渣、食油、粪便、合成洗涤剂、杀虫剂、病原微生物等。

③ 农业污染源：主要有化肥、农药等。

施工现场废水和固体废物随水流流入水体部分，包括泥浆、水泥、油漆、各种油类、混凝土添加剂、重金属、酸碱盐、非金属无机毒物等。

1. 建设项目水污染的防治

《水污染防治法》规定，新建、改建、扩建直接或者间接向水体排放污染物的建设项目和其他水上设施，应当依法进行环境影响评价。

建设单位在江河、湖泊新建、改建、扩建排污口的，应当取得水行政主管部门或者流域管理机构同意；涉及通航、渔业水域的，环境保护主管部门在审批环境影响评价文件时，应当征求交通、渔业主管部门的意见。

建设项目的水污染防治设施，应当与主体工程同时设计、同时施工、同时投入使用。水污染防治设施应当经过环境保护主管部门验收，验收不合格的，该建设项目不得投入生产或者使用。

禁止在饮用水水源一级保护区内新建、改建、扩建与供水设施和保护水源无关的建设项目；已建成的与供水设施和保护水源无关的建设项目，由县级以上人民政府责令拆除或者关闭。禁止在饮用水水源二级保护区内新建、改建、扩建排放污染物的建设项目；已建成的排放污染物的建设项目，由县级以上人民政府责令拆除或者关闭。

禁止在饮用水水源准保护区内新建、扩建对水体污染严重的建设项目；改建建设项目，不得增加排污量。

2. 施工现场水污染的防治

《水污染防治法》规定，排放水污染物，不得超过国家或者地方规定的水污染物排放标准和重点水污染物排放总量控制指标。

直接或者间接向水体排放污染物的企业事业单位和个体工商户，应当按照国务院环境保护主管部门的规定，向县级以上地方人民政府环境保护主管部门申报登记拥有的水污染物排放设施、处理设施和在正常作业条件下排放水污染物的种类、数量和浓度，并提供防治水污染方面的有关技术资料。

禁止向水体排放油类、酸液、碱液或者剧毒废液。禁止在水体清洗装贮过油类或者有毒污染物的车辆和容器。禁止向水体排放、倾倒放射性固体废物或者含有高放射性和中放射性物质的废水。向水体排放含低放射性物质的废水，应当符合国家有关放射性污染防治的规定和标准。

禁止向水体排放、倾倒工业废渣、城镇垃圾和其他废弃物。禁止将含有汞、镉、砷、铬、铅、氰化物、黄磷等的可溶性剧毒废渣向水体排放、倾倒或者直接埋入地下。存放可溶性剧毒废渣的场所，应当采取防水、防渗漏、防流失的措施。禁止在江河、湖泊、运河、渠道、水库最高水位线以下的滩地和岸坡堆放、存贮固体废弃物和其他污染物。

在饮用水水源保护区内，禁止设置排污口。在风景名胜区水体、重要渔业水体和其他具有特殊经济文化价值的水体的保护区内，不得新建排污口。在保护区附近新建排污口，应当保证保护区水体不受污染。

禁止利用渗井、渗坑、裂隙和溶洞排放、倾倒含有毒污染物的废水、含病原体的污水和其他废弃物。禁止利用无防渗漏措施的沟渠、坑塘等输送或者存贮含有毒污染物的废水、含病原体的污水和其他废弃物。

兴建地下工程设施或者进行地下勘探、采矿等活动，应当采取防护性措施，防止地下水污染。人工回灌补给地下水，不得恶化地下水质。

建设部《绿色施工导则》进一步规定，水污染控制：

① 施工现场污水排放应达到国家标准《污水综合排放标准》GB 18466 的要求。

② 在施工现场应针对不同的污水，设置相应的处理设施，如沉淀池、隔油池、化粪池等。

③ 污水排放应委托有资质的单位进行废水水质检测，提供相应的污水检测报告。

④ 保护地下水环境。采用隔水性能好的边坡支护技术。在缺水地区或地下水位持续下降的地区，基坑降水尽可能少地抽取地下水；当基坑开挖抽水量大于 50 万立方米时，应进行地下水回灌，并避免地下水被污染。

⑤ 对于化学品等有毒材料、油料的储存地，应有严格的隔水层设计，做好渗漏液收集和处理。

3. 发生事故或者其他突发性事件的规定

《水污染防治法》规定，企业事业单位发生事故或者其他突发性事件，造成或者可能造成水污染事故的，应当立即启动本单位的应急方案，采取应急措施，并向事故发生地的县级以上地方人民政府或者环境保护主管部门报告。

8.4.4 照明污染

1. 照明污染防治硬件措施

（1）对施工前进场的灯具设备进行检查，杜绝无罩、无防护的设备进场使用。

（2）对进场的电焊和气割设备进行检查验收，验收合格后才能使用

（3）在机械和灯具的使用过程中进行检查和定期维护保养，杜绝带病或缺少零部件继续运转的情况。

（4）在基础施工阶段，所有照明灯具安装高度不能超过工地围墙 3m，灯具的光源不能向工地围墙外照射。

（5）现场可以搬运的电焊和气割行为，统一到电焊棚进行施工。

（6）现场所有大光灯设备均安装自动限时控制开关。

（7）楼层上电焊作业前，必须将脚手架的安全网张挂完毕，以减少强光对周围居民的影响。

（8）夜间的所有防盗照明灯具使用 220V 的防水路灯。

2. 照明污染防治软件措施

（1）合理安排施工进度，尽量减少加班加点。

（2）定期检查机械和灯具设备，确保运转正常。

（3）严格控制大光灯的照明时间，天亮起后必须关闭灯具。

（4）严格控制电焊和气割行为，在实施电焊和气割过程中应考虑对周围环境的影响。

（5）经常进行巡视检查，发现有强光对周围居民影响严重的立即采取措施整改。

（6）以节约能源和防止污染为主题，经常开展全体职工的环境教育宣传活动。

参 考 文 献

1. 刘勇．建筑法规概论．北京：中国水利水电出版社，2008.7.

2. 全国二级建造师职业资格考试用书编写委员会．建设工程法规及相关知识．北京：中国建筑工业出版社，2011.07.

3. 韦清权．建筑制图与 AutoCAD．武汉：武汉理工大学出版社，2007.02.

4. 游普元．建筑材料与检测．哈尔滨：哈尔滨工业大学出版社，2012.

5. 何斌，陈锦昌，王枫红．建筑制图（第六版）．北京：高等教育出版社，2011.05.

6. 魏鸿汉．建筑材料（第四版）．北京：中国建筑工业出版社，2012.10.

7. 赵研．建筑识图与构造（第二版）．北京：中国建筑工业出版社，2008.

8. 张毅，董桂花．建筑力学（上、下册）（第 2 版）．北京：清华大学出版社，2016.

9. 熊丹安，杨冬梅．建筑结构（第 6 版）（普通高等教育十一五国家级规划教材）．广州：华南理工出版社，2014.

10. 崔钦淑，聂洪达．建筑结构与选型．北京：化学工业出版社，2015.

11. 蒋玉川，阎慧群，徐双武．结构力学教程（普通高等教育十二五规划教材）．北京：化学工业出版社，2014.

12. 韩庆华．大跨建筑结构．天津：天津大学出版社，2014.

13. 单辉祖．材料力学教程．北京：高等教育出版社，2014.

14. 黄其青．结构力学基础——高等学校教材．西安：西北工业大学出版社，2002.

15. 张晏清．建筑结构材料．上海：同济大学出版社，2016.

16. 周俐俐．多层钢框架结构设计实例详解．北京：中国建筑工业出版社，2014.

17. 杨国富．房屋建筑构造（机械工业出版社高职高专土建类十二五规划教材）．北京：机械工业出版社，2014.

18. 崔艳秋．房屋建筑学与建筑构造复习指南．北京：中国电力出版社，2015.

19. 张红星．土木建筑工程制图与识图．南京：江苏科技出版社，2014.

20. 魏艳萍．建筑识图与构造习题集．北京：中国电力出版社，2014.

21. 陈玉萍．建筑构造与设计．北京：北京大学出版社，2014.

22. 王小漳．建筑装饰装修施工技术实训．厦门：厦门大学出版社．2014.

23. 李守巨．11G329 建筑结构抗震构造解析与应用（建筑抗震实用技术系列手册）．北京：化学工业出版社，2014.

24. 王付全．建筑概论（高职高专土建类专业系列教材）．北京：中国水利水电出版社，2007.

25. 赵歆冬，丁怡洁．混凝土及砌体结构．北京：冶金工业出版社，2014.

26. 蔡志伟．钢结构安装工艺及实施．哈尔滨：哈尔滨工程大学出版社，2015.

27. 万凤鸣．吴晓杰．钢结构设计原理（十二五高等院校精品规划教材）．北京：北京理工大出版社，2013.

28. 段春花．"十二五"职业教育国家规划教材：混凝土结构与砌体结构（第三版）．北京：中国电力出版社，2014.

29. 尤小明．砌体结构工程施工．天津：天津大学出版社，2015.

30. 田京城，缪娟，孟月丽．环境保护与可持续发展（高职高专规划教材）．北京：化学工业出版社，2014.

31. 刘绮，潘伟斌．环境监测教程．广州：华南理工出版社，2014.

32. 刘亚龙．文明施工与环境保护．西安：西安交通大学出版社，2015.

33. 华均．李娟．工程建设法规．北京：科学出版社，2016.

34. 钟汉华．建筑工程安全管理-（第2版）．北京：中国电力出版社，2014.

35. 刘安华，杜扬，肖譞．职业能力与发展（中国报关协会统编高等职业教育系列教材）．北京：中国海关出版社，2014.

36. 丁钢强，张美辨．国外职业健康风险评估指南．厦门：复旦大学出版社，2014.

37. 田良．环境规划与管理教程．武汉：科技大学出版社，2014.

38. 袁霄梅，张俊，张华．环境保护概论（普通高等教育十二五规划教材）．北京：化学工业出版社，2014.

39. 佚名．大气污染控制工程．北京：化学工业出版社，2015.

40. 佚名．大气污染治理技术．武汉：武汉理工大学出版社，2015.

41. 全国人大常委会办公厅．中华人民共和国环境噪声污染防治法．北京：中国民主法制出版社，2008.

42. 朱坦．中国可持续发展总纲（第10卷）—中国环境保护与可持续发展（精）．北京：科学出版社，2007.

43. 李本鑫，史春凤，沈珍．园林工程施工技术（高等职业教育园林类专业十二五规划系列教材）．重庆：重庆大学出版社，2014.

44. 钟汉华，李念国．建筑工程施工技术．北京：北京大学出版社，2013.01.

45. 姚谨英．建筑施工技术．北京：中国建筑工业出版社，2013.11.

46. 成虎，陈群．工程项目管理．北京：中国建筑工业出版社，2014.01.

47. 佘健俊．建筑工程施工技术与管理．南京：河海大学出版社，2014.09.

48. 建筑与市政工程施工现场专业人员培训教材编审委员会．安全员通用与基础知识．北京：中国建筑工业出版社，2014.11.